D1719508

Danowsky • Werkstatt-Technikum des Metall-Facharbeiters

WERKSTATT-TECHNIKUM
DES
METALL-FACHARBEITERS

von
Horst Danowsky
Ausbildungsleiter

unter Mitarbeit von
Jochen Mühlberg
Studiendirektor

4. Auflage
11. — 15. Tausend

FACHVERLAG SCHIELE & SCHÖN GMBH

ISBN 3 7949 0174 6

Druck: ČGP Delo, Ljubljana
Printed in Yugoslavia

Vorwort zur 4. Auflage

Die vierte Auflage des „Werkstatt-Technikum des Metallfacharbeiters" soll, wie seine Vorgänger, als Handbuch und Nachschlagewerk für Auszubildende und Ausbilder dienen, aber auch Ratgeber am Arbeitsplatz sein.

Da die Berufsschulen nach den neuesten Konzeptionen mehr und mehr dazu übergehen werden, ausschließlich das naturwissenschaftlich-technische Grundwissen zu lehren, ist besonders auf die Kenntnis zur Werkstattpraxis Rücksicht genommen worden.

Deshalb wurden Werkzeuge, Maschinen, Arbeitsvorgänge und neuere Arbeitstechniken ausführlich erklärt.

Aus dem umfangreichen Wissen, das für die Metallbearbeitung erforderlich ist, sollte das Wesentliche in kurzer, einprägsamer Form gebracht werden. Die Grenze für den Umfang des Buches ist etwa auf die Anforderungen an die Fachkenntnisse bei den Facharbeiterprüfungen abgestimmt.

Auf spezielle Besonderheiten, z.B. bei den Übersichten der Werkzeuge und Werkstoffe, wurde auf die allein verbindlichen DIN-Blätter verwiesen. Neu aufgenommen und sehr ausführlich behandelt wurden die Kunststoffe und deren Be- und Verarbeitung.

Die Bestimmungen des „Gesetzes über Einheiten des Meßwesens" (SI) sind, soweit sie Einheiten und Werte betreffen, konsequent angewandt und erläutert. Es wurden, wenn der fachpraktische Teil es erforderte, Beispielaufgaben eingehend aus Formeln abgeleitet und kommentiert.

Für die einzelnen Fertigkeiten und Arbeitstechniken sind auch in dieser Auflage Ausführungshinweise, Ratschläge und Tips für richtiges, sachgemäßes Arbeiten gegeben. Am Schluß eines jeden Abschnitts sind die häufigsten Ursachen von Unfällen und deren Verhütung behandelt.

Im Tabellenanhang finden sich neben allgemeinen Zahlentafeln vor allem Passungsabmaße aus den Auswahlreihen der ISO-Passungen, Richtwerte für Schnittgeschwindigkeiten, Vorschübe und Drehzahlen der gebräuchlichen Schneidwerkstoffe, die von führenden Werkzeugfirmen zusammengestellt und für die Veröffentlichung zur Verfügung gestellt wurden.

Den Firmen, die auch für diese Auflage in großzügiger und verständnisvoller Weise durch Überlassung von Unterlagen, Bild- und Zeichenvorlagen erst die praxisnahe Gestaltung des Buches ermöglichten, soll an dieser Stelle wieder herzlichst gedankt sein.

Meinem Mitarbeiter danke ich für die fachliche Durchsicht und Beratung bei der Erstellung der Neuauflage.

Für die gute Ausstattung des Buches gebührt dem Verlag besonderer Dank.

Berlin, im Herbst 1973

Horst Danowsky

6

Inhaltsverzeichnis

7

11

12

2. Internationales Einheitensystem

2.1. Mit dem Bundesgesetzblatt, Jahrgang 1970, Teil I Nr. 62 vom 30. Juni 1970 ist ein großer Teil der bisher gebrauchten, aber nicht durch Gesetz oder Normung festgelegten „Einheiten des Meßwesens" umgestellt oder definiert worden.

2.1.1. Für dieses internationale Einheitensystem hat man die Abkürzung „SI" (Système international) gewählt, die entsprechenden Einheiten bezeichnet man als SI-Einheiten.

2.1.2. Aus den folgenden Grundeinheiten hat man, genau wie im MKS-System, „kohärente" Einheitensysteme abgeleitet.

Allerdings laufen vorläufig neben direkt „zusammenhängenden" Ableitungen auch noch „nichtkohärente" Einheiten weiter, die aber nur in Sonderfällen eingesetzt werden sollten. Für sie muß dann eine Definition mit Einheiten des SI angeschlossen sein.

Grundeinheiten:

1. Das Meter (m) für die Länge.
2. Das Kilogramm (kg) für die Masse.
3. Die Sekunde (s) für die Zeit.
4. Das Ampere (A) für die Stromstärke.
5. Der Grad Kelvin (°K) für die Temperatur.
6. Die Candela (cd) für die Lichtstärke.

2.2. Zahlenangaben lassen sich, ohne Zählung der Nullen, am leichtesten erfassen, wenn sie den Zahlenwert 1000 nicht überschreiten. In den Vereinheitlichungen ist man sogar zum Zahlenwert 10 zurückgeschritten und hat durch „Hochzahlen" die entsprechenden Werte abgeleitet.

Um auch in den Einheiten (Bezeichnungen wie kg, N, usw.) verständlich zu bleiben, wählte man zusätzlich Vorsatzsilben und daraus abgeleitete Kurzzeichen, die allerdings nur mit einer üblichen Maßeinheit vereinigt einzusetzen sind. (Z. B. 1 μm $= 10^{-6}$ m usw.)

13

Vorsatzsilbe	Kurzzeichen	Multiplikationsfaktor
Tera	T	$1\,000\,000\,000\,000 = 10^{12}$
Giga	G	$1\,000\,000\,000 = 10^9$
Mega	M	$1\,000\,000 = 10^6$
Kilo	k	$1\,000 = 10^3$
Hekto	h	$100 = 10^2$
Deka	da	$10 = 10^1$
Dezi	d	$0,1 = 10^{-1}$
Zenti	c	$0,01 = 10^{-2}$
Milli	m	$0,001 = 10^{-3}$
Mikro	μ	$0,000\,001 = 10^{-6}$
Nano	n	$0,000\,000\,001 = 10^{-9}$
Pico	p	$0,000\,000\,000\,001 = 10^{-12}$
Femto	f	$0,000\,000\,000\,000\,001 = 10^{-15}$
Atto	a	$0,000\,000\,000\,000\,000\,001 = 10^{-18}$

2.3. Gesetzlich abgeleitete Einheiten (Auswahl)

2.3.1. Fläche

Die abgeleitete SI-Einheit der Fläche ist das Quadratmeter (m^2).

1 Quadratmeter ist gleich der Fläche eines Quadrates von der Seitenlänge 1 m.

Abgeleitete Einheiten der Fläche ergeben sich aus dem dezimalen Vielfachen eines Quadrats oder eines dezimalen Teiles eines Meters. Das bedeutet, daß die bisher gewählten Einheiten weiter angewandt werden müssen.

2.3.2. Volumen

2.3.2.1. Die abgeleiteten SI-Einheiten des Volumens ist das Kubikmeter (m^3).

2.3.2.2. 1 Kubikmeter ist gleich dem Volumen eines Würfels von der Kantenlänge 1 m.

Auch hier gelten die bisher gewählten Einheiten weiter. Allerdings kann für den, aus der obengenannten Volumeneinheit abgeleiteten, Kubikdezimeter auch *Liter* gesagt werden (l). Die genaue Definition lautet dann:

$$1 \text{ Liter} = \frac{1}{1000}\, m^3$$

2.3.3. Ebener Winkel

2.3.3.1. Die aus dem Meter abgeleitete SI-Einheit des ebenen Winkels ist der Radiant (rad).

2.3.3.2. 1 Radiant ist gleich dem ebenen Winkel, der als Zentrierwinkel eines Kreises vom Halbmesser 1 m aus dem Kreis einen Bogen von 1 m Länge ausschneidet.

So ergibt sich als Grundeinheit für den Radianten folgende Definition:

$$1 \text{ rad} = 1 \text{ m}/1 \text{ m} \equiv 1$$

2.3.3.3. Daraus ergeben sich für die meist verwendeten Einheiten des Altgrads folgende Ableitungen:

$$\text{Rechter Winkel: } 1^{\llcorner} = \frac{\pi}{2} \text{ rad}$$

$$\text{Grad }^{\circ}: \ 1^{\circ} = 1^{\llcorner}/90 = \frac{\pi}{180} \text{ rad}$$

$$\text{Minute }': \ 1' = 1^{\circ}/60 = \frac{\pi}{60 \cdot 180} \text{ rad}$$

$$\text{Sekunde }'': 1'' = 1'/60 = \frac{\pi}{3600 \cdot 180} \text{ rad}$$

2.3.3.4. Für die *Winkelgeschwindigkeit* ergibt sich dann:

$$\text{Radiant pro Sekunde: rad/s}$$

Das heißt 1 rad/s ist die Geschwindigkeit eines gleichmäßig rotierenden Körpers, der sich in 1 s um einen Winkel 1 rad dreht.

Andere Einheiten der Winkelgeschwindigkeit können entsprechend 2.3.3 gebildet werden. Z. B.:

$$\text{Grad pro Sekunde: } 1^{\circ}/s = \frac{\pi}{180} \text{ rad/s}$$

2.3.4. Masse

2.3.4.1. Die physikalische Größe wird aus der Eigenschaft von Körpern definiert, andere Körper anzuziehen bzw. der Änderung des vorhandenen Bewegungszustandes Trägheit entgegenzusetzen. Der Begriff Masse wird auch auf Längen und Flächen bezogen. Z. B.:

$$\text{kg/m oder kg/m}^2$$

2.3.4.2. Die Unterteilung der Grundeinheit kg geschieht folgendermaßen:

$$1 \text{ Gramm (g)} = \frac{1}{1000} \text{ kg}$$

$$1 \text{ Megagramm (Mg)} = 1 \text{ Tonne (t)} = 1000 \text{ kg}$$

2.3.4.3. Auch hier erfolgen weitere Unterteilungen durch dezimale Vervielfachungen oder Unterteilungen. Allerdings wird hier, wegen anderer möglicher Zusätze, das Zeichen kg nicht durch Vorsätze wie dakg usw. verwendet.

2.3.5. Gewicht

2.3.5.1. Die in Abschnitt 2.3.4. (Masse) gefundenen Bezeichnungen und ihre Ableitungen sind auch im Geschäftsverkehr als Maßbezeichnungen zugelassen.

2.3.6. Dichte

2.3.6.1. Anstelle des früher üblichen spezifischen Gewichts (das durch das schlecht zu definierende kp ausgedrückt wurde) tritt heute die Dichte, die mit dem griechischen Buchstaben ϱ (rho) bezeichnet wird. Hier ist Dichte als die Masse eines homogenen Körpers definiert, der z. B. bei 1 kg Masse das Volumen 1 m³ einnimmt.

2.3.6.2. Auch hier sind Ableitungen der Einheiten mit anderem Quotienten der gesetzlichen Massen- und Volumeneinheit möglich. Z. B.:

$$1000 \text{ kg/m}^3 = 1 \text{ kg/dm}^3 = 1 \text{ g/cm}^3$$

2.3.7. Kraft

2.3.7.1. Die abgeleitete SI-Einheit der Kraft ist das Newton (N).

2.3.7.2. 1 Newton ist gleich der Kraft, die einem Körper der Masse 1 kg die Beschleunigung 1 m/s² erteilt.

2.3.7.3. Wird das Gewicht als Kraftgröße verwendet (Gewichtskraft), so muß aus der Masse und der Fallbeschleunigung das Produkt gebildet werden.

2.3.7.4. Daraus ergeben sich folgende Ableitungen:
Da für die Kraft folgende Beziehung gilt:

$$\text{Kraft} = \text{Masse} \times \text{Beschleunigung}$$

kann man nach den Werten des SI auch sagen:

$$1 \text{ Newton} = 1 \text{ Kilogramm} \times 1 \text{ Meter pro Sekundenquadrat}$$

16

2.3.7.5. Die Gewichtskraft, die immer der Fallbeschleunigung unterliegt, wird wie folgt definiert:

Gewichtskraft = Masse × Fallbeschleunigung

Daraus ergab sich früher die Bestimmung des Kiloponds:

1 Kilopond = 1 Kilogramm × 9,80665 m/s²

Aus der Definition des Newton läßt sich dann folgendes ableiten:

1 Kilopond = 9,80665 kg · m/s² = 9,80665 Newton (N)

2.3.7.6. Kann bei den zu berechnenden Werten eine Ungenauigkeit von 2% in Kauf genommen werden, erleichtert sich die Umrechnung von Kilopond in Newton erheblich.

Durch die Verwendung von Dekanewton (daN) läßt sich folgende Gleichung aufstellen:

1 daN = 10 N = 1,019716 kp
1 kp = 9,80665 N = 0,980665 daN

Vereinfacht:

1 daN = 1,02 kp oder
1 kp = 0,98 daN

Unter Vernachlässigung der obengenannten 2%:

1 daN ≈ 1 kp

2.3.8. Druck, mechanische Spannung

2.3.8.1. Die abgeleitete SI-Einheit des Druckes oder der mechanischen Spannung ist das Pascal (Pa).

2.3.8.2. 1 Pascal ist gleich dem auf eine Fläche gleichmäßig wirkenden Druck, bei dem senkrecht auf die Fläche 1 m² die Kraft 1 N ausgeübt wird.

2.3.8.3. Auch hier werden wieder für Unterteilungen gesetzliche Krafteinheiten und Flächeneinheiten verwendet. So setzt man für den zehnten Teil eines Megapascals (MPa) das Bar (bar).
Es ergeben sich folgende Ableitungen:

1 Bar (bar) = 10⁵ N/m² = 1 daN/cm² = 1,019716 kp/cm² = 1,019716 at

Verwendet man die Einheit Hektobar (hbar) können die Umrechnungen aus kp/mm² besonders leicht vollzogen werden. Da sich auch hier Hektobar und Kilopond/Millimeterquadrat nur um 2% unterscheiden, kommt man zu folgender Gleichung:

1 Hektobar (hbar) = 1 daN/mm² = 0,980665 kp/mm²
1 kp/mm² = 0,980665 daN/mm² = 0,980665 hbar

oder bei weiterer Vereinfachung:
1 hbar = 1 daN/mm² ≈ 1 kp/mm²

2.3.8.4. Da für Festigkeits- und damit auch Spannungsberechnungen die Einheit hbar gegeben wäre, aber ein Vergleich der eingesetzten Dimensionen erschwert würde, setzt man häufig anstelle 1 hbar = 1 daN/mm².

2.3.9. Energie, Arbeit und Wärmemenge

2.3.9.1. Die abgeleitete SI-Einheit der Energie, Arbeit und Wärmemenge ist das Joule (J).

2.3.9.2. 1 Joule ist gleich der Arbeit, die verrichtet wird, wenn der Angriffspunkt der Kraft 1 N in Richtung der Kraft um 1 m verschoben wird.

2.3.9.3. Daraus ergeben sich folgende Ableitungsmöglichkeiten:
1 Joule (J) = 1 Newtonmeter (Nm) = 1 Wattsekunde (Ws)

Weitere umrechenbare Einheiten wären:
1 Kilowattstunde (kWh) = 3,6 Megajoule (MJ)
1 Elektronenvolt (eV) = 0,1602 Attojoule (aJ)
1 Kilokalorie (kcal) = 4186,8 Joule

2.3.9.4. Mechanische Energiewerte lassen sich wieder bei Vernachlässigung von 2% Differenz leicht umrechnen, wenn man:
1 Dekajoule (daJ) = 10 Nm = 1,09716 kpm oder
1 kpm = 9,80665 Nm = 0,980664 daJ setzt.

Weiter vereinfacht, ergibt sich:
1 daJ = 1,02 kpm bzw.
1 kpm = 0,98 daJ

Bei Vernachlässigung von 2%:
1 daJ = 10 Nm ≈ 1 kpm

2.3.9.5. Eine Anwendung der Einheit Dekajoule (daJ) findet man bei technischen Prüfverfahren, bei denen die Vollbringung von Arbeit, also Kraft mal Weg, eine Rolle spielen. (Z. B. bei der Feststellung der Kerbschlagzähigkeit eines Werkstoffs.) Die in der veralteten Bezeichnung gegebene Dimension kpm/cm² läßt sich, wenn die immer wieder erwähnten 2% Ungenauigkeit keine Rolle spielen, wie folgt umsetzen:

1 daJ/cm² = 1,019716 kpm/cm²
1 kpm/cm² = 0,980665 daJ/cm² oder
1 daJ/cm² = 1,02 kpm/cm²
1 kpm/cm² = 0,98 daJ/cm² oder
1 daJ/cm² ≈ 1 kpm/cm² (2% Ungenauigkeit)

2.3.10. Leistung

Aus den eben gegebenen Werten lassen sich die neuen Werte für die Leistung ableiten:

$$1 \text{ Watt (W)} = 1 \text{ Joule/Sekunde (J/s)}$$
$$= 1 \text{ Newtonmeter/Sekunde (Nm/s)}$$
$$= 0,1019716 \text{ kpm/s}$$

Das bedeutet auf die im Abschnitt 2.3.9.2. gefundenen Einheiten für Arbeit bezogen:

Das Watt, das Newtonmeter pro Sekunde und das Joule pro Sekunde ist die Leistung, die verrichtet wird, wenn der Angriffspunkt der Kraft 1 N in der Zeit 1 s in der Kraftrichtung um 1 m verschoben wird.

2.3.11. Elektrische Einheiten

Die gebräuchlichen elektrischen Einheiten sind vom Gesetzgeber weitgehend unverändert gelassen worden, so daß sich eine spezielle Aufschlüsselung erübrigt.

2.4. Der Gesetzgeber hat im vierten Abschnitt Übergangsvorschriften erlassen, die die Gültigkeitsdauer der bisher gebrauchten Maße und Maßableitungen festlegt.

Im vorliegenden Buch wurden, soweit möglich, die neuen Einheiten des SI verwendet.

2.5. Zusammenfassung

Länge: mm, cm, m

Fläche: mm², cm², m²

Volumen: mm³, cm³, m³

Ebener Winkel: $1 \text{ rad} = 1 \text{ m}/1 \text{ m} \equiv 1$

Rechter Winkel: $1^{\llcorner} = \dfrac{\pi}{2} \text{ rad}$

$$1°: \ 1^{\llcorner}/90 = \frac{\pi}{180} \text{ rad}$$

$$1': \ 1°/60 = \frac{\pi}{60 \cdot 180} \text{ rad}$$

$$1'': \ 1'/60 = \frac{\pi}{3600 \cdot 180} \text{ rad}$$

Winkelgeschwindigkeit: $1°/s = \dfrac{\pi}{180} \text{ rad/s}$

Masse: $1 \text{ g} = \dfrac{1}{1000} \text{ kg}$

$1 \text{ Mg} = 1 \text{ t} = 1000 \text{ kg}$

Dichte $\varrho = 1000 \text{ kg/m}^3 = 1 \text{ kg/dm}^3 = 1 \text{ g/cm}^3$

Kraft: $1 \text{ N} = 1 \text{ kg} \times 1 \text{ m/s}^2$

Gewichtskraft: $1 \text{ daN} = 10 \text{ N} = 1{,}019716 \text{ kp}$
$1 \text{ kp} = 0{,}980665 \text{ daN}$

vereinfacht: $1 \text{ daN} = 1{,}02 \text{ kp}$
$1 \text{ kp} = 0{,}98 \text{ daN}$
$1 \text{ daN} \approx 1 \text{ kp}$ (2% Ungenauigkeit)

Druck, mechanische Spannung: $1 \text{ Pa} = 1 \text{ N/m}^2$

$1 \text{ Bar (bar)} = 10^5 \text{ N/m}^2 = 1 \text{ daN/cm}^2$
$= 1{,}019716 \text{ kp/cm}^2$
$= 1{,}019716 \text{ at}$

$1 \text{ hbar} = 1 \text{ daN/mm}^2 = 1{,}019716 \text{ kp/mm}^2$
$1 \text{ kp/mm}^2 = 0{,}980665 \text{ daN/mm}^2 = 0{,}980665 \text{ hbar}$
Vereinfacht: $1 \text{ daN/mm}^2 \approx 1 \text{ kp/mm}^2$ (2% Ungenauigkeit)

Arbeit, Energie Wärmemenge: $1 \text{ J} = 1 \text{ Nm} = 1 \text{ Ws}$
$1 \text{ kWh} = 3{,}6 \text{ MJ}$
$1 \text{ eV} = 0{,}1602 \text{ aJ}$
$1 \text{ kcal} = 4186{,}8 \text{ J}$

vereinfacht: $1 \text{ daJ} = 10 \text{ Nm} = 1{,}09716 \text{ kpm}$
$1 \text{ kpm} = 9{,}80665 \text{ Nm} = 0{,}980665 \text{ daJ}$

oder: $1 \text{ daJ} = 1{,}02 \text{ kpm}$
$1 \text{ kpm} = 0{,}98 \text{ daJ}$

$1 \text{ daJ} = 10 \text{ Nm} \approx 1 \text{ kpm}$ (2% Ungenauigkeit)

Kerbschlagzähigkeit: $1 \text{ daJ/cm}^2 = 1{,}019716 \text{ kpm/cm}^2$
$1 \text{ kpm/cm}^2 = 0{,}980665 \text{ daJ/cm}^2$

vereinfacht: $1 \text{ daJ/cm}^2 = 1{,}02 \text{ kpm/cm}^2$
$1 \text{ kpm/cm}^2 = 0{,}98 \text{ daJ/cm}^2$
$1 \text{ daJ/cm}^2 \approx 1 \text{ kpm/cm}^2$ (2% Ungen.)

Leistung: $1 \text{ W} = 1 \text{ J/s} = 1 \text{ Nm/s} = 0{,}109716 \text{ kpm/s}$

3. Messen und Prüfen

3.1.1. Allgemeines

Definition des Meßvorgangs nach DIN 1319 Blatt 1. Auszug und Erläuterung.

3.1.2. **Messen** ist der experimentelle Vorgang, durch den ein spezieller Wert einer physikalischen Größe (Meßgröße) — der Meßwert — als Vielfaches einer Einheit oder eines Bezugswertes ermittelt wird. (Erläuterung: 1 mm wäre eine Einheit, 5 mm ein Vielfaches.)
Der Meßwert wird durch das Produkt aus Zahlenwert und Einheit angegeben, (z. B. Zahlenwert 5 Einheit kg) er ist im einfachsten Fall das Meßergebnis. Häufig wird aber das Meßergebnis aus mehreren Meßwerten gleichartiger oder verschiedenartiger Meßgrößen mit Hilfe einer vorgegebenen eindeutigen Beziehung erhalten.
(Erläuterung: Meßgeräte ergeben nicht immer, wie z. B. beim Maßstab, direkt ablesbare Werte. So kann man die elektrische Leistung Watt, nach Messung von Volt und Ampere errechnen.) Für jedes Meßergebnis sind die physikalischen und sonstigen Bedingungen, unter denen es zu stande kam, anzugeben. (Erläuterung: z. B. bei Längenmeßzeugen sollte die Temperatur von 20° C eingehalten werden.)

3.1.3. Meßprinzip

Meßprinzip ist die Benennung für die charakteristische physikalische Erscheinung, die bei der Messung benutzt wird. Das Meßprinzip kann z. B. die elastische Verformung oder die Beschleunigung sein. (Erläuterung: Das Messen mit einer elastischen Verformung findet z. B. bei Federwaagen statt.)

3.1.4. Meßverfahren

3.1.4.1. Direktes Meßverfahren

Bei den direkten Meßverfahren (Vergleichs- oder relative Meßverfahren) wird der unbekannte Meßwert durch unmittelbaren Vergleich mit einem Bezugswert derselben Größe gewonnen. (Erläuterung: Diese Verfahren lassen eine direkte Ablesung der Meßgröße zu, ohne daß eine ergänzende Rechnung erfolgen muß. Hierher gehört das Messen mit dem Maßstab, der Schiebelehre, aber auch die Ablesung eines Quecksilberthermometers oder eines Voltmeters, die ja vorher an einem „Normal" verglichen worden sind.)

3.1.4.2. Indirekte Meßverfahren

Bei den indirekten Meßverfahren wird die gesuchte Meßgröße auf andere physikalische Größen zurückgeführt und aus diesen ermittelt. (Erläuterung: Hierher gehören u. A. die Kapazitätsmessung durch Ladungs- und Spannungsmessung. Aber auch die gebräuchliche Messung der elektrischen Leistung (Watt) kann durch Einzelmessung von Spannung und Stromstärke ermittelt werden.)

3.1.4.3. Zählen

Zählen ist das Ermitteln der Anzahl von in bestimmter Hinsicht gleichartigen Elementen und Ereignissen, die bei den Untersuchungen in Erscheinung treten. (Erläuterung: Hier sind z. B. Impulse, Umdrehungen, Gegenstände gemeint.) Nicht alle Geräte, die als „Zähler" bezeichnet werden, sind, bei korrekter Anwendung des Begriffs, so zu bezeichnen. (Erläuterung: Ein „Elektrizitätszähler" müßte z. B. richtiger als „Elektrizitätsmesser" bezeichnet werden.)

3.1.4.4. Analoges Messen

Man nennt ein Meßverfahren analog, wenn die Meßgröße durch das Verfahren, das Gerät einer Ausgangsgröße zugeordnet wird, die mindestens im Idealfall ein eindeutiges punktweises stetiges Abbild der Meßgröße ist. (Erläuterung: Analog heißt entsprechend, ähnlich oder sinngemäß. Analoge Meßverfahren wären also solche, die ein direktes Vergleichen mit einem gegebenen Maß ermöglichen. Also z. B. die Schiebelehre, das Bandmaß und der Winkelmesser wären solche Instrumente. Sie geben, wie gefordert ein „punktweise stetiges Abbild" eines größeren Maßes wieder. Z. B. des Urmeters, des Vollkreises. Die Bezeichnung „analog" bezieht sich für ein Meßgerät immer auf die Ablesung.)

3.1.4.5. Digitales Messen

Man nennt ein Meßverfahren digital, ein Meßgerät digital arbeitend, wenn der Meßgröße durch das Verfahren, das Gerät oder die Einrichtung eine Ausgangsgröße zugeordnet wird, die eine mit fest gegebenen kleinstem Schritt quantisierte, zahlenmäßige Angabe der Meßgröße ist. (Erläuterung: Digital heißt an den Fingern zählen. Es bedeutet im Meßwesen, daß die Ablesung des Wertes immer direkt zu ganzen Zahlenwerten führt, Digitale Meßgeräte zeigen sofort ablesbare Zahlenwerte an. Hier wären das direkt als Zahlenbild erscheinende Meßergebnis des Digitalvoltmeters oder die durch Fallklappen anzeigende Digitaluhr zu nennen. „Normale" Uhren zeigen dagegen echte Winkelgrößen an, die man sinngemäß (analog) als Zeitspanne abliest. Auch hier gilt das schon Gesagte: Die Bezeichnung bezieht sich immer auf die Ablesung.

3.1.5. Prüfen

Prüfen heißt feststellen, ob der Prüfgegenstand eine oder mehrere vereinbarte, vorgeschriebene oder erwartete Bedingungen erfüllt. Mit dem Prüfen ist daher eine Entscheidung verbunden. (Erläuterung: Diese Entscheidung kann über die Maßgenauigkeit, den Funktionszustand oder den Füllungszustand aussagen und braucht dabei nicht zu zahlenmäßig erfaßbaren Werten zu führen. Das Prüfen kann durch Sinneswahrnehmung, durch Prüf- oder Meßgeräte oder auch automatisch erfolgen. Das Prüfergebnis kann dann z. B. „Ausschuß" oder „hinreichend gefüllt" lauten.)

3.1.6. Grundlagen für das Messen

Die Vergleichsgrößen sind gesetzlich festgelegte Maßeinheiten, z. B. Längenmaßeinheit: Meter, Inhalt: Liter, Gewicht: Kilogramm usw. Das Messen hat den Zweck, eine Größe festzustellen, z. B. die Länge eines Werkstückes (in m) oder das Gewicht einer Ware (in kg). Das Vergleichsergebnis ist der Meßwert (Ablesewert). Die Wahl eines Meßzeuges wird vom Anwendungszweck bestimmt, danach richtet sich auch der Genauigkeitsgrad des Meßzeuges. Da steigende Temperaturen bei allen Stoffen ein Ausdehnen, fallende Temperaturen dagegen ein Zusammenziehen bewirken, sind Meßzeuge mit hohem Genauigkeitsgrad bei einer Temperatur von $+20°$ C geeicht. Bei allen Messungen mit hohen Meßgenauigkeiten muß Werkstück und Meßzeug die Temperatur von $+20°$ C angenommen haben.

Im Maschinenbau sind die wichtigsten Maßeinheiten:

Das Meter (m) für Längenmessung	Das Kilogramm (kg) für Gewichts-, Last- und Belastungsmessungen	Das Dekanewton (daN) für Kraft- und Gewichtskraftmessungen	Das rad*) für Winkelmesungen

Aus den genannten Grundeinheiten setzen sich andere Maßeinheiten zusammen, z. B.:

Fläche   Länge × Breite $= m \cdot m$ $= qm$ $= m^2$

Volumen   Länge × Breite × Höhe $= m \cdot m \cdot m$ $= cbm$ $= m^3$

Druck $= $ Druckkraft: Fläche $= 1$ daN/mm². Spannungen werden auch in hbar ausgedrückt. 1 hbar $= 1$ daN/mm²

Geschwindigkeit $=$ Weglänge: Zeiteinheit $=$ m/sec, m/min oder km/h.

---

*) Da die Meßgeräte alle noch auf Grad (°) eingestellt sind, werden in diesem Buch noch Grad und Minuten verwendet.

3.1.6.1. Grundregeln

Messen ist nur sinnvoll, wenn es mit der erforderlichen Sorgfalt zuverlässig durchgeführt wird.

1. Vor dem Messen an der Meßstelle Grat, Schmutz und Späne entfernen. Meßflächen des Meßzeuges säubern.

2. Für grobe und ungenaue Arbeiten keine teuren Feinmeßzeuge verwenden.

3. Meßfläche des Meßzeuges richtig am Werkstück anlegen, wenn notwendig, auf richtigen Meßdruck achten. Niemals Gewalt anwenden.

4. An mehreren Stellen messen.

5. Beim Ablesen senkrecht auf die Ablesestelle sehen.

6. Aufgespannte Werkstücke nur bei stillstehender Maschine messen (Unfallgefahr und Beschädigung der Meßzeuge).

7. Magnetisierte Werkstücke vor dem Messen entmagnetisieren.

8. Verstellbare Meßzeuge sind wiederholt auf ihre Nullstellung zu prüfen.

9. Durch Bearbeitung erwärmte Werkstücke vor dem Messen abkühlen lassen. Bei Feinstmessungen, beispielsweise Eichen von Endmaßen, darauf achten, daß Werkstück und Meßgerät die Bezugstemperatur $+20°C$ angenommen haben.

10. Die Oberflächenrauhigkeit muß dem Genauigkeitsgrad der Messung entsprechen.

3.1.7. Behandlung von Meßzeugen

1. Feinmeßzeuge sind edle Instrumente, sie gehören auf einen besonderen Platz, z. B. Ablegebrett, Filz oder sauberen Lappen; niemals aber auf die Werkbank unter Feilen und Hämmer oder auf eine nasse Maschine. Nach dem Gebrauch sind sie in einem besonderen Behältnis, Schublade usw. mit Vaseline eingefettet, aufzubewahren.

2. Beim Messen niemals Gewalt anwenden! Das Meßzeug darf nie über das Werkstück gezwängt werden. Meßschrauben dürfen nicht zu stark angezogen werden. Alle Meßzeuge sind vor Stößen und Schlägen zu schützen; sie dürfen nie an sich drehenden Maschinenteilen angewandt werden.

3. Auf Abnutzung achten! Die Meßzeuge sind der Abnutzung unterworfen. Abnutzung ergibt Meßfehler. Jedes Meßzeug oder Meßgerät muß daher von Zeit zu Zeit einer genauen Prüfung unterzogen werden, ob es noch stimmt.

4. Wärme, Kälte, Feuchtigkeit, chemisch angreifende Substanzen sind Feinde der Meßzeuge und machen sie ungenau. Nicht auf die Heizung legen, nicht unnötig lange in der warmen Hand halten. Nicht auf die nasse Werkbank legen.

3.1.8. Meßfehler und Meßunsicherheit

Keine Messung, und sei sie noch so genau, ergibt die wirkliche Größe. Der Meßwert wird immer vom Istwert verschieden sein. Der Meßwert wird hauptsächlich von zwei Fehlerquellen beeinflußt:

1. Systematische Fehler (also Fehler des Gerätes).
2. Zufällige Fehler (also auch Fehler, die der Messende einbringt).

3.1.8.1. Systematische Fehler

Die Meßunsicherheit der Meßzeuge hängt in erster Linie von ihrer Herstellungsgenauigkeit ab. Herstellungsfehler lassen sich bis zu einer bestimmten Grenze beliebig klein halten. Äußere Einflüsse wie Wärme, Kälte, Luftdruck, Reibung usw., bilden eine weitere Ursache der Gerätefehler. Durch Abnutzung der Meßzeuge wird schließlich die Meßunsicherheit ebenfalls beeinträchtigt.

3.1.8.2. Zufällige Fehler

entstehen durch ungenaues Ablesen, sei es durch fehlerhafte Blickrichtung oder durch ungenügende Sehschärfe. Die Meßgeräte können falsch gehandhabt werden, die Meßflächen wurden vor dem Messen nicht sorgfältig genug gesäubert. Bei zu hohem Meßdruck können Meßzeug oder Werkstück eine kaum merkbare Verformung erfahren, die zu einem falschen Ergebnis führt. Ist der Meßdruck zu niedrig, erhält man ebenfalls keinen einwandfreien Meßwert. Um mangelndes Tastgefühl auszugleichen, werden in das Meßzeug Federn, Ratschen usw. eingebaut.

Wird ein Werkstück mit dem gleichen Meßzeug mehrmals unter gleichen Meßbedingungen gemessen, werden mehr oder weniger voneinander abweichende Meßwerte festgestellt. Dieses bezeichnet man als Streuen.
Ursache des Streuens sind Schwankungen, die teilweise auf Veränderungen im Meßzeug, geringen Temperaturunterschieden, teilweise aber auch auf die Stimmungslage des Messenden zurückzuführen sind. Durch wiederholte Messungen, aus denen der Mittelwert gebildet wird, können diese zufälligen Fehler weitgehend ausgeschaltet werden.

3.1.8.3. Fehlergrenzen

In der Fertigung werden bewußt kleinere oder größere Fehler — Toleranzen — zugelassen, je nach dem beabsichtigten Zweck und der erforderlichen Genauigkeit. Nach DIN sind Fehlergrenzen und zulässige Abweichungen der Meßzeuge festgelegt. Je nach ihrem Verwendungszweck sind sie nach Meßunsicherheitsgraden I, II oder III eingestuft: Vergleichsmeßzeuge, Prüfmeßzeuge und Arbeitsmeßzeuge.

3.2. Längenmessungen

Als Einheitsmaß dient in Deutschland die gesetzlich festgelegte Längeneinheit das „Meter". Es entspricht etwa einem 40millionsten Teil des Erdumfanges über die Pole gemessen. Das Urmeter wurde 1875 von der Internationalen Meter-Konvention festgelegt; es wird bei Paris aufbewahrt. Alle der Meter-Konvention angeschlossenen Staaten erhielten je eine Kopie dieses Urmeters (Deutschland Nr. 18). Das Urmeter besteht aus einer Platin-Iridium-Legierung. Die Legierung wurde wegen ihrer geringen Wärmeausdehnungszahl gewählt. Der x-förmige Querschnitt schützt das Urmeter weitgehend vor Formveränderungen (Abb. 3.1.). Ein Meter ist eingeteilt in Dezimeter, Zentimeter, Millimeter, Mikron und Millimikron. Neuerdings werden für genaueste Messungen Lichtwellenlängen als Grundeinheiten verwendet, dadurch werden unvermeidliche Übertragungsfehler vom Urmeter auf die Nachbildung ver-

Abb. 3.1. Form des Urmeters

mieden. Für bestimmte Zwecke wird in Deutschland auch heute noch das Zollmaß verwendet, z. B. bei Gewinden, Rohrdurchmessern, Holzstärken usw. In Deutschland wurde der Zoll nach DIN mit 25,400 mm festgelegt.

Für die Längenmessungen im allgemeinen Werkstattgebrauch stehen 6 Meßzeuggruppen zur Verfügung.

Übersicht

Übertragungsmeßzeuge (Abb. 3.2....3.4.).

Abb. 3.2.
Innentaster

Abb. 3.3.
Außentaster

Abb. 3.4.
Federtaster

26

Strichmeßzeuge (Abb. 3.5....3.8.).

Abb. 3.5.
Stahlmaßstab

Abb. 3.6.
Gliedermaßstab

Abb. 3.7. Roll-
bandmaß (Stahl)

Abb. 3.8. Roll-
bandmaß (Leinen)

Verschiebbare Strichmeßzeuge (Abb. 3.9....3.10.).

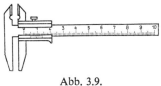
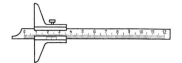

Abb. 3.9.
Schiebelehre

Abb. 3.10.
Tiefenschiebelehre

Schraubmeßzeuge (Abb. 3.11....3.12.)

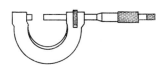
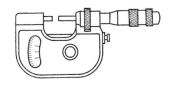

Abb. 3.11.
Meßschraube

Abb. 3.12.
Feinmeßschraube

27

Zeigermeßzeuge

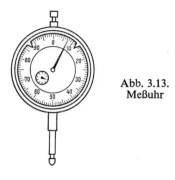

Abb. 3.13.
Meßuhr

Festwertmeßzeuge (Abb. 3.14....3.16.)

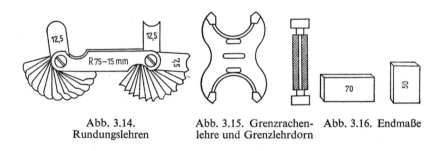

Abb. 3.14.
Rundungslehren

Abb. 3.15. Grenzrachen-
lehre und Grenzlehrdorn

Abb. 3.16. Endmaße

Für Feinmessungen sowie für Messungen in der Großserienfertigung stehen weiterhin besondere Meßzeuge, Meßmaschinen und optische Meßgeräte zur Verfügung.

3.2.1. Übertragungsmeßzeuge

verwendet man für Längenmessungen. Besitzen sie keine Strichteilung, so werden sie, je nach der verlangten Meßgenauigkeit am entsprechenden Meßzeug eingestellt, bzw. wird vom Meßzeug der Meßwert abgelesen (Abb. 3.17.a und b).

Die Taster ohne Feinstellschrauben werden mit beiden Händen ungefähr auf den Meßwert eingestellt. Die genaue Einstellung erfolgt durch leichte Schläge auf die äußeren oder inneren Schenkelkanten; niemals auf die Meßflächen schlagen!

Der Innentaster wird eingestellt, indem er in der Bohrung, auf einer Meßfläche ruhend, am Scharnier in Pfeilrichtung bewegt wird (Abb. 3.18.). Die

28

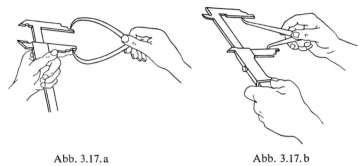

Abb. 3.17.a   Abb. 3.17.b

Abb. 3.17.a u. b. Einstellen der Taster an der Schiebelehre

Abb. 3.18.
Einstellen des Innentasters
in der Bohrung

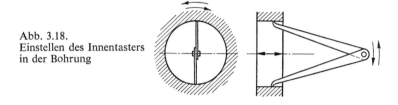

zweite Meßfläche darf die Bohrungsfläche nur in einem Punkt berühren. Beim Messen von Nuten muß sich der Taster sowohl längs als quer bewegen lassen, er darf dabei die gegenüberliegende Fläche immer nur in einem Punkt berühren.

Der Außentaster wird benutzt, wenn die Meßstelle mit anderen Meßzeugen nicht oder sehr schwer zugänglich ist.

Für genaue Messungen sind Innen- und Außentaster nicht geeignet, selbst dann nicht, wenn sie mit einer Feinstellschraube versehen sind. Die erreichbare Genauigkeit ist 0,1 mm.

3.2.2. Strichmeßzeuge

werden zum Messen von Längen und zum Anreißen benötigt.

3.2.2.1. Gliedermaßstäbe werden in Längen von 1 und 2 m hergestellt, sie bestehen aus Stahl oder Leichtmetall, ihre Fehlergrenze beträgt etwa ±1 mm auf 1 m.

3.2.2.2. Gliedermaßstäbe aus Holz (Zollstöcke). Herstellungslängen 1 und 2 m. Meter- oder Halbmeterstöcke mit Griff aus Holz, zum Messen von Textilien.

29

Holzmaßstäbe mit nichtrostenden Beschlägen, Millimetereinteilung, für technische Zwecke.

Zeichenmaßstäbe und Lineale aus verschiedensten Werkstoffen, mit verschiedenen Teilungen.

3.2.2.3. Stahlmaßstäbe werden in Längen von 300 und 500 mm hergestellt; sie bestehen aus Federstahl; die Teilung beginnt an der vordersten Kante des Maßstabes.

3.2.2.4. Arbeitsmaßstäbe werden in Längen von 500 bis 5000 mm hergestellt; sie bestehen aus Werkzeugstahl bis 14 mm Dicke und 70 mm Breite.

3.2.2.5. Bandmaße aus Leinen werden in Längen von 1, 1,5 und 2 m hergestellt; sie haben an ihren Enden Metallbeschläge. Die Teilung befindet sich auf beiden Seiten.

3.2.2.6. Rollbandmaße aus Leinen werden in Längen von 10, 20 und 25 m hergestellt; sie bestehen aus Leinen, das mit nichtrostenden Drähten durchwebt ist. Gehäuse meist aus Leder.

3.2.2.7. Rollbandmaße aus Stahl werden in Längen von 1, 2, 10, 20, 30 und 50 m hergestellt; sie bestehen aus nichtrostendem Federbandstahl. Gehäuse in verschiedensten Ausführungen.

3.2.2.8. Schwindmaßstäbe
werden bei der Herstellung der Modelle für die Gießerei verwandt. Da sich der Gußwerkstoff beim Erkalten zusammenzieht (d. h. er schwindet), muß zum Ausgleich das Modell entsprechend größer angefertigt werden. Das Schwindmaß ist je nach dem Gußwerkstoff verschieden; der Schwindmaßstab muß also nach dem Gußwerkstoff gewählt werden.

Die Schwindung beträgt bei Grauguß 1%, bei Messing und Leichtmetall 1,5%, bei Stahlguß 2%, für gegossene Metallmodelle nimmt man Doppelschwindmaß 2,5%.

Schwindmaßstäbe werden aus Holz und Stahl hergestellt. Prozentuale Abweichung und Nennlänge sind am Anfang der Teilung gekennzeichnet.

3.2.2.9. Ausführungshinweise für das Messen mit festen Strichmeßzeugen:
Wichtig für genaues Messen ist richtiges Anlegen des Maßstabes und genaue Blickrichtung. Das Auge muß beim Ablesen senkrecht auf die Ablesestelle

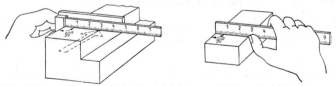

Abb. 1.19. u. 1.20. Beispiele für das Messen mit festen Strichmeßzeugen

blicken. Beim Anlegen des Maßstabes möglichst einen Anschlag benutzen, dabei beachten, daß der Maßstab senkrecht zur Bezugskante liegt. Ist kein Anschlag vorhanden, so wird der Maßstab zweckmäßig mit dem Daumen am Werkstück abgestützt (Abb. 3.19 und 3.20).

3.2.3. Verschiebbare Strichmeßzeuge

Schiebelehren werden in den verschiedensten Ausführungen geliefert; die Auswahl erfolgt je nach ihrem Verwendungszweck (Abb. 3.21....3.23.).
Die Schiebelehre besteht aus der Schiene, auf der sich die Hauptteilung befindet. An der Schiene sitzt der feste Meßschenkel. Der verschiebbare Meßschenkel trägt den Nonius. Zum Feststellen des Schiebers ist eine Feststellschraube vorhanden. Um ein leichtes, spielfreies Gleiten des Schiebers zu gewährleisten, ist in den Schieber eine Blattfeder eingelegt, die gegen die Schiene drückt. Bei der Normalausführung hat die Schiebelehre Innenmeßschnäbel für Innenmessungen, auf der anderen Seite Meßspitzen für Außenmessungen (Abb. 3.22.).

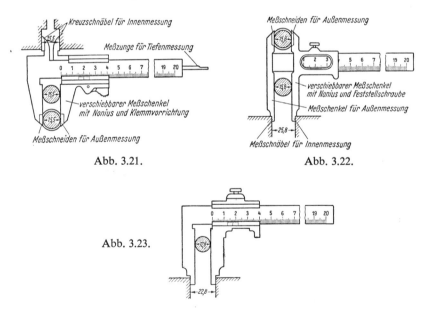

Abb. 3.21.

Abb. 3.22.

Abb. 3.23.

Abb. 3.21. zeigt eine Feinschiebelehre, mit der Innen-, Außen-, Tiefen- und Gewindemessungen ausführbar sind. Die Schiebelehre hat anstelle der Meßspitzen Kreuzschnäbel zum Innenmessen. Auf der Rückseite ist eine Meßzunge für Tiefenmessungen eingelassen. Die Meßschnäbel haben Meßschneiden

31

zum Außenmessen von Gewinden und Rillen. Abb. 3.23. zeigt eine Schiebelehre ohne Spitzen.

Abb. 3.24. zeigt eine Spezialzahnschiebelehre zum Messen der Zahndicke an Stirnrädern mit geraden und schrägen Zähnen sowie an Kegelrädern. Die Meßkanten sind mit Hartmetall bestückt, der Skalenwert ist $1/50$ mm. Mit Hilfe des senkrechten Schiebers wird die Zahnhöhe vom Kopf bis zum Teilkreis eingestellt und mit dem waagerechten Schieber die Zahnstärke im Teilkreis gemessen.

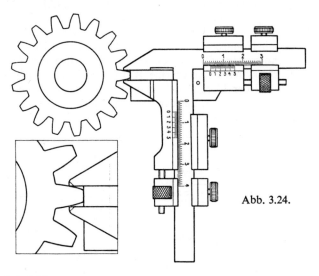

Abb. 3.24.

3.2.3.1. Schieblehren

werden mit Nonien für Ablesegenauigkeiten von $1/10$, $1/20$, $1/50$ mm hergestellt. Die gebräuchlichste Länge ist 200 mm. Schiebelehren sind die meistgebrauchten

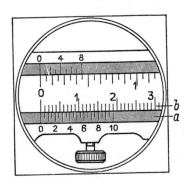

Abb. 3.25. Nonius am Meßschieber

32

Meßzeuge im Maschinenbau, mit ihnen werden Längen, Dicken, Innen- und Außendurchmesser mit einer Genauigkeit von normalerweise 0,1 mm gemessen, mit Feinschiebelehren mit einer Genauigkeit bis 0,02 mm. Der Schieber hat eine besondere Teilung, den „Nonius", der die Bruchteile des Millimeters anzeigt (Abb. 3.25.).

Der Nonius wird an vielen Meßzeugen verwendet. Mit seiner Hilfe sollen Zwischenwerte einer gleichmäßigen Teilung unmittelbar und sicher sowohl bei Längs- wie bei Kreisteilungen angezeigt werden. Er besteht aus einem kleinen Strichmaßstab (a), der verschiebbar auf der Hauptteilung (b) des Meßzeuges angebracht ist. In der Nullstellung deckt der Nullstrich des Nonius den Nullstrich der Hauptteilung (Abb. 3.26.). Den Aufbau des $1/10$ mm Nonius (Abb. 3.27.) merkt man sich am besten (9 Skalenteile der Hauptteilung in 10 gleiche Teile mit 11 Strichen).

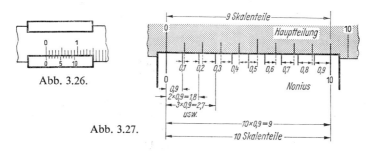

Abb. 3.26.

Abb. 3.27.

1 Skalenteil des Nonius ist demnach $9 : 10 = 9/10 = 0,9$ Skalenteil der Hauptteilung. Es ist also jeder Skalenteil des Nonius um $1/10$ mm kleiner als ein Skalenteil der Hauptteilung. Ist die Hauptteilung in mm geeicht, kann man mit dem Nonius Zehntelmillimeter ablesen (Abb. 3.27.).

Bei $1/20$ mm-Nonius ist ein Skalenteil des Nonius $= 19/20 = 0,95$ mm (Abb. 3.28).

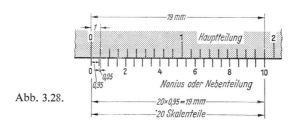

Abb. 3.28.

Läßt man bei dem $1/20$ mm-Nonius die kurzen Teilstriche weg, so erhält man den gestreckten $1/10$ mm-Nonius.

Ablesen des Nonius:

Der Anfangsstrich des Nonius zeigt an der Hauptteilung die Zahl der ganzen Teile an. Der Teilstrich des Nonius, der mit einem Teilstrich der Hauptteilung übereinstimmt (sich deckt), gibt die Anzahl der Zehntel-Teile an. Ablesebeispiele (Abb. 3.29. und 3.30.).

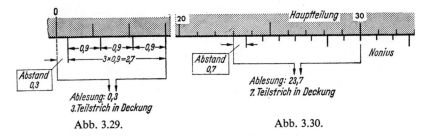

Abb. 3.29.   Abb. 3.30.

3.2.3.2. *Ausführungshinweise* zum Messen mit der Schiebelehre

Befindet sich die Schiebelehre in Nullstellung, darf zwischen den Meßschenkeln kein Lichtspalt zu sehen sein. Beim Messen eines Werkstückes wird der feste Schenkel der Schiebelehre am Werkstück angelegt, der bewegliche Schenkel vorsichtig dagegen gedrückt und dann das Maß abgelesen. Erlaubt es die Lage der Meßstelle nicht, das Maß unmittelbar abzulesen, dann wird die Klemmschraube angezogen, die Lehre vorsichtig abgenommen und dann abgelesen. Das Werkstück möglichst in der Nähe der Schiene messen (Abb. 3.31.) weil dort der Schenkel am wenigsten federt. Die Schiebelehre ist richtig eingestellt, wenn sich das Werkstück zwischen den Meßflächen „saugend" bewegen läßt.

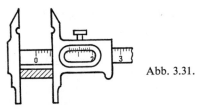

Abb. 3.31.

Bei der Normalausführung (Abb. 3.21.) haben die Meßschenkel an ihren Enden Ansätze, die zusammen 10 oder 5 mm dick sind. Sie dienen zum Messen von Innenmaßen an Bohrungen, Nuten usw. Die Dicke dieser Ansätze wird dem abgelesenen Maß zugezählt (Abb. 3.32.). Es ist darauf zu achten, daß die Schenkel der Schiebelehre stets parallel zur Mittellinie der Bohrung gehalten werden. Beim Messen von Hohlkehlen mit den Meßschneiden der Feinschiebelehre (Abb. 3.22.) ist darauf zu achten, daß die Meßschenkel an der richtigen Stelle benützt werden (Abb. 3.33.). Die Kreuzschnäbel müssen

34

auf den genauen Durchmesser eingespielt werden (nicht verkanten). Der Meßwert ist hier gleich dem Ablesewert. Es darf niemals am laufenden Werkstück gemessen werden!

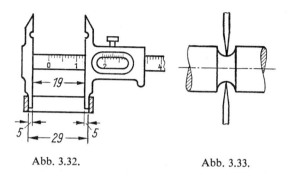

Abb. 3.32.   Abb. 3.33.

Zu den Schiebelehren gehören auch die Tiefenschiebelehren; sie werden zum Messen von Tiefen und Absätzen verwendet. Die Ablesegenauigkeit beträgt je nach Nonius $1/01$ bis $1/51$ mm. Die Abb. 3.34....3.39. zeigen: Abb. 3.34. und 3.35. eine Tiefenschiebelehre für das Messen von Tiefen und Absätzen mit verjüngtem Tiefenanschlag.

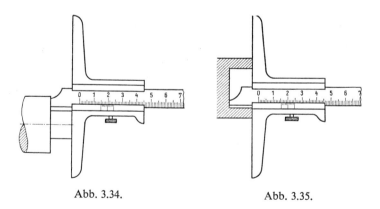

Abb. 3.34.   Abb. 3.35.

Abb. 3.36. eine Tiefenschiebelehre für das Messen von Tiefen kleiner Bohrungen und Nuten mit eingesetztem Tiefenanschlag.

Abb. 3.37. eine Tiefenschiebelehre mit Winkelhakenanschlag, zum Messen von Innenabsätzen.

3*

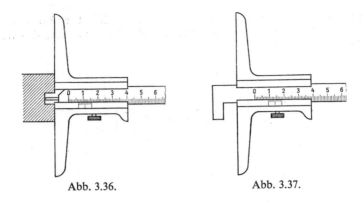

| Abb. 3.36. | Abb. 3.37. |

Abb. 3.38. eine Tiefenschiebelehre für das Messen der Tiefen von Keilnuten an Wellen.

Abb. 3.39. eine Tiefenschiebelehre für das Messen der Tiefen von Inneneinstichen, mit schwenkbarem Lineal.

Der Meßwert bei den Tiefenschiebelehren ist gleich dem Ablesewert.

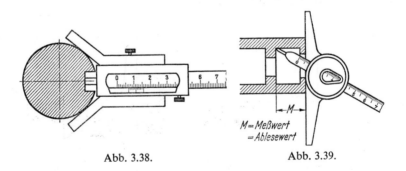

$M = Meßwert$
$= Ablesewert$

| Abb. 3.38. | Abb. 3.39. |

3.2.4. Meßschraube

Meßschrauben für das Außenmessen werden normalerweise mit einer Ablesegenauigkeit von $1/100$ mm, bei Sonderausführungen bis $1/1000$ mm hergestellt, ihr Meßbereich beträgt stufenweise 25 mm, z. B. 0...25 mm, 25 bis 50 mm usw. Abb. 3.40....3.45. zeigen verschiedene Ausführungen der Meßschrauben für Außenmessungen. Abb. 3.46. zeigt Aufbau und Einzelteile einer Meßschraube.

3.2.4.1. Übersicht

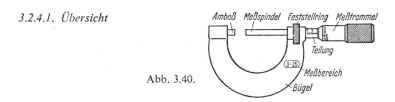

Amboß Meßspindel Feststellring Meßtrommel

Teilung

Abb. 3.40.

(0-25) Meßbereich

Bügel

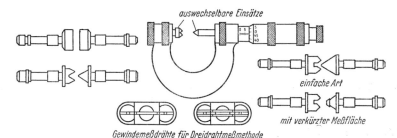

auswechselbare Einsätze

einfache Art

mit verkürzter Meßfläche

Gewindemeßdrähte für Dreidrahtmeßmethode

Abb. 3.41. Feinmeßschraube für Gewindemessung
mit auswechselbaren Einsätzen

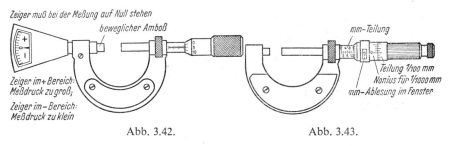

Zeiger muß bei der Meßung auf Null stehen

beweglicher Amboß

mm-Teilung

Zeiger im+Bereich:
Meßdruck zu groß;

Zeiger im-Bereich:
Meßdruck zu klein

Teilung 1/100 mm
Nonius für 1/1000 mm
mm-Ablesung im Fenster

Abb. 3.42.   Abb. 3.43.

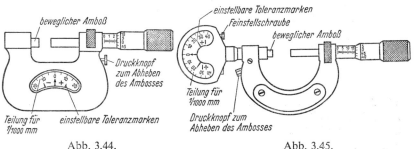

beweglicher Amboß

einstellbare Toleranzmarken
Feinstellschraube
beweglicher Amboß

Druckknopf
zum Abheben
des Ambosses

Teilung für
1/1000 mm

Teilung für   einstellbare Toleranzmarken
1/1000 mm

Druckknopf zum
Abheben des Ambosses

Abb. 3.44.   Abb. 3.45.

37

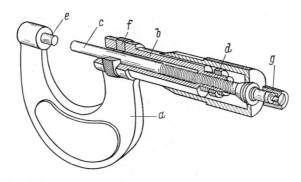

Abb. 3.46.

a. Bügel, b. Skalenhülse, c. Meßspindel, d. Spindelmutter, e. Amboß, f. Feststellring, g. Gefühlsratsche

3.2.4.2. Die Gewindesteigung der Meßspindel beträgt meistens 0,5 mm. Bei einer Umdrehung der Meßtrommel verschiebt sich also eine Mutter auf der Spindel um 0,5 mm. Da der Umfang der Meßtrommel in 50 Teile eingeteilt ist, entspricht ein Teil 0,5 mm : $50 = 0,01 = \dfrac{1}{100}$ mm. Da die Gewindehülse (Mutter) drehbar festgelegt ist verschiebt sich bei der Meßschraube die Spindel (Gewindebolzen). Wird die Trommel um einen Teil gedreht, beträgt die Längsbewegung der Spindel $1/100$ mm. Auf der Skalenhülse befindet sich oberhalb des Längsstriches die Teilung für volle mm, unterhalb für halbe mm. Ablesebeispiele Abb. 3.47.a...c. Bei einer guten Meßschraube liegen die Markenstriche auf der Meßtrommel etwa 1 mm auseinander; dadurch können Werte von 0,002 mm noch geschätzt werden.

Stellung 10,50   Stellung 23,70   Stellung 18,03

Abb. 3.47. Ablesebeispiele

3.2.4.3. Es gibt auch Meßschrauben, die eine besondere Anzeigetrommel für Zehntel-mm besitzen, außerdem wird durch einen Nonius das Ablesen von $1/1000$ mm ermöglicht. Das direkte Ablesen der $1/10$ mm schließt Additionsfehler beim Ablesen aus (Abb. 3.48.).

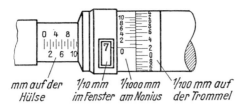

mm auf der   *¹/₁₀ mm*   *¹/₁₀₀₀ mm*   *¹/₁₀₀ mm auf*
Hülse   *im Fenster*   *am Nonius*   *der Trommel*

Abb. 3.48. Feinmeßschraube

Die hohen Ablesegenauigkeiten dürfen jedoch nicht über Fehlerquellen hinwegtäuschen, die die Ablesegenauigkeit hinfällig machen können. Abgesehen von Herstellungsfehlern können durch Abnutzung der Meßflächen und des Gewindes sowie durch Temperatureinflüsse Fehlmessungen auftreten. Persönliche Fehler durch falsches Handhaben der Meßschraube lassen sich dadurch vermeiden, daß der Messende die Gefühlsratsche benutzt. Es empfiehlt sich, vor dem Messen die Meßschraube auf Nullstellung zu prüfen und dabei den erforderlichen Meßdruck festzustellen. Abb. 3.42 zeigt eine Meßschraube, die den Meßdruck anzeigt.

Werden viele gleiche Teile gemessen, ist es zweckmäßig, die Meßschrauben in einen Halter einzuspannen (Abb. 3.49).

Abb. 3.49.
Halter für Feinmeß-
schrauben

3.2.4.4. *Meßschrauben* für Gewindemessung (Abb. 3.41) werden hauptsächlich zum Messen des Flankendurchmessers verwendet. Die Einsätze sind auswechselbar, dadurch kann eine Schraube für alle Arten von Gewinden, darüber hinaus mit Hilfe anderer Einsätze, für die verschiedensten Sondermessungen benützt werden. Die Meßschrauben besitzen am Amboß eine Feineinstell- und Feststellvorrichtung, um sie schnell und sicher auf 0 oder

nach einem Prüfmaß einstellen zu können. Für das Einstellen von Meßschrauben für Gewinde über 25 mm ⌀ werden Einstellmaße verwendet. Abb.
3.50. zeigt die verschiedenen Einsätze zum Messen des Außen-, Kern- oder
Flankendurchmessers.

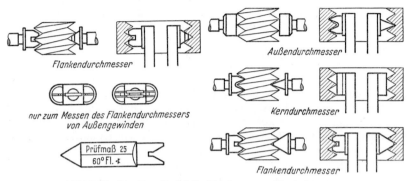

Abb. 3.50. Einsätze für Meßschrauben zum Gewindemessen

3.2.4.5. Eine sehr genaue, zugleich aber schwierige Messung der Flankendurchmesser von Außengewinden, ist die **Dreidrahtmeßmethode** (Abb. 3.51.).
Bei dieser Meßmethode wird der Flankendurchmesser d_2 aus dem Meßwert P
nach einer Formel berechnet, Drahtdurchmesser, Schräglage im Gewindegang und die Abplattung infolge der Meßkraft werden dabei berücksichtigt.
Durch Anwendung einer entsprechenden Tabelle kann die Berechnung er-
spart werden. Ein Satz Gewindemeßdrähte besteht aus einem Halter mit

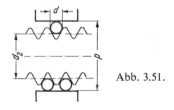

Abb. 3.51.

1 Meßdraht und einem Halter mit 2 Meßdrähten. Die Meßdrähte sind mit
einer Genauigkeit von $\pm 0,0005$ mm hergestellt. Die Durchmesser der Gewindemeßdrähte (0,17...3,2 mm) müssen der Steigung des Gewindes entsprechen; sie sind so zu wählen, daß die Anlage möglichst in der Flankenmitte
erfolgt.

3.2.4.6. Eine weitere Spezialausführung der Meßschrauben stellt die Zahnweitenmeßschraube dar, sie dient zum Messen der Zahndicke an Stirnrä-

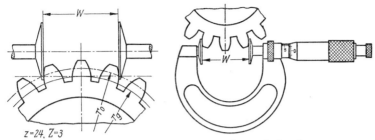

Abb. 3.52. und Abb. 3.53. Zahnweitenmeßschraube

dern mit geraden und schrägen Zähnen (Abb. 3.52. und 3.53.). Die Flächen der Meßstücke müssen sich beim Messen tangierend an zwei Zahnflanken anlegen; die Berührung soll im mittleren Teil der Zahnflanke, etwa in der Nähe des Teilkreises, stattfinden. Die Messung muß stets über mehrere Zähne ausgeführt werden. Die Zahl der Zähne über die gemessen wird, hängt von der Zähnezahl des Rades sowie dem Eingriffswinkel α der Verzahnung ab. Meßschrauben ohne Bügel dienen als Meßelemente zum Einbau in Maschinen und Meßvorrichtungen aller Art.

3.2.4.7. Sondermeßschrauben

3.2.4.7.1. Übersicht

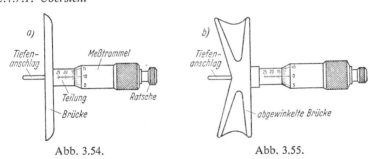

Abb. 3.54.   Abb. 3.55.

Feinmeßschrauben für das Tiefenmessen

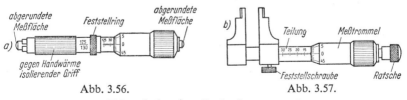

Abb. 3.56.   Abb. 3.57.

Feinmeßschrauben für das Innenmessen

41

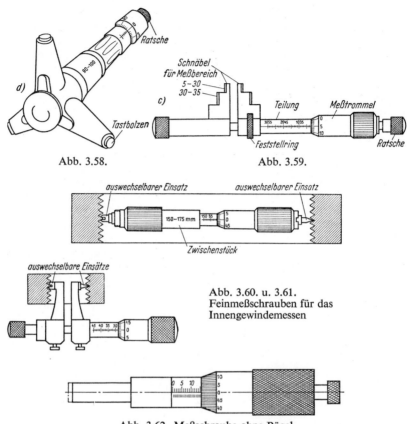

Abb. 3.58.

Abb. 3.59.

Abb. 3.60. u. 3.61.
Feinmeßschrauben für das
Innengewindemessen

Abb. 3.62. Meßschraube ohne Bügel

3.2.4.7.2. Meßschrauben für das Tiefen- und Innenmessen haben normalerweise eine Ablesegenauigkeit von $1/100$ mm, bei Sonderausführungen bis
$1/1000$ mm.
Die Abb. 3.54....3.61. zeigen verschiedene Ausführungen zum Tiefen-, Innen-
und Innengewindemessen.

3.2.4.8. Ausführungshinweise:

Bei Tiefenmessungen Meßschraube auf Untermaß einstellen. Brücke mit der
ganzen Fläche gut auf die Bezugsfläche auflegen und fest andrücken.
Die Meßspindel wird durch Drehen gegen die zu messende Fläche bewegt,
bis diese berührt wird. Hierzu gehört einige Übung, da der Augenblick der
Berührung erfühlt werden muß, weil beim Weiterdrehen sich die Brücke ab-

zuheben beginnt. Beim Messen von Nutentiefen an runden Werkstücken mit der Meßschraube (mit abgewinkelter Brücke) ist zu beachten, daß die Nutentiefe aus zwei Messungen ermittelt wird, und zwar erste Messung Meßspindel auf den Außendurchmesser, z. B. 3,2 mm; zweite Messung Meßspindel auf den Nutengrund, z. B. 7,2 mm; 7,2 mm − 3,2 mm = 4 mm Nutentiefe. Beim Innenmessen Meßschraube auf Untermaß einstellen, feste Meßfläche am Werkstück anlegen, Meßspindel durch Drehen gegen das Werkstück bewegen, bis Berührung eintritt. Es gehört viel Übung zum Messen mit der Innen-Meßschraube, da sie in Quer- und Längsrichtung zur Bezugsfläche rechtwinkelig stehen muß. Bei Bohrungen wird die Meßschraube in Querrichtung auf den Größtwert, in Längsrichtung auf den Kleinstwert, bei Innenvierkanten sowohl in Längs- als auch in Querrichtung auf den Kleinstwert eingependelt. Für Messungen unter 30 mm kommen Innen-Meßschrauben mit Meßschenkeln zur Anwendung. Bei diesen Meßschrauben ist besonders vorsichtige Handhabung geboten, weil infolge Hebelwirkung leicht Fehlmessungen, aber auch Beschädigung der Meßschraube erfolgen kann.

Beim Messen von Innengewinden mit der Meßschraube ist zu beachten, daß die dem Meßzweck entsprechenden Einsätze verwendet werden. Weicht der Flankenwinkel des zu messenden Gewindes von seinem Sollwert ab, ist es zweckmäßig, Einsätze mit verkürzten Meßflächen zu verwenden, dadurch werden genauere Meßwerte erzielt; allerdings wird für jede Gewindesteigung ein besonderes Einsatzpaar benötigt. Bei Innengewinden von 20...95 mm mißt man den Flankendurchmesser mit Innenmeßschrauben mit Meßschenkeln. Bei Innengewinden von 75 mm an aufwärts bis 300 mm können Flanken-, Außen- und Kerndurchmesser mit Innenmeßschrauben bei Verwendung entsprechender Einsätze gemessen werden.

3.2.4.9. *Feinmeßschrauben* mit Meßanzeige

Die Feinmeßschraube mit Meßanzeige (Abb. 3.44.) gehört zu den Zeigermeßgeräten (Fühlhebel); sie ist eine kleine Meßmaschine, Serienteile können schnell und mit hoher Genauigkeit gemessen werden; der Meßwert hängt nicht vom

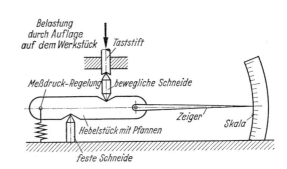

Abb. 3.63.
Hebelsystem der
Zeigermeßgeräte

Meßgefühl ab. Der Meßamboß ist beweglich angeordnet, er steht unter Federdruck, seine Bewegung wird mechanisch durch ein Hebelsystem auf einen Zeiger übertragen (Abb. 3.63.). Das Gerät findet als Zeiger-Grenzlehre Verwendung; die einstellbaren Toleranzanzeiger erleichtern die Beobachtung von Grenzmaßen. Auf der Skala werden durch den Zeiger Abweichungen bis $\pm 20\ \mu m = 0,02$ mm angezeigt.

3.2.4.9.1. *Ausführungshinweise:*

Beim Außenmessen Feinmeßschraube mit Meßanzeige auf Übermaß einstellen, Amboß an das Werkstück anlegen, Meßspindel an das Werkstück herandrehen bis Berührung erfolgt, dann Spindel solange drehen, bis sich der Zeiger in der Nähe des Nullstriches befindet; die Skalenhülse auf vollen Teilstrich (erforderlichenfalls mit Lupe) einstellen. Es ist gleich, ob der Zeiger im Plus- oder Minusbereich steht, der Meßwert ist in beiden Fällen gleich. Wird die Feinmeßschraube als Zeigergrenzlehre verwendet, so wird die Meßspindel nach erfolgter Einstellung durch den Klemmring festgelegt. Die Toleranzmarken werden eingestellt. Steht beim Messen der Zeiger zwischen den Toleranzmarken, so liegt der Meßwert innerhalb der zugelassenen Abweichung. Wird die Null- bzw. Anfangsstellung kontrolliert, müssen die Nullstriche an Skalenhülse und Trommel übereinstimmen, gleichzeitig muß der Zeiger auf Null stehen.

3.2.5. Mechanische Meßzeuge

3.2.5.1. *Meßuhren*

verwendet man zum Längenmessen, wenn Maßabweichungen von einem bestimmten Maß ermittelt werden sollen. Die Ablesegenauigkeit beträgt $1/_{100}$ mm. Zum Messen mit der Meßuhr werden Haltevorrichtungen, für Innenmes-

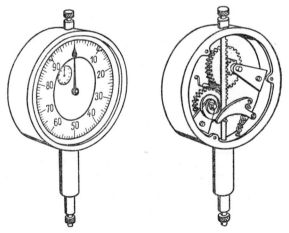

Abb. 3.64.

sungen außerdem noch besondere Übertragungsgestänge benötigt. Abb. 3.64. zeigt einen Blick in das Innere einer Meßuhr. Durch Zahnstange, Ritzel und Zahnräder wird der Meßspindelweg so vergrößert, daß der Zeigerausschlag gut erkennbar ist. Die Teilstriche auf dem Zifferblatt geben 0,01 mm an, ihre Entfernung voneinander beträgt mehr als 1 mm. Die Anzahl der vollen mm wird durch einen kleinen Zeiger angezeigt. Das Zifferblatt ist drehbar, es kann in jeder Zeigerstellung auf Null eingestellt werden. Der Meßbereich liegt bei den Meßuhren, je nach Bauart, zwischen 3 und 30 mm.

Da Meßuhren sich leicht einstellen lassen und ohne besonderen Aufwand einfach in Meßvorrichtungen einzubauen sind, werden sie häufig für vielerlei Zwecke verwendet. Einstellbare Toleranzmarken dienen bei Serienmessungen dem schnellen Erkennen der Maßhaltigkeit.

3.2.5.2. Feintaster

werden mit Ablesegenauigkeiten von 0,1, 0,01, 0,005, 0,001 und 0,0005 mm hergestellt. Ihr Meßbereich ist beschränkt, dadurch höchste Meßgenauigkeit, übersichtliche Skala, ausreichender Feinablesebereich. Der Zeiger bewegt sich nur innerhalb eines Kreisausschnittes; Fehlablesungen sind deshalb weitgehend ausgeschaltet.

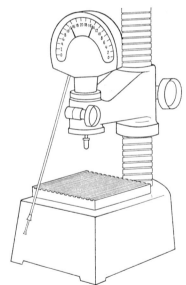

Abb. 3.65.
Feintaster ,,Millimeß‘‘
(Mahr)

Abb. 3.65. zeigt den Feintaster ,,Millimeß‘‘, Ablesegenauigkeit 1 μm. Die Übersetzung erfolgt durch Hebel, Zahnsegment, Ritzel und Zeiger ohne toten Gang. Der Feintaster wird für Vergleichsmessungen mit höchster Genauigkeit

45

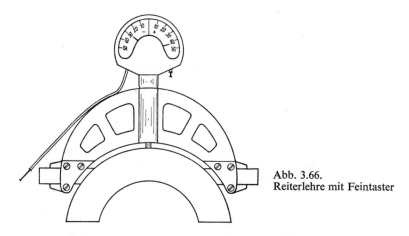

Abb. 3.66.
Reiterlehre mit Feintaster

verwendet; er eignet sich zum Anbau an Meßvorrichtungen und Maschinen zum Innen-, Außen- und Gewindemessen. Weitere Verwendung findet er in Zahnradprüfgeräten.

Abb. 3.66. zeigt eine Reiterlehre mit Feintaster zum Messen von großen Außendurchmessern.

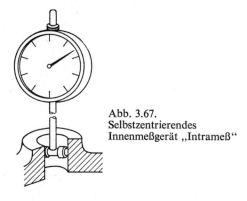

Abb. 3.67.
Selbstzentrierendes
Innenmeßgerät „Intrameß"

Zum genauen Messen von Bohrungen bedient man sich besonderer Innenmeß-geräte. Abb. 3.67. zeigt das selbstzentrierende Innenmeßgerät „Intramess", bei Verwendung von Meßuhren Ablesegenauigkeit 0,01 mm, bei Verwendung von Feintaster Ablesegenauigkeit 0,001 mm. Der Meßvorgang läßt sich schnell und sicher durchführen. Für kleine Bohrungen stehen besondere Tasteinsätze zur Verfügung, Meßbereich von 1,75...4 mm; jeder Tasteinsatz hat einen Meßbereich von ±0,2 mm bei einer Meßtiefe von 18...25 mm.

3.2.5.3. Anzeigende Grenzlehren mit Feintaster

Seit Jahrzehnten wird mit Festwertgrenzlehren gemessen. Der Nachteil besteht bei den Festwertmeßzeugen darin, daß sie nur innerhalb der zulässigen Toleranz „gut" oder „Ausschuß" erkennen lassen. Sie zeigen niemals den Istwert an, dadurch ist der Facharbeiter beim Zustellen an der Werkzeugmaschine mehr oder weniger auf sein Gefühl angewiesen. Die Ausschußgefahr ist erheblich. Ein weiterer Nachteil ist die teuere, umfangreiche Lagerhaltung von Grenzlehren, da für jeden Normaldurchmesser und die wichtigsten Passungen stets eine Lehre greifbar sein muß. Rascher Verschleiß erfordert kostspielige Instandsetzung und laufende Überwachung des Lehrenparks. Wegen der angeführten Nachteile bei den Festwertgrenzlehren kommt den anzeigenden Grenzlehren eine immer größer werdende

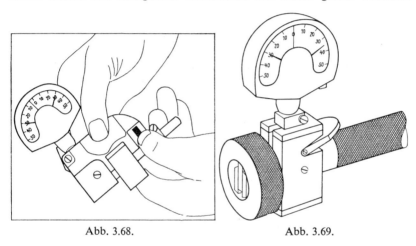

Abb. 3.68.   Abb. 3.69.

wirtschaftliche Bedeutung zu. Abb. 3.68. zeigt das Meßgerät „Marameter" für Außenmessungen und Abb. 3.69. das Meßgerät „Marimeter" für Innenmessungen. Bei diesen Meßgeräten wird das persönliche Meßgefühl ausgeschaltet. Gut- und Ausschußprüfung erfolgt in einem Meßvorgang. Da das Istmaß eines Werkstücks abgelesen werden kann, besteht die Möglichkeit, während der Bearbeitung genau zu verfolgen, wieviel Material noch abzuheben ist, bis das Toleranzfeld erreicht ist. Die Meßsicherheit wird gesteigert, der Fertigungsablauf wird beschleunigt. Für den Meßbereich bis 100 mm werden nur 3 Geräte benötigt, mit denen sämtliche Maße einstellbar sind. Die Einstellung der Geräte wird nach Parallel-Endmaßen, Meßscheiben und Einstellringen vorgenommen. Zum Messen von Innen- und Außengewinden können ebenfalls einstellbare Meßgeräte mit Meßuhr oder Feintaster angewendet werden.

3.2.6. Elektrische Längenmeßgeräte

Bei der wirtschaftlichen Mengenfertigung von Austauschteilen mit hoher Genauigkeit sind Meßgeräte erforderlich, die schnell und zuverlässig eine Auslese der maßhaltigen Teile, der Teile mit Übermaß oder Untermaß, ermöglichen. Da das Ablesen der Zeigerstellungen bei vielen aufeinander folgenden Messungen für die Augen sehr ermüdend ist, hat man Geräte entwickelt, die beim Überschreiten der eingestellten Toleranzgrenzen elektrische Kontakte schließen und damit die Steuerung beliebiger elektrischer Geräte in Abhängigkeit von der Abmaßlage des zu prüfenden Teils gestatten.

Die Anzeige des Meßbefundes erfolgt durch Anzeigegeräte. Die nachzuarbeitenden Teile werden durch ein weißes, maßhaltige Teile durch ein grünes und Ausschußteile durch ein rotes Lichtsignal angezeigt. Mit Hilfe von elektromagnetisch betätigten Klappen oder Weichen, die über Feinrelais von den elektrischen Feintastern gesteuert werden, können selbsttätig arbeitende Prüfgeräte ausgebildet werden. Abb. 3.70. zeigt den elektrischen Feintaster „Elmess". Werden in die rein mechanischen Feintaster mit Zeigeranzeige zusätzlich Grenzkontakte eingebaut, so ist das Ablesen des Istmaßes am Zeiger

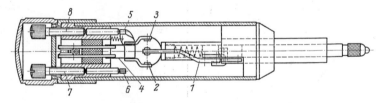

Abb. 3.70. Elektrischer Feintaster „Elmess" (Mahr)

1 = Kontakthebel,
2 und 3 = Gegenkontakte,
4 = Blattfeder,
5 und 6 = Hebel,
7 und 8 = Stellschraube

und gleichzeitig das mühelose Ablesen der Grenzmaßlage von Anzeigelampen an einem Gerät möglich. Abb. 3.71. zeigt die schematische Darstellung der Anordnung der Grenzkontakte im Meßwerk des Feintasters und die Schaltung des Anzeigegerätes.

Die elektrischen Anzeigegeräte können selbstverständlich auch für Gewindemessungen verwendet werden. Um ein Werkstück an mehreren Meßstellen zugleich zu messen, wurden Mehrfach-Prüfgeräte entwickelt. Die Gutanzeige erscheint nur dann, wenn alle Meßstellen gut sind. Ein weiteres elektrisches

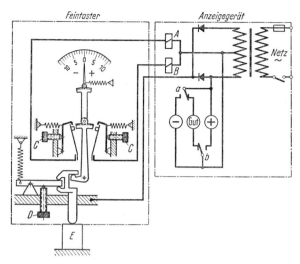

Abb. 3.71. Feintaster mit elektrischen Kontakten zur Anzeige des Ist-Maßes am Zeiger und der Grenzmaße an Signallampen. A und B Feinrelais; C Kontakstellschrauben; D Abhebeschraube, E Endmaß für Nulleinstellung

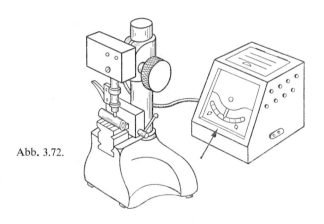

Abb. 3.72.

Feinmeßgerät ist der in Abb. 3.72. gezeigte „Induktive Meßtaster" mit Feinanzeigegerät; es zeichnet sich durch hohe Meßgenauigkeit und Betriebs-Robustheit aus. Es dient zur schnellen und zuverlässigen Feststellung kleinster Maßabweichungen. An der übersichtlichen Skala können bis zu 0,05 μm einwandfrei abgelesen werden. Beim Messen innerhalb des Meßbereiches von $\pm2,5$ μm entspricht 1 μm $= 25$ mm auf der Skala. Das Gerät ist gegen mechanische

4 Werkstatt

Beanspruchungen (Erschütterungen, Stöße usw.) sowie gegen klimatische Einflüsse weitgehend unempfindlich. Das Anzeigegerät hat 5 verschiedene, einstellbare Meßbereiche: $\pm 2{,}5\,\mu$m, $\pm 5\,\mu$m, $\pm 10\,\mu$m, $\pm 25\,\mu$m und $\pm 50\,\mu$m. Elektrische Feintaster können auch in Werkzeugmaschinen eingebaut werden. Durch Verwendung von Hilfsrelais in der Steuerleitung ist es möglich, Starkstromantriebe auch von großer Leistung in Abhängigkeit von den am Feintaster eingestellten Grenzmaßen zu steuern.

Die optischen Meßgeräte sind in einem besonderen Abschnitt Seite 66 besprochen.

3.2.7. Festwertmeßzeuge

3.2.7.1. Festwertmeßzeuge haben zwischen den Meßflächen ein unveränderliches Maß. Einfache sind die *Blechlehre* (Abb. 3.73.) die *Drahtlehre* (Abb. 3.74.) und die *Spiralbohrerlehre* (Abb. 3.75.). Der *Spielprüfer (Fühlerlehre, Spion)* (Abb. 3.76.) wird bei der Montage zur Feststellung des Spiels von Führungen, Lagern usw. verwendet. Erhabene (konvexe) und hohle (konkave) Rundungen vergleicht man mit *Radiusschablonen (Radiuslehre, Rundungslehre)* (siehe Abb. 3.14.). Stimmt der Radius des Werkstückes mit der Schablone überein, darf kein Lichtspalt zu sehen sein.

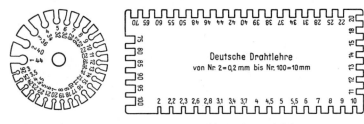

Abb. 3.73. Blechlehre   Abb. 3.74. Drahtlehre

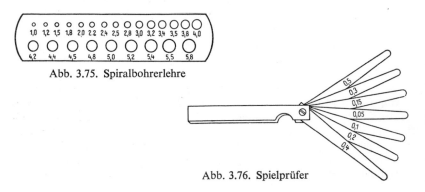

Abb. 3.75. Spiralbohrerlehre

Abb. 3.76. Spielprüfer

50

3.2.7.2. Grenzlehrdorne, Grenzflachlehren und *Grenzkugelendmaße* (Abb. 3.77. und 3.78.) dienen zum Messen von Bohrungen. Grenzlehrdorne sind aus Stahl, gehärtet, geschliffen und geläppt. Auf dem Griff der Lehre ist das Nennmaß sowie Lage und Größe der Toleranz in der ISO-Bezeichnung angegeben. Auf jeder Seite des Dornes ist das Abmaß des Meßzylinders der entsprechenden Seite angegeben. Die „Gutseite" ist der Meßzylinder mit dem *Kleinstmaß*, er muß in die Bohrung hineingehen. Die „Ausschuß-Seite" ist der Meßzylinder mit dem *Größtmaß*, er darf in die Bohrung **nicht** hineingehen, sondern darf nur anschnäbeln. Die Ausschußseite ist an dem kurzen Meßzylinder zu erkennen, außerdem befindet sich ein roter Warnring am Griff auf der Ausschußseite.

Abb. 3.77.
Grenzlehrdorn

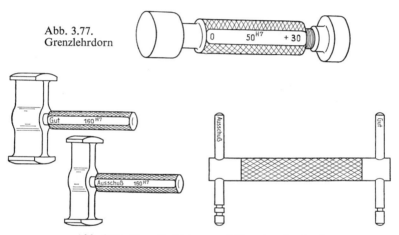

Abb. 3.78. Grenzflachlehren und Grenzkugelendmaß

3.2.7.3. Die *Grenzrachenlehren* (Abb. 3.79. a, b, c) werden mit zwei Meßrachen für Gut und Ausschuß, einmäulig, bei denen die Abmaße für Gut und Ausschuß in einem Rachen vereinigt sind, und in Sätzen zu je 2 Stück je für Gut und Ausschuß, hergestellt.

Die Grenzrachenlehren werden zum Messen von Wellen, Zapfen usw. benutzt. Sie bestehen aus Stahl, die Meßbacken sind gehärtet, genau geschliffen und geläppt. Auf dem Bügel sind Nennmaß und Toleranz in der ISO-Bezeichnung angegeben. Die Meßbacken für das Größtmaß sind die „Gutseite", sie tragen die Bezeichnung „Gut", die Meßbacken für das Kleinstmaß die Bezeichnung „Ausschuß". Bei der doppelmäuligen Grenzrachenlehre ist die Ausschußseite durch roten Farbanstrich und abgeschrägten Meßbacken gekennzeichnet.

Die Gutseite muß leicht (durch Eigengewicht) über die Welle gehen, die Ausschußseite darf nur anschnäbeln.

4*

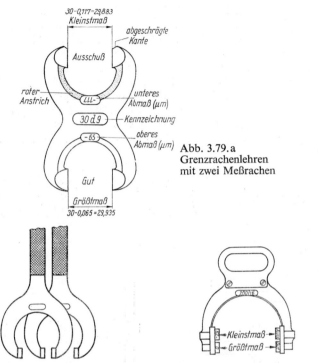

30-0,117=29,883
Kleinstmaß

abgeschrägte Kante

Ausschuß

roter Anstrich

LLL-

unteres Abmaß (μm)

30 d 9 — Kennzeichnung

-65

oberes Abmaß (μm)

Gut

Größtmaß
30-0,065 = 29,935

Abb. 3.79.a
Grenzrachenlehren
mit zwei Meßrachen

Abb. 3.79.b Grenzrachenlehren einmäulig
1. Gutseite
2. Ausschußseite

Abb. 3.79.c Grenzrachenlehren einmäulig, nachstellbar

Kleinstmaß
Größtmaß

Die einmäulige Grenzrachenlehre hat den Vorteil einer Gewichtsersparnis; sie ist gut zu handhaben, da man sie nicht umzudrehen braucht; das Werkstück wird mit einem Griff gemessen. Abb. 3.80. zeigt Anwendungsbeispiele für das Messen mit Grenzlehren.

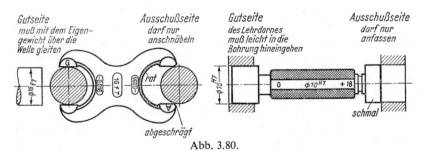

Gutseite
muß mit dem Eigengewicht über die Welle gleiten

Ausschußseite
darf nur anschnäbeln

Gutseite
des Lehrdornes muß leicht in die Bohrung hineingehen

Ausschußseite
darf nur anfassen

rot

abgeschrägt

schmal

Abb. 3.80.

52

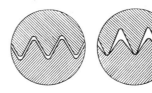

Abb. 3.81.a   Abb. 3.81.b Flankenfehler
Gewindegrenzrachenlehre

3.2.7.4. Zum Messen von Gewinden werden *Gewindegrenzlehren,* für Muttergewinde — *Gewindegrenzlehrdorne* —, für Bolzengewinde — *Gewindegrenzrachenlehren* —, hergestellt (Abb. 3.81.a). Bei Verwendung von *Gewinde-Gut-
lehrringen* können unzulässige Flankenfehler nicht erkannt werden (Abb. 3.81.b)
deshalb benutzt man besser Grenzrachenlehren.
Die Gewinde-Grenzlehrdorne bestehen aus zwei Meßkörpern:

3.2.7.4.1. Der Meßkörper zur „Gut"-Prüfung (Gutseite) hat ein vollständiges
Gewinde, dessen Flanken- und Außendurchmesser dem zulässigen Kleinstmaß
des zu prüfenden Innengewindes entspricht. Geprüft werden Flankendurchmesser sowie Steigung und Teilflankenwinkel in ihrer Gesamtwirkung. Der
Kerndurchmesser wird durch die Gutseite nicht geprüft. Dieser Gut-Lehrdorn
muß sich leicht in das zu prüfende Muttergewinde einschrauben lassen.

3.2.7.4.2. Der Meßkörper zur „Ausschuß"-Prüfung (Ausschußseite) ist kürzer
als die Gutseite; er hat nur 2...3 Gewindegänge, bei denen der innere und
äußere Teil des Gewindeprofiles entfernt wurden, so daß nur der mittlere Teil
der Flanken stehengeblieben ist. Ein zylindrischer Vorzapfen erleichtert das
Einführen der Ausschußseite. Dieser Ausschußlehrdorn darf sich **nicht** in das
zu prüfende Muttergewinde einschrauben lassen.

3.2.7.5. Die Gewindegrenzrachenlehren mit Meßrollen besitzen zwei hintereinander liegende Rollenpaare:

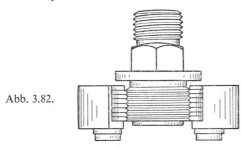

Abb. 3.82.

Ein vorderes Rollenpaar zur Gutprüfung, die „Gutseite". Diese Rollen haben
mit Ausnahme des Kerns volles Gewindeprofil, es können Flankendurch-

messer, Steigung und Teilflankenwinkel damit geprüft werden. Die Gutseite muß durch das Eigengewicht der Lehre über das zu prüfende Bolzengewinde gleiten.

Ein hinters Rollenpaar zur Ausschußprüfung, die „Ausschußseite". Von den Rollen der Ausschußseite hat die eine nur einen Gewindegang, die andere zwei Gewindegänge. Die Ausschußseite prüft, ob der Flankendurchmesser das zulässige Kleinstmaß nicht unterschreitet. Die Ausschußseite darf nicht über das zu prüfende Bolzengewinde gehen.

Abb. 3.82. zeigt ein Bolzengewinde zwischen den Meßrollen einer Gewinde-Grenzlehre.

3.2.8. Präzisionsmeßzeuge

3.2.8.1. Endmaße
sind die Urmaße eines Betriebes; mit ihnen werden Lehren und Meßgeräte verglichen. Für die Maßbestimmung an genauen Werkstücken, zur Prüfung und Einstellung von Werkzeugen und Vorrichtungen sowie zum genauen Anreißen sind sie unentbehrlich. Die Endmaße weisen höchste Genauigkeit und Parallelität der Meßflächen auf. Es liegen z. B. die zulässigen Abweichungen bei Endmaßen des Gütegrad I von den Längen 0,1...100 mm zwischen $\pm 0,2\ \mu$m und $\pm 0,7\ \mu$m. Entsprechend ihrer Verwendung werden die Endmaße in vier Genauigkeitsgraden hergestellt.

Genauigkeitsgrad 0
Für allerhöchste Genauigkeitsanforderungen als Urmaße in Meßlaboratorien.

Genauigkeitsgrad I
Für hohe Genauigkeitsanforderungen als Ur- und Vergleichsmaße, auf die sich alle Messungen eines Betriebes beziehen.

Genauigkeitsgrad II
Zum Prüfen von Arbeitslehren nach den ISO-Qualitäten IT 6 und IT 7, zum Einstellen von anzeigenden Meßgeräten und zum Prüfen genauer Maße im Vorrichtungsbau. Genauigkeitsgrad II ist für fast alle Betriebe ausreichend genau genug.

Genauigkeitsgrad III
Für geringe Genauigkeitsanforderungen, zum Anreißen, zur Drehmeißelanstellung bei Werkzeugmaschinen usw.

Um innerhalb eines bestimmten Meßbereiches jedes beliebige Maß von Mikron*) zu Mikron zusammenstellen zu können, werden Endmaßsätze her-

---

*) 1 Mikron = 0,001 mm = 1/1.000.000 m.

54

gestellt. Aus diesen Sätzen werden die zur Bildung eines benötigten Maßes erforderlichen Endmaße entnommen und zu einer Endmaß-Kombination zusammengestellt, z. B. 1,002 mm + 1,07 mm + 1,5 mm + 3 mm + 20 mm = 26,572 mm. Abb. 3.83. zeigt eine Endmaß-Kombination. Die Meßflächen der Endmaße sind so genau eben, daß sie allein durch Ansprengen aneinander haften. Um die Endmaße, die aus gehärtetem Stahl bestehen, gegen Abnützung zu sichern, kann man Hartmetall-Endmaße verwenden, die an die Enden der Endmaß-Kombination gesetzt werden.

Neben den Parallel-Endmaßen werden noch zylindrische Meßdorne hergestellt, die zusammen mit den Endmaßen zum Prüfen von Rachenlehren verwendet werden.

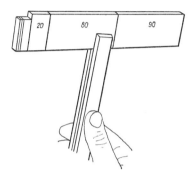

Abb. 3.83. Endmaß-Kombination

Hinweise für die Behandlung von Parallel-Endmaßen:

Zum Schutz der Meßflächen vor Beschädigung und zur Verhütung von Meßfehlern sind die Meß- und Berührungsflächen sorgfältig zu reinigen.

Kratzer auf der Meßfläche sowie angestoßene Kanten verursachen Meßungenauigkeiten, sie verhindern das Ansprengen und sind Ursache weiterer Beschädigungen.

Das Entfernen der Einfettvaseline wird zweckmäßigerweise trocken mit einem weichen Lederlappen vorgenommen.

Verschmutzte Endmaßflächen reinigt man durch Schwenken des Endmaßes in reinem Benzin oder Alkohol, dann mit Wildlederlappen trocken reiben. Vor Feuchtigkeit, Handschweiß, Schleifstaub, Säuren und Säuredämpfen, Stößen, Hitze und magnetischen Einflüssen sind die Endmaße zu schützen. Magnetisch gewordene Endmaße müssen entmagnetisiert werden.

Nach Gebrauch sind die Meßflächen sorgfältig zu säubern und mit säurefreier Vaseline einzufetten.

3.3. Flächenprüfungen

3.3.1. Die Ebenheit von Flächen wird mit Linealen geprüft, wenn es auf große Genauigkeit ankommt, werden Haarlineale verwendet. Das Lineal wird mit der Schmalseite oder einer seiner Kanten auf die zu prüfende Fläche gelegt; unebene Stellen werden durch Lichtspalte angezeigt. Dünne Lineale dürfen nur mit der Schmalseite aufgelegt werden, weil die Kanten meist krumm sind. Haarlineale besitzen genau geschliffene Meßkanten, sie müssen deshalb vorsichtig gehandhabt werden.

3.3.2. Ausführungshinweise:

Die zu prüfende Fläche wird sorgfältig von Schmutz und Spänen gesäubert, der Grat entfernt, dann wird das Haarlineal an mehreren Stellen und in verschiedenen Richtungen auf die Fläche vorsichtig aufgesetzt.

Durch das Lichtspalt-Meßverfahren werden kleinste Unebenheiten sichtbar. Das Haarlineal muß nach jeder Messung abgehoben und an der nächsten Stelle wieder aufgesetzt werden. Hinundherfahren beschädigt bzw. nutzt die Meßkante ab.

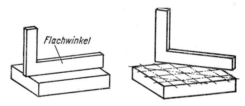

Abb. 3.84. Mit der Schmalfläche des Winkelschenkels wird die Ebenheit geprüft

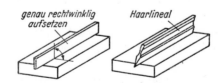

Abb. 3.85.a Bei Verwendung von Linealen, Abrichtlinealen mit geschabten Schmalflächen oder Haarlinealen kann genauer geprüft werden

Abb. 3.85.b Prüfergebnisse

56

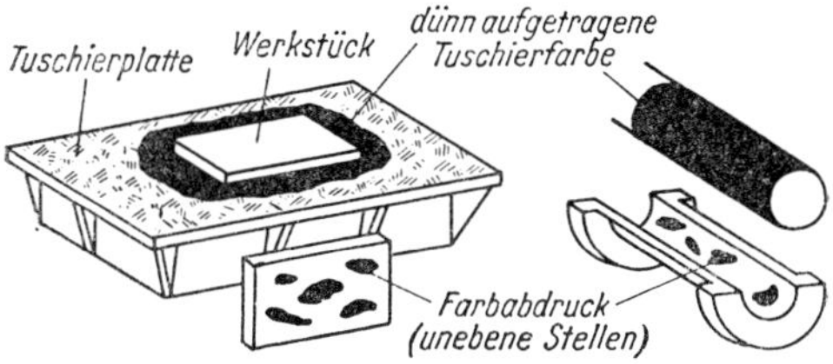

Abb. 3.86.
Tuschieren von Werkstücken

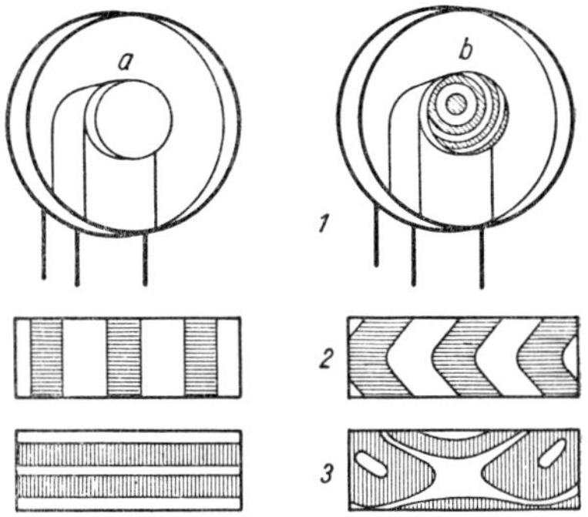

Abb. 3.87.
Prüfen der Ebenheit mit Planglasplatten
a) Ebene, gute Meßflächen zeigen keine oder gleich breite, parallel verlaufende Streifenbildung
b) Unebene Meßflächen sind an unregelmäßigen Streifenverlauf zu erkennen
1 = hohl oder ballig, 2 = dachförmig, 3 = völlig uneben

3.3.3. Ein weiteres Verfahren, die Ebenheit einer Fläche zu prüfen, besteht im Tuschieren eines Werkstückes auf der Tuschierplatte.
Hochwertige Flächen, z. B. Meßflächen, können mit Planglasplatten geprüft werden.
Die Abb. 3.84....3.87. zeigen einige Anwendungsmöglichkeiten der Flächprüfzeuge.

3.4. Winkelmessungen*

3.4.1. Allgemeines

Das Einheitsmaß ist der Grad (°). Ein Grad ist der 360. Teil eines Vollwinkels. Die Unterteilung eines Grades erfolgt in Minuten (') und Sekunden ("). Ein Grad = 60', 1 Minute = 60", 1° hat also $60 \times 60 = 3600"$.
Zwei sich schneidende Gerade (Schenkel) bilden einen Winkel. Stehen die Schenkel eines Winkels senkrecht aufeinander, so heißt er rechter Winkel (90°). Winkel unter 90° sind spitze Winkel. Winkel zwischen 90 und 180° sind stumpfe Winkel. Winkel von genau 180° sind gestreckte Winkel und Winkel über 180° sind erhabene Winkel.

---

*) Nach SI : $1° = 1^{\lfloor}/90 = \frac{\pi}{2}$ rad.
Da noch alle Meßinstrumente Gradeinteilung haben, bleibt in diesem Buch die alte Bezeichnung erhalten. (Siehe Seite 15.)

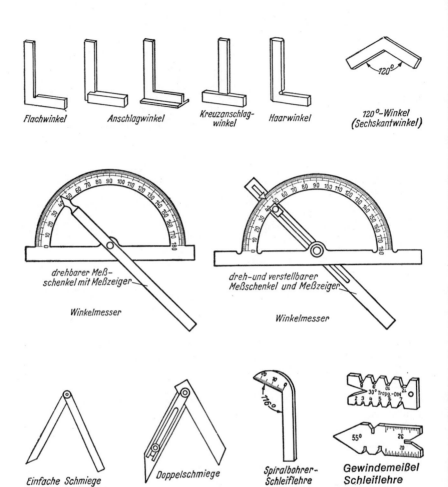

Flachwinkel Anschlagwinkel Kreuzanschlag- Haarwinkel
                              winkel

120°-Winkel
(Sechskantwinkel)

drehbarer Meß-
schenkel mit Meßzeiger

Winkelmesser

dreh-und verstellbarer
Meßschenkel und Meßzeiger

Winkelmesser

Einfache Schmiege

Doppelschmiege

Spiralbohrer-
Schleiflehre

Gewindemeißel
Schleiflehre

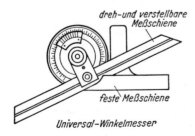

dreh-und verstellbare
Meßschiene

feste Meßschiene

Universal-Winkelmesser

Abb. 3.88.
Gebräuchliche Winkelmeßzeuge

Die Summe aller Winkel um den Mittelpunkt eines Kreises beträgt immer 360°.
Die Summe aller Winkel in einem Dreieck beträgt immer 180°, die Summe
aller Winkel in einem Viereck beträgt immer 360°.

3.4.2. Winkelmeßzeuge

Winkel werden durch feste oder verstellbare Winkelmeßzeuge gemessen. Feste
Winkelmeßzeuge (Festwert-Meßzeuge) dienen nur zur Messung eines bestimmten Winkels. Der rechte Winkel (90°) wird am häufigsten gebraucht.

Verstellbare Winkelmeßzeuge werden mit und ohne Gradeinteilung hergestellt.
Verstellbare Winkelmeßzeuge ohne Gradeinteilung, sogenannte Schmiegen,
dienen zum Übertragen beliebiger Winkel.

Zum genauen Winkelmessen stehen auch Winkelendmaße zur Verfügung, die
einzeln oder zusammengestellt verwendet werden können. Abb. 3.88. zeigt die
in der Werkstatt gebräuchlichen Winkelmeßzeuge.

In manchen Fällen kann man die Winkelmessung durch Längenmessung, bei
Anwendung der trigonometrischen Funktionen, ersetzen. Hierauf beruhen
z. B. das Sinus- und Tangens-Lineal.

3.4.2.1. Messen mit festen Winkelmeßzeugen

Das Meßzeug ist so an das Werkstück anzulegen, daß beide Schenkel rechtwinklig zu den Flächen des Werkstückes stehen. Die Winkelübereinstimmung
wird nach der Lichtspaltmethode festgestellt. Wird ein Werkstück an mehreren
Stellen gemessen, so darf das Meßzeug nicht geschoben werden, es muß an
jeder Meßstelle neu aufgesetzt werden (Schonung der Meßflächen).

3.4.2.2. Messen mit Winkelmesser

Mit dem einfachen Winkelmesser (Abb.
3.89.) können Winkel von 0...180° gemessen werden. Die feste Schiene wird
gegen eine Fläche des zu messenden
Winkels am Werkstück angelegt, die
bewegliche, drehbare Schiene wird zur
anderen Fläche bewegt, bis sie zur Anlage kommt. Der Zeiger gibt die Winkelgröße an. Beim Ablesen ist darauf
zu achten, welche Seite (0° oder 180°)
Ausgangspunkt der Messung war.

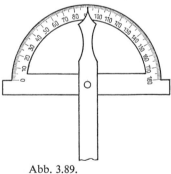

Abb. 3.89.
Einfacher Winkelmesser

Bei dem Universalwinkelmesser (Abb. 3.90.) können die beiden Schenkel
durch Verdrehen zweier Scheiben jeden beliebigen Winkel zueinander bilden.
Die äußere Scheibe hat die Hauptteilung, die aus vier Bereichen zu je 90°
besteht. Sie zählt von 0° nach beiden Richtungen bis 90° ansteigend und

von da ab wieder auf 0° abfallend. Die innere Scheibe hat die Feinmeßteilung (Nonius), die ebenfalls nach beiden Richtungen ausgeführt ist, da beim Ablesen in der gleichen Richtung gezählt werden muß, in der auf der Hauptteilung die ganzen Grade abgezählt wurden. Die Feinmeßteilung am Universalwinkelmesser macht das Ablesen von Winkeln mit einer Genauigkeit von 5′ (Minuten) möglich.

23 Teile = 23° der Hauptteilung, werden durch Teilstriche der Feinmeßteilung in 12 gleiche Teile geteilt, so daß jeder Teil dem Wert 23/12° entspricht. 23/12° · 60′ = 115 Minuten, damit ist jeder Teil um 5′ kleiner als 2 Teile = 2° der Hauptteilung. Der Teilstrich der Feinmeßteilung, der sich mit einem Teilstrich der Hauptteilung deckt, gibt an, wie oft 5′ zu der am Nullstrich abgelesenen Gradzahl hinzugezählt werden müssen.

3.4.2.3. Einstellen und Ablesen des Universal-Winkelmessers

Die Schenkel werden so an das Werkstück angelegt, daß zwischen Werkstück und Schenkel kein Lichtspalt erkennbar ist. Die Schenkel des Winkelmessers müssen rechtwinklig auf den Meßflächen stehen. Beim Messen spitzer Winkel ist der Meßwert gleich Ablesewert.

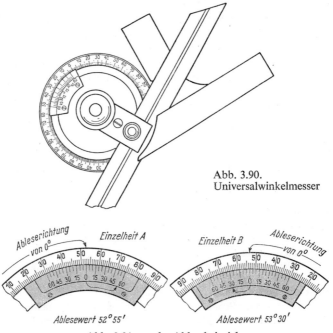

Abb. 3.90.
Universalwinkelmesser

Abb. 3.91.a u. b. Ablesebeispiele

Beim Messen stumpfer Winkel ist der Meßwert = 180° − Ablesewert. Von der Hauptteilung wird, von Null ausgehend, der volle Grad am Nullstrich der Feinmeßteilung abgelesen; in der gleichen Richtung werden die Teilstriche der Minutenzahl gezählt bis zu dem Teilstrich, der sich mit einem Teilstrich der Hauptteilung deckt. Ablesebeispiele Abb. 1.91 a...b.

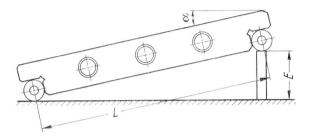

Abb. 3.92. Sinuslineal

3.4.2.4. *Trigonometrische Winkelmessung*

Das Sinuslineal (Abb. 3.92.) ist aus Stahl, gehärtet und genau geschliffen. Die Meßscheiben haben den genauen Mittenabstand L, der in das Lineal eingraviert ist. Die Bohrungen ermöglichen das Befestigen von solchen Teilen, die nicht auf die genau eben geschliffene Auflagefläche des Sinuslineals aufgelegt werden können. Mit Hilfe von Parallel-Endmaßen wird das Sinuslineal zum genauen Einstellen und Prüfen von Winkeln verwendet.

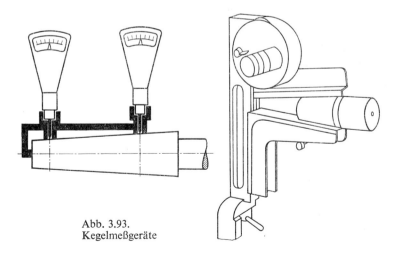

Abb. 3.93.
Kegelmeßgeräte

Das für einen bestimmten Winkel α benötigte Endmaß E, wird nach der Formel $E = L \cdot \sin \alpha$ errechnet. (Winkelfunktionen siehe unten.) Abb. 3.93. zeigt zwei Kegelmeßgeräte. In der Werkstatt werden Kegel mit Kegellehrhülsen, Hohlkegel mit Kegellehrdornen gemessen.

3.4.2.5. Winkelfunktionen

Für manche Arbeiten, beispielsweise Spiralarbeiten, Kegeldrehen usw., benötigt man zur Errechnung des Steigungs- bzw. Einstellwinkels Kenntnisse der trigonometrischen Funktionen. Die wichtigsten Regeln sollen hier erläutert werden.

Rechtwinklige Dreiecke mit gleichem spitzem Winkel besitzen gleiche Seitenverhältnisse (Abb. 1.94.).

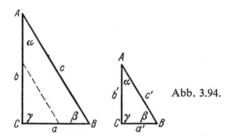

Abb. 3.94.

Z. B. ist bei allen rechtwinkligen Dreiecken mit dem Winkel $\alpha = 30°$ die Kathete a, die diesem Winkel gegenüberliegt, halb so groß wie die Hypotenuse c.

$$\frac{a}{c} = \frac{a'}{c'} = 0,5$$

Dieses Verhältnis hängt von dem Winkel $\alpha = 30°$ ab. Mathematisch ausgedrückt: Das Verhältnis 0,5 ist eine Funktion des Winkels α 30°. Allgemein werden solche von den Winkeln abhängige Werte als **trigonometrische Funktionen** bezeichnet.

Der Winkel α kann nicht nur durch das Seitenverhältnis $a : c$ ausgedrückt werden, sondern auch durch die Umkehrung $c : a$. Das Seitenverhältnis $a : b$ bzw. $b : a$ läßt sich ebenfalls anwenden. Das jeweilige Seitenverhältnis hat für einen bestimmten Winkel immer einen, von den beiden Seitenlängen unabhängigen, bestimmten Wert. Als Verhältnis von Strecken ist es eine unbenannte Zahl. Im rechtwinkligen Dreieck besitzen die Seitenverhältnisse bestimmte Bezeichnungen. Ist im Dreieck der Abb. 3.94. $\gamma = 90°$, so sind a und b die Katheten, c ist die Hypotenuse. Die dem Winkel α gegenüberliegende Kathete a ist die gegenüberliegende oder Gegenkathete, die Kathete b ist die anliegende oder Ankathete. Man bezeichnet mit:

Sinus	das Verhältnis $\dfrac{\text{Gegenkathete}}{\text{Hypotenuse}}$;	$\sin \alpha = \dfrac{a}{c}$; $\sin \beta = \dfrac{b}{c}$
Cosinus	das Verhältnis $\dfrac{\text{Ankathete}}{\text{Hypotenuse}}$;	$\cos \alpha = \dfrac{b}{c}$; $\cos \beta = \dfrac{a}{c}$
Tangens	das Verhältnis $\dfrac{\text{Gegenkathete}}{\text{Ankathete}}$;	$\tan \alpha = \dfrac{a}{b}$; $\tan \beta = \dfrac{b}{a}$
Cotangens	das Verhältnis $\dfrac{\text{Ankathete}}{\text{Gegenkathete}}$;	$\cot \alpha = \dfrac{b}{a}$; $\cot \beta = \dfrac{a}{b}$

Die Werte der trigonometrischen Funktionen sind in Zahlentafeln zusammengestellt, siehe Tab.-Anh. Seite 440. Die Werte sind auf vier Stellen abgerundet, steigend von 10′ zu 10′. Für Sinus- und Tangensfunktionen stehen die Gradzahlen am linken, die Minutenzahlen am oberen Rand der Tafel. Für Cosinus- und Cotangensfunktionen stehen die Gradzahlen am rechten, die Minutenzahlen am unteren Rand der Tafeln.

Beispiel:

sin 40° 30′ Wir finden auf der Tabelle Seite 440 Grad links, Minuten oben, den Wert 0,6494.

cos 49° 30′ Wir finden auf der Tabelle Seite 440 Grad rechts, Minuten unten, den Wert 0,6494.

Wir haben an dem eben angeführten Beispiel gesehen, daß im rechtwinkligen Dreieck der Sinus eines spitzen Winkels gleich dem Cosinus des anderen spitzen Winkels ist. Ebenso ist der Tangens eines spitzen Winkels gleich dem Contangens das anderen spitzen Winkels.

$$\sin \alpha = \cos \beta = \frac{a}{c}; \quad \cos \alpha = \sin \beta = \frac{b}{c};$$

$$\tan \alpha = \cot \beta = \frac{a}{b}; \quad \cot \alpha = \tan \beta = \frac{b}{a}$$

Für die Berechnung der Seiten eines rechtwinkligen Dreiecks ist also:

$$a = c \cdot \sin \alpha = c \cdot \cos \beta = b \cdot \tan \alpha = b \cdot \cot \beta$$

$$b = c \cdot \sin \beta = c \cdot \cos \alpha = a \cdot \tan \beta = a \cdot \cot \alpha$$

$$c = \frac{a}{\sin \alpha} = \frac{b}{\sin \beta} = \frac{a}{\cos \beta} = \frac{b}{\cos \alpha}$$

Genügt der Wert der in der Tabelle von 10′ zu 10′ angegeben ist nicht, so kann der Wert für 1′ durch Interpolieren*) errechnet werden. Suchen wir z. B. den Wert sin 30° 25′, so finden wir 30° 20′ = 0,5050; 30° 30′ = 0,5075.

---

*) Interpolieren = Zwischenwerte suchen.

Die Differenz: 0,5075

$-0,5050$; für 10′ ist demnach die Differenz 25 für 1′ $= \dfrac{25}{10} = 2,5$

0,0025

Für $5′ = 2,5 \cdot 5 = 12,5$. Dann ist für 30° 25′ der Wert   0,5050

$+$ 125

0,50625

Umgekehrt suchen wir für den sin-Wert 0,6528 den genauen Winkel. Aus der Tabelle entnehmen wir 0,6517 für 40° 40′ und 0,6539 für 40° 50′

0,6539

$-0,6517$ Differenz $= 22$

0,0022

Für 1′ also $\dfrac{22}{10} = 2,2$. Unser sin-Wert 0,6528 hat zu dem Tabellenwert 0,6517 eine Differenz von 11.

2,2 ist in 11 5 × enthalten $\dfrac{11}{2,2} = 5$, folglich entspricht der sin-Wert 0,6528 einem Winkel von 40° 45′.

Vom rechtwinkligen Dreieck können nun also die fehlenden Größen berechnet werden, wenn zwei Seiten oder eine Seite und ein spitzer Winkel gegeben sind.

Beispiel:

1) Wir suchen von dem Dreieck (Abb. 3.94.) die Seite a und den Winkel α.
   Die Seiten $b = 60$ mm, $c = 69,28$ mm.

Lösung:

$\dfrac{b}{c} = \cos \alpha$; 60 mm : 69,28 mm $= 0,866$ lt. Tabelle ist $0,866 = \cos 30°$.

Der Winkel beträgt **30°**.

$a = c \sin \alpha$; lt. Tabelle sin 30° $= 0,5$, also 69,28 mm $\cdot 0,5 = 34,64$ mm.

Die Seite a ist   **34,64 mm.**

2) Wir suchen von dem Dreieck (Abb. 3.94), die Seitenlänge b. Die Seitenlänge $a = 266,9$ mm, der Winkel $\alpha = 15°$.

Lösung:

$b = \cot \alpha$; cot 15°; lt. Tabelle 3,7321; $b = 266,9$ mm $\cdot 3,7321 = 996,097$ mm

Die Seitenlänge b ist **996,1 mm.**

3.5. Prüfen waagerechter und lotrechter Ebenen

3.5.1. Um eine Ebene auf ihre waagerechte Lage zu prüfen, sind zwei, etwa im rechten Winkel zueinander stehende Messungen, auszuführen. Als Meßzeug wird im Maschinenbau fast ausschließlich die Wasserwaage verwendet (Abb. 3.95.).

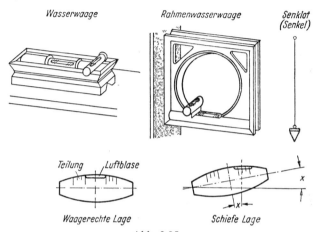

Abb. 3.95.
Flächenprüfung auf waagerechte bzw. senkrechte Lage

Sie besteht aus Spezialguß, die Auflageflächen sind genau geschliffen und zum leichteren Aufsetzen auf Wellen in Achsrichtung prismatisch ausgearbeitet. Die eingesetzten Libellen bestehen aus Hartglas, sie sind so weit mit Aether gefüllt, daß eine kleine Luftblase bleibt. Diese Luftblase — genauer Aetherdampfblase — stellt sich immer auf den höchsten Punkt ein. Das Glasröhrchen besitzt eine eingeätzte Strichteilung, in genau waagerechter Stellung befindet sich die Blase zwischen den inneren Strichen der Teilung.

Abb. 3.96. Prüfung auf gleiche Höhenlage

Man unterscheidet 4 Klassen von Wasserwaagen. Die Empfindlichkeit der Libelle ist auf der Wasserwaage angegeben. Die Angabe 1 Skalenteil-Ausschlag $= 0,02$ mm/m bedeutet: bei einem Blasenauschlag von zwei Skalenteilen besteht eine Abweichung von $0,02 \cdot 2 = 0,04$ mm auf 1 m Länge.

3.5.2. Zum Messen von Höhenunterschieden entfernt liegender Flächen, z. B. Maschinenfundamenten oder beim Zusammenbau von Maschinen, wird die Schlauchwasserwaage verwendet (Abb. 3.96.).

Lotrechte Ebenen können mit der Rahmenlibelle oder mit der Maschinen-Wasserwaage in Verbindung mit einem 90°-Winkel auf senkrechte Lage gemessen werden. Ist die verlangte Genauigkeit nicht allzu groß, oder bei größeren Höhen, kann ein Senklot verwendet werden.

3.6. Optische Meßgeräte

3.6.1. Einen Universal-Winkelmesser mit mikroskopischer Ablesung zeigt Abb. 3.97.; er ist für Winkelmessungen an Werkzeugen und Werkstücken vielseitig anwendbar. Die Teilung beträgt 5 Minuten, Zwischenwerte sind gut schätzbar. Die Meßgenauigkeit ist ± 2 Minuten. Die Meßlineale sind austauschbar; sie können von Hand oder durch Feineinstellung geschwenkt und in ihrer Führung verschoben werden. In Normalausrüstung besitzt der Winkelmesser ein Meßlineal von 250 mm Länge, dessen eine Stirnseite unter 45° abgeschrägt ist, um Messungen an Schwalbenschwanzführungen zu ermöglichen. Es kann um 360° geschwenkt werden und ist in jeder Stellung arretierbar.

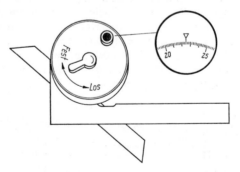

Abb. 3.97. Universalwinkelmesser mit mikroskopischer Ablesung

Die Bearbeitung der Flächen auf Ebenheit kann nach der Winkellibelle vorgenommen werden. Die Neigung mechanischer Bauteile zur Horizontalen oder zueinander kann gemessen und eingestellt werden. Die Meßfläche der

Winkellibelle, die zum genauen Aufsetzen auf Wellen in axialer Richtung prismatisch ausgearbeitet ist, wird auf die zu prüfende Fläche aufgesetzt und deren Neigung zu der durch eine Röhrenlibelle festgelegten Bezugsgeraden an einem Glasteilkreis abgelesen. Der Meßbereich beträgt $\pm 120°$, der Skalenwert der Okular-Feinteilung ist 30''.

Für allgemeine Dickenmessungen nach dem Vergleichsverfahren kann das optische Längenmeßgerät „Leitz-Tolimeter" angewendet werden. Die Nulleinstellung wird nach einem Endmaß oder Normalstück vorgenommen. Für Serienkontrollen sind verstellbare farbige Toleranzmarken vorgesehen. Die Meßkraft läßt sich zwischen 50 und 200 cN einstellen. Der Meßbereich umfaßt $\pm 100\ \mu$m, die Skalenteilung ist 1 μm.

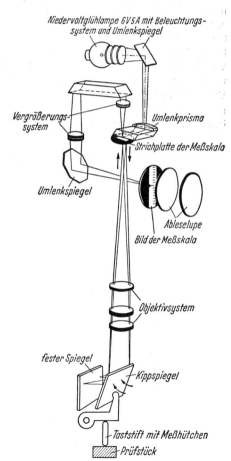

Abb. 3.98.
Schematische Darstellung
des Ultra-Projektometers

5*

Das Ultra-Projektometer (Abb. 3.98.) ist ein optisches Längenmeßgerät sehr hoher Genauigkeit für die Prüfung von Endmaßen, Lehren und hochwertigen Werkstücken im Meßraum. Es wird nach einem Normal auf das Sollmaß eingestellt. Die Abweichungen des Prüfstückes vom Sollmaß werden auf einer Mattscheibe angezeigt. Der Meßbereich umfaßt $\pm 25\ \mu$m, Skalenwert $= 0{,}1\ \mu$m, die Meßgenauigkeit des Gerätes ist $\pm 0{,}03\ \mu$m. Die einstellbare Meßkraft liegt zwischen 50 und 200 cN.

In neuerer Zeit haben auch Mikroskope Eingang in Werkstatt und Betriebe gefunden. Sie werden als selbständige Geräte verwendet oder sind Bestandteil optischer Meßmittel. Das Meßmikroskop ermöglicht die Bestimmung von Längen, Winkeln, Radien und Gewinden im Vergleich mit bestimmten Strichplatten, die zusammen mit dem zu prüfenden Werkstück im Mikroskop scharf abgebildet werden. Die Prüfung von Zahnradwälzfräsern und Formlehren kann ebenfalls mit dem Meßmikroskop durchgeführt werden. Abb. 3.99. zeigt Beispiele für Strichplatten zur Revolverscheibe des Werkstatt-Meßmikroskops. Werden Einzelstücke mit besonderer Form geprüft, für die keine Strichplatten zur Verfügung stehen, so wird die Projektion bevorzugt. Dabei können zum Vergleich selbsthergestellte Zeichnungen verwendet werden. Der Profilprojektor mit optischer Zwischenabbildung bietet die Möglichkeiten im Projektionsbild gegen maßstäbliche Zeichnungen oder gegen Strichplatten zu ver-

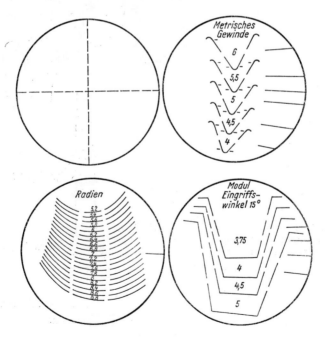

Abb. 3.99.

gleichen. Komplizierte Formen von Profillehren, Werkzeugen und Werkstücken können mit einem Blick geprüft werden. Unterschiede gegenüber der Zeichnung können auf der Projektionsfläche ausgemessen werden. Die Konturen des Profilbildes lassen sich bequem nachzeichnen.

Sollen Werkstücke mit hoher Formgenauigkeit gefertigt werden, ist es vorteilhaft, wenn sie direkt an der Maschine beobachtet bzw. ausgemessen werden können. Hierzu ist eine Projektionseinrichtung erforderlich, die an die Maschine angebaut werden kann, an der das Bild gut zu betrachten und mit Hilfe von Zeichnungen der Formvergleich möglich ist.

Die Messung großer Werkzeuge und Lehren unter Verwendung der üblichen Feinmeßgeräte bereitet oft Schwierigkeiten, da der Anwendung optischer Meßmethoden durch mechanische Abmessungen des Gerätes Grenzen gesetzt sind. Für die besonderen Anforderungen beim Messen großer und schwerer Teile steht ein Universalmeßstand zur Verfügung. Die Konstruktion dieses Meßstandes vereinigt die Abmessungen und Stabilität einer Werkzeugmaschine mit den meßtechnischen Eigenschaften und Möglichkeiten eines optischen Feinmeßgerätes. Ein vielseitiges Zubehör ermöglicht Sondermessungen, beispielsweise das Messen von Stirnrad- und Schneckenradfräsern. Der besondere Vorteil des Meßstandes besteht darin, daß das zu messende Teil bei der Messung feststeht, während die optische Meßeinrichtung verstellt wird, dadurch ist der Meßschlitten während des gesamten Meßvorganges gleich belastet. Der Meßbereich ist 1000 × 200 mm, bei Sonderanfertigung bis 2000 mm, um Präzisionsleitspindeln bis zu dieser Länge in einem Arbeitsgang zu messen. Die Ablesung erfolgt an Feinmeßokularen mit 1 μm Teilung. Es können Längen-, Winkel-, Radien- und Profil-Messungen ausgeführt werden. Das Profilbild kann mit dem Strichplattenbild mittels einer Projektionseinrichtung beobachtet und demonstriert werden. Zur exakten Winkelmessung steht ein auswechselbares Goniometerokular*) mit 1′-Teilung zur Verfügung. Zur Bestimmung des Flankendurchmessers von Gewinden und Schnecken kann die Meßschneidenmethode angewendet werden. Für Längenmessungen mit optischer Antastung in der Meßfläche ist eine Perflektometereinrichtung mit einer Zielgenauigkeit von ±0,1 μm anwendbar. Der Universalmeßstand kann also für alle in der Praxis vorkommenden Anforderungen ausgestattet werden.

Das Ausrichten von Maschinenbetten und Grundplatten, Prüfen der Geradlinigkeit von Führungen an Werkzeugmaschinen, Ausfluchten von Lagern in Motoren und Textilmaschinen sowie das Messen großer Eisenkonstruktionen, z. B. Lokomotiven usw., zählen zu den schwierigsten meßtechnischen Aufgaben. Mit dem optischen Fluchtungsfernrohr können solche Messungen jedoch verhältnismäßig schnell und einfach ausgeführt werden. Bei der Fluch-

*) Goniometer = Winkelmesser.

tungsprüfung mittels Fernrohr wird anstelle mechanischer Hilfsmittel wie Lineal, Meßdraht, Libelle usw., der absolut geradling verlaufende Lichtstrahl benutzt. Bei der Richtungsprüfung werden auftretende Abweichungen in Winkelwerten angezeigt. Die Meßunsicherheit bei der Fluchtungsprüfung beträgt bei einer Entfernung von ca. 3 m 0,015 mm. Die Meßunsicherheit bei der Richtungsprüfung ist ±6″. Dieser Wert ist von der Entfernung unabhängig.

3.7. Oberflächenprüfung und -messung

3.7.1. Die moderne Fertigungstechnik stellt an die Oberflächengüte immer höhere Ansprüche, denn die Oberfläche eines Werkstückes ist als Grenzfläche zweier sich berührender Teile für viele physikalisch-technischen Vorgänge von besonderem Einfluß. Durch Feinstbearbeitung an genau arbeitenden Maschinen lassen sich große Oberflächengenauigkeiten erzielen. Die Beurteilung durch das Auge, auch mit Hilfe einer Lupe oder durch das Tastgefühl der Fingerkuppe, reicht jedoch bei weitem nicht aus, um die Größe der Rauhigkeit festzustellen. Es sind hierfür Meß- und Prüfverfahren entwickelt worden.

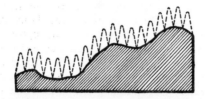

Abb. 3.100.
Springen der Tastspitze

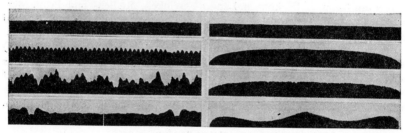

Abb. 3.101. Oberflächenprofilschnitte

Die Oberfläche der Probe kann z. B. unter einer sehr feinen, springenden Tastspitze entlang geführt werden. Aus der Tasterstellung wird die Oberflächendifferenz mittels Lichtbandsteuerung — optisch stark vergrößert — fortlaufend abgelesen oder registriert. Abb. 3.100. veranschaulicht das „Springen" der Tastspitze von Meßpunkt zu Meßpunkt. Abb. 3.101. zeigt Oberflächenprofilschnitte, die mit einem Leitz-Oberflächenmeßgerät nach Forster aufgenommen wurden.

3.8. Zahnradmessung

3.8.1. Das Zahnrad ist ein viel benutztes Maschinenelement zur Übertragung von Bewegungen und Kräften. Es arbeitet immer mit einem Gegenteil (Zahnrad, Zahnstange oder Zahnsegment), mit dem es eine Wirkungseinheit bildet, zusammen. Die Bewegung soll möglichst ohne vermeidbare Reibung und Abnutzung und ohne Geräusch übertragen werden. Das setzt eine einwandfreie Verzahnung und einen schlagfreien Rundlauf voraus. Die hohen Anforderungen an Getriebe erfordern eine entsprechende Fertigungsgüte, das wiederum setzt genaues Messen voraus, denn es kann nur so genau gefertigt werden, wie man messen kann. An Zahnrädern und Verzahnungen können folgende Fehlermessungen vorgenommen werden:

3.8.2. Einzelfehlermessungen

Bestimmung des Grundkreisdurchmessers und Messung der Zahnform-, Zahnflankenformfehler, Eingriffswinkelfehler.

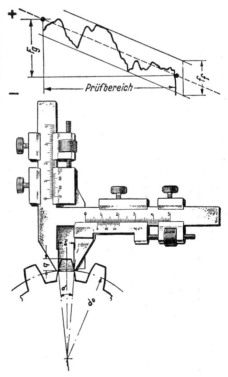

Abb. 3.102. Prüfdiagramm: Evolvente weist verschiedene Formfehler auf, die für ein gefrästes Zahnrad jedoch noch als zulässig bezeichnet werden können. Fehlervergrößerung 500fach, Wälzwegübersetzung 4:1, Grundkreisfehler $F = 45$, Formfehler $f = 28$

Abb. 3.103.
Zahnmeßschieber

71

Messung der Eingriffs- und Teilkreisteilung — Teilungsfehler.

Messung der Zahndicke — Zahndickenfehler.

Messung des Schlages — Rundlauffehler.

Prüfung der Zahnrichtung — Zahnrichtungsfehler (Flankenrichtungsfehler).

Zur Prüfung der Zahnflanken werden Evolventen-Prüfgeräte benutzt. Stufenlose, optische Grundkreiseinstellung auf jeden beliebigen Durchmesser zwischen 0 und 500 mm ohne Benutzung von Grundkreisscheiben sind von besonderem Vorteil. Da schon ab 0 gemessen werden kann, können auch kleinste Zahnräder und Ritzel geprüft werden. Die Tastvorrichtung ist auf die linke und rechte Flankenseite des zu prüfenden Zahnrades umschaltbar. Abb. 3.102. stellt das Prüfdiagramm eines gefrästen Zahnrades dar.

3.8.2.1. Zahndicke

Unter Zahndicke versteht man bei Geradzahnrädern den Bogen des Teilkreises zwischen den beiden Flanken des Zahnes, bei Schrägzahnrädern den Bogen der zum Zahnverlauf senkrechten Schraubenlinie auf dem Teilzylinder zwischen den beiden Flanken des Zahnes.

Die Zahnmeßschiebelehre (Abb. 3.103.) dient zum Messen der Zahnhöhe vom Kopf bis zum Teilkreis und zum Messen der Zahndicke. Da sich das Maß der Zahnstärke bzw. Zahnlücke auf den Teilkreis bezieht, ergibt sich beim Messen der Zähne von Rädern mit geringen Zähnezahlen eine erhebliche Abweichung von der nach dem Bogenmaß errechneten Zahnstärke, weil die mit der Zahnmeßschiebelehre gemessene Strecke s die Sehne des Bogens ist. Zur einfachen Berechnung der Einstellmaße s und q kann die folgende Berechnungstafel benutzt werden.

Zähnezahl z	Kopfhöhe q' mm	Zahnstärke s' mm	Zähnezahl z	Kopfhöhe q' mm	Zahnstärke s' mm	Zähnezahl z	Kopfhöhe q' mm	Zahnstärke s' mm
10	1,0615	1,5643	24	1,0257	1,5696	44	1,0141	1,5704
11	1,0560	1,5654	25	1,0246	1,5697	45	1,0137	1,5704
12	1,0514	1,5663	26	1,0237	1,5697	46	1,0134	1,5705
13	1,0474	1,5669	27	1,0228	1,5698	48	1,0128	1,5706
14	1,0441	1,5674	28	1,0221	1,5699	50	1,0123	1,5707
15	1,0411	1,5679	29	1,0212	1,5700	55	1,0112	1,5707
16	1,0386	1,5682	30	1,0206	1,5700	60	1,0103	1,5708
17	1,0363	1,5685	32	1,0192	1,5701	70	1,0088	1,5708
18	1,0343	1,5688	34	1,0182	1,5702	80	1,0077	1,5708
19	1,0325	1,5690	35	1,0176	1,5702	90	1,0068	1,5708
20	1,0308	1,5692	36	1,0171	1,5703	100	1,0062	1,5708
21	1,0293	1,5693	38	1,0162	1,5703	200	1,0031	1,5708
22	1,0281	1,5694	40	1,0154	1,5704	Zahnstange	1,0000	1,5708
23	1,0268	1,5695	42	1,0146	1,5704			

Beispiel: Gegeben ein Rad mit 12 Zähnen und Modul 14.
Gesucht Zahndicke s und Zahnkopfhöhe q.

Es ist $s = s' \cdot m = 1{,}5663$ mm $\cdot 14 = 21{,}93$ mm,

$q = q' \cdot m = 1{,}0514$ mm $\cdot 14 = 14{,}72$ mm.

3.8.2.2. Die Zahnweite

wird mit der Zahnweiten-Feinmeßschraube (siehe Abb. 3.52.) gemessen. Der Vorteil der Zahnweitenmessung besteht darin, daß sie unabhängig vom Außendurchmesser ist und deshalb ein bezugsfreies Maß der Zahndicke ergibt. Es kann für jedes Rad die Zahnweite genau festgelegt und auf der Verzahnungsmaschine einwandfrei gemessen werden. Das Meßergebnis umschließt allerdings Zahndicken, Zahnlücken und Teilungsabweichungen.

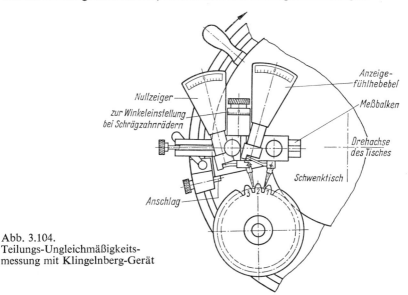

Abb. 3.104.
Teilungs-Ungleichmäßigkeits-messung mit Klingelnberg-Gerät

3.8.2.3. Das Messen der Teilung

erstreckt sich zumeist auf die Ungleichmäßigkeit der Teilkreisteilung, sie kann mit einem Fühlhebelmeßgerät (Abb. 3.104.) ermittelt werden. Ein ausschwenkbarer Meßtisch, der in Meßstellung an einem festen Anschlag anliegt, trägt den Meßbalken mit den auf die beiden Fühlhebel wirkenden, an die Zahnflanken anzustellenden Winkeltasten. Bei Beginn der Messung werden beide Fühlhebel an der ersten Radteilung auf 0 gestellt, dann werden die weiteren Teilungen gemessen, wobei die Abweichungen von der eingestellten Teilung festgestellt werden können.

3.8.2.4. Sammelfehlerprüfung

eines Zahnrades beruht auf dem Abrollvorgang des zu prüfenden Rades mit einem genauen Meisterrad. Es können auch zwei miteinander kämmende, d. h. zusammengehörige Räder miteinander abgerollt werden; die Prüfung ergibt dann jedoch keinen Aufschluß über die Fehler des einzelnen Rades. Es sind Ein- und Zweiflankenabrollprüfgeräte verwendbar. Die Einflankenprüfung kommt dem Betriebszustand am nächsten. Die Zweiflankenabrollung ist aber mit geringerem Aufwand anzuwenden und wird deshalb bevorzugt. Ein Rad sitzt drehbar auf einem feststehenden Antriebszapfen, das zweite Rad wird auf einen Pendelarm, der unter Gewichtsbelastung steht, aufgesetzt und spielfrei an das erste Rad angepreßt. Bei Außermittigkeit oder Verzahnungsfehlern, z. B. verschiedenen Zahndicken oder Teilungsunterschieden, verändert sich beim Abrollen der Achsabstand. Die dadurch hervorgerufene Pendelbewegung wird als Diagramm aufgezeichnet, sie kann außerdem an einer Meßuhr abgelesen werden.

4. Passungen

4.1. ISO-Passungen

4.1.1. Allgemeines

Unter Passung versteht man das Größenverhältnis zweier zusammengehöriger Maschinenteile, z. B. Lager und Welle. Wirtschaftliche Fertigung erfordert, daß beim Zusammenbau zusammengehöriger Teile keinerlei Nacharbeit notwendig ist; die Teile müssen passen. Dies ist insbesondere beim Einbau von Ersatzteilen wichtig, da der Austausch der Teile ohne Nacharbeit erfolgen soll. Man spricht deshalb auch von Austauschbau. Um bei der Fertigung diesen Forderungen gerecht zu werden, ist folgendes notwendig:

1) Ein einheitliches Passungssystem; darunter ist die Festlegung bestimmter Grenzwerte (z. B. im Durchmesser) zu verstehen.
2) Ein Meßverfahren, mit dessen Hilfe die vorgeschriebenen Grenzwerte bei der Herstellung eingehalten werden können.
3) Beschränkung der verwendeten Durchmessermaße DIN-Blatt 7157.
4) Eine einheitliche Bezugstemperatur, bei der Meßzeuge und Werkstücke genau dem vorgeschriebenen Maß entsprechen, d. h. Meßwert und Maßwert müssen genau übereinstimmen. Die Temperatur ist international 20° C.

Um das Jahr 1922 hatte man in Deutschland Passungsnormen aufgestellt. Sie wurden als DIN-Passungen bezeichnet. Diese Passungen waren nach vier Genauigkeits- oder Gütegraden eingeteilt: grob, schlicht, fein und edel. Das entsprach etwa dem Schruppen, Schlichten, Schleifen und Läppen. Heute werden die DIN-Passungen nicht mehr angewendet, obwohl die Grundbegriffe Größtmaß, Kleinstmaß, Toleranz, Nennmaß, Einheitsbohrung und Einheitswelle, die gleichen wie bei den heute geltenden ISO-Passungen sind.

4.1.2. Die ISO-Passungen

Durch den internationalen Wettbewerb der Industrie auf den Gebieten der Werkzeugmaschinen, der Kraftfahrzeuge, Flugzeuge, Eisenbahnen und Schiffe, mußte der Austauschbau über die Ländergrenzen hinaus möglich gemacht werden. Das leuchtet sofort ein, wenn man an Zubehör und Ersatzteile denkt, z. B. Wälzlager usw.

Nach dem zweiten Weltkrieg entstand die neue internationale Normungs-
gemeinschaft unter der Bezeichnung „International Organization for Stan-
dardization" ISO. Deutschland wurde 1952 als Mitglied aufgenommen. Der
„Deutsche Normenausschuß" vertritt bei der internationalen Normungs-
arbeit die deutschen Interessen. ISO-Normen werden vom Deutschen Normenausschuß auf DIN-Blättern veröffentlicht.

4.1.2.1. Grundbegriffe

Passungen werden nach Form und Art unterschieden.
Nach der Form unterscheidet man:

4.1.2.1.1. Rundpassung, eine Paarung zylindrischer Paßflächen, z. B. Lager
und Welle. Abb. 4.1.a.

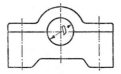

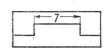

Abb. 4.1.a Rundpassung   Abb. 4.1.b Flachpassung

4.1.2.1.2. Flachpassung, eine Paarung ebener Paßflächen, z. B. Führung eines
Werkzeugschlittens, Abb. 4.1.b.

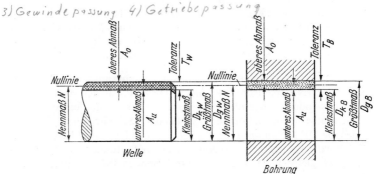

Abb. 4.2. Grundbegriffe im ISO-Passungssystem

Zu den Einzelheiten, die bei den Passungen auftreten, müssen folgende Be-
griffe erläutert werden. Abb. 4.2. zeigt die Einzelheiten, die zu den Grund-
begriffen gehören:

76

Nullinie ist die Gerade den dem Nennmaß entspricht.
Sie ist die Bezugslinie für die Grenzmaße Oberabmaßt
Unteres abmaß.

4.1.2.1.3. Nennmaß N

ist das auf der Zeichnung angegebene Maß, hierauf werden alle zulässigen Abweichungen (Abmaße) bezogen.

4.1.2.1.4. Istmaß J   *Solmaß*

ist die Abmessung, die bei der Herstellung erreicht worden ist. Es muß bei einwandfreien Teilen zwischen dem zugelassenen Grenzmaß, dem Größtmaß Dg bzw. Lg und dem Kleinstmaß D_k bzw. L_k liegen.

4.1.2.1.5. Abmaße

4.1.2.1.5.1. „oberes Abmaß" A_0 ist der Unterschied zwischen Größtmaß und Nennmaß: $A_0 = D_g - N$,

4.1.2.1.5.2. „unteres Abmaß" A_u ist der Unterschied zwischen Kleinstmaß und Nennmaß: $A_u = D_k - N$,

4.1.2.1.5.3. „Istmaß" ist das tatsächliche Fertigungsmaß.

4.1.2.1.6. Maßtoleranz T_m

Bei der Fertigung kann man aus vielerlei Gründen niemals ein absolut genaues Maß erreichen. Es muß also eine gewisse Abweichung geduldet werden. Diese Abweichung nennt man Toleranz (zu deutsch = Duldsamkeit). Sie liegt zwischen dem zulässigen Größt- und Kleinstmaß: $T_m = D_g - D_k$. Bei bildlichen Darstellungen wird T_m als *Toleranzfeld* bezeichnet.

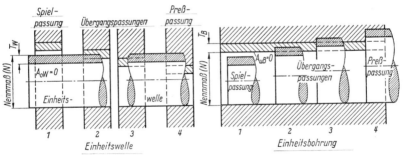

Abb. 4.3.

4.1.2.1.7. Größtmaß D_g

ist das bei der Herstellung zulässige größte Maß. Es läßt sich aus dem Nennmaß und dem oberen Abmaß errechnen.

4.1.2.1.8. Kleinstmaß D_k

ist das kleinste zulässige Maß. Es läßt sich aus dem Nennmaß und dem unteren Abmaß errechnen.

4.1.2.1.9. Spiel S_g und S_k *A - H   a - h*

nennt man den Durchmesserunterschied zwischen Welle und Bohrung, wenn der Wellendurchmesser kleiner als der Bohrungsdurchmesser ist. Die Toleranzen an Welle und Bohrung lassen Größt- S_g und Kleinstspiel S_k entstehen, Abb. 4.3.   *B   w*

4.1.2.1.10. Übermaß U_g und U_k *J - N   j - n*

nennt man den Durchmesserunterschied zwischen Welle und Bohrung, wenn der Wellendurchmesser größer als der Bohrungsdurchmesser ist. Die Toleranzen an Welle und Bohrung lassen Größtübermaß U_g und Kleinstübermaß U_k entstehen (Abb. 4.4.).

4.1.2.2.1. Spielpassungen

Nach dem Zusammenfügen der Teile ist zwischen den Paßflächen *Luft* oder *Spiel* von 0 mm oder mehr vorhanden. Die Teile können ohne besonderen Kraftaufwand gegeneinander bewegt werden (Abb. 4.3.). Zur besseren Anschaulichkeit werden bei bildlichen Darstellungen die Toleranzfelder einseitig und übertrieben gezeigt.   *B   w*

4.1.2.2.2. Preßpassungen   *Pc - pc*

Vor dem Zusammenfügen ist stets ein *Übermaß* von 0 mm oder mehr vorhanden. Nach dem Fügen tritt Pressung auf, die Teile lassen sich nur unter einem bestimmten Kraftaufwand oder überhaupt nicht mehr gegeneinander verschieben. Die Längspreßpassung entsteht durch Zusammenpressen von Welle und Bohrung längs der Mantellinie. Die Querpreßpassung entsteht durch Schrumpfen beim Erkalten des Außenteils, das vor dem Zusammenfügen erwärmt wurde, oder durch die Dehnung des Inenteils beim Erreichen der Normaltemperatur von 20°C, wenn es vor dem Zusammenfügen unterkühlt wurde. Im ersten Falle sagt man Schrumpfpassung, im zweiten Dehnpassung (Abb. 4.3.).

4.1.2.2.3. Übergangspassungen

liegen zwischen den Spiel- und den Preßpassungen, sie treten auf, wenn vor dem Zusammenpassen je nach dem erreichten Istmaß der Teile *Spiel* oder *Übermaß* vorhanden ist (Abb. 4.3.).

4.1.3. Aufbau der ISO-Passungen

4.1.3.1. Die Zahlen im ISO-Kurzzeichen

Das Toleranzsystem sieht für **jeden** Nennmaßbereich 20 Toleranzstufen vor (Grundtoleranzen).

Jede Stufe wird als „Qualität" bezeichnet, darunter ist die Genauigkeit zur verstehen, mit der die einzelnen Werkstücke zu bearbeiten sind. Von dieser Genauigkeit hängt die Größe der Toleranz ab. Die Toleranz nimmt mit der wachsenden Nummer der Qualität zu. Die Qualität 0,1 ist also die feinste, d. h. sie hat die kleinste Toleranz. Qualität 18 hat die größte Toleranz. Innerhalb einer Qualität wächst allerdings auch mit wachsendem Durchmesser des Werkstücks das Toleranzfeld.

Die Grundtoleranzreihen, das sind die Reihen der über den gesamten Nennmaßbereich geltenden Grundtoleranzen, werden mit IT 0,1 bis IT 18 bezeichnet. **IT** ist die Abkürzung für ISO-Toleranzreihe.

Aus der folgenden Übersicht läßt sich die Anwendung der Qualitäten ersehen.

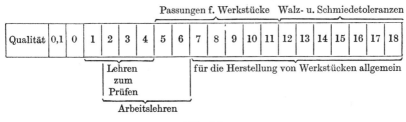

Abb. 4.4.

4.1.3.2. Toleranzeinheit

Die Grundlage der Toleranzen bildet die internationale Toleranzeinheit i.

Toleranzeinheit $i = 0,45 \cdot \sqrt[3]{D} + 0,001\,D$ (i in µm, D in mm). D ist hier das geometrische Mittel der Nennmaßbereiche von... bis ....

Von der 6. Qualität ab ist jede Grundtoleranz ein Vielfaches einer Toleranzeinheit i. Die Toleranz IT 6 beträgt das 10 fache der Toleranzeinheit, jede folgende Qualität hat eine um 60% größere Toleranz. Siehe nachstehende Übersicht:

Qualität IT	6	7	8	9	10	11	12	13	14	15	16	17	18
Toleranz	10 i	16 i	25 i	40 i	64 i	100 i	160 i	250 i	400 i	640 i	1000 i	1600 i	2500 i

Bei der Grundtoleranzreihe IT 5 sind 7 i vorgesehen worden.

4.1.3.3. Die Buchstaben im ISO-Kurzzeichen

Die Lage der Toleranzfelder zur Nullinie wird mit Buchstaben bezeichnet (Abb. 4.5.). Außenmaße (Wellen) werden mit kleinen Buchstaben (a...zc),

79

Innenmaße (Bohrungen) werden mit großen Buchstaben (A...ZC) bezeichnet. In Zeichnungen werden ISO-Bohrungstoleranzzeichen *über* die Maßlinie, ISO-Wellentoleranzeichen *unter* die Maßlinie gesetzt.

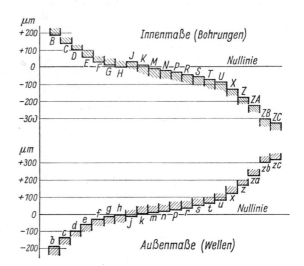

Abb. 4.5.
(Für Nenndurch-
messer 80 mm)

Die Buchstaben a...h bezeichnen Spielpassungswellen (Abb. 4.5.), die Buchstaben A...H Spielpassungsbohrungen. Das Bohrungstoleranzfeld H liegt mit dem unteren Abmaß an der Nullinie, es wird deshalb auch als Kennzeichen für die Einheitsbohrung verwendet.

Das Wellentoleranzfeld h liegt mit seinem oberen Abmaß an der Nullinie; es wird deshalb auch als Kennzeichen für die Einheitswelle verwendet.

Die Buchstaben p...zc bezeichnen Preßpassungswellen und die Buchstaben P...ZC Preßpassungsbohrungen.

Zwischen den Spiel- und Preßpassungen liegen die Übergangspassungen. Sie treten auf, wenn vor dem Zusammenpassen, je nach Ist-Maß der Teile, Spiel oder Übermaß vorhanden ist. Bei Einheitsbohrungen werden die Wellen j bis n hierfür gewählt. Bei Einheitswelle die Bohrung J bis N.

Die Buchstaben bilden in Verbindung mit den Kennzahlen der Qualitäten die Kurzzeichen der Toleranzfelder, wobei die Kennzahl die Größe und der Buchstabe die Lage angibt (Abb. 4.5.).

Die Buchstaben I, L, O, Q, W sowie die kleinen Buchstaben i, l, o, q und w werden nicht verwendet, um Verwechslungen mit anderen Zeichen (hauptsächlich Zahlen) zu vermeiden. Es werden also einschließlich des „Jot" 21 Buchstaben des Alphabets benutzt.

4.1.4. Das Passungssystem

Nach dem ISO-Passungssystem ist eine freizügige Paarung der verschiedenen Wellen und Bohrungen möglich, dennoch erfolgte der Aufbau eines Systems Einheitsbohrung (H-Bohrung) und eines Systems Einheitswelle (h-Welle). Bei der Einheitsbohrung ist die Nullinie die untere Begrenzung der Bohrungstoleranzen. Bei der Einheitswelle ist die Nullinie die obere Begrenzung der Wellentoleranzen. Zu H-Bohrung gehören demnach Wellen a...zc und zur h-Welle Bohrungen A...ZC.

4.1.4.1. Einheitsbohrung (H)

Alle Bohrungen und Innenmaße erhalten das Nennmaß, das gleichzeitig Kleinstmaß ist; hierbei ist es gleichgültig, ob es sich um eine Spiel-, Übergangs- oder Preßpassung handelt. Um die verschiedenen Passungen zu erzielen, müssen die erforderlichen Abweichungen vom Nennmaß bei der Herstellung der Welle erreicht werden. Die Einheitsbohrung hat ein größeres Anwendungsgebiet als die Einheitswelle gefunden. Sie wird überwiegend im allgemeinen Maschinenbau, im Werkzeugmaschinen-, Kraftfahrzeug- und Lokomotivbau bevorzugt. Die Begründung hierfür ist: Wellen können nach dem Drehen durch Schleifen verhältnismäßig einfach und sehr genau auf jeden beliebigen Durchmesser gefertigt werden. Die Anfertigung lehrenhaltiger Bohrungen hingegen erfordert einen erheblichen Aufwand an Werkzeugen, der eine kostspielige Lagerhaltung von Werkzeugen erforderlich macht. Abb. 4.6. und 4.7. veranschaulichen das System der Einheitsbohrung.

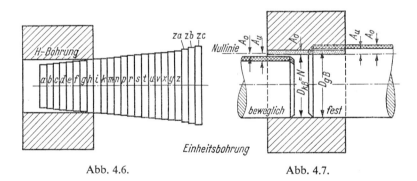

Abb. 4.6.   Abb. 4.7.

4.1.4.2. Einheitswelle (h)

Die Wellendurchmesser bzw. Außenmaße werden nach dem Nennmaß, das gleichzeitig Größtmaß ist, gefertigt. Spielpassung erreicht man durch eine größere Bohrung, Preßpassung durch eine kleinere Bohrung. Das System der

Einheitswelle findet dort Verwendung, wo überwiegend lange, durchgehende Wellen benötigt werden, insbesondere beim Bau von Transmissionen, Textil- und landwirtschaftlichen Maschinen. Abb. 4.8. und 4.9. veranschaulichen das System der Einheitswelle.

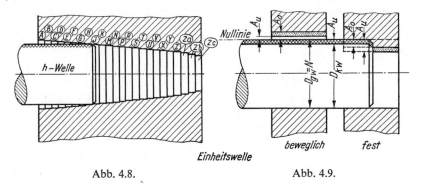

Abb. 4.8.   Abb. 4.9.

4.1.4.3. Auswahlreihen

Auswahlreihen DIN 7157 (Auszug)

Einheitsbohrung		Einheitswelle	
	Auswahlreihe 1		
H 7	r 6, n 6, h 6, f 7	h 6	F 8, H 8
H 8	x 8, n 8, h 9, f 7	h 9	F 8, H 8, E 9, D 10, C 11
	Auswahlreihe 1 + 2		
H 7	s 6, k 6, j 6, g 6	h 11	H 11, A 11, D 10, C 10
H 8	e 8, d 9		
H 11	h 9		
	Auswahlreihe 2		
H 11	b 11, d 9, c 11, a 11	h 11	H 11, A 11

Um die Lagerhaltung von Werkzeugen, Lehren und Vorrichtungen auf ein erträgliches Maß zu bringen, ist aus der Vielzahl der möglichen Paarungen in DIN 7154 eine für die Praxis ausreichende Auswahl getroffen.
Die Auswahl der Passungen beruht auf praktischer Erfahrung. Meist wird Reihe 1 ausreichen; als Ergänzung kann Reihe 2 zu Hilfe genommen werden. Man kann zwar die Toleranzfelder beliebig paaren, doch sollten die unten aufgeführten Zusammenstellungen bevorzugt werden:

Reihe 1: H 8/x 8 bzw. u 8; H 7/r 6; H 7/n 6; H 7/h 6; H 8/h 9; H 7/f 7; F 8/h 6; H 8/f 7; F 8/h 9; E 9/h 9; D 10/h 9; C 11/h 9.

Reihe 1 und 2: H 7/s 6; H 7/k 6; H 7/j 6; H 11/h 9; G 7/h 6; H 7/g 6; H 8/e 8; H 8/d 9; D 10/h 11; C 11/h 11.

Reihe 2: H 11/h 11; H 11/d 9; H 11/c 11; A 11/h 11; H 11/a 11.

Im wesentlichen gehören die Preß- und Übergangspassungen zum System Einheitsbohrung, die Spielpassungen (zwecks Verwendung gezogener Wellen) zum System Einheitswelle. Für abgesetzte Wellen in Getrieben usw. können g 6, f 7, e 8, d 9, c 11, a 11 mit H-Bohrungen zu Einheitsbohrung-Spielpassungen zusammengesetzt werden. Bei den Preßpassungen H 8/x 8, H 8/u 8, H 7/r 6, H 7/s 6 erübrigt sich im allgemeinen eine Berechnung nach DIN 7190. Großes Spiel ergeben: h 11/H 11, A 11/a 11. H 11 ist mit den üblichen Spiralbohrern ohne Nacharbeit zu erreichen. Gleiche Paßtoleranzen haben: G 7/h 6 und H 7/g 6, C 11/h 11 und A 11/c 11, A 11/h 11 und H 11/a 11. Folgende Richtlinien geben Anhalt für die Wahl von Spielpassungen im System Einheitsbohrung bzw. Einheitswelle: G und g erfordern gut fluchtende Lager. f, e, d und F, E, D sind für Lager ohne wesentliche Erwärmung geeignet. c, b, a und C, B, A für schnellaufende, stark erwärmende Lager. h, j und H, J für Wellen, die nicht schnell laufen oder nur Teilumdrehungen machen.

Bei der Wahl von Toleranzen muß bedacht werden, daß kleine Toleranzen bei der Herstellung teuer sind, bedingt durch längere Fertigungszeiten und erhöhten Ausschuß. Die Toleranzen sollen deshalb so groß gewählt werden, wie dieses technisch gerade noch zulässig ist, so daß die Paßeigenschaften der betreffenden Teile eben noch erreicht werden.

Eine Zusammenstellung der ISO-Passungen nach DIN 1760/61 befindet sich im Tabellenanhang Seite 444...451.

4.1.4.4. Toleranzangaben auf Lehren und Zeichnungen

Passungen werden mit Grenzlehren gemessen. Die Meßflächen sind nach den genormten Größt- und Kleinstmaßen genau geschliffen und geläppt. Die Lehren tragen die Angabe des Nennmaßes und des Passungskurzzeichens, z. B. 25 H 7 (Grenzlehrdorn) oder 25 f 7 (Grenzrachenlehre). Dadurch sind die Lage des Toleranzfeldes und die Qualität eindeutig bestimmt. Es werden jedoch oft die Abmaße selbst auf den Lehren angegeben.

Auf Zeichnungen werden die Abmaße nur angegeben, wenn sie von genormten Toleranzen abweichen. Bei Absatzmaßen (Abb. 4.10.a) werden sie jedoch stets angegeben. Das obere Abmaß wird immer über, das untere Abmaß immer unter der Maßlinie eingetragen. Sind oberes und unteres Abmaß gleich, z. B. ±0,1, so erfolgt die Eintragung hinter der Maßzahl (Abb. 4.10.b). Bei ISO-Toleranzangaben erfolgt die Eintragung, wie schon auf Seite 79 erwähnt, nach folgender Regel:

Bohrungszeichen mit großem Buchstaben wird über die Maßlinie gesetzt.
Wellenzeichen mit kleinem Buchstaben wird unter die Maßlinie gesetzt.

Das Gleiche gilt für eine Eintragung bei ineinandergesteckten Teilen (Abb. 4.10.c).

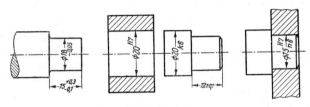

Abb. 4.10.a...c.

4.2. Abweichungen für Maße ohne Toleranzangabe

In den Zeichnungen werden nicht alle Maße mit Toleranzangaben durch Abmaße oder Kurzzeichen versehen, da nicht alle Maße den Bedingungen für die Tolerierung unterworfen sind. Bei der Fertigung genügt die werkstattübliche Genauigkeit, die ein Facharbeiter ohne besonderen Aufwand je nach Fertigungsverfahren und -einrichtungen erzielen kann. Durch Fortfall nicht notwendiger Tolerierung wird Prüf- und Zeichenarbeit gespart. Die Zeichnungen werden übersichtlicher.

Nach DIN sind Maße nur dann mit Toleranzangaben zu versehen, wenn feinere Toleranzen notwendig oder gröbere Toleranzen zulässig sind als in Übersicht A und B angegeben, oder wenn eine andere Lage der Toleranzfelder zum Nennmaß (z. B. plus für Bohrungen oder minus für Wellen) gefordert wird.

Gröbere Toleranzen sind anzugeben, wenn ohne Beeinträchtigung der Funktion des Teiles eine wesentliche Verbilligung der Fertigung erzielt und unnötiger Ausschuß vermieden werden können.

Die Auswahl unter den Genauigkeitsgraden fein, mittel, grob, sehr grob wie sie die Übersicht A angibt, richtet sich nach den betrieblichen Anforderungen. Verlangt ein Kunde einen bestimmten Genauigkeitsgrad, so ist dies ausdrücklich zu vereinbaren.

Die in der Übersicht A angegebenen Abweichungen sind in mm angegeben, sie gelten für Längenmaße, Absatzmaße, Außenmaße, Innenmaße, einschließlich beispielsweise Durchmessermaße und Lochmittenabstände.

Die in der Übersicht B angegebenen Abweichungen für Winkel im Winkelmaß sind für alle Genauigkeitsgrade einheitlich. Abweichungen in Graden und Minuten.

Übersicht A

Genauig- keitsgrad	Nennmaßbereich (mm)							
	1 bis 6	über 6 bis 30	über 30 bis 100	über 100 bis 300	über 300 bis 1000	über 1000 bis 2000	über 2000 bis 4000	über 4000
fein	±0,05	±0,1	±0,15	±0,2	±0,3	±0,5	—	—
mittel	±0,1	±0,2	±0,3	±0,5	±0,8	±1,2	±2	±3
grob	±0,2	±0,5	±0,8	±1,2	±2	±3	±4	±5
sehr grob	±0,5	±1	±1,5	±2	±3	±5	±8	±10

Übersicht B

Nennmaßbereich (mm) (Länge des kürzeren Schenkels)			
bis 10	über 10 bis 50	über 50 bis 100	über 100
±1°	±30′	±20′	±10′

5. Werkstoffe und Werkstoffnormung

5.1. Die Zahl der zur Verfügung stehenden Werkstoffsorten ist außerordentlich groß. Für alle nur erdenklichen Anforderungen wurden spezielle Legierungen herausgebracht. Die Fülle der angebotenen Werkstoffe übersichtlich zu ordnen, sie nach ihren besonderen Verwendungswecken zusammenzustellen, ihre mechanischen Eigenschaften festzulegen, Zusammensetzung und Lieferungszustand vorzuschreiben, um eine eindeutige Verständigung zwischen Erzeuger und Verarbeiter zu erreichen, war eine wesentliche Aufgabe des Normenausschusses.

Übersicht über Einteilung und Arten der wichtigsten Werkstoffe

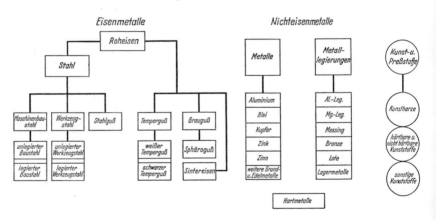

5.2. Allgemeines

Im Maschinenbau werden die verschiedensten Werkstoffe eingesetzt. Die Wahl eines bestimmten Werkstoffes hängt in erster Linie von seinen Eigenschaften ab. Man unterscheidet:

5.2.1. Festigkeit, darunter versteht man den Widerstand, den ein Stoff der Änderung seiner Form bzw. der Trennung seiner kleinsten Teile entgegengesetzt.

5.2.2. Härte, ist der Widerstand, den ein Stoff dem Eindringen fremder Körper sowie der Abnutzung entgegensetzt. Der härteste bekannte Stoff ist der Diamant. Manche Stoffe lassen sich härten, d. h. durch geeignete Behandlung läßt sich die Naturhärte künstlich steigern.

5.2.3. Dehnbarkeit und **Zähigkeit** sind Eigenschaften, die es dem Stoff ermöglichen, sich durch Einwirkung äußerer Kräfte weitgehend verformen zu lassen, ohne dabei den inneren Zusammenhang zu verlieren.

5.2.4. Elastizität befähigt den Stoff, nach Aufhören einer äußeren Krafteinwirkung, seine ursprüngliche Form wieder anzunehmen.

5.2.5. Leitfähigkeit für **Wärme** und **Elektrizität** spielen insbesondere in der Elektroindustrie eine wesentliche Rolle.

5.2.6. Hitzebeständigkeit heißt, daß der Stoff bis zu einer bestimmten Wärme seine Eigenschaften nicht verlieren darf.

5.2.7. Korrosionsfestigkeit ist die Widerstandsfähigkeit eines Stoffes gegen zerstörende Einflüsse von außen z. B. Witterung, Feuchtigkeit, Dämpfe, Gase, Säure, Laugen usw.

5.2.8. Neben diesen Haupteigenschaften können auch andere eine Rolle spielen. Blei z. B. kann wegen seiner Giftigkeit für viele Zwecke nicht verwendet werden. Ferner wird man bei der Wahl eines Werkstoffes die Verarbeitungseigenschaften berücksichtigen. Die Frage, ob ein Stoff gießbar, schmiedbar oder schweißbar ist, entscheidet oft schon über die Verwendung. Das Verhalten bei der Zerspanung kann eine Rolle spielen, wenn sonstige Faktoren nicht ins Gewicht fallen, da bei der Fertigung ja in erster Linie wirtschaftliche Gesichtspunkte maßgeblich sind. Die **Härtbarkeit** eines Stoffes wird in vielen Fällen, z. B. bei der Anfertigung von Werkzeugen, den Ausschlag bei der Wahl eines Stoffes geben.

5.3. Eisenmetalle

5.3.1. Stahl

5.3.1.1. Allgemeines

Jedes ohne Nachbehandlung*) schmiedbare Eisen bezeichnet man nach DIN als **Stahl**. Die einzelnen Stahlsorten kann man benennen nach

---

*) Ohne Nachbehandlung heißt: nicht durch Tempern o. ä. schmiedbar gemacht.

5.3.1.1.1. dem Herstellungsverfahren: Bessemer-, Thomas-, Siemens-Martin-, Sauerstoffaufblas- und Elektrostahl;

5.3.1.1.2. der Zusammensetzung: Kohlenstoffstahl, legierter Stahl, Chrom-, Chromnickelstahl usw.;

5.3.1.1.3. der Verwendung: Werkzeugstahl, Bau-, Federstahl usw.;

5.3.1.1.4. den besonderen Eigenschaften: naturharter, nichtrostender, Einsatz- und vergütbarer Stahl, Stahl mit besonderen magnetischen Eigenschaften.

Die Handelsbezeichnungen haben nur bedingten Wert zum Erkennen der Güte und Verwendungsmöglichkeit der Stahlsorte. Durch Normung sind die Bezeichnungen und Werkstoffeigenschaften im Einzelnen festgelegt. Die Normblätter enthalten nähere Angaben über Zusammensetzung und Eigenschaften der Maschinenbaustähle.

5.3.1.1.5. Herstellung

Kohlenstoffstahl hat einen Schmelzpunkt zwischen 1300...1500°C, Dichte 7,85 kg/dm³, er ist magnetisch, seine Bruchfläche ist hellgrau bis silberweiß, im Normalfall feinkörnig, manchmal sehnig oder faserig, bei hohem C-Gehalt und Härte ist die Bruchfläche samt- oder porzellanartig. Die Stahlerzeugung geht vorwiegend vom Roheisen, das im Hochofen aus Eisenerzen erschmolzen wird, aus. Der hohe Kohlenstoffgehalt wird durch Oxidation (Frischen) auf den für die jeweilige Stahlsorte erforderlichen Betrag ermäßigt.

5.3.1.1.6. Bessemerstahl

wird nach dem von dem Engländer Bessemer eingeführten Verfahren hergestellt. Die Umwandlung des Roheisens in Stahl erfolgt in einem mit kieselsäurehaltigen, feuerfesten Steinen ausgekleideten, kippbaren, birnenförmigen Gefäß (Bessemerbirne oder Konverter), in welches das Roheisen flüssig eingefüllt wird. Der Konverter wird aufgerichtet, von unten wird Luft („Wind") durch das Roheisenbad hindurchgeblasen. Eine schnelle Verbrennung des Kohlenstoffes und der Eisenbegleiter (Silizium, Mangan usw.) erfolgt. Es kann jedoch nur phosphorarmes Roheisen zu Stahl verarbeitet werden.

5.3.1.1.7. Thomasstahl

wird nach dem von Sidney Gilchrist Thomas eingeführten Verfahren hergestellt. Im Thomas-Verfahren kann phosphorreiches Roheisen verarbeitet werden. Der Konverter hat eine basische Auskleidung (Dolomit). Die Auskleidung und kalkige Schlacke binden den Phosphor als Phosphat. Dieses Phosphat findet als wertvolles Düngemittel (Thomasmehl) Verwendung.

Neuerdings wird durch Aufblasen von Sauerstoff ein der Qualität des SM-Stahles angenäherter „Birnen"-Stahl erzeugt. Hierbei fallen u. a. die Verunreinigungen durch den Stickstoff der Luft fort.

5.3.1.1.8. Siemens-Martin-Stahl

wird nach dem Verfahren von Friedrich Siemens und den Gebrüdern Martin unter Anwendung der Siemens-Regenerativ-Feuerung, die hohe Ofentemperaturen erzielt, erzeugt. Die Herstellung geschieht durch Zusammenschmelzen von Roheisen und Schrott in einem muldenförmigen Herd im Flammofen. Die Oxidation der Eisenbegleiter erfolgt durch die Frischwirkung der heißen Flammen, zum Teil aber auch durch den dem Schrott anhaftenden Rost oder durch den Sauerstoff von besonders zugesetztem Erz.

5.3.1.1.9. Elektrostahl

wird aus dem Siemens-Martin-Ofen oder aus dem Konverter im Elektroofen „gefeint" und mit hochwertigen Legierungszusätzen in hohen Prozentsätzen versehen.

5.3.1.2.1. Zusammensetzung

Im Maschinenbau ist Eisen der wichtigste und verhältnismäßig billigste Werkstoff. Durch Legieren erhält man viele Sorten mit den unterschiedlichsten Eigenschaften. Reines Eisen ist praktisch nicht verwendbar. Die wichtigsten Beimengungen sind: Kohlenstoff = C, Mangan = Mn, Silizium = Si, Phosphor = P, Schwefel = S.

Die angeführten Beimengungen sind als Legierungsbestandteile in allen Stahlsorten vorhanden. Spricht man jedoch von legiertem Stahl, so überschreiten die genannten Beimengungen einen bestimmten Gehalt oder es sind noch andere Elemente wie Nickel, Chrom, Vanadium, Molybdän, Wolfram usw. zugesetzt.

Kohlenstoff

ist wichtigster Legierungsbestandteil; er verbindet sich mit dem Eisen bei der Gewinnung im Hochofen.

Chemisch reines Eisen = 0% C Schmelzpunkt 1528°C
Stahl = 0,05...1,5% C Schmelzpunkt 1500...1300°C
Gußeisen = 3 ...3,6% C Schmelzpunkt 1250...1150°C

Aus der Zusammenstellung ist der Einfluß des Kohlenstoffes auf den Schmelzpunkt ersichtlich. Der Schmelzpunkt wird um so niedriger, je höher der C-Gehalt ist. Außerdem erhöht der zunehmende C-Gehalt Festigkeit und Streckgrenze bis 0,9%, ebenso hängen Härte und Elastizität vom C-Gehalt ab. Die Gießbarkeit wird erleichtert. Bei einem C-Gehalt zwischen 0,4% und 1,4% wird die Härtbarkeit ermöglicht. Der Einfluß des Kohlenstoffes hängt nicht nur von der Menge, sondern auch von der Form, in der er im Eisen enthalten ist, ab. Er kann in chemisch gebundener Form als Eisenkarbid — Zementit — Fe_3C — oder in gelöster Form als Eisenkarbid in den Eisenkristallen oder in freier Form als Graphit oder Temperkohle ausgeschieden, auftreten.

Mangan

Metall, wird dem Eisen bis zu 1% zugesetzt. Es erhöht Schmelzbarkeit, Festigkeit und Härte sowie die Schweißbarkeit; ferner begünstigt es die Durchhärtung, deshalb muß bei Einsatzstählen der Gehalt unter 0,4% liegen, um Kerndurchhärtung zu vermeiden.

Silizium

ist ein Grundstoff, der etwa 25% der Erdrinde ausmacht. Er vermindert die Schweiß- und Schmiedbarkeit, wirkt sich aber günstig auf die Magnetisierbarkeit des Stahls aus. Die Anwesenheit von 1...3% fördert das Ausscheiden des Kohlenstoffes als Graphit. Durch den Einfluß von Silizium entsteht Gußeisen. Beim Frischen wird es wegen seiner hohen Affinität zu Sauerstoff als Verbrennungsbeschleuniger zugesetzt!

Phosphor

macht Eisen dünnflüssig, Zusatz bei Kunstguß, gleichzeitig aber kaltbrüchig, wodurch es gegen Stoß und Schlag bei Normaltemperatur empfindlich wird.

Schwefel

macht Eisen dickflüssig und warmbrüchig, zum Gießen also ungeeignet. Beim Schmieden wird der Stahl rissig und brüchig. Schwefel verbindet sich im Hochofen mit dem Eisen.

Phosphor und Schwefel sind normalerweise schädliche Beimengungen; ihr Gehalt soll einzeln 0,06% nicht übersteigen. Bei Automatenstahl ist höherer Gehalt an P und S jedoch erwünscht, um kurze Späne und saubere Oberflächen zu erhalten.

5.3.1.2.2. Legierungszusätze

Legierungszusätze verbessern die Eigenschaften des Stahls, seine Härte, Hitze-, Säuerbeständigkeit usw.

Mangan

erhöht die Härte, Zug- und Dauerstandfestigkeit bis zu einem Gehalt von 3%, bei mehr als 12% und gleichzeitig genügend hohem C-Gehalt (0,9%) erhält der Stahl hohe Zähigkeit und Verschleißfestigkeit.

Nickel

erhöht Festigkeit, Zähigkeit und Dehnung; es erschwert die Kaltverformung und Zerspanung. Stahl mit einem Ni-Gehalt bis 5% wird für hochbeanspruchte Maschinenteile verwendet. Höherer Ni-Gehalt ergibt in Verbindung mit Cr nichtrostenden Stahl.

Chrom

verbessert Härte und Festigkeit und erhöht die Hitzebeständigkeit, außerdem begünstigt es die Durchhärtung auch bei größeren Querschnitten. Die kritische Abkühlgeschwindigkeit wird beim Härten durch den Chromgehalt herabgesetzt. Chromstähle können in Öl gehärtet werden, sie neigen deshalb weniger zum Verziehen.

Wolfram

erhöht Zähigkeit und Streckgrenze des gehärteten Stahls, außerdem die Warmfestigkeit und Schneidhaltigkeit. Wolfram wird vor allem bei Werkzeugstählen zugesetzt; es ist hauptsächlicher Legierungsbestandteil bei Schnellstahl.

Molybdän

wirkt ähnlich wie Wolfram. 1% Mo ersetzt etwa 2% W.

Vanadium

verhindert das starke Abfallen der Elastizitäts- und Streckgrenze bei Temperaturen bis 550°C. Elastizität, Kerbschlagzähigkeit und Dauerstandfestigkeit werden verbessert.

Kobalt

dient zur Erhöhung der Festigkeit, der Warm- und Dauerstandsfestigkeit sowie der Härte; dadurch wird vor allem die Schneidhaltigkeit sowie die Standzeit der Werkzeugstähle verbessert. Bei der Beeinflussung der magnetischen Eigenschaften der Stähle (Dauermagnete) hat Kobalt wesentlichen Anteil.

5.3.1.3. Verwendung

5.3.1.3.1. Baustähle

Die Gütevorschriften für allgemeine Baustähle sind in DIN 17100 festgelegt: „Als allgemeine Baustähle gelten unlegierte und niedriglegierte Stähle, die üblicherweise im warmgeformten Zustand, nach einem Normalglühen oder nach einer Kaltumformung im wesentlichen auf Grund ihrer Zugfestigkeit und Streckgrenze z. B. im Hochbau, Tiefbau, Brückenbau, Wasserbau, Behälterbau, Fahrzeug- und Maschinenbau verwendet werden." In DIN 17100 werden ferner Maße, Maßabweichungen, Gewichtsbestimmungen, Gütegruppen, Lieferzustand, Eignungsbereiche, mechanische Eigenschaften, chemische Zusammensetzung usw. festgelegt.

Nach DIN 1543 werden Stahlbleche über 4,75 mm (Grobbleche) in Gewicht, Dicke und Bestellvorschrift festgelegt. So wird eine Tafel Stahlblech von 15 mm Dicke, 1500 mm Breite und 2000 mm Länge aus beruhigten Siemens-Martin-Stahl St 34.2 nach DIN 17100 wie folgt bezeichnet:
Stahlblech 15 × 1500 × 2000 DIN 1543 MR St 34-2.
DIN 1542 legt die Abmessungen usw. der Bleche von 3...4,75 mm fest.
DIN 1541 befaßt sich mit den Blechen unter 3 mm (Feinblech). In DIN 1623 Blatt 1 sind diese Feinbleche nach DIN 1541 nach Oberflächart (also nicht entzundert, zunderfrei, verbesserte Oberfläche, beste Oberfläche), Güte (also Grundgüte, Ziehgüte usw.) und Erschmelzungs- und Vergießart (also Thomas-, S. M.-Verfahren, unberuhigt, besonders beruhigt usw.) bestimmt und festgelegt.

5.3.1.3.2. Automatenstähle

nehmen eine Sonderstellung ein. Bei der Herstellung von Massenteilen auf Automaten ist ein Werkstoff nötig, der kurze Späne bildet, damit die Maschine nicht verstopft wird. Der Werkstoff muß sich leicht zerspanen lassen, damit trotz hoher Schnittgeschwindigkeiten saubere Oberflächen erzielt werden und die Werkzeuge lange Standzeiten haben. Die Stähle dürfen nach DIN einen P-Gehalt bis 0,1% und einen S-Gehalt bis 0,3% haben.

5.3.1.3.3. Vergütungs- und Einsatzstähle

werden verwendet, wenn an Festigkeit und Zähigkeit besondere Anforderungen gestellt werden; sie eignen sich vorzüglich für hochbeanspruchte Maschinenteile und sind vor allem dann zu verwenden, wenn schwingende und stoßartige Belastung vorherrscht. Diese Stähle waren zunächst nach DIN 1662 genormt, es handelte sich um Cr- und CrNi-Stähle mit Ni-Gehalt bis 4,5%. Der Mangel an Ni führte dann zur Schaffung von nickelfreien Cr- und CrMo-Stählen. Die neuen Stähle sind in den DIN-Blättern 17200 und 17210 erfaßt.

DIN 17200: Vergütungstähle	DIN 17210: Einsatzstähle
Mn-Stähle	Cr-Stähle
Mn Si- bzw. Mn V-Stähle	Mn Cr-Stähle
Cr-Stähle	Cr Ni-Stähle
Cr Mo- und Cr V-Stähle	
Cr Ni Mo-Stähle	

Nach DIN 17200 und 17210 legierte Vergütungsstähle, die zu den Edelstählen zählen z. B.:

28 Mn 6; 25 CrMo 4; 41 Cr 4; Sorten für hochbeanspruchte Teile im Flugzeugbau, Motoren- und Fahrzeugbau, z. B. Achsschenkel, Vorderachsen, Pleuelstangen, Vorgelege- und Getriebewellen, Kurbelwellen sowie sonstige Triebwerks- und Steuerungsteile. Die Zugfestigkeit liegt nach der Vergütung zwischen 80 und 100 daN/mm².

42 Cr Mo 4; 50 Cr V 4; 34 Cr Ni Mo 6; 30 Cr Ni Mo 8, für obengenannte Teile mit höchster Beanspruchung.
Die Zugfestigkeit liegt nach der Vergütung zwischen 100 und 165 daN/mm².

5.3.1.3.4. *Legierte Einsatzstähle*

15 Cr 3; 16 Mn Cr 5;	für Nocken-Getriebewellen, Kolbenbolzen, Schaltstangen, Zahnräder und Meßgeräte. Zugfestigkeit 65...110 daN/mm² nach dem Härten.
15 Cr Ni 6; 20 Mn Cr 5;	Getriebewellen, mittlere bis hochbeanspruchte kleinere Wechsel- und Schneckenräder. Zugfestigkeit 90 bis 130 daN/mm² nach dem Härten.
18 Cr Ni 8;	hochbeanspruchte Zahnräder und Wellen größerer Abmessungen. Zugfestigkeit 125...180 daN/mm² nach dem Härten. Getrieberäder, Härtung in Zyanbädern. Zugfestigkeit 155...180 daN/mm² nach dem Härten.

Die Erläuterung dieser und der folgenden Buchstaben und Zahlengruppen erfolgt im Abschnitt: Werkstoffnormung.

5.3.1.3.5. *Federstähle*

werden vor allen Dingen im Fahrzeugbau benötigt. Sie müssen gegen Ermüdung und stoßweise Beanspruchung unempfindlich sein. Die genormten Stähle enthalten 0,4...0,7% C. Ihre besonderen Eigenschaften erhalten sie durch den Mn- und Si-Gehalt.
Alle Sorten haben im Mittel Brinellhärte HB 30 = 370 bis 430, Bruchfestigkeit σ_B = 130 und Streckgrenze σ_S = 160 daN/mm².

5.3.1.3.6. *Werkzeugstähle*

Man bezeichnet sie als Edelstähle. Durch die Vielzahl der Verwendungszwecke ist ihre Zahl sehr groß. In der „Stahl und Eisenliste" des Vereins Deutscher Eisenhüttenleute sind rund 100 verschiedene Arten verzeichnet. Die Bezeichnung der Stähle erfolgt nach DIN 17006. Man kann sie grob in einige Gruppen einteilen:

5.3.1.3.6.1. *Kohlenstoffstahl* (unlegierter Werkzeugstahl)

mit einem C-Gehalt von 0,6 bis 1,4%; als Legierungszusätze Mn bis 0,8%, Si bis 0,5%; Cu bis 0,25%; Al oder Ti bis 0,1%. Der Stahl kann evtl. einen Zusatz bis 1% W enthalten. Die Stähle lassen sich verhältnismäßig gut bearbeiten, leicht schmieden und härten. An die hergestellten Werkzeuge, wie Meißel, Bohrer, Sägeblätter, Dreh- und Hobelmeißel sowie Fräser, dürfen keine hohen Anforderungen gestellt werden.

5.3.1.3.6.2. Schnellstahl (hochlegierter Werkzeugstahl)

behält seine Schneidfähigkeit und Härte bei Erwärmung bis zu 500°C. Dadurch kann man an Werkzeuge aus Schnellstahl erheblich größere Anforderungen stellen. Schnellstahl enthält außer ca. 0,8...1% C als Legierungsbestandteile Wolfram, Chrom, Vanadium und Molybdän.

5.3.1.3.6.3. Riffelstähle

benutzt man zum Bearbeiten härtester Werkstoffe; sie haben neben einem sehr hohen C-Gehalt von 1,2...1,4%, Wolfram, Chrom und Vanadium als Legierungszusätze.

5.3.1.3.6.4. Stähle für Schnitte und Stanzen

haben neben Härte und Verschleißfestigkeit noch besondere Zähigkeit. Auch hier ist neben C, Chrom, Nickel, Wolfram und Mangan Legierungsbestandteil.

5.3.2. Stahlguß

Flüssiger Stahl wird in der Stahlgießerei in getrockneten lehmhaltigen Sandformen zu Stahlguß vergossen. Es werden gleiche Stahlsorten wie für Schmiedestücke verwendet. Das Vergießen von Stahlguß stellt höhere Anforderungen als Gußeisen. Nach DIN 1681 unterscheidet man die Normalgüten, z. B.

GS-38, GS-48 usw. und die Sondergüten, z. B. GS-38.1, GS-45.1, GS-45.3; GS-52.2 usw. Die Kurzbezeichnung erfolgt nach DIN 17006.

Stahlguß wird dort verwendet, wo man bei der Formgebung auf Gießen nicht verzichten kann, die mechanischen Eigenschaften von Grauguß jedoch nicht mehr ausreichen.

5.3.3. Handelsformen

Nach dem Verwendungszweck wird der Stahl in den Stahlwerken zu Halbzeugen verarbeitet. Zur Weiterverarbeitung durch Schmieden, Pressen usw. erhält man vorgewalzte oder geschmiedete Blöcke.

Stabstahl wird in □ bis 160 mm in ○ bis ⌀ 200 mm, Sechskantstahl bis 100 mm Schlüsselweite geliefert. Flachstahl mit Abmessungen von 150 × 60 mm. Neben einfach gewalzten Formen werden Vierkant-, Flach-, Rund-, Sechskant-, Keilstahl usw. kalt gezogen, maßhaltig geliefert.

Formstahl (Profil)

Normalprofile wie ∟ ⊥ [⊥ sowie Sonderprofile, die ihre Verwendung im Stahlbau als Träger, Stützen, Dachbinder, Stahlrahmen bei Brückenbauten usw. finden.

Bleche

unter 3 mm Dicke werden als Feinbleche, von 3...4,75 mm als Mittelbleche und über 5 mm als Grobbleche bezeichnet. Riffelbleche haben auf der Oberseite erhabene Riffeln in verschiedener Form; sie werden zum Belegen und Abdecken benutzt. Wellbleche dienen als Wandverkleidung und zum Dachdecken.

Draht

wird bis ⌀ 5 mm durch Walzen, kleinere Durchmesser durch Ziehen auf kaltem Wege hergestellt. Er wird schwarz, verzinkt oder verbleit geliefert.

Rohre

mit quadratischen oder rundem Querschnitt als stumpfgeschweißte oder nahtlos gezogene Rohre.

5.3.4. Stahlnormung

Stahl und Eisen waren früher in den Normblättern 1600 bis 1699 festgelegt; sie sind nur noch teilweise gültig. Die Kurzbezeichnung der Werkstoffe erfogt nach DIN 17006.

5.3.4.1. Werkstoffnormung der allgemeinen Baustähle nach DIN 17100.

Die Normen DIN 1611, 1612, 1620, 1621 und 1622 sind seit 1957 durch DIN 17100 ersetzt worden. Die Normen wurden vereinigt. Zahl und Einteilung der Stahlsorten wurden grundlegend geändert. Die an die Stähle gestellten Anforderungen wurden ebenfalls geändert und ergänzt. Die Kurzbezeichnung der Stahlsorten entsprechen DIN 17006.

5.3.4.2. Systematische Benennung nach DIN 17006.

DIN 17006 soll den Verbrauchern, Konstrukteuren die Zusammensetzung, die Behandlung, den Gewährleistungsumfang, die Zugfestigkeit, die vor- und Nachbehandlung usw. erläutern. Es ist nicht daran gedacht, daß die Verbraucher mit Hilfe dieser Zusammenstellung eigene Stahlentwürfe vornehmen.

Die folgende Tabelle soll derartige Aufstellungen erläutern:

Benennung nach	Art	Markenbezeichnung	1	2	3	4	5...8 Kern	9 (1,2)	10	11	Stahl
Zugfestigkeit	unlegiert	TSt 37	T				St 37				Thomasstahl mit 37 daN/mm² Mindestzugfestigkeit
		ASt 42.6 N			A		St 42	.6	N		Alterungsbeständiger Stahl Mindestzugfestigkeit 42 daN/mm²), mit gewährleisteter Streckgrenze und Kerbschlagzähigkeit, normalgeglüht
chemische Zusammensetzung		MYC 35 V 70		MY			C 35		V	70	Saurer SM-Stahl mit 0,35 C, vergütet auf 70 daN/mm² Mindestzugfestigkeit
		C 100 W 2 G					C 100	W 2	G		Werkzeugstahl mit 1% C, 2. Güte, geglüht
		15 Cr 3 E					15 Cr 3		E		Chromstahl mit 0,15% C und 0,75% Cr, einsatzgehärtet
	niedrig legiert	EB 13 Cr V 53.8 V		EB			13 Cr V 5 8	.8	V		Basischer El-Stahl mit 0,13% C, 1,25% Cr, 0,3% V, mit gewährleisteter Warmfestigkeit, vergütet
		GS-E 25 CrMo 56 V+S 65	GS	E			25 CrMo 5 6		V+S	65	El-Stahlguß mit 0,25% C, 1,25% Cr, 0,6% Mo, vergütet und spannungsfrei geglüht auf 65 daN/mm² Mindestzugfestigkeit
	hochlegiert	X 10 CrNi 18 8 V				X	10 CrNi 18 8		V		Nichtrostender Stahl mit 0,10% C, 18% Cr, 8% Ni, vergütet
		G-NiAl	G				NiAl				Guß-Ni-Al-Legierung
Zugfestigkeit	unlegiert	GG-18	GG				18				Grauguß mit 18 daN/mm² Mindestzugfestigkeit
		GS-52	GS				52				Stahlguß mit 52 daN/mm² Mindestzugfestigkeit
		GS-BS 40	GS	B	S		40				Bessemer-Stahlguß mit 40 daN/mm² Mindestzugfestigkeit, schmelzschweißb.
		GTW-S 40	GTW		S		40				Weißer Temperguß mit 40 daN/mm² Mindestzugfestigkeit, schmelzschweißb.

Die Stahlformeln lassen sich in 11 Einzelangaben zerlegen, die allerdings in den meisten Fällen in ihrer Gesamtheit nicht verwendet werden. Die Reihenfolge der Angaben muß aber trotzdem eingehalten werden.

Hierzu Tabelle 1.

Spalte 1: Hier wird, soweit erforderlich, die Art des Vergießens angegeben, also GG = Grauguß usw.

Spalte 2 gibt die Erschmelzungsart und damit indirekt die Reinheit oder die Güte des Stahls an.

Spalte 3 erläutert für den Verbraucher u. U. wichtige Eigenschaften, die vielfach schon beim Erschmelzen hervorgehoben werden können.

Tabelle 1.

1 Gußzeichen	2 Erschmelzungsart	3 besondere Eigenschaften
G- = gegossen (allg.)	B = Bessemerstahl	A = Alterungsbeständig
GG- = Grauguß	E = Elektrostahl	G = größter P- oder S.-Gehalt
GH- = Hartguß	F = Flammofen	H = Halbberuhigt
GS- = Stahlguß	J = Elektrostahl (Indukt.)	K = kl. P- oder S-Gehalt
GT- = Temperguß (allg.)	LE = Elektrostahl (Lichtbogen)	L = Laugenrißbeständig
GTS- = Temperguß (schwarz)	M = SM-Stahl	P = Preßschweißbar
GTW- = Temperguß (weiß)	PP = Puddelstahl	Q = Kaltstauchbar
Angehängte Zeichen	SS = Schweißstahl	R = Ruhig
K = Kokillenguß	T = Thomasstahl	S = Schmelzschweißbar
Z = Schleuderguß	TI = Tiegelstahl	U = Unruhig
(Beispiel GGK-)	W = Windfrischstahl	Z = Ziehbar
	B = basisch	
	Y = sauer (nur angehängt)	

Spalte 4 wird nur dort verwendet, wo es sich um hochlegierte Stähle handelt. Diese Legierungen werden durch ein vor die Spalten 5...8 gesetztes × gekennzeichnet und bedeutet, daß die Legierungsbestandteile in *vollen* Prozenten angegeben sind. (Siehe dazu Erläuterungen der Spalten 5...8!)

In den Spalten 5...8 werden alle wichtigen Legierungsbestandteile des beschriebenen Stahls verzeichnet. Bestandteile, die einen gewissen Prozentsatz unterschreiten, treten nicht auf, werden aber in Spezialbeschreibungen ausgewiesen.

Die erste Zahl gibt ohne Buchstabenhinweis die Höhe des Kohlenstoffprozentsatzes an. Allerdings muß die gegebene Zahl, wie bei allen weiteren Legierungsangaben durch einen, in einer besonderen Tabelle angegebenen, Multiplikator geteilt werden. Kohlenstoff hat den Multiplikator 100; also ist bei der zusammengestellten Formel durch 100 zu teilen. (Beim *Aufbau* einer derartigen Formel wird multipliziert. Daher Multiplikator! (Siehe Tabelle 2.) Es folgen in Abkürzungen die auf Seite 90 erläuterten Legierungsbestandteile nach fallendem Prozentsatz geordnet.

Die folgenden Zahlen werden, durch einen kleinen Abstand unterschieden, den vorangestellten Buchstabenangaben genau zugeordnet. Da sie, wie schon oben erwähnt, durch einen Multiplikator errechnet sind, kann, trotz des höheren Prozentsatzes, die kleiner Zahl am Anfang stehen! Die Reihenfolge richtet sich also *immer* nach dem *abnehmenden* Prozentsatz.

Legierungsbestandteile, die erwähnenswert, aber ohne bedeutende Menge beigegeben sind, erscheinen in der Buchstabenkombination an letzter Stelle, haben aber dann selbst keine Zahlenangabe.

Tabelle 2. Multiplikatoren für Legierungszusätze

4		10		100	
Kobalt	Co	Aluminium	Al	Phosphor	P
Chrom	Cr	Beryllium	Be	Schwefel	S
Mangan	Mn	Blei	Pb	Stickstoff	N
Nickel	Ni	Bor	B	Cer	Ce
Silizium	Si	Kupfer	Cu	Kohlenstoff	C
Wolfram	W	Molybdän	Mo		
		Niob	Nb		
		Tantal	Ta		
		Titan	Ti		
		Vanadium	V		
		Zirkon	Zr		

Spalte 9 gibt in Kennziffern, die hinter einem großen Punkt stehen, um sie von den Legierungsprozenten zu unterscheiden, den vom Stahlwerk garantierten Gewährleistungsumfang an. Diese Zahlen sind in Tabelle 3 erläutert.

98

Tabelle 3. Kennziffern für den Gewährleistungsumfang

.1 Streckgrenze
.2 Falt- und Stauchversuch
.3 Kerbschlagzähigkeit
.4 Streckgrenze und Falt- oder Stauchversuch
.5 Falt- oder Stauchversuch und Kerbschlagzähigkeit

.6 Streckgrenze und Kerbschlagzähigkeit
.7 Streckgrenze, Falt- oder Stauchversuch und Kerbschlagzähigkeit
.8 Warmfest oder Dauerstandfest
.9 Elektromagnetische Eigenschaften

Des weiteren kann in Spalte 9 die Gütestufe unlegierter Werkzeugstähle verzeichnet werden. Hierbei wird, wie bei dem Stahl C 100 W 2 G (Werkzeugstahl mit 1 % C, 2. Güte, geglüht), auf jede Buchstaben- und Zahlenkombination verzichtet. Um jeden Irrtum auszuschließen, wird aber hier (nur hier!) der Kohlenstoffanteil auch mit einem Buchstaben (C) versehen. Die Prozentzahl ist wieder mit einem Multiplikator errechnet. (Tabelle 4)

Tabelle 4.

W 1 Werkzeugstähle erster Güte
W 2 Werkzeugstähle zweiter Güte

W 3 Werkzeugstähle dritter Güte
WS Werkzeugstähle für Sonderzwecke;

Spalte 10: Hier wird der vom Stahlwerk vorgeleistete Behandlungszustand beschrieben. Da es sich auch hier um Buchstabenangaben handelt, ist auf genaue Einhaltung der Spaltenreihenfolge zu achten. (Tabelle 5.)

Tabelle 5.

10
Behandlungszustand

A = Angelassen

B = beste Bearbeitbarkeit
E = Einsatzgehärtet
G = Weichgeglüht

H = Gehärtet

HF = Oberflächen-Flammengehärtet
HJ = Oberflächen-Induktionsgehärtet
K = Kaltverformt

N = Normal geglüht
NT = Nitriert

S = Spannungsfreigeglüht
U = Unbehandelt
V = Vergütet

Spalte 11 gibt, soweit benötigt, die vom Werk garantierte Zugfestigkeit in N/mm^2 oder daN/mm^2 an.

7*

5.4. Gußeisen

5.4.1. Allgemeines

Gußeisen mit Lamellengraphit (Grauguß) ist ein viel verwendetes Gießerei-metall. Es wird im Kupolofen der Gießerei aus Roheisen, vermischt mit Schrott und Zusätzen, erschmolzen und in Formen gegossen. Es kann für Werkstücke von den kleinsten bis zu den größten Ausmaßen verwendet werden. Die Dichte ist, abhängig vom C-Gehalt, 7,2 bis 7,3 kg/dm³. Der Schmelzpunkt liegt zwischen 1150...1250°C. Die Schwindung beträgt ca. 1%. Seine Zusammensetzung beispielsweise beim Normgrauguß ist im Mittel: 2,8...3,6% C; 0,5...3% Si; 0,3...1% Mn; 0,3...1% P und weniger als 0,1% S. Kohlenstoff ist wichtigster Fremdstoff. Er findet sich gebunden als Zementit, oft als Perlit oder aber frei als Graphit im Gefüge. Durch Zementit wird das Gefüge verfeinert, die Bruchfläche erscheint hell, die Festigkeit und damit Härte und Sprödigkeit werden gesteigert.
Durch Graphit wird die Zug- und Biegefestigkeit beeinträchtigt. Es lagert in Form feiner Blättchen, kleiner Knoten oder Adern im Gefüge.
Silizium begünstigt Graphitabscheidung; dadurch wird Festigkeit und Härte des Gußeisens beeinflußt.
Mangan erschwert die Graphitausscheidung; es verursacht hartes und sprödes Gußeisen. Phosphor macht Gußeisen dünnflüssig, aber auch kaltbrüchig; wichtig bei Kunst- und Feinguß, wenn die Festigkeit keine wesentliche Rolle spielt.
Schwefel macht das Eisen zähflüssig und warmbrüchig, deshalb muß sein Gehalt möglichst niedrig gehalten werden. Durch Hinzufügen von Magnesium wird heute eine Umformung des als Lamelle (Blättchen) eingelagerten Gra-phits erreicht. Dieses Gußeisen mit Kugelgraphit (Firmenname: Sphäroguß) erreicht fast Stahlqualität.

5.4.2. Gußeisen mit Lamellengraphit (Grauguß) DIN 1691 Grauguß normal

GG-10 10 daN/mm² Mindestzugfestigkeit;

GG 15 15 daN/mm² Mindestzugfestigkeit; 30 daN/mm² Biegefestigkeit (Mittel-wert);

GG 20 20 daN/mm² Mindestzugfestigkeit; 35 daN/mm² Biegefestigkeit (Mittel-wert);

GG 25 25 daN/mm² Mindestzugfestigkeit; 40 daN/mm² Mindestbiegefestigkeit (Mittelwert);

GG-30 30 daN/mm² Mindestzugfestigkeit; 45 daN/mm² Mindestbiegefestigkeit (Mittelwert);

Gußeisen mit besonderen magnetischen Eigenschaften:
GG-10.9 10 daN/mm² Mindestzugfestigkeit.

Einige Graugußsorten hat man von der Normung wieder ausgenommen. Dazu gehören:

Bau- und Handelsguß:	Verwendungsgebiet: Platten, Herde, Öfen, Heizkörper, Abflußrohre, Formstücke usw.
Fein- und Kunstguß:	Verwendungsgebiet: Zierguß, kunstgewerbliche Gegenstände, Reliefs, Statuen usw.
Hartguß:	dazu gehören Weißhartguß, zur Herstellung von hydraulischen Kolben, Walzenbrecherwalzen usw. Schalenguß, zur Herstellung von Eisenbahnrädern, Ziehringen, Kollergangringen, Platten usw. Walzenguß, zur Herstellung von Hartgußwalzen, Walzen für Druckereien, Papier-, Gummi-, Textilmaschinen usw.
Säure- und alkalibeständiger Guß:	für die chemische Industrie.
Feuerbeständiger Guß:	für Zubehörteile von Feuerungen, wie Roststäbe, Platten usw.

5.4.3. Legiertes Gußeisen

Für besondere Zwecke kann Gußeisen neben Si auch mit Kupfer, Chrom und Nickel legiert werden; man erhält dadurch besondere Festigkeit, Härte, Verschleißfestigkeit, Hitzebeständigkeit und Korrosionsfestigkeit.

5.4.4. Temperguß

Temperguß läßt sich aus weißem Roheisen herstellen, in dem man den Siliciumgehalt so einstellt, daß der gesamte Kohlenstoff im Temperrohguß in gebundener Form als Eisenkarbid vorliegt. Durch nachträgliches Glühen wird der Kohlenstoff soweit entzogen, daß der Werkstoff zähe, hämmerbar und im beschränkten Umfang schmiedbar wird.

5.4.4.1. Weißer Temperguß (GTW)

ist an der hellen Bruchfläche zu erkennen. Die Entziehung des Kohlenstoffes wird dadurch erreicht, daß man das fertige Gußstück in Eisenerzpulver einbettet und dann bei 800...1000°C glüht. Die Glühdauer beträgt je nach der Wandstärke 3 bis 8 Tage.

5.4.4.2. Schwarzer Temperguß (GTS)

erkennt man an der schwarzen Bruchfläche. Der Kohlenstoff wird beim Glühen nicht entzogen, sondern Zementit wird in Ferrit und Temperkohle umgewandelt. Das Gußstück wird in Quarzsand eingebettet und bei Temperaturen zwischen 750...950°C 2...5 Tage geglüht. Dieses Verfahren eignet sich besonders für dickwandige Gußstücke.

Normung

GTW-35 $\sigma_B = 35$ daN/mm² weißer Temperguß
GTW-40 $\sigma_B = 40$ daN/mm² weißer Temperguß
GTS-35 $\sigma_B = 35$ daN/mm² schwarzer Temperguß.

5.4.4.3. Verwendung

Billige Massenteile, die durch Gießen hergestellt werden sollen, trotzdem aber gewisse Zähigkeit besitzen müssen, werden aus Temperguß gefertigt, z. B. Schloßteile, Formstücke und Teile für kleinere Maschinen, Fahrräder, Schlüssel, Hebel, Zwingen usw.

5.4.5. Gußeisen mit Kugelgraphit

Gußeisen mit Kugelgraphit (GGG) ist, wie Gußeißen (GG) ein Kohlenstoff-Gußwerkstoff. Durch Einführen von Magnesium in die Schmelze, wird wie schon erwähnt, der gelöste Kohlenstoff so beeinflußt, daß er beim Erstarren eine kugelige Form annimmt. Diese Zusammenballung der bei Grauguß störenden Einlagerung führt zu einem günstigeren Spannungsverlauf innerhalb des Gußstücks, so daß ein stahlähnlicher Charakter des Werkstoffs erreicht wird. Die Bearbeitbarkeit, Gießbarkeit und Billigkeit dieses Verfahrens liegt trotzdem im Bereich der Werte des Gußeisens mit Lamellengarphit:

GGG 45 45 daN/mm² Zugfestigkeit; (Dieser Werkstoff wird an erster Stelle genannt, weil er in den meisten Fällen den Ansprüchen genügt.) Biegefestigkeit 80...95 daN/mm².
GGG 38 38 daN/mm² Zugfestigkeit, Biegefestigkeit 75...90 daN/mm².
GGG 50 50 daN/mm² Zugfestigkeit, Biegefestigkeit 85...100 daN/mm².
GGG 70 70 daN/mm² Zugfestigkeit, Biegefestigkeit 100...120 daN/mm².

5.5. Sintereisen

5.5.1. Allgemeines

Werkstücke können aus Metallpulver hergestellt werden. Nach der Formgebung werden sie unter hohem Druck einer Wärmebehandlung unterzogen, wobei sie unter ihrem Schmelzpunkt erhitzt werden; die Metallteilchen backen zusammen — sie sintern —. Dieses Verfahren wendet man an, wenn die Metalle einen sehr hohen Schmelzpunkt haben, z. B. beim Sintern von Hartmetall, oder wenn man besonders poröse Werkstücke erhalten will, beispielsweise Bronze- oder Eisenlager.
Sintereisen benötigt man für die Herstellung von Lagerbüchsen, Führungen usw. Es hat hervorragende Gleiteigenschaften und gute Wärmeleitfähigkeit.

Die porigen Zwischenräume füllen sich mit Öl. Bei Erwärmung tritt das Öl aus den Poren und schmiert die Laufstellen auch nach Ausfall der Normalschmierung. (Notlaufeigenschaften.)

5.6. Nichteisenmetalle

5.6.1. Aluminium

5.6.1.1. Allgemeines

Aluminium, das wichtigste Leichtmetall, ist ein Grundstoff und gehört zu den sogenannten Erdmetallen. Chemisches Zeichen Al, Dichte $2,7\ kg/dm^3$, Schmelzpunkt $658°C$, Siedepunkt $2270°C$. Die Zugfestigkeit beträgt je nach Reinheits- und Bearbeitungsgrad zwischen 7 und 21 daN/mm^2. Es ist schmiedbar, streckbar, schweißbar und hämmerbar. Es läßt sich zu dünnem Draht ziehen und als Folien bis zu einer Dicke von 8/1000 mm auswalzen. Aluminium hält sich an der Luft gut, weil es eine kaum zerstörbare Oxidhaut bildet. Es wird von verdünnten organischen Säuren nicht angegriffen.

5.6.1.2. Gewinnung

Roher Bauxit wird mit geglühter Soda gemischt und in Drehrohröfen bei $1200°C$ gesintert. Das entstandene Natriumaluminat wird in Zersetzungszylindern mit Tonerdehydrat geimpft. Nach längerem Rühren scheidet sich reine Tonerde ab. Aus dieser Tonerde wird das Aluminium durch Elektrolyse in Aluminiumbädern gewonnen. Zur Erzeugung von 1 kg Aluminium werden 4 kg Bauxit und 20 bis 25 kWh Strom benötigt. Nach DIN 1712 hat Reinaluminium einen Gehalt von 99...99,8% Al.

5.6.1.3. Verwendung

Von der Reinheit des Al sind seine elektrischen und mechanischen Eigenschaften abhängig. Reines Al ist sehr weich, beim Zerspanen neigt es zum Schmieren; es muß deshalb mit Sonderwerkzeugen bearbeitet werden.
Aluminiumfolien werden an Stelle von Stanniol zu Verpackungszwecken, als Elektroden von Kondensatoren aller Größen und zur Isolierung (Wärme- und Kälteschutz) verwendet. Aluminium wird auch zur Herstellung von Tuben benutzt. Als Draht verarbeitet, wird es vorzugsweise für elektrische Hochspannungsleitungen (ALDREY) eingesetzt.
Aluminiumpulver wird für Aluminiumfarben verwendet, die sich gut zum Rostschutz eignen; ferner zur Herstellung von Halbzeugen aus Sintermaterial, die besondere Bedeutung für den Reaktor- und Raketenbau haben. Al-Pulver findet auch bei der Thermitschweißung Anwendung. Reinst-Alumi-wird wegen der hohen chemischen Beständigkeit zu Geräten der Nahrungs-

mittelindustrie und Haushaltsgeräten verarbeitet. Um die leichten Aluminium-werkstoffe für den Schiff-, Flugzeug- und Fahrzeugbau, sowie im Bauwesen aber auch im Maschinenbau im größeren Umfang einzusetzen, mußte zunächst das Verlangen nach höherer Festigkeit erfüllt werden. Diese Anforderung führte zur Herstellung von Aluminiumlegierungen.

5.6.1.4. Reinst- und Reinaluminium werden nach DIN 1712 Blatt 3 nach Größe der Beimengungen und nach Kennfarben bezeichnet.

Al 99,98 R	(schwarz)	Beimengungen insgesamt	0,02%
Al 99,9	(braun)	Beimengungen insgesamt	0,1%
Al 99,8	(braun-braun)	Beimengungen insgesamt	0,2%
Al 99,7	(braun-rot)	Beimengungen insgesamt	0,3%
Al 99,5	(blau)	Beimengungen insgesamt	0,5%
Al 99	(violett-weiß)	Beimengungen insgesamt	1%
Al 98	(violett-violett)	Beimengungen insgesamt	2%

5.6.1.5. Aluminiumlegierungen DIN 1725

Man unterscheidet Knetlegierungen und Gußlegierungen.

5.6.1.5.1. Knetlegierungen

Knetlegierungen sind durch Walzen, Strangpressen, Gesenkschmieden und Ziehen formbar. Sie sind in DIN 1725 Blatt 1 genormt.
Die Bezeichnung ist unterschiedlich: Liegt sehr reines Aluminium vor, wird auch hier der Reinheitsprozentsatz angegeben. Es folgen die Kurzzeichen der Legierungszusätze. Liegt ein bedeutender Zusatz vor, ist hinter das betreffende Kurzeichen die Prozentangabe gesetzt. Weitere Kurzzeichen können folgen.

Auswahl aus DIN 1725 Blatt 1

Kurzzeichen	Kennfarbe	Legierungsbestandteile	Verwendung
Al R Mg 0,5 Al 99,9 Mg 0,5	schwarz-schwarz braun-schwarz	Mg 0,4...0,6% Mg 0,4...0,6%	nicht aushärtbare Glänzlegierung
Al 99,9 MgSi	braun-weiß-rot	Mg 0,4...0,8%; Si 0,35...0,7%; Cu 0...0,2%	aushärtbare Glänzlegierung
Al 99,9 ZnMg	braun-blau-violett	Zn 3,6...4,6%; Mg 0,7...1,2%; Cr 0...0,1%	

104

Kurzzeichen	Kennfarbe	Legierungsbestandteile	Verwendung
AlMn	violett	Mn 0,9...1,4%; Mg 0...0,3%; Al Rest. Andere Bestandteile als unbedeutende Beimengungen	gute Formbarkeit, höhere Festigkeit als Reinaluminium. Chemische und Nahrungsmittel- industrie
AlMg 3	grün-gelb	Mg 2,6...3,4%; Mn 0...0,5%; Cr 0...0,3%	nicht aushärtbare Legierungen mit hoher Festigkeit. Mechanisch mittel- und hochbean- spruchte Bauteile, seewasserfest
AlMg 5	grün-schwarz	Mg 4,3...5,5%; Mn 0...0,6%; Cr 0...0,3%	
AlMgMn	grün	Mg 1,6...2,5%; Mn 0,5...1,1%; Cr 0...0,3%	
E-AlMgSi	weiß-weiß	Si 0,5...0,6%; Mg 0,3...0,5%; Fe 0,1...0,3%	kalt-u. warmaushärt- bare Legierungen mittlerer Festigkeit. Gute elektrische Leitfähigkeit
E-AlMgSi 0,5	weiß-rot-blau	Mg 0,4...0,8%; Si 0,35...0,7%; Fe 0,1...0,3%	
AlCuMg 0,5	rot-gelb	Cu 2,0...3,0%; Mg 0,2...0,5%; Al Rest	Für kaltausgehärtet schlagbare Niete
AlCuSiMn	rot-violett	Cu 3,9...5,0%; Si 0,5...1,2%; Mn 0,4...1,2%; Mg 0,2...0,8%	warmaushärtbare Schmiedelegierung hoher Festigkeit. Fahrzeug- u. Maschi- nenbau, Gesenk- u. Freiformschmiede- stücke
AlZnMgCu 0,5	blau-blau	Zn 4,3...5,2%; Mg 2,6...3,6%; Cu 0,5...1%; Mn 0,1...0,4%; Cr 0,1...0,3%	warmaushärtbare Legierungen höchster Festigkeit
AlZnMgCu 1,5	blau-rot	Zn 5,1...6,1%; Mg 2,1...2,9%; Cu 1,2...2,0%; Cr 0,18...0,3%; Mn 0...0,3%	

Die aufgeführten Knetlegierungen werden als Bleche, Bänder, Rohre, Flach-, Rund-, Vierkant- und Sechskantstäbe, als gepreßte oder gezogene Profile in vielfachen Formen geliefert.

5.6.1.5.2. Gußlegierungen

Auswahl aus DIN 1725 Blatt 2

Kurzzeichen	Zugfestig-keit in daN/mm²	Legierungs-bestandteile	Verwendung
G-AlSi 12	17...22	Si 11,0...13,5%; Al Rest	Dünnwandige Gußstücke, stoßfest
GK-AlSi 12	20...26		Kokillenguß, sonst wie oben
G-AlSi 12 (Cu)	18...26	Si 11...13%; Cu 1%; Al Rest	Dünnwandige Gußstücke, gut schweißbar, aushärtbar
G-AlSi 10 Mg wa	22...30	Si 9,0...11,0%, Mg 0,2...0,4%; Al Rest	Gußstücke, die höchster Beanspruchung widerstehen. Warmausgehärtet
GK-AlSi 10 Mg(Cu) wa	24...32	Si 9,0...11,0%; Mg 0,2...0,4%; Cu 0,2%; Al Rest	Kokillenguß, sonst wie oben
G-AlSiCu 4	16...22	Si 5,0...6,0%; Cu 3,0...5,0%; Mg 0,3...0,6%; Al Rest	Dünnwandige Gußstücke, schwingungsfest, höchstbeanspruchbar, ausgezeichnete Gießeigenschaften, gut schweißbar
G-AlMg 3	14...19	Mg 2,0...4,0%; Si 0...1,3%; Al Rest	Seewasserbeständig, mechanische mittelbeanspruchte Gußstücke. Für seefeste Armaturen geeignet. Gute anodische Oxidation
G-AlMg 5	16...19	Mg 4,0...5,5%; Si 0,5...1,5%; Al Rest	Hochwarmfeste Gußstücke, z. B. Zylinderköpfe
G-AlMg 10 ho	25...32	Mg 9,0...11,0%; Al Rest	Homogenisiert. Sehr zugfeste Legierung
G-AlSi 8 Cu 3	16...20	Si 7,5...9,5%; Cu 3,0...5,0%; Mn 0,3...0,6%; Al Rest	Gußstücke aller Art, gut bearbeitbar

Kurzzeichen	Zugfestig-keit in daN/mm²	Legierungs-bestandteile	Verwendung
GK-AlCu 4 Ti wa	33...40	Cu 4,0...5,0%; Ti 0,1...0,3%; Al Rest	Kokillenguß, warmausge-härtet, sehr zugfest
GD-AlSi 12	20...28	Si 11,0...13,5%; Al Rest	Druckgußlegierungen, ausgezeichnet bis gut vergießbar, gut polierbar, ausreichende bis sehr gute Beständigkeit gegen Witterungseinflüsse, ausgezeichnete bis gute Zerspanbarkeit, nur bedingt oder nicht schweißbar
GD-AlSi 8 Cu 3	20...28	Si 7,5...9%; Cu 2,0...4,0%; Mn 0,2...0,6%; Al Rest	
GD-AlMg 9	16...24	Mg 7,0...10,0%; Si 0...1,3%; Mn 0,2...0,5%; Al Rest	

5.6.1.6. Bearbeitung

Mit geeigneten Werkzeugen können Aluminiumlegierungen mit geringem Kraftaufwand und hohen Schnittgeschwindigkeiten sehr gut zerspant werden. Bei Schnellstahlwerkzeugen kommen Schnittgeschwindigkeiten bis zu 1000 m/min, bei Hartmetallwerkzeugen bis zu 2000 m/min zur Anwendung.

5.6.1.7. Korrosionsschutz

Reinaluminium, kupfer- und zinkfreie Aluminiumlegierungen sind korrosions-fest, sie unterliegen jedoch bei feuchter Berührung mit anderen Metallen der elektrolytischen Zerstörung durch Elementebildung. Niete und Schrauben müssen deshalb aus der gleichen Legierung wie die zu verbindenden Stücke bestehen. Es ist zu beachten, daß bei der Bearbeitung keine Fremdmetall-späne in die Oberfläche eindringen, solche Stellen sind Ausgangspunkte für Anfressungen. Bei Verbindungen zwischen Aluminium und anderen Metallen muß die metalische Berührung durch geeignete Isolation verhindert werden (Gummi- oder Bitumenzwischenlagen).

5.6.2. Magnesium

5.6.2.1. Allgemeines

Magnesium ist ein metallischer Grundstoff. Chem. Zeichen Mg, Dichte 1,74 kg/dm², Schmelzpunkt 650°C, Siedepunkt 1107°C. Es verbrennt leicht mit blendend weißem Licht zu Magnesiumoxid und ist ein kräftiges Des-oxidationsmittel (für Nichteisenmetallguß). In seinen Verbindungen hat es mit 2,5% Anteil am Aufbau der Erdrinde.

Das Magnesium wird aus den Mineralien Bischoffit, Karnallit und Magnesit auf elektrolytischem Wege gewonnen. Wegen seiner niedrigen Wichte schwimmt es auf dem Elektrolyten und wird von oben abgeschöpft. Es wird in erster Linie in der Feuerwerkerei, zur Herstellung von Magnesiumfackeln, Leuchtkugeln und Blitzlicht verwendet. Als Werkstoff in der Technik wird es nur im legierten Zustand mit Zusätzen von Aluminium, Zink, Silizium und Mangan verwendet. In der Gießereitechnik bildet sich durch den entschwefelnden Zusatz von Magnesium im Grauguß Kugelgraphit.

Die bekanntesten Legierungen sind Elektron — ein Erzeugnis der I. G.-Farben, und Magnewin — ein Erzeugnis der Wintershall A. G. Man unterscheidet wie beim Aluminium Knet- und Gußlegierungen.

5.6.2.2. Legierungen

5.6.2.2.1. Knetlegierungen

Kurzzeichen	Kennfarbe	Legierungsbestand-teile	Eigenschaften und Verwendung
Mg Mn 2	gelb-schwarz-rot	Mn 1,2...2,0%	Korrosionsbeständig, gut schweißbar, leicht verformbar. Blechprofile Verkleidungen, Rohre
Mg Al 3 Zn	gelb-schwarz-grün	Al 2,5...3,5%; Zn 0,5...1,5%; Mn 0,15...0,4%	Mittlere Festigkeit, schweißbar, im Gesenk zuschmieden. Bauteile mittlerer Beanspruchung, gute chemische Beständigkeit. Verwendbar für Ätzplatten und Anoden
Mg Zn 6 Zr	gelb-schwarz-gelb	Zn 4,8...6,2%; Zr 0,45...0,8%	Höchste Festigkeit. Bauteile mit hoher mechanischer Beanspruchung

5.6.2.2.2. Gußlegierungen

Auswahl nach DIN 1729 Blatt 2

Kurzeichen	Kenn Farbe	Legierungsbestandteile	Zugfestigkt	Verwendung
G-Mg Al 6 Zn 3	gelb-weiß	Al 5,5...6,5; Zn 2,5 bis 3,5; Mn 0,15 bis 0,3%	16...20 daN/mm²)	Für mäßig oder normalbeanspruchte Gußstücke, auch für gas- und flüssigkeitsdichte Teile
G-Mg Al 8 Zn 1	gelb-blau	Al 7,5...9,0; Zn 0,3 bis 1,0; Mn 0,15 bis 0,3%	24...28 daN/mm²)	Für Gußstücke mit komplizierter Formgebung, auch für dünnwandige Teile, die Stoß- und Schwingungsbeanspruchung unterworfen sind
GK-Mg Al 9 Zn 2	gelb-grün	Al 7,5...9,5; Zn 0,5 bis 2,0; Mn 0,15...0,3%	16...22 daN/mm²)	Kokillenguß. Für korrosionsgefährdete Gußstücke, auch für Dauerbelastung mittlerer Stärke

108

5.6.2.3. Verarbeitung

Kalt lassen sich Magnesiumlegierungen nur schwer oder überhaupt nicht formen, es besteht die Gefahr von Kantenrissen und Brüchen. Warmformung kann bei Temperaturen zwischen 300 und 400°C durch Walzen, Pressen und Schmieden erfolgen, jedoch darf die Formgebung nur langsam vor sich gehen, sonst entstehen auch hier Risse und Brüche.

Zum Gießen von Magnesiumlegierungen gehören besondere Kenntnisse in der Formtechnik.

Druckgußstücke können mit großer Genauigkeit und Maßhaltigkeit hergestellt werden. Beim Zerspanen mit Schnellstahl kommen Schnittgeschwindigkeiten bis 500 m/min und mit Hartmetallwerkzeugen 1000...1800 m/min in Anwendung. Solche Schnittgeschwindigkeiten erfordern allerdings Sondermaschinen. Im allgemeinen erfolgt die Bearbeitung trocken; ist Kühlung erforderlich, wird Preßluft verwendet.

5.6.2.4. Unfallgefahr

Magnesiumspäne und Magnesiumschleifstaub sind, besonders im feuchten Zustand, feuergefährlich; sie neigen zur Selbstentzündung. Späne sind deshalb in geschlossenen Behältern, trocken außerhalb des Arbeitsraumes zu lagern. Die Bearbeitung erfolgt trocken. Wird Wasser beim Schleifen zur Kühlung oder zum Niederschlagen des Schleifstaubes gebraucht, so muß es reichlich verwendet werden. Geraten Späne in Brand, so brennen sie stichflammenartig unter großer Hitzeentwicklung. Zum Löschen darf kein Wasser benutzt werden, sonst wird der Brand noch mehr angefacht. Zum Löschen trocknen Sand oder Gußeisenspäne verwenden. Ganze Magnesiumstücke sind unbrennbar.

5.6.3. Kupfer

5.6.3.1. Allgemeines

Kupfer, ein Metall, chemisches Zeichen Cu, Dichte 8,93 kg/dm³, Festigkeit 21...24 daN/mm², Schmelzpunkt 1084°C, Siedepunkt 2300°C. An frischen Schnittflächen ist Kupfer von glänzender, hellroter Farbe. Es ist verhältnismäßig weich, aber sehr zähe. Sein dichtes Gefüge macht es von allen Metallen zum zweitbesten Wärmeleiter (nächst dem Silber), ebenso nächst dem Silber zum besten Leiter für den elektrischen Strom. In feuchter Luft wird es allmählich mit einer grünen Schicht von basischem Kupferkarbonat (Patina, Edelrost) überzogen. Wirkt Essigsäure ein, entsteht der giftige Grünspan. Kupfer kommt in der Natur gediegen in Form von Kristallen, Platten, Klumpen, vor allen Dingen aber in Form von Erzen vor. Bei der Verhüttung wird das Erz zunächst geröstet, dabei wird der größte Teil des Schwefels entfernt. Aus dem Rohstein wird durch Umschmelzen mit Koks ein Konzentrationsstein mit 70 bis 80% Kupfergehalt gewonnen. Flüssiger Rohstein kann auch im Bessemerverfahren zu Schwarzkupfer mit 90...98% Kupfergehalt verarbeitet werden. Für arme Erze wird das nasse Verfahren angewendet. Ergebnis ist Zementkupfer.

Das gewonnene Rohkupfer enthält noch sehr viele Verunreinigungen, vor allem Wismut, Antimon, Nickel, Arsen, Schwefel, die unbedingt entfernt werden müssen. Bei der Feuerraffination wird das geschmolzene Kupfer in einem Flammofen so lange mit Luft behandelt, bis alle Fremdbestandteile durch Oxidation in Schlacke übergegangen sind, oder sich verflüchtigt haben. Als Ergebnis erhält man Hütten- oder Raffinadekupfer mit einem Reinheitsgrad von 99,4...99,6%. Durch Elektrolyse erhält man Elektrolytkupfer mit einem Reinheitsgrad von 99,95%.

5.6.3.2. Verwendung

Kupfer wird wegen seiner Wärmeleitfähigkeit zur Herstellung von Waschkesseln, Badeöfen, Kochgefäßen usw. verwendet. Im Orient blüht heute noch das Handwerk der Kupferschmiede.

In der Elektrotechnik wird es wegen der vorzüglichen Leitfähigkeit zur Herstellung elektrischer Leitungen, Kabel, Wicklungen stromführender Geräte- und Apparateteile verwendet. Ein großes Anwendungsgebiet findet Kupfer in seinen Legierungen.

5.6.3.3. Verarbeitung

Reines Kupfer ist zum Gießen wenig geeignet, deshalb setzt man geringe Mengen Mg, Zn, Pb oder Si zu, um poren- und blasenfreien Guß zu erzielen. Kupfer läßt sich sehr gut kalt wie warm schmieden, pressen und walzen. Beim Kaltverarbeiten müssen auftretende Härte und Sprödigkeit durch Zwischenglühen beseitigt werden. Drähte können bis ⌀ 0,02 mm, Bleche bis 0,01 mm Dicke hergestellt werden. Bei der Zerspanung neigt reines Cu zum Schmieren.

5.6.3.4. Kupferlegierungen

Wird Kupfer mit anderen Metallen legiert, so werden Festigkeit, Gießbarkeit, Härte erhöht, der Schmelzpunkt, die Leitfähigkeit für Elektrizität und Wärme herabgesetzt. Als Legierungsmetalle verwendet man Zink, Zinn, Blei, Aluminium, Silizium, Mangan usw. Die wichtigsten Legierungen sind:

5.6.3.4.1. Messing Ms DIN 1709 (Auswahl)

Legierungsgruppe Benennung	Kurzzeichen	Legierungsbestandteile	Zugfestigkeit in daN/mm²	Verwendung
Gußmessing	G-Ms 65	Cu 63,0...67,0%; Pb 1,0...3,0%; Sn bis 1,0%; Zn Res	20	Armaturen, Gehäuse, Wasserarmaturen, Teile für Elektroindustrie
	GD-Ms 60	Cu 58...64%; Al bis 1,0%; Zn Rest	35	Druckguß, Teile mit blanker Oberfläche, z. B. Armaturen, Beschlagteile
Guß-Sondermessing	G-So Ms F 30	Cu 55,0...64,0%; Fe bis 1,2%; Mn bis 2,5%; Sn bis 1,0%; Zn Rest	35 (30)	Aluminiumfreier Werkstoff, leicht zu gießen und zu löten (hart und weich) für Gußstücke die bei hohem Wasser- und Gasdruck dicht sein müssen, z. B. Hochdruckarmaturen, Gehäuse
	G-So Ms F 60	Cu 55,0...68%; Al bis 5,0%; Fe bis 2,5%; Mn bis 4,0%; Ni bis 2,0%; Zn Rest	65 (60)	Werkstoff (Früher Stahlbronze) mit sehr hoher statischer Festigkeit und Härte, z. B. Ventil- und Steuerungsteile, Sitze, Kegel. Weniger geeignet bei dynamischer Belastung und Schwingung
	G-So Ms F 75	Cu 55,0...68%; Al bis 7,5%; Fe bis 4,0%; Mn bis 5,0%; Ni bis 2,0%; Zn Rest	80 (75)	Geeignet für besonders hohe Belastungen, z. B. Lager mit niedriger Geschwindigkeit und hoher Belastung, Brückenlager, Schneckenradkränze, Innenteile für schwere Hochdruckarmaturen. Weniger geeignet bei dynamischen Belastungen und Schwingungen

3.6.3.4.2. Hartlote DIN 1733

sind messingartige Legierungen mit 42...85% Cu und einem Zn-Zusatz. Der Anteil von Zn richtet sich nach dem verlangten Schmelzpunkt.

L Ms 42 hat seinen Schmelzpunkt bei 845°C, 42% Cu, Rest Zn,

L Ms 54 hat seinen Schmelzpunkt bei 875°C, 54% Cu, Rest Zn,

L Ms 60 hat seinen Schmelzpunkt bei 900°C, 60% Cu, Rest Zn.

Silberlote nach DIN 1734 enthalten neben Cu und Zn Zusätze zwischen 8 und 50% Ag, je nach den besonderen Erfordernissen kommen weitere Zusätze von Cd, Mn, Ni, P und Sn hinzu. Die Schmelzpunkte bewegen sich zwischen 620 und 860°C. Hartlote finden ihre Verwendung bei biege- und schlagfesten Lötungen von Stahl, Kupfer, Messing und Bronze. Anwendung im Fahrradbau, Löten von Bandsägen, Befestigung der Hartmetallschneiden auf Werkzeugschäften.

3.6.3.4.3. Bronze

ist die älteste Legierung; sie gab einem Zeitalter ihren Namen. Die wichtigsten Legierungen nach DIN 1705 sollen hier genannt werden. Nach DIN 1705 wird Bronze z. B. wie folgt bezeichnet: G-Sn Bz 14. Das bedeutet: Cu 85 bis 87%, Sn 13...15%.

Zinnbronze

besteht aus 80...96% Cu, Rest Sn. Um schädliche Sauerstoffverbindungen zu beseitigen, werden bis 0,5% P zugesetzt. Sie besitzt ausgezeichnete Laufeigenschaften und wird deshalb bevorzugt für Lager und Gleitflächen verwendet. Bronze dient außerdem zur Herstellung von Glocken, für künstlerische Arbeiten wie Plaketten, Standbilder sowie für Schmuck und Ziergegenstände.

Rotguß

ist eine Kupferlegierung, bei der außer Zinn noch Zink und Blei enthalten ist. Rotguß läßt sich gut gießen und zerspanen. Benennung für Rotguß z. B.: GZ-Rg 10. Das bedeutet: Schleuderguß mit Cu 86,5...89,0%, Sn 8,5...11%, Zn 1,0...3%, Pb 1,5%.

Berylliumbronze

wird für Teile mit höchsten Anforderungen an Härte, Elastizität und Verschleißfestigkeit sowie chemische Beständigkeit verwendet. Kalt verformt und ausgehärtet erreicht sie eine Zugfestigkeit bis 135 daN/mm^2 und eine Brinellhärte bis 400 daN/mm^2. Ihre Verarbeitung kann durch Kneten und Gießen erfolgen.

Siliziumbronze

wird an Stelle von Reinkupfer verwendet. Sie zeichnet sich durch Festigkeit und Korrosionsbeständigkeit aus. Sicudur und Kuprodur gehören zur Siliziumbronze.

Aluminiumbronze

ist hart, korrosions- und seewasserbeständig, gut gießbar — Schwindmaß ca. 2%. Al Bz läßt sich pressen, ziehen, walzen, ist aushärtbar und erreicht eine Zugfestigkeit von 100 daN/mm^2. Sie besteht aus 91...96% Cu und 9...4% Al; werden bei Verringerung des Cu-Gehaltes bis auf 72% Zusätze von Fe, Ni, Mn, Si und Sn in einer Gesamtmenge bis zu 15% beigemengt, so erhält man Mehrstofflegierungen.

112

Aluminiumbronze Auswahl aus DIN 1714

Kurzzeichen	Zugfestigkeit in daN/mm²	Legierungsbestandteile	Verwendung
G-Al Bz 9 (Guß-Aluminiumbronze)	45	Cu 88,0...92,0%; Al 8,0...10,5%	Formguß, meerwasser- und korrosionsbeständig, Gußstücke für Armaturen und für chemische Industrie
G-Fe Al Bz F 50 (Guß-Eisen-Aluminiumbronze)	55	Cu 83,0...89,5%; Al 8,5...11,0%; Fe 2,0...4,0%; Ni 2,5%; Mn 1,0%	Formguß, meerwasser- und korrosionsbeständig, Gußstücke für Schiffsbau, chemische Industrie, Säurefeste Armaturen hoher Festigkeit
G-Ni Al Bz F 50 (Guß-Nickel-Aluminiumbronze)	60	Cu 78,0...82,0%; Al 7,8...9,8%; Ni 4,0...6,5%; Fe 4,0...6%; Mn 1,5%	Formguß, hohe Festigkeit, Gußstücke für Verschleißteile, Schiffsschrauben. Schnecken und Schneckenräder, Schrauben, Heißdampfarmaturen, sehr gute Wechselfestigkeit
G-Ni Al Bz F 68 (Guß-Nickel-Aluminiumbronze)	75	Cu 73,0...80,0%; Al 9,0...12,0%; Ni 4,5...7,0; Fe 5,0...7,0%; Mn 1,5%	Eigenschaften wie oben. Weiter geeignet für Zahnräder höchster Zahndrücke, Gleitlager, Innenteile für Höchstdruckarmaturen in Hydrauliken
G-Mn Al Bz F 42 (Guß-Mangan-Aluminiumbronze)	52	Cu 82,0...85,0%; Al 7,0...9,0%; Mn 5,0...6,5%; Ni 1,0...2,0%; Fe 1,5%;	Formguß. Sehr zäher Werkstoff korrosions- und meerwasserbeständig, niedrige elektrische Leitfähigkeit. Geeignet für Sonderzwecke im Schiffsbau, Schiffsschrauben, Turbinenschaufeln und Armaturen

Nickelbronze

Cu-Ni-Legierungen mit 40...70% Ni sind als Konstantan bekannt. Sie werden für die Anfertigung elektrische Widerstände in Reglern und Anlassern benötigt. Monelmetall, eine Legierung aus Cu, Ni, Fe, Al, C, Mn, wird wegen seiner Eigenschaften zu Schiffsschrauben und Turbinenschaufeln verarbeitet.

8 Werkstatt

Neben anderen Bronzen werden für Buchsen und Gleitlager Blei- und Blei-
zinnbronzen benötigt; Bleisonderbronzen, die Zusätze von Sn, Ni und Zn
enthalten, sind nach DIN 1716 genormt.

5.6.4. Zink

5.6.4.1. Allgemeines

Zink ist ein metallischer Grundstoff. Chem. Zeichen Zn, Dichte $7,14 \text{ kg/dm}^3$,
Schmelzpunkt $419°$C, Siedepunkt $907°$C. Bei $500°$C beginnt Zink zu ver-
dampfen. Die Zugfestigkeit von Walzzink liegt zwischen 14 und 36 daN/mm^2.
Gegossenes Zink ist bei $90...120°$C und $140...170°$C gut walz- und preßbar.
Es läßt sich löten und schweißen. An feuchter Luft bekommt es einen schützenden Überzug von basischem Zinkkarbonat. Zink wird aus Zinkerzen wie
Zinkblende, Zinkkarbonat, edler Galmei, gewonnen. Die Zinkerze werden
geröstet und in Muffelöfen reduzierend verschmolzen. Das Raffinieren des
Rohzinks erfolgt in Flammöfen oder durch Elektrolyse. Aus dem Flammofen
erhält man Hüttenzink mit $99,5...97,5\%$ Zink, aus der Elektrolyse Feinzink
mit $99,995...99,975\%$ Zink. DIN 1706.

5.6.4.2. Verwendung

Zink findet vielseitige Verwendung im Baugewerbe als Dachrinnen, Abdeckun-
gen für Gesimse, Fenster usw. Im Haushalt für Badewannen, Eimer usw.,
als rostschützende Überzüge auf Stahlblechen, Draht, Rohr, Nägeln usw.;
Kunstgegenstände und Armaturen lassen sich gut gießen.
Zink wird als Legierungsbestandteil verschiedener Legierungen benutzt.

5.6.4.3. Zinkgußlegierungen

können im Sand-, Kokillen- und Schleudergußverfahren verarbeitet werden.
Neuerdings wird überwiegend Druckguß verarbeitet; man kann mit diesem
Verfahren schwierige und dünnwandige Gußstücke herstellen. Feinzink-Guß-
legierungen nach DIN 1743 sind:

Kurzzeichen	Legierungsbestandteile	Verwendungszweck
GB-Zn Al 4	Al $3,9...4,3\%$; Mg $0,03...0,06\%$; Zn Rest	Für Gußstücke aller Art, Lager, Schneckenräder, Gleitorgane
GB-Zn Al 4 Cu 1	Al $3,9...4,3\%$; Cu $0,75...1,25\%$; Mg $0,03...0,06\%$; Zn Rest	Lieferform = Blockmetall
GB-Zn Al 4 Cu 3	Al $3,9...4,3\%$; Cu $2,5...3,2\%$; Mg $0,03...0,06\%$; Zn Rest	Für Gußstücke mit Anforderungen an höhere Maßbeständigkeit

5.6.5. Zinn

5.6.5.1. Allgemeines

Zinn ist ein metallischer Grundstoff. Chem. Zeichen Sn, Dichte 7,28 kg/dm³, Schmelzpunkt 232°C, Siedepunkt 2362°C. Zinn ist silberweiß, sehr geschmeidig und dehnbar. Es hat kristallinisches Gefüge. (Beim Biegen eines Zinnstabes ist ein knirschendes Geräusch, der „Zinnschrei" zu hören.) Zinn läßt sich zu dünnen Blättchen (Folie, Stanniol) auswalzen oder aushämmern, zu Draht ziehen und gut vergießen. An der Luft und gegen verdünnte organische Säuren ist es ziemlich widerstandsfähig. Bei niedrigen Temperaturen zwischen 0 und 20°C geht Zinn in eine graue Abart über und zerfällt zu Pulver, „Zinnpest".

Das Mineral Zinnstein wird als Bergzinn, hauptsächlich aber als Seifenzinn aus dem Geröll von Flußläufen gewonnen. Es wird geröstet, reduzierend verschmolzen und schließlich in Flammöfen raffiniert. DIN 1704 beschreibt 4 Zinnsorten mit 99,9...98% Sn-Gehalt.

5.6.5.2. Verwendung

In Deutschland wird Zinn möglichst durch einheimische Werkstoffe ersetzt. Viel Verwendung findet es für schützende Überzüge (Weißbleche). Beim Verzinnen werden mehrere Verfahren angewendet. Tauchverzinnung geschieht durch Eintauchen in ein Bad mit flüssigem Zinn. Beim Feuerverzinnen wird zunächst in ein Bad mit reinem Zinn, darauf in ein Bad mit Nickelzusatz getaucht, um Glanz zu erzielen. Bei der galvanischen Verzinnung (Elektrolyse) erhält man eine dünne aber gleichmäßige Auflageschicht. Die verschiedensten Zinnverbindungen werden zu vielerlei Zwecken verwendet. Zinndruckgußlegierungen eignen sich zur Herstellung von Fertiggußstücken, bei denen man hohe Maßhaltigkeit erreicht. Zinn zum Löten besitzt Bleizusatz. Zinn wird in Barren und Blöcken geliefert. Die Herkunftsbezeichnung ist eingegossen, z. B. Banka-, Malakkazinn usw.

5.6.6. Blei

5.6.6.1. Allgemeines

Blei ist ein geschmeidiges, weiches leicht abfärbendes Metall. Chem. Zeichen Pb (lat. plumbum), Dichte 11,34 kg/dm³, Schmelzpunkt 327°C, Siedepunkt 1750°C. Blei läßt sich pressen und walzen, bei Kaltverformung erfährt es keinerlei Härtesteigerung, es bleibt weich und dehnbar. Blei läßt sich gießen. Von Salpetersäure wird es leicht, von Schwefel und Salzsäure kaum gelöst. Schwefelwasserstoff greift Blei sehr stark an. Die wichtigsten Bleierze sind Bleiglanz und Weißbleierz. Die Erze werden geröstet und dann in Schachtöfen mit Koks und Zuschlägen reduzierend verschmolzen.

Das Rohblei (Werkblei) wird noch gereinigt, wobei das Entsilbern nach dem Parkesverfahren erwähnt sei. Feinblei hat einen Pb-Gehalt von 99,99%, Hüttenblei 99,94...99,75%. DIN 1719.

Blei, alle Bleiverbindungen sowie Bleidämpfe sind stark giftig. Es ist größte **Vorsicht** bei der Verwendung geboten. Nach Arbeiten mit Blei und Bleiverbindungen sind die Hände gründlich zu säubern.

5.6.6.2. Verwendung

Reines Blei wird als Unterlage zum Hämmern, Lochen, als Bleibacken und Bleihämmer benutzt. Es dient zur Herstellung von Wasserleitungs- und anderen Rohren, Akkumulatorenplatten, zur Umkleidung von Kabeln, in der chemischen Industrie für Tiegel und Bleikammern. Es wird zum Schutz gegen Röntgen- und sonstige radioaktiven Strahlen, besonders bei der Atomspaltung verwendet. Blei wird auch für die Herstellung von Farben (Bleimennige und Bleiweiß) benötigt. Die wichtigsten Bleilegierungen sind Hartblei, Letternmetall, Lagermetall und Schnell-Lot.

5.6.6.3. Genormte Legierungen nach DIN 1728

Hartblei

Die Festigkeit von reinem Blei wird durch Legieren, Zusatz bis zu 25% Sb (Antimon), gesteigert. Es wird für die Herstellung von Schrot, Kugeln und Bleimänteln für Geschosse, für Verschlußplomben und als Buchdruckmetall verwendet.

Bleidruckgußlegierungen

enthalten Zusätze von Sb zur Härtesteigerung und Sn, um die Gießbarkeit zu verbessern; außerdem ist zum Teil noch Cu zugesetzt. Diese Legierungen werden zur Herstellung von Drucklettern verwendet.

5.6.7. Hartmetalle

Hartmetalle sind Werkstoffe, die sich durch außerordentlich große Härte auszeichnen. Ihre Härte kommt fast der Diamanthärte gleich. Sie sind keine Metalle im gewöhnlichen Sinne, sondern, bestehen aus hochschmelzenden Karbiden[1]), in der Hauptsache aus Wolfram- und Titankarbid. Als Binde-

---

[1]) Karbide sind Verbindungen des Kohlenstoffs mit einem Metall oder Halbmetall; sie entstehen durch Vereinigung oder durch Glühen einer Sauerstoffverbindung mit überschüssigem Kohlenstoff. Sehr bekannt ist das Kalziumkarbid CaC_2, welches bei der Azetylen-Gasherstellung Verwendung findet.

116

mittel wird wegen seines niedrigen Schmelzpunktes Kobalt verwendet. Die Karbide werden in Pulverform mit Kobaltpulver innig miteinander vermischt, gepreßt und dann im keramischen Ofen in einer oder zwei Stufen bei Temperaturen zwischen 1400° und 1800°C gesintert. Die Temperatur muß unter der Schmelztemperatur der Karbide liegen. Nach der Sinterung lassen sich Hartmetalle durch Schmieden usw. nicht mehr formen. Eine Formgebung ist nur noch durch Schleifen möglich. Gesinterte Hartmetalle werden nicht nur zu Schneidwerkzeugen verarbeitet. Werkzeuge der spanlosen Formgebung sowie Meßzeuge werden zum Teil mit Hartmetallen bestückt, selbst Maschinenteile werden aus Hartmetall gefertigt. Für die spangebende Formung wird das Hartmetall in Form von Plättchen hergestellt. Die Befestigung am Werkzeugkörper, z. B. am Meißelschaft, geschieht durch Löten oder Festklemmen. Beim Löten ist sehr sachgemäß vorzugehen, weil die Gefahr von Lötspannungsrissen besteht, da die Wärmeausdehnung des Hartmetalls nur halb so groß wie die des Stahls ist. Die Festigkeit des Schaftwerkstoffes soll etwa 80 daN/mm² betragen.

Mit Hartmetallen können die härtesten Werkstoffe wie Hartguß, Glas, Porzellan, Kunstoffe und Hartgummi, zerspant werden. Die Hartmetalle besitzen neben der hohen Härte einen großen Verschleißwiderstand; sie sind deshalb für die Herstellung von Ziehringen zum Draht-, Stangen- und Rohrziehen, von Drehmaschinenspitzen, Matrizeneinsätzen, Ziehdornen, Tiefzieh- und Fließpreßwerkzeugen, Sandstrahldüsen sowie Gesteinsbohrern geeignet.

Da die Hartmetalle sehr spröde sind, müssen Stöße und Schläge vermieden werden. Für besondere Beanspruchungen, z. B. Schnittunterbrechungen, sind Sondersorten entwickelt worden. Bei der Bearbeitung mit Hartmetall kommen hohe Schnittgeschwindigkeiten zur Anwendung, da Arbeitstemperaturen bis 900°C die Schneidhaltigkeit nicht beeinflussen.

Solche Schnittgeschwindigkeiten stellen besondere Anforderungen an die Werkzeugmaschinen.

Hartmetallmatrizen geben eine 50- bis 100-fache Stückleistung gegenüber Werkzeugstahlmatrizen.

Wichtig für die wirtschaftliche Anwendung von Hartmetall ist die Auswahl der geeigneten Sorte. Übersicht über Hartmetallsorten und ihre Anwendungsgebiete siehe Tabellenanhang Seite 461. Löten von Hartmetall Seite 395. Schleifen von Hartmetall Seite 348.

5.7. Kunststoffe

Kunststoffe sind Chemiewerkstoffe, die anfangs als Ersatzstoffe für Naturprodukte gedacht, heute ein eigenes technisches Gebiet erobert haben. Man unterscheidet nach ihrer Herkunft:

5.7.1. Abgewandelte Naturprodukte

Sie sind die ältesten unter den Kunststoffen.

5.7.1.1. Kunsthorn. Es wird aus dem Kasein der Magermilch hergestellt, mit Formaldehydlösung gehärtet und getrocknet. Kunsthorn ist zäh-elastisch und widersteht organischen Lösungsmitteln u. a. wie Äther, Alkohol. Es findet bei der Herstellung von Knöpfen, Spielmarken und modischen Artikeln Verwendung.

Es wird unter den Handelsnamen Galalith, Osolith und Modelith geführt.

5.7.1.2. Cellulose-Kunststoffe. Cellulose wird aus Holz oder Baumwollinters gewonnen. Der Grundstoff ist Cellulosenitrat, das, mit Kampfer als Weichmacher versetzt, Celluloid ergibt. Reines Celluloid ist glasklar, läßt sich aber gut einfärben, bedrucken oder kleben. Es ist in heißem Wasser gut verformbar. Die Herkunft vom Cellulosenitrat macht es allerdings leicht entflammbar. Aus Celluloid werden u. a. Windschutzscheiben, Kämme, Spielzeug und Schutzbrillen hergestellt.

Es wird unter den Handelsnamen Celluloid und Zellhorn geführt. Weitere Kunststoffe auf Cellulosebasis sind das Celuloseacetat und das Cellulosehydrat.

Celluloseacetat ist im Gegensatz zu Cellulosenitrat (Celluloid) nicht entflammbar und brennt schlecht. Es findet Verwendung als Lack, Klebstoff, Sicherheitsfilm und dient auch der Herstellung von Fäden (Acetatseide). Celluloseacetatfolien sind durchsichtig klar, hart, wasserabstoßend, aromadicht und physiologisch unbedenklich. Es findet Verwendung als Verpackungsmaterial und Zeichenutensilien.

Es wird unter den Handelsnamen Cellidor, Cellit, Trolit W, Triafol usw. geführt.

Cellulosehydrat dient der Herstellung von Viskosefolien (Cellophan), Zellwolle und Viskoseseide. Die Folien sind luft-, fett-, öl- und bakterienfest, aber nicht feuchtigkeitsdicht.

Es wird unter den Handelsnamen Cellophan, Cuprophan, Phripan usw. geführt.

Auch Vulkanfiber wird aus cellulosehaltigen Papieren und Zinkchlorid durch Verpressen und Auswaschen gewonnen. Vulkanfiber besitzt hohe mechanische Festigkeit und ist nach Erweichen in heißem Wasser biegbar. Es wird für Bremsbeläge, Dichtungen, Knöpfe, Koffer, Transportkisten usw. verwendet.

Cellulose-Kunststoffe

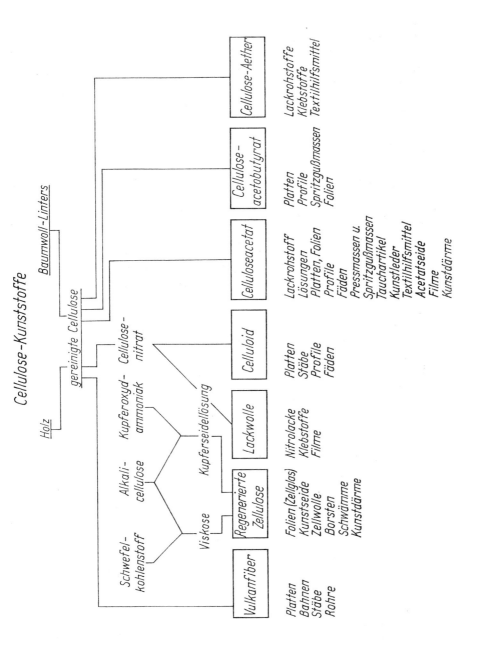

5.7.2. Reine Chemieprodukte

Eine weitere Einteilung ergibt sich bei den reinen Chemiestoffen aus ihrem Wärmeverhalten. Man unterscheidet in der Wärme bildsame (Thermoplaste) und in der Wärme härtende Kunststoffe (Duroplaste). Weitere Unterscheidungen ergeben sich aus der Art der chemischen Reaktion, die zu Makromolekülen führen. So unterscheidet man 1. Polykondensate, 2. Polyaddukte und 3. Polymerisate.

5.7.2.1. Polykondensate

5.7.2.1.1. Phenoplaste. Aus Stein- und Braukohlenteer werden durch aufwendige chemische Reaktionen Harze, Kresole und Phenole destilliert. Durch Zusatz von weiteren chemischen Bestandteilen lassen sich aus ihnen Lacke, Leime, Bindemittel, Isoliermaterial, Drechslerwaren. Billardkugeln herstellen. Die Handelsnamen dieser Harze sind Trolan, Dekorit, Leukorit usw. Eine weitere Verarbeitung dieser Harze erfolgt zu Preßmassen. Diese werden als Pulver mit Füllstoffen (z. B. Holz- und Gesteinsmehl, Papierschnitzel) zu Formteilen aller Art verarbeitet. Hierbei werden die Pulver in geheizten Stahlformen unter Druck verpreßt. Die kurzen, „vorgefertigten" Moleküle vereinigen und vernetzen sich zu langen Molekülen unter Abspaltung von Wasser (Kondensation). Nach der Aushärtung und Abdunstung des Kondensats sind diese Harze nicht mehr unter Wärmeeinfluß verformbar. Daher der Name Duroplast = hitzehärtbare Kunststoffe. Durch Zusätze von geeigneten Stoffen lassen sich vielfältige Farbgebungen erreichen.

Handelsnamen: Albertit, Bakelit, Eskalit, Trolitan.

Auch zu Schichtpreßstoffen werden Duroplaste verarbeitet. Anstelle von Mehl oder Schnitzel werden hier als Füllstoffe Papier, Gewebe und Holz eingesetzt.

Dementsprechend unterscheidet man Hartpapier-Handelsnamen: Birax, Trolitax, Repelit; Hartgewebe-Handelsnamen: Novotex, Resitex und Schichtpreßholz-Handelsnamen: Lignofol, Pagholz.

Derartige Werkstoffe zeichnen sich durch gute elektrische Eigenschaften und hohe mechanische Festigkeit aus. Sie werden u. a. im Elektromaschinenbau, zur Herstellung von Reibkupplungen, Zahnrädern und Schalttafelnfrontplatten verwendet.

Werden sie mit Melaminharz getränkten Dekorblättern versehen, spricht man von Dekorationsplatten. Sie werden in großem Umfang für die Möbelherstellung verwendet. Handelsnamen: Formica, Resopal, Ultrapas, Perstorp.

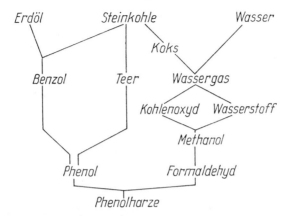

Phenoplaste

Erdöl — Steinkohle — Wasser

Koks

Benzol — Teer — Wassergas

Kohlenoxyd — Wasserstoff

Methanol

Phenol — Formaldehyd

Phenolharze

Lackrohstoffe
Gießharze und Edelkunstharze
Preßharze ohne Füllstoffe
Tränkharze, Holzleimharze
Formpreßmassen m. Füllstoffen DIN 7708
Bauplatten, z. B. Hartfaserplatten
Schichtpreßholz
Schaumstoffe
Schichtpreßstoffe DIN 7735

5.7.2.1.2. Aminoplaste. Zu den Aminoplasten rechnet man Harnstoff- und Melaminharze. Die Verwendung und die Bearbeitung ähneln denen der Phenoplaste. Sie sind jedoch im Gegensatz zu den Phenoplasten farblos, lichtecht und relativ hart. Preßmassen werden zu Haushaltsartikeln (Tassen, Teller usw.), Lampenschirmen und für sanitäre Installationen verarbeitet. Aber auch Leime werden aus Animoplasten hergestellt, ferner finden sie in der Textil- und Lederveredlung Anwendung. Aus Mehrschichttafeln verschiedener Färbung stellt man durch Gravierungen Schilder her. Die Handelsnamen der Aminoplaste sind: Melopas, Pollopas, Veramin.

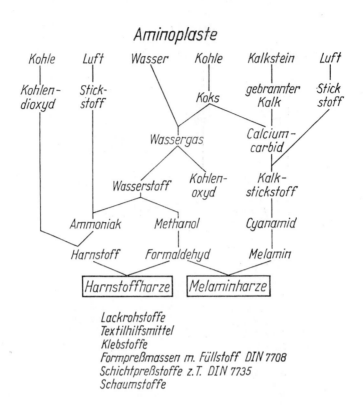

Aminoplaste

Kohle   Luft   Wasser   Kohle   Kalkstein   Luft

Kohlen-   Stick-   Koks   gebrannter   Stick
dioxyd   stoff   Kalk   stoff

Wassergas   Calcium-
carbid

Wasserstoff Kohlen-   Kalk-
oxyd stickstoff

Ammoniak   Methanol   Cyanamid

Harnstoff   Formaldehyd   Melamin

| Harnstoffharze | Melaminharze |

Lackrohstoffe
Textilhilfsmittel
Klebstoffe
Formpreßmassen m. Füllstoff DIN 7708
Schichtpreßstoffe z.T. DIN 7735
Schaumstoffe

5.7.2.1.3. Silikone. Silikone werden im Gegensatz zu den meisten Kunststoffen aus anorganischen Grundstoffen, z. B. Quarz, hergestellt. Sie sind hochwärmebeständig und lassen sich u. a. in Öle, Fette, Kautschuk und Harze verarbeiten.

5.7.2.1.3.1. Silikonöle und -fette sind in ihrer Temperaturbeständigkeit hervorragend, die von $-60°C$ bis $260°C$ reicht. Sie werden zu Schmierstoffen Hydraulikflüssigkeit, Imprägniermitteln, Salbengrundlagen und Antischaummitteln verarbeitet.

5.7.2.1.3.2. Silikonkautschuk kann kalt- und heißvulkanisierend eingestellt werden und bleibt von $-100°C$ bis $230°C$ elastisch. Allerdings liegen Zugfestigkeit und Dehnung unter den Werten des Naturgummis. Seine Isolierfähigkeit ist gut. Silikonkautschuk findet Anwendung bei Dichtungen, Kabelisolationen usw.

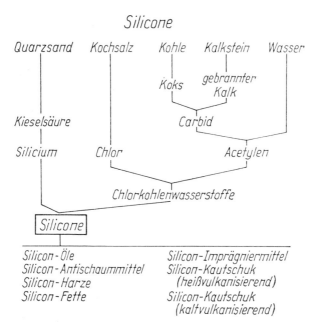

Silicone

Quarzsand	Kochsalz	Kohle	Kalkstein	Wasser
		Koks	gebrannter Kalk	
Kieselsäure			Carbid	
Silicium	Chlor		Acetylen	

Chlorkohlenwasserstoffe

Silicone

Silicon-Öle	Silicon-Imprägniermittel
Silicon-Antischaummittel	Silicon-Kautschuk
Silicon-Harze	(heißvulkanisierend)
Silicon-Fette	Silicon-Kautschuk
	(kaltvulkanisierend)

5.7.2.1.3.3. Silikonharze sind härtbar, gehören also zu den Duroplasten. Sie werden auch ähnlich verarbeitet wie die übrigen Duroplaste. Im Elektromaschinenbau finden diese Harze als Auskleidungen, aber auch als Isolierlacke mit hoher Wärmebeständigkeit ($+180°$C) Verwendung.

5.7.2.1.4. Polyester

5.7.2.1.4.1. Gesättigte Polyester finden mit den Komponenten Phtalsäure und Glyzerin in der Lackherstellung Anwendung. Sie zeichnen sich durch große Härte, guten Glanz und hohe Temperaturbeständigkeit aus. Terephtalsäure und Äthylenglykol ergeben Textilfasern und Folien. Gewebe aus gesättigtem Polyester (Trevira, Dacron, Diolen usw.) lassen sich dauernd auf 120°C erwärmen. Folien (z. B. Hostaphan) werden als Isolier- und Trennfolie im Elektromaschinenbau eingesetzt.

5.7.2.1.4.2. Ungesättigte Polyester werden zu kalt- und warmhärtenden Gießharzen verarbeitet. Formteile mit Glasfaserarmierung zeichnen sich durch hohe Stoßfestigkeit und geringes Gewicht aus. Sie finden in steigendem Maße im Boots- und Flugzeugbau, aber auch im Behälterbau Verwendung.

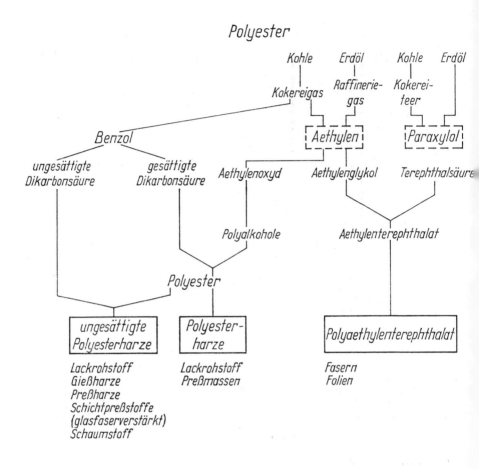

Polyester

5.7.2.1.5. Polyamide und lineare Polyurethane. Diese beiden Kunststoffe sind Thermoplaste, also in Wärme immer wieder verformbar. Sie besitzen hohe Zug- und Verschleißfestigkeit. Sie finden Verwendung als Textilfäden, Borsten, Angelschnüre, Fischereinetze, Teppiche (Perlon), aber auch im Maschinenbau als Zahnräder, Schrauben, Niete, Lagerteile, Rollen und Räder. Handelsnamen: Durethan, Supramid, Trogamid, Ultramid usw.

5.7.2.1.6. Polykarbonate. Sie sind ebenfalls Thermoplaste und zeichnen sich durch hohe mechanische Festigkeit bei hohen und tiefen Temperaturen (−190°C bis 135°C), gute elektrische Eigenschaften und Witterungsbeständigkeit aus. Handelsname: Makrolan.

Polyurethane

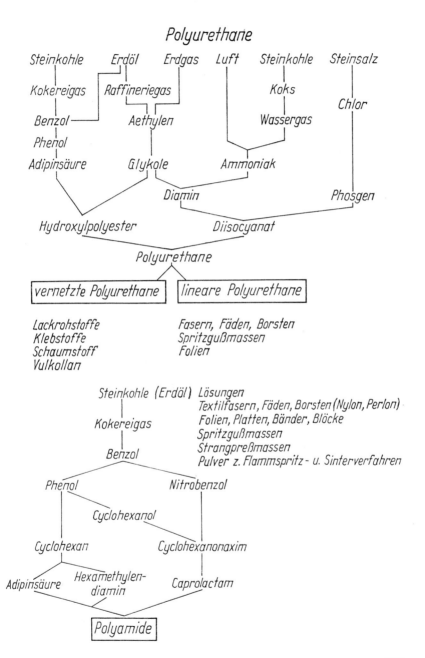

Steinkohle Erdöl Erdgas Luft Steinkohle Steinsalz

Kokereigas Raffineriegas Koks

Benzol Aethylen Wassergas Chlor

Phenol

Adipinsäure Glykole Ammoniak

Diamin Phosgen

Hydroxylpolyester Diisocyanat

Polyurethane

| vernetzte Polyurethane | lineare Polyurethane |

Lackrohstoffe   Fasern, Fäden, Borsten
Klebstoffe   Spritzgußmassen
Schaumstoff   Folien
Vulkollan

Steinkohle (Erdöl) Lösungen
                    Textilfasern, Fäden, Borsten (Nylon, Perlon)
Kokereigas   Folien, Platten, Bänder, Blöcke
                    Spritzgußmassen
Benzol   Strangpreßmassen
                    Pulver z. Flammspritz- u. Sinterverfahren

Phenol   Nitrobenzol

Cyclohexanol

Cyclohexan   Cyclohexanonaxim

Adipinsäure Hexamethylen- Caprolactam
             diamin

| Polyamide |

125

5.7.2.2. Polyaddukte

5.7.2.2.1. Epoxidharze (Äthoxylinharze) finden als Klebharze, Oberflächenlacke, Gieß- und Spachtelmasse Verwendung. Die Klebharze werden, warm- oder kaltaushärtend, in der Metallklebung gebraucht. Diese Klebungen halten in wachsendem Maße Einzug in die Verbindungstechnik. Sie lassen thermisch hochbelastbare und dabei leichte Metallverbindungen bei kleinstem Werkstoffaufwand zu. Gieß- und Spachtelmassen lassen sich, teilweise mit metallischen Füllstoffen armiert, zur Ausbesserung von Maschinen und Vorrichtungen verwenden. Sie sind leicht zu verarbeiten, zeigen auch nach Warmhärtung nur geringen Schrumpf und können im harten Zustand mit gebräuchlichen Werkzeugen bearbeitet werden. Ohne Füllstoffe werden sie wegen ihrer guten Isoliereigenschaften zu Großteilen in der Technik verarbeitet. Die Lacke zeigen große Adhäsion, sind dehn- und biegbar und physiologisch unbedenklich. Sie werden in korrosionsschützende Farblacke und als Isolierlacke für elektrotechnische Zwecke eingemischt. Handelsnamen sind: Epikote, Epoxin, Araldit, Uhu-Plus.

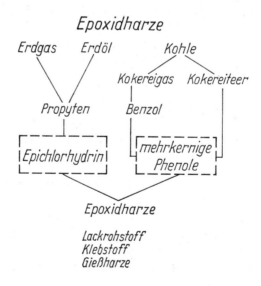

5.7.2.2.2. Desmodur-Desmophon-Kombination (DD) auf Polyurethan-Basis bestehen aus Diisocyanaten und Polyestern. Durch Dosierung der Mengenverhältnisse sind die Endprodukte weitestgehend in ihren Eigenschaften steuerbar.

5.7.2.2.2.1. DD-Lacke lassen sich beliebig einstellen und besitzen hohe mechanische Festigkeit, hohe elektrische Durchschlagfestigkeit und gute Lösungsmittelbeständigkeit. Sie dienen der Metall- und Holzlackierung und elektrischen Isolierzwecken.

5.7.2.2.2.2. DD-Schaumstoff (Moltopren) wird in harter Einstellung für Wärme- und Schallisolation, in weicher Einstellung für Polsterzwecke in der Möbel- und Textilindustrie gebraucht.

5.7.2.2.2.3. Vulkollan ist ein kautschukartiges Produkt mit einstellbaren Härtegraden, das auf Grund seiner hohen Abriebfestigkeit für Dichtungen, Reibräder, Zahnriemen, Schuhsohlen usw. verwendet wird.

5.7.2.3. Polymerisate

5.7.2.3.1. Polyäthylen (PE) ist ein thermoplastischer (d. h. in der Wärme immer wieder formbarer) Kunststoff. Seine Oberfläche hat einen fettigen, wachsartigen Griff. Es ist geschmack- und geruchlos. Der elastisch-biegsame Bereich liegt zwischen −60°C und 120...130°C. Man unterscheidet nach der Herstellungsart zwei Typen: PE-weich (Hochdruck-PE) und PE-hart (Niederdruck-PE). Polyäthylen ist ein guter elektrischer Isolator (besonders in der Hochfrequenz-Technik) und besitzt eine gute chemische Beständigkeit. Im Spritzgußverfahren werden Behälter, Geschirr, medizinische Geräte usw. hergestellt. Als Strangpreßprodukte erhält man Folien, Platten, Rohre, Stäbe und Profile. Auf Grund der leichten Verarbeitbarkeit werden Trinkwasserleitungen, Fittings und Teile für den chemischen Apparatebau hergestellt. Im Blasverfahren stellt man Verpackungsfolien, Tuben und Flaschen her. Polyäthylen ist mit Lösungsklebern nicht zu verbinden. Es eignet sich nur zu Schweiß- und Haftklebverbindungen. Handelsnamen: PE-weich: Trolen, Polythene, Alkathene. PE-hart: Hostalen, Vestolen usw.

5.7.2.3.2. Polypropylen (PPH) ist ein dem Niederdruck-Polyäthylen ähnliches Produkt. Seine mechanischen Eigenschaften sind besser als diese von Niederdruck-Polyäthylen. Seine Verwendung liegt wie die von PE im Bereich technischer Geräte. Seine geringe Dichte von 0,905 kg/dm³ macht es zum leichtesten Kunstoff. Handelsname: Hostalen PP.

5.7.2.3.3. Polyfluorolefine sind Thermoplaste, die eine hohe chemische Beständigkeit neben großer Wärmebeständigkeit (170...260°C) aufweisen. Die besten Eigenschaften besitzt Polytetrafluoräthylen (Teflon, Fluon), Polytrifluormonochloräthylen (Hostaflon) hat etwas niedrigere Werte. Die Polyfluorolefine finden als Trennfolien, Beschichtungsmaterial, Heißdampfdichtungen, elektrisches Isoliermaterial und in hochsäurefesten Apparaturen Verwendung.

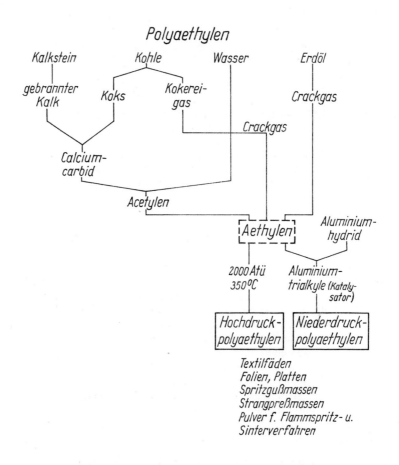

Polyaethylen

Kalkstein → gebrannter Kalk → Koks → Calciumcarbid → Acetylen

Kohle → Koks / Kokereigas

Wasser → Crackgas

Erdöl → Crackgas

Calciumcarbid + Acetylen → Aethylen

Aethylen → 2000 Atü 350 °C → Hochdruck-polyaethylen

Aluminiumhydrid → Aluminiumtrialkyle (Katalysator) → Niederdruck-polyaethylen

Textilfäden
Folien, Platten
Spritzgußmassen
Strangpreßmassen
Pulver f. Flammspritz- u.
Sinterverfahren

5.7.2.3.4. Polystyrol ist ein gut einfärbbarer, bei Raumtemperatur harter thermoplastischer Kunststoff, der im Urzustand glasklar ist. Er besitzt vorzügliche elektrische Eigenschaften. Er findet Verwendung als Isolierwerkstoff in der Rundfunktechnik, aber auch als Grund- und Trägerwerkstoff in Spielzeugen, Toilettengegenständen, Autoartikeln, Filmspulen, Teilen von Fotoapparaten usw. Handelsnamen: Distone, Styoene, Trolitul, Vestyron usw.
Zusätze von Butadien ergeben hohe Schlagfestigkeit. Dieses schlagfeste Polystyrol findet u. a. Anwendung in Küchenmaschinen und Kühlschränken.
Polystyrol-Schaum (Styropor) ist ein ausgezeichneter Wärmeisolator, der in immer größer werdenden Bereichen Anwendung findet. Da seine Poren geschlossen sind, werden aus ihm Schwimmkörper, wie Rettungsringe, Schwimmwesten usw. hergestellt.

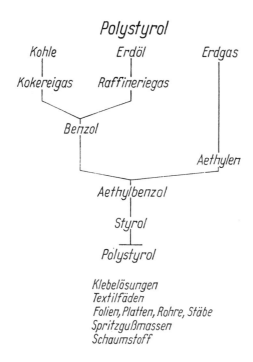

Polystyrol

Kohle ― Erdöl ― Erdgas
Kokereigas ― Raffineriegas
Benzol
Aethylen
Aethylbenzol
Styrol
Polystyrol
Klebelösungen
Textilfäden
Folien, Platten, Rohre, Stäbe
Spritzgußmassen
Schaumstoff

Eine Acrylnitril-Butadien-Styrol-Kombination (Novodur) zeigt hohe Schlagzähigkeit und Beständigkeit gegen mineralische Öle. Sie wird bei Erdöl- und Salzwasserleitungen und bei Geräten mit großer Bruchempfindlichkeit eingesetzt.

5.7.2.3.5. Polymethacrylharze finden als Polyacrylnitril in der Herstellung von Textilfäden Verwendung (Dralon, Orlon, Pan, Dolan). Diese Textilien sind nicht filzend, bügelfähig, verrottungsfest, wärmehaltend usw. Einen weiteren Einsatz erfahren diese Harze als Polymethacrylsäuremethylester. Er ist ein klartransparenter, leichter, bruch- und standfester thermoplastischer Kunststoff, der gut verformbar, gut klebbar und schweißbar ist. Er findet Verwendung als Verglasung von Fahrzeugen, Dächern, Beleuchtungskörpern, Schutz- und Schaugläsern und im Apparatebau. Seine Handelsnamen sind Plexiglas, Resartglas, Perspex. Leichtfließende Modifikationen mit niedrigem Molekulargewicht werden zum Extrudieren und Spritzgießen eingesetzt (Plexigum). Mischpolymerisate (d. h. Vereinigung verschiedener polymerisierender Kunststoffe) sind von höherer mechanischer Festigkeit und finden deshalb im Sicherheitsglasbau Verwendung (Plexidur, Sadur.)

Polymethacrylharze

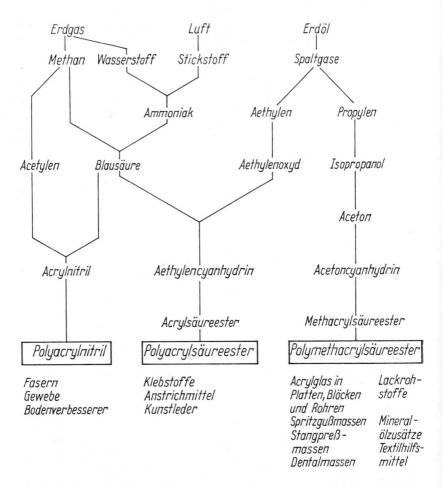

Erdgas	Luft	Erdöl
Methan Wasserstoff	Stickstoff	Spaltgase
	Ammoniak Aethylen	Propylen
Acetylen Blausäure	Aethylenoxyd	Isopropanol
		Aceton
Acrylnitril	Aethylencyanhydrin	Acetoncyanhydrin
	Acrylsäureester	Methacrylsäureester
Polyacrylnitril	**Polyacrylsäureester**	**Polymethacrylsäureester**

Fasern	Klebstoffe	Acrylglas in	Lackroh-
Gewebe	Anstrichmittel	Platten, Blöcken	stoffe
Bodenverbesserer	Kunstleder	und Rohren	
		Spritzgußmassen	Mineral-
		Stangpreß-	ölzusätze
		massen	Textilhilfs-
		Dentalmassen	mittel

5.7.2.3.6. Polyvinilchlorid (PVC) ist rein ein hartes, hornartiges Thermoplast, das hohe chemische Beständigkeit zeigt. Seine Dauergebrauchstemperatur liegt bei 60° C. Es findet auf Grund seiner guten Verarbeitkeit, es läßt sich gut schweißen, kleben und verformen, im Apparatebau, im Wasserleitungsbau usw. Anwendung. Handelsnamen: Trovidur, Dynadur, Renadur, Nicodur usw. Durch Weichmacher-Zusatz sind Variationen von hart bis weichgummiähnlich möglich. Folien aus Weich-PVC werden zu Schutzkleidungen, Vor-

Vinylverbindungen

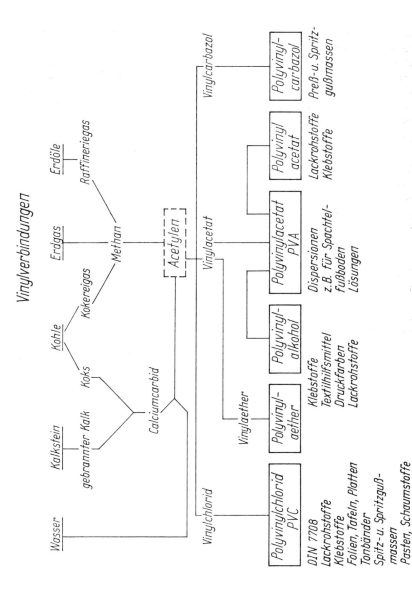

Wasser | Kalkstein | Kohle | Erdgas | Erdöle

gebrannter Kalk

Koks

Kokereigas | Raffineriegas

Calciumcarbid

Methan

Acetylen

Vinylchlorid | Vinylaether | Vinylacetat | Vinylcarbazol

Polyvinylchlorid PVC

DIN 7708
Lackrohstoffe
Klebstoffe
Folien, Tafeln, Platten
Tonbänder
Spitz- u. Spritzguß-
massen
Pasten, Schaumstoffe

Polyvinyl-aether

Klebstoffe
Textilhilfsmittel
Druckfarben
Lackrohstoffe

Polyvinyl-alkohol

Polyvinylacetat PVA

Dispersionen
z.B. für Spachtel-
Fußboden
Lösungen

Polyvinyl-acetat

Lackrohstoffe
Klebstoffe

Polyvinyl-carbazol

Preß- u. Spritz-
gußmassen

9*

hängen, Tischdecken usw. verarbeitet. Durch Hochfrequenz-Schweißungen lassen sich Taschen, Buchhüllen usw. herstellen. Durch Schneckenpressung erhält man vielseitige Profile, wie Schläuche, Schmuckprofile usw. PVC-Pasten können zu Folien, Fußboden- und Tischbelägen, Formteilen, PVC-Schaum zu Polstermaterialien verarbeitet werden. Mischpolymerisate (z. B. Astralon, Renalon) sind transparent, gut einfärbbar und dadurch vielseitig verwendbar.

5.7.2.3.7. Polybutadiene sind öl-, benzin- und wärmebeständiger als Naturkautschuk. Sie sind bekannt unter den Namen Buna, Perbunan und Neoprene. Perbunan ist hoch abriebfest und wird als Schwingungsdämpfer, ölfeste Packung und für Dichtungen verwendet. Aus Neoprene werden Treibriemen, Behälter, Tanks, Klebstoffe usw. hergestellt.

5.7.2.3.8. Durch Mischung von PVC und chloriertem Polyäthylen entstehen Werkstoffe von großer Kältefestigkeit. Solche Mischungen sind durch Variationen der Mischverhältnisse einstellbar von hart-schlagfest bis weich-flexibel. Sie zeichnen sich durch gute mechanische, elektrische Eigenschaften und chemische Beständigkeit aus. Die Temperaturunabhängigkeit reicht von $+85°C$ bis $-40°C$. Ihre Anwendung finden sie bei Folien, Möbel- und unbrennbaren Wandbelägen, Tiefziehfolien für Koffer, Automobileinrichtungen, Profile für Rolläden und Kabel- und Leiterisolationen. Sie sind öl- und benzinfest, schwerentflammbar und kälteunempfindlich. Handelsname: Hostalit Z.

Eigenschaften und Anwendungsbeispiele von Kunstoffen siehe Tabelle S. 470.

6. Spanlose Formgebung (Urformen)

6.1. Gießen

Viele Teile, besonders im Maschinenbau, werden durch Gießen hergestellt. Durch Gießen können auf einfache und verhältnismäßig billige Weise Werkstücke, besonders wenn sie verwickelte Formen besitzen, hergestellt werden. Beim Gießen wird flüssiges Metall in entsprechende Hohlformen gegossen. Gießbare Metalle sind: in erster Linie Grauguß für Maschinenkörper sowie Maschinenteile aller Art, für Wasserrohre und Verbindungsstücke, für Heizungsanlagen, Kesselroste usw.; ferner Temperguß, Bronze, Messing, Aluminium- und Magnesiumlegierungen, Blei-, Zink- und Zinnlegierungen. Stahl läßt sich ebenfalls gießen. Kupfer erfordert eine Sonderbehandlung, um poren- und blasenfreien Guß zu erhalten.

Für die Herstellung der Hohlformen aus Sand, Lehm usw. werden Modelle und Schablonen benötigt. Große Modelle werden aus astfreiem, lufttrockenem Weichholz, kleinere und schwierige Modelle aus Hartholz gefertigt. Für die Serienfertigung werden Gipsmodelle, besonders für Formmaschinen, sowie Metallmodelle aus Gußeisen, Stahl, Messing und Leichtmetallen verwendet. Für die Herstellung der Kerne werden Kernkästen, evtl. auch Schablonen benutzt. Neuerdings werden ,,verlorene" Modelle aus geschäumtem Polystyrol (Styropor) insbesondere für Einzelfertigung verwendet, die während des Gusses im Formkasten verbleiben und während des Gießens verbrennen. Es muß hierbei allerdings für erhöhten Gasabzug aus der Form gesorgt werden.

Die Modelle sind äußerlich den herzustellenden Gußstücken gleich, sie sind jedoch um das Schwindmaß des Gießmetalls größer. Anstelle von Hohlräumen besitzen sie Ansätze, Kernmarken genannt, die beim Einformen Hohlräume in der Gußform erzeugen, in die vor dem Gießen die Kerne eingelegt werden (Abb. 6.1.). Flächen des Werkstückes, die bearbeitet werden sollen, erhalten am Modell eine entsprechende Bearbeitungszugabe. Um das Einformen zu erleichtern, sind die Modelle oft zwei- und mehrteilig ausgeführt.

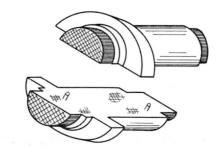

Abb. 6.1.

Die Teile sind mit Stiften oder Dübeln gegen Verschieben gesichert. Um die Form beim Ausheben des Modells nicht zu beschädigen, sind die geraden Flächen etwas konisch gehalten. Die Modelle sind lackiert, dadurch besitzen sie glatte Oberflächen und Schutz gegen Feuchtigkeit. Die Farben für die Lackierung sind genormt. Modelle für Gußeisen sind rot, für Stahlguß blau, Kernmarken sind schwarz und die zu bearbeitenden Flächen gelb gekennzeichnet.

6.1.1. Formsand

ist der billigste Formstoff, er wird deshalb viel verwendet. Magerer Formsand hat einen Tongehalt bis 15%. In angefeuchtetem Zustand besitzt er genügend Bildsamkeit. Das Zusammenschmelzen der Sandkörner wird durch Zusatz von feingemahlener Steinkohle verhindert. Dieser Formsand wird für die Herstellung einfacher Gußformen von nicht allzugroßer Ausdehnung verwendet. Da die Form im feuchten Zustand abgegossen wird, spricht man von — grüner Form — grünem Guß.

Fetter Formsand hat höheren Tongehalt, Bildsamkeit und Bindekraft sind besser. Er eignet sich zur Herstellung von größeren und schwierigen Formen. In feuchtem Zustand ist er nicht gasdurchlässig, deshalb muß die Form vor dem Gießen getrocknet werden, dadurch entstehen feine Risse, die die Form gasdurchlässig machen. Vor dem Trocknen werden die Formen mit Schwärze, einem Gemisch aus Ton, Graphit und Wasser, bestrichen, um das Anbrennen des Gußstückes an die Formwandung zu verhindern.

6.1.1.1. Kernsand

An den Kernsand werden besondere Anforderungen gestellt. Er soll nach dem Guß möglichst von selbst zerfallen und sich leicht aus den Hohlräumen des Gußstückes beim Putzen entfernen lassen. Für die Herstellung der Kerne wird reiner oder tonarmer Quarzsand, dem man trockene oder flüssige Kernbindemittel beimengt, verwendet. Besonders harte und feste Kerne, die trotzdem sehr gasdurchlässig sind, erhält man aus Kernsand, der mit Öl gebunden ist.

134

6.1.1.2. Lehm

wird als Lehmziegel oder in Breiform verwendet. Um den Lehm gasdurchlässig zu machen, wird Spreu, Häcksel, Torfgrus, strohfreier Pferdemist oder Ähnliches als Magerungsmittel zugesetzt. Lehmformen müssen im Ofen gut getrocknet werden, dabei verbrennen die Magerungsmittel. Durch die entstehenden Hohlräume und Kanäle können sich bildende Gießgase entweichen.

6.1.1.3. Formmasse

ist ein besonders widerstandfähiger Formstoff. Die Masse besteht aus einem Gemisch von schwer schmelzbarem Ton und Schamotte, dem als Magerungsmittel Quarz und Koks zugesetzt wird. Dieser Formstoff wird vor allem bei Stahlguß verwendet.

6.1.1.4. Zementsand

besteht aus 1 Teil Zement und 7 Teilen reinem Flußsand. 24 Stunden nach der Verarbeitung ist er völlig abgebunden und steinhart, trotzdem gasdurchlässig und gießfähig. Er wird besonders für größere Formen und bei Herdformen, die sich schlecht trocknen lassen, verwendet.

6.1.2.1. Herdguß

Der Boden der Gießhalle wird vom Gießer als Herd bezeichnet. Zum Einformen wird eine Grube ausgehoben, die mit frischem Formsand gefüllt wird. Wird die Herdform nicht abgedeckt, so spricht man von „offenem Herdguß". Da die Oberfläche des Gußstückes durch die Luft schnell abgekühlt wird, ist sie rauh und hart. Es werden mit diesem Verfahren Platten, Roststäbe usw. hergestellt. Zum Einformen großer Werkstücke wendet man den „verdeckten Herdguß" an. Das Modell wird im Herd eingeformt. Die Form wird durch einen Deckkasten, der zugleich den oberen Teil der Form bildet, geschlossen.

6.1.2.2. Kastenguß (Abb. 6.2.)

ist die meist angewendete Formart. Die Formkästen bestehen aus Gußeisen oder anderem Metall. Ösen und Zapfen ermöglichen das genaue Festlegen von Unter- und Oberkasten beim Zusammensetzen. Je nach der Größe des Gußstückes werden zwei oder mehrere Formkästen verwendet. Im Oberkasten befinden sich der Einguß und ein oder mehrere Steiger. Durch die Steiger kann die Luft entweichen und das Steigen des Metalls beim Gießen beobachtet werden.

Für die Massenfertigung werden Formmaschinen verwendet. Sie erleichtern das Verdichten des Sandes und das Ausheben des Modells. Formmaschinen haben eine Modellplatte auf der das einzuformende Modell einschließlich Schlackenfang und Anschnitt befestigt ist.

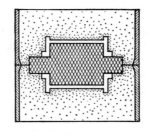

Abb. 6.2. Kastenguß

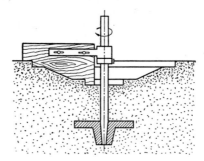

Abb. 6.3.

Sehr große Gußstücke werden in Lehm geformt. Für die Herstellung der Formen für große Umlaufkörper wie Schwungräder, Turbinenkörper, Deckel usw. wendet man das „*Schablonenformen*" an (Abb. 6.3.).

6.1.3. Schmelzen und Gießen

Die Schmelzeinrichtungen sind je nach dem Schmelzgut und der erforderlichen Schmelztemperatur verschieden. Für Blei, Zinn, Zink, Weißmetall usw. genügt ein einfacher Kesselofen. Zum Schmelzen von Bronze und Messing werden Tiegelöfen verwendet. Im Tiegelofen kann auch hochwertiger Grauguß erschmolzen werden. In der Stahlgießerei finden Siemens-Martin-Öfen, Kleinkonverter und Elektroöfen Verwendung.

In der Eisengießerei wird hauptsächlich der Kupolofen (Abb. 6.4.) verwendet. Dies ist ein Schachtofen mit feuerfester Ausmauerung und genügender Windzuführung. Die Höhe ist etwa 8 m und der Durchmesser 1,5 m. Die Schmelzleistung liegt je nach Bauart zwischen 1 und 10 t/h. Im Vorherd wird das flüssige Eisen gesammelt, wobei Unterschiede in der Zusammensetzung ausgeglichen werden. Die Zusammensetzung des Einsatzes (Gattierung) richtet sich nach den Anforderungen, die an den Guß gestellt werden. Zum Einschmelzen werden verwendet: Gießereiroheisen, Hämatit, Gußbruch und Stahlschrott. Je nach Bedarf werden Ferrosilizium zur Erhöhung des Si-Gehaltes bzw. Ferromangan zur Steigerung des Mn-Gehaltes in Form von Briketts zugesetzt. Kalk

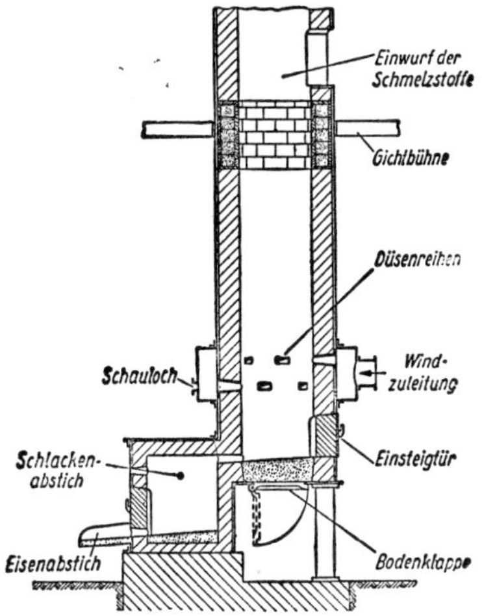

Einwurf der Schmelzstoffe
Gichtbühne
Düsenreihen
Wind-zuleitung
Schauloch
Einsteigtür
Schlacken-abstich
Eisenabstich
Bodenklappe

Abb. 6.4. Kupolofen

soll die Koksasche, den Abbrand und den Sand, der dem Roheisen anhaftet, in leichtflüssige Schlacke verwandeln, ferner soll das Eisen vor der Aufnahme von Schwefel geschützt werden. Zum Gießen wird das flüssige Metall mit Gießpfannen an die Form gebracht. Für kleinere Mengen, bis etwa 100 kg, werden Handpfannen, für größere Mengen kippbare Kranpfannen verwendet. Die Pfannen sind aus Stahlblech hergestellt und besitzen eine feuerfeste Auskleidung. Die Gießtemperatur schwankt zwischen 1450° und 1250° C, sie richtet sich nach der Wandstärke der Gußstücke. Dünnwandige Gußstücke müssen wegen der schnelleren Abkühlung heißer vergossen werden als dickwandige.

Sind die Gußstücke erkaltet, werden sie geputzt, d. h. Formsand, Kerne, Gießtrichter, Steiger, Schlackenfang und Sandstifte werden entfernt. Die gründliche Reinigung von Sandresten ist wegen der nachfolgenden spangebenden Bearbeitung unbedingt notwendig. Die Reinigung erfolgt mit Stahlbürsten, Sandstrahlgebläse, Schmirgelscheiben usw.

6.1.4. Sonder-Gießverfahren

Um Werkstücke mit großer Genauigkeit oder mit besonderer Dichte zu gießen, wurden besondere Gießverfahren entwickelt.

Abb. 6.5. zeigt eine Druckgußmaschine dem Prinzip nach.

Beim Druckguß wird das flüssige Metall (meist Zinn-, Zink-, Blei- oder Aluminiumlegierungen) durch eine Düse mit hoher Geschwindigkeit in eine dem Werkstück entsprechende Form gespritzt, wo es rasch an den Formrändern erstarrt. Es können sehr verwickelte Teile, schnell und in großen

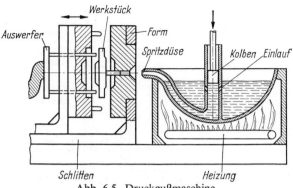

Abb. 6.5. Druckgußmaschine

Mengen, hergestellt werden. Da große Genauigkeit und Oberflächengüte erreicht wird, spricht man von „Fertigguß". Eine Nachbearbeitung ist nur in seltenen Fällen notwendig.

Beim Preßguß wird das Metall, z. B. Kupferlegierungen, teigig in die Form gepreßt. Der Preßstempel drückt mit 200...1000 bar. Die mechanischen Eigenschaften des Werkstoffes sind von der Höhe des Druckes abhängig. Deshalb sucht man den Druck unter Beachtung der Materialeigenschaften zu steigern.

6.1.5. Schleuderguß

Der Gußwerkstoff wird in schnell umlaufende Formen gegossen und durch die Zentrifugalkraft an die Innenwand der Form gepreßt. Es entsteht ein sehr dichter, feinkörniger Guß (Rohre, Lagerbüchsen, Zahnkränze und dergleichen).

6.2. Schmieden

6.2.1. Beim Schmieden wird glühendes Metall durch Schlag oder Druck spanlos geformt. Metalle sind schmiedbar, wenn durch die Erwärmung auf Schmiedetemperatur die Bildsamkeit (Dehnung) zunimmt, bei gleichzeitigem Nachlassen der Festigkeit. Die gegenseitige Anziehungskraft der Moleküle ist im erwärmten Werkstoff so vermindert, daß sie durch Einwirken äußerer Kräfte sich leicht verschieben lassen, dadurch tritt bleibende Formänderung auf.

Die Schmiedbarkeit der Metalle ist verschieden. Die wichtigsten schmiedbaren Metalle sind Stahl und Stahlguß, Kupfer, reines Aluminium, Silber und Gold. Messing läßt sich nur schmieden, wenn es einen hohen Kupfergehalt besitzt. Aluminiumlegierungen lassen sich schmieden, wenn Kupfer- und Magnesium-Gehalt gering sind. Temperguß ist bedingt bis ca. 30 mm

138

Dicke schmiedbar. Gußeisen und Rotguß sind nicht schmiedbar, da diese Metalle beim Erhitzen vom festen gleich in den flüssigen Zustand übergehen; der teigige Zustand, wie beim Stahl, fehlt. Stahl ist der meist geschmiedete Werkstoff; seine Schmiedbarkeit wird vom Kohlenstoffgehalt beeinflußt. Die Schmiedbarkeit des Stahls nimmt mit zunehmendem C-Gehalt ab. Am besten lassen sich kohlenstoffarme Stähle schmieden. Phosporgehalt macht den Stahl kaltbrüchig, Schwefelgehalt hingegen warmbrüchig.

Die Schmiedetemperatur hängt von der Zusammensetzung des Stahls ab: je geringer der Kohlenstoffgehalt, um so höher die Schmiedetemperatur. Unlegierte Stähle unter 0,4% C-Gehalt sollen schnell und gleichmäßig erwärmt werden, Schmiedetemperatur ca. 1200°C. Legierte Stähle werden langsam auf ca. 700°C angewärmt, um Spannungsrisse zu vermeiden. Die weitere Erwärmung auf Schmiedetemperatur ca. 1000°C soll rasch erfolgen. Beim Schmieden ist zu beachten, daß die Temperatur des Schmiedestückes nicht unter 750°C, etwa „dunkelkirschrot", absinkt, weil die Bildsamkeit unterhalb dieser Temperatur stark nachläßt; dadurch besteht die Gefahr der Rißbildung. Wird der Werkstoff bei richtiger Temperatur geschmiedet, so erhält er ein feines, dichtes Gefüge und hohe Festigkeit. Wird Stahl überhitzt, so tritt Grobkornbildung ein, der Stahl ist dann sehr spröde. Durch Glühen kann das Gefüge wieder verfeinert werden. Geschmiedete Werkstücke langsam abkühlen lassen, um Spannungen zu vermeiden.

Das „Schmieden von Hand" hat für viele Bereiche seine große Bedeutung verloren. Allerdings wird in Werkstätten, wo Einzelanfertigungen eine große Rolle spielen, wie in der Chirugiemechanik, im Kunsthandwerk, in grossem Maße noch von Hand geschmiedet. Großschmiedestücke z. B. des Fahrzeugbaus werden auf hydraulischen Schmiedepressen freihand vorgeformt und meist in Gesenken, d. h. Stahlformen mit genauen Maßen, fertiggestellt. Es erfolgt anschliessend noch eine spangebende Bearbeitung.

6.2.2. *Werkzeuge und Hilfsmittel zum Schmieden*

Abb. 6.6. zeigt einen Schmiedeherd. Als Brennstoff wird schwefelarme, gut backende Nußkohle verwendet. Die Verbrennungsluft wird durch ein Gebläse zugeführt und durch einen Windregler reguliert. Große Werkstücke werden

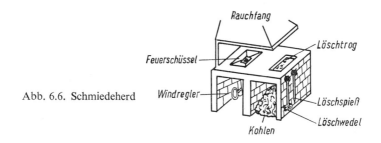

Abb. 6.6. Schmiedeherd

in Schmiedeöfen erwärmt, sie werden mit Gas, Öl oder elektrisch beheizt. Wesentliche Vorteile der Schmiedeöfen sind: gleichmäßige Hitze, schnelles Erreichen der Höchsttemperatur sowie leichte, genaue Einhaltung der gewünschten Temperatur.

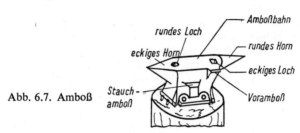

Abb. 6.7. Amboß

Der Amboß (Abb. 6.7.) besteht aus Baustahl. Die Amboßbahn, eine aufgeschweißte Stahlplatte, ist gehärtet. Der Amboß ist so aufgestellt, daß sich rechts vom Schmied das eckige, und links das runde Amboßhorn befindet. Auf der dem Schmied abgewandten Seite sind Voramboß und Stauchamboß. In der Amboßbahn befinden sich ein rundes und ein viereckiges Loch zum Aufsetzen von Meißeln, Gesenken usw. Der Amboß steht auf einem Untersatz (Amboßstock) aus Holz, Stein oder Gußeisen, er ist gegen seitliches Verschieben gesichert.

Das Gesenk (Abb. 6.8.) wird zum Schmieden genauer Formen verwendet.

Das Untergesenk steckt in einem Loch der Amboßbahn, das Obergesenk ist an einem Stiel befestigt (Gesenkhammer). Auf das Obergesenk wird mit dem Vorschlaghammer geschlagen.

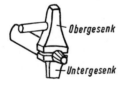

Abb. 6.8. Gesenk   Abb. 6.9. Abschrot

Der Abschrot (Abb. 6.9.) wird zum Einkerben und Abhauen benützt, er wird von einem Loch der Amboßbahn aufgenommen. Erwärmte Werkstoffe werden mit dem Warmschrot (Abb. 6.10.a), Werkstoffe im kalten Zustand mit dem Kaltschrot (Abb. 6.10.b), abgehauen. Warm- und Kaltschrot unterscheiden sich durch den verwendeten Keilwinkel. Der festere, kalte Werkstoff verlangt einen größeren Winkel. Deshalb schon seine äußerlich zu unterscheidende breitere Form.

140

Abb. 6.10.a
Warmschrot

Abb. 6.10.b
Kaltschrot

Schmiedehämmer haben entsprechend ihrer Anwendung verschiedene Formen und Gewichte (Abb. 6.11.).

Der Handhammer, bis zu 5 kg schwer, wird mit einer Hand geführt, der Vorschlag- oder Zuschlaghammer, bis zu 15 kg schwer, wird mit beiden Händen gehalten.

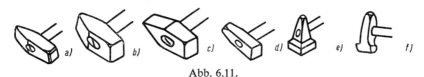

Abb. 6.11.

a = Handhammer, b = Vorschlaghammer, c = Kreuzschlaghammer, d = Setzhammer, e = Schlichthammer

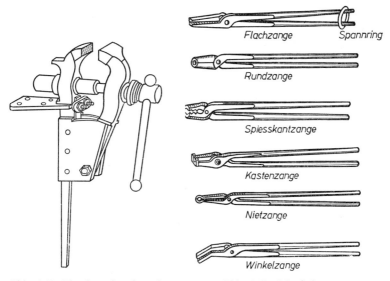

Abb. 6.12. Flaschenschraubstock

Abb. 6.13. Schmiedezangen

141

Kehlhammer, Setzhammer und Schlichthammer werden zwar als Hammer bezeichnet, sie sind jedoch nur Hilfswerkzeuge, die erst durch den Schlag eines Hammers auf die „Finne" wirksam werden.

Zum Festhalten der Werkstücke werden Schraubstock und Zangen verwendet. Abb. 6.12. zeigt einen Flaschenschraubstock, der so befestigt wird, daß er von allen Seiten zugänglich ist. Er wird hauptsächlich zum Festspannen bei Biege- und Staucharbeiten sowie beim Verdrehen benutzt. Sein Werkstoff ist Stahl, um auch starken Belastungen standhalten zu können.

Zum Festhalten kurzer Werkstücke werden Zangen benutzt. Abb. 6.13. zeigt die verschiedenen Maulformen. Um Unfälle zu verhüten und unnötige Ermüdung zu vermeiden, soll beim Schmieden stets ein Spannring über die beiden Schenkel der Zange geschoben werden.

6.2.3. Ausführungshinweise

Beim Schmieden auf saubere Amboßbahn achten. Zunder drückt sich im Werkstoff ein, spritzt ab und kann zu Verletzungen führen.

Die Schläge des Handhammers kommen zügig aus dem Schulter- und Ellenbogengelenk.

Der Vorschlaghammer (Abb. 6.14.) wird vorne mit der rechten Hand gehalten, mit der linken Hand wird das Stielende zur rechten Achselhöhle (nicht zur Körpermitte) geführt.

Durch Taktschlagen gibt der Schmied dem Zuschläger die Schlaggeschwindigkeit an.

Das Schmieden setzt sich aus verschiedenen Arbeitstechniken zusammen.

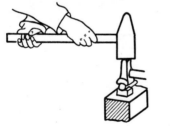 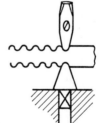

Abb. 6.14. Hammerführung beim Zuschlagen   Abb. 6.15.a Strecken   Abb. 6.15.b Stauchen

Durch *Strecken*

wird ein Werkstück verlängert, dabei vermindert sich sein Querschnitt (Abb. 6.15.a).

Durch *Stauchen*

wird ein Werkstück verkürzt, dadurch vergrößert sich gleichzeitig der Querschnitt (Abb. 6.15.b).

142

Beim *Biegen*
wird die Achsrichtung des Werkstoffes verändert. Runde Biegung über rundem Horn, scharfkantige Biegung über eckigem Amboßhorn.

Beim *Bördeln*
wird der Werkstoff rechtwinklig am Rande von Platten oder Rohren umgebogen.

Beim *Gesenkschmieden*
werden vorgeschmiedete Werkstücke im Gesenk (Unter- und Obergesenk) fertiggeschmiedet.

Beim *Abhauen* und *Spalten* (*Schroten*)
wird der Werkstoff im warmen oder kalten Zustand getrennt (Abb. 6.16.).

Beim *Absetzen*
wird der Querschnitt des Werkstückes an einer oder mehreren Stellen verjüngt (Abb. 6.17.).

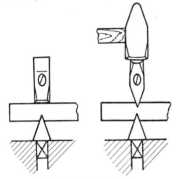

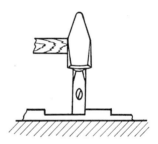

Abb. 6.16. Abschroten   Abb. 6.17. Absetzen

Beim *Lochen*
wird das Werkstück mit Hilfe des Durchtreibers (Durchschläger) gelocht. Der Durchtreiber muß häufig abgekühlt werden.

6.2.4. Unfallverhütung

Beim Ausfahren aus dem Feuer, Schmiedestück tief zum Amboß bringen, Zunder abklopfen und auf saubere Amboßbahn achten.
Das Ende des Hammerstiels nicht vor den Bauch oder Unterleib halten.
Beim Abhauen die letzten Schläge vorsichtig führen.
Geschmiedete Stücke so ablegen, daß sich niemand verbrennen kann.
Das bloße Aufschlagen des Hammers auf die Amboßbahn ist zu vermeiden.
Für die Formung großer Schmiedestücke werden Schmiedemaschinen (Hämmer und Pressen) verwendet.

6.3. Biegen und Richten

Beim *Biegen* ändert die Achse eines Werkstoffes, unter Einwirkung äußerer Kräfte, ihre Richtung. Es wird eine vorübergehende oder bleibende Formänderung hervorgerufen. Die Werkstoffasern, die auf der äußeren Seite des Biegehalbmessers liegen, werden gestreckt, die innenliegenden gestaucht. Die etwa in der Mitte liegende Faser (neutrale Faser) ändert ihre Länge nicht (Abb. 6.18.).

Wird der Werkstoff nicht über seine Dehnungsfähigkeit hinaus beansprucht, federt er nach Aufhören der biegenden Kraft in seine ursprüngliche Lage zurück. Wird er über die Dehnungsfähigkeit hinaus belastet, federt er nicht mehr zurück, dann ist die Formänderung bleibend.

Werkzeuge zum Biegen sind Flach-, Rund- oder Rohrzange, Feilkloben, Schränkeisen, Schraubstock, Richtplatte, Amboß, Hämmer aller Art, Biegemaschinen usw. In der Mengenfertigung kommen Biegevorrichtungen zur Anwendung, die von Hand betätigt werden oder es wird mit Biegestanzen gebogen.

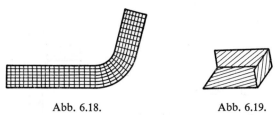

Abb. 6.18.   Abb. 6.19.

Gewalzte Werkstoffe (Bleche, Bänder, Stangen usw.) haben Fasern, die in Walzrichtung verlaufen. Beim Biegen soll die Beanspruchung auf möglichst viele Fasern verteilt werden. Die Biegekante wird deshalb senkrecht zur Walzrichtung gelegt (sonst Bruchgefahr). Beim Zuschneiden von Blech ist deshalb erst die Walz- und Biegerichtung festzustellen. Sollen an einem Werkstück zwei im rechten Winkel zueinanderliegende Abbiegungen vorgenommen werden, so muß die Walzrichtung schräg zu beiden liegen (Abb. 6.19.).

Zinkbleche vor dem Biegen auf etwa 100° C, Magnesiumlegierungen auf etwa 300° C anwärmen.

Bei stärkeren Profilen tritt beim Biegen eine Querschnittänderung ein (Abb. 6.20.). Soll dies verhindert werden, muß das Werkstück an der Biegestelle m warmen Zustand angestaucht werden.

Gewalzte und gezogene Rohre mit kleinem Außendurchmesser können kalt gebogen werden. Um das Einknicken beim Biegen zu verhindern, werden sie mit trockenem Sand gefüllt. Das Rohr wird an beiden Enden mit Holz-

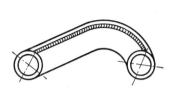

Abb. 6.20.
Querschnittänderung
beim Biegen

Abb. 6.21.
Lage der Schweißnaht
beim Biegen eines Rohres

stopfen verschlossen. Der Sand muß sich gut gesetzt haben und das Rohr vollkommen ausfüllen. Dann wird das Rohr von Hand oder in einer Vorrichtung gebogen. Rohre mit größerem Außendurchmesser werden warm gebogen. Die Biegestelle wird gut angewärmt, die innere Seite der Biegung muß höher erwärmt werden als die äußere. Biegeradius möglichst nicht kleiner als dreifachen Rohrdurchmesser wählen. Beim Warmbiegen müssen Rohr und Sand völlig trocken sein, sonst besteht durch Dampfdruck Explosionsgefahr. Bei großem Biegeradius braucht das Rohr nicht gefüllt zu werden. Geschweißte Rohre werden so gebogen, daß die Schweißnaht beim Biegen mit der neutralen Faser parallel verläuft (Abb. 6.21.). Rohre aus Kunststoff werden ebenfalls mit Sand oder, bei Verwendung von Acrylglas, mit totem Gips gefüllt. Auch Spiralfedern lassen sich als Biegekerne verwenden. Kunststoffrohre müssen immer warm gebogen und in gebogener Stellung schnell abgekühlt werden. Die Wärmebehandlung erfordert aber einige Erfahrung.

Beim *Richten*

werden Werkstoffe, die durch Transport, Lagerung oder Bearbeitung verworfen oder verbogen sind, gerade gerichtet. Kleinere Querschnitte werden von Hand, größere durch Maschinen gerichtet. Weiche Werkstoffe wie Messing, Leichtmetalle usw. richtet man mit Holz-, Gummi- oder Kunststoffhämmern. Dicke Profilstangen, Schienen usw. werden mit der Spindelpresse, große Querschnitte mit hydraulischen Pressen gerichtet. Das Richten erfolgt je nach Anforderung entweder nach Augenmaß, oder die Ebenheit wird mit einem Lineal geprüft.

Gehärtete Werkstücke werden durch „Dengeln" gerichtet. Das Werkstück wird auf eine gehärtete Unterlage, mit der hohlen Seite nach oben, gelegt. Leichte Schläge mit dem Dengelhammer strecken die hohle Seite, dadurch wird das Werkstück gerichtet (Abb. 6.22.). Das Dengeln ist außerordentlich schwierig, es erfordert viel Übung und Erfahrung.

10 Werkstatt

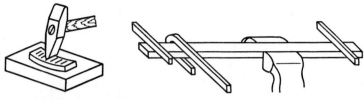

Abb. 6.22. Richten durch Dengeln   Abb. 6.23. Richten durch Zurückdrehen

Verdrehte Stäbe werden durch Zurückdrehen gerichtet (Abb. 6.23.). Die Kontrolle wird durch Auflegen von Parallelstücken erleichtert.

Lange Drehteile, Wellen usw., können zwischen den Spitzen einer Drehmaschinen gerichtet werden.

6.4. Federnwickeln

Druckfedern werden bei ihrer Verwendung zusammengedrückt (Abb. 6.24.a und b). Zugfedern werden auseinandergezogen (Abb. 6.25.).

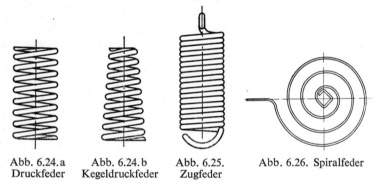

Abb. 6.24.a   Abb. 6.24.b   Abb. 6.25.   Abb. 6.26. Spiralfeder
Druckfeder   Kegeldruckfeder   Zugfeder

Spiral- bzw. Verdrehungsfedern werden durch Zusammendrehen gespannt (Abb. 6.26.).

Schraubfedern werden mit Hilfe eines Dorns gewickelt.

In großen Serien erfolgt die Herstellung auf Automaten oder Wickelmaschinen. Einzeln werden sie in der Werkstatt im Schraubstock oder auf der Drehmaschine gewickelt.

6.4.1. Wickeln einer Zugfeder (Abb. 6.27.)

In das Mitnehmerloch des Wickeldorns wird der Federstahldraht gesteckt. Zwischen Hartholz- oder Vulkanfiberbacken wird dann durch Drehen des Dorns der Federdraht aufgewickelt. Nach den ersten Windungen werden die Backen stärker gespannt, dadurch drücken sich die Windungen fest in die Backen ein und geben den nachfolgenden Windungen eine gute Führung.

146

Der Draht wird von links, wobei der Winkel α größer als 90° ist, straff gespannt zugeführt; dadurch erhält die Feder eine natürliche Vorspannung. Beim Auffedern vergrößert sich der Federdurchmesser. Die Größe der Auffederung hängt von der Spannung ab, mit der der Draht zugeführt wurde.

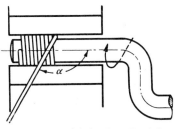

Abb. 6.27. Wickeln einer Zugfeder

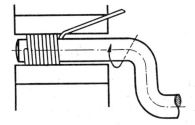

Abb. 6.28. Wickeln einer Druckfeder

6.4.2. Wickeln einer Druckfeder (Abb. 6.28.)

Die ersten Windungen werden eng aneinander gelegt; haben sie sich gut in die Backen eingedrückt, so benutzt der Draht beim Weiterdrehen zwangsläufig die gleiche Führung. Die Steigung der Druckfeder wird durch den Anlegewinkel des Drahtes bestimmt. Der Federdraht wird deshalb nach den ersten Windungen von rechts über die hintere Backe zugeführt. Das Auffedern geschieht in Richtung der Längsachse.

Nach dem Wickeln muß der Schraubstock vorsichtig geöffnet werden, weil der frei werdende Federdruck den Wickeldorn herumschleudert.

Bei den Druckfedern wird an beiden Seiten etwa ¾ Windung als tote Windung angelegt. Das erreicht man am besten durch Schleifen. Beim Erwärmen durch das Schleifen wird die letzte Windung sehr weich und läßt sich mühelos anlegen.

Der Federdraht wird bei schwächeren Federn im federharten Zustand verarbeitet. Große Drahtdurchmesser werden ungehärtet gewickelt, das Härten erfolgt erst nach der Fertigstellung.

Beim Wickeln von Schraubfedern auf der Drehmaschinen wird der Wickeldorn zwischen Spitzen oder im Dreibackenfutter und der Reitstockspitze eingespannt. Der Federdraht wird zwischen Holzbacken, die in den Meißelhalter eingespannt sind, geführt. Die Feder wird durch Rückwärtsbewegung des Supports gewickelt. Die Steigung wird durch den Vorschub bestimmt.

7. Anreißen und Körnen

7.1. Zweck des Anreißens ist die Übertragung von Maßen und Formen von der Zeichnung auf das Werkstück als Vorbereitung zum Feilen, Bohren, Fräsen usw. Anreißen muß sorgfältig und gewissenhaft durchgeführt werden, weil das Werkstück nach den Rißlinien weiter bearbeitet wird. Die Brauchbarkeit eines fertigen Werkstückes hängt also wesentlich von der vorbereitenden Anreißarbeit ab. In der Massenfertigung wäre das Anreißen unwirtschaftlich; es wird deshalb durch Vorrichtungen und genau eingestellte Bearbeitungsmaschinen ersetzt.

7.2. Anreißzeuge und Hilfsmittel zum Anreißen

7.2.1. *Richtmittel* (Abb. 7.1.)

Eine gehobelte und tuschierte *Anreißplatte*, mit einer Wasserwaage ausgerichtet, dient als Unterlage für die anzureißenden Werkstücke. An der Unterseite der Anreißplatte befinden sich kräftige Rippen, um Durchbiegung beim Anreißen schwerer Werkstücke zu verhindern.

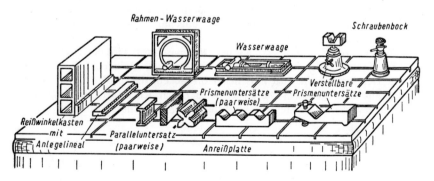

Abb. 7.1. Anreißplatte mit Richtmittel

Zum besseren Gleiten der Anreißzeuge (Parallelreißer, Reißstock usw.) wird die Oberfläche der Anreißplatte mit Graphitstaub eingerieben. Die Anreißplatte darf niemals zum Hämmern, auch nicht zum Richten dünner Bleche benutzt werden. Zylindrische Werkstücke werden in Prismenstücke gelagert. Parallelstücke dienen zum Ausrichten und zur Unterstützung der Werkstücke, in besonderen Fällen werden verstellbare Untersätze (Schraubenböckchen) verwendet. Winkelplatten dienen ebenfalls zum Anlegen und Ausrichten von Werkstücken. Um das Drehen schwerer Wellen während des Anreißens zu ermöglichen, werden Schraubenböcke mit Rollenaufsatz verwendet.

7.2.2. *Anreißzeuge* (Abb. 7.2.)

Die *Reißnadel* dient zum Ziehen (Reißen) der Linien auf dem Werkstück. Normalerweise ist sie aus Stahl und gehärtet, auch Stahl mit angelöteter Widiaspitze. Für besondere Zwecke werden Reißnadeln aus Messing verwendet, vor allem auf harten oder verzunderten Oberflächen, auf denen eine

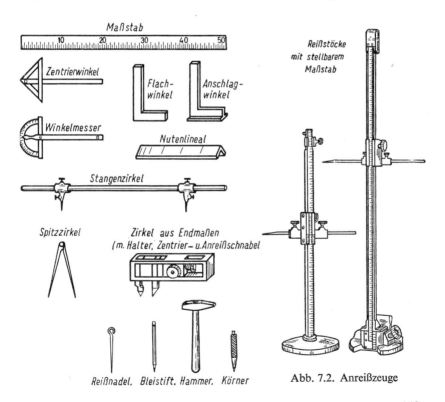

Abb. 7.2. Anreißzeuge

Stahlnadel rutschen würde, oder wenn eine bearbeitete Fläche durch Risse nicht beschädigt werden darf. Leichtmetallbleche und dünnwandige Leichtmetall-Werkstücke reißt man besser mit einem Bleistift an, es sei denn, die Rißlinie ist Schnittlinie. (Bruchgefahr durch Kerbwirkung, unter Umständen auch Korrosionsgefahr.) Die Spitzen der Reißnadeln sollen einen schlanken Kegel haben, um genaues Anreißen zu ermöglichen. Beim Anreißen mit Hilfe eines Maßstabes wird der Maßstab so angelegt, daß das entsprechende Maß mit der Bezugskante (Bezugskante heißt Ausgangsmaß, meist eine Kante, von der aus alle anzureißenden Werte anzumessen sind) übereinstimmt, dann wird mit der Reißnadel an der Stirnseite des Maßstabes die Anrißlinie markiert. Die Linie selbst wird an der Kante eines Anschlagwinkels oder Lineals entlang gezogen. Die Reißnadel wird so angesetzt, daß sie vom Lineal weg und in Bewegungsrichtung geneigt ist — die Spitze eilt beim Ziehen nach —, dann wird sie ohne Unterbrechung am Lineal entlang durchgezogen (Abb. 7.3.).

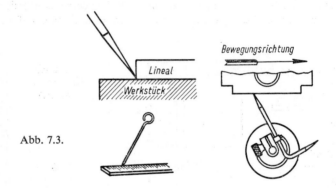

Abb. 7.3.

7.3. Der *Körner* wird zum Ankörnen der Rißlinie benutzt (Körnerspitze 30...40°). Da bei der späteren Bearbeitung des Werkstückes die Rißlinien undeutlich werden, ermöglichen die Körnereindrücke eine bessere Kontrolle; sie sollen nach der Bearbeitung immer zur Hälfte sichtbar bleiben. Beim

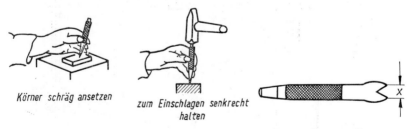

Abb. 7.4.a Körnen   Abb. 7.4.b Doppelkörner

Anreißen von Bohrungen werden der Bohrungsmittelpunkt kräftig (Körnerspitze 60°), die Kontrollkreise (Kontrollkreise werden mit dem Zirkel zusätzlich um die Bohrung gezogen) leicht gekörnt. Kontrollkörner werden auf geraden Linien in gleichen Abständen genau auf die Anrißlinie gesetzt. Bei Krümmungen und Radien werden die Abstände entsprechend der Krümmung kürzer gewählt. Liegen die Kontrollkörner genau auf der Anrißlinie, so ermöglichen sie eine genaue Prüfung nach der Bearbeitung. Beim Körnen wird der Körner schräg — von Körper weg — angesetzt, dabei liegt die Hand, die den Körner hält, möglichst auf. Zum Einschlagen wird der Körner senkrecht aufgerichtet (Abb. 7.4.a).

7.3.1. Der Doppelkörner wird verwendet, wenn mehrere Körner in genau gleichem Abstand gesetzt werden sollen, um z. B. das Herausbohren von Formen und Durchbrüchen an Werkstücken zu erleichtern. Wird der richtige Bohrdurchmesser gewählt, so bleiben nur dünne, gleichmäßige Wandungen zwischen den Bohrungen stehen ‚die sich leicht heraustreiben lassen. Der verwendete Doppelkörner muß mit dem Maß diesen Abständen angepaßt sein!

7.4. Spitzzirkel bestehen aus Stahl und haben gehärtete Spitzen. Sie werden zum Übertragen von Maßen auf das Werkstück, zum Anreißen von Kreisen und Radien, sowie zum Abtragen gleicher Teilstrecken benutzt. Beim Anreißen von Leichtmetall werden Bleistiftzirkel verwendet. Liegen Kreismittelpunkte in einer Bohrung oder Aussparung, so muß eine Hilfsmitte eingesetzt werden (Abb. 7.5.a). Die Zirkelspitzen sollen gleich lang sein und sich bei geschlossenem Zustand des Zirkels berühren. Beim Anreißen eines Kreises liegt der Druck auf dem im Mittelpunkt befindlichen Schenkel des Zirkels (Abb. 7.5.b); liegt der Druck auf dem zeichnenden Schenkel, so verläuft die Zirkelspitze. Der Federzirkel darf nur zum Anreißen auf glatten Oberflächen verwendet werden. Zur genauen Einstellung der Zirkelöffnung ist er mit einer auslösbaren Einstellmutter versehen. Da er federt, ist er zum Anreißen von rauhen

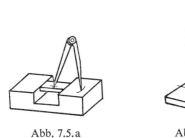
Abb. 7.5.a

Abb. 7.5.b

Abb. 7.6.

Abb. 7.7.
Prüfen der genauen Zirkel-
einstellung durch mehrmaliges
Abtragen

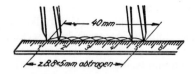

Flächen ungeeignet. Werden Kreisbogen, deren Mittelpunkte auf Kanten liegen, angerissen, so sind Beilagen zu verwenden. Kreise, deren Einsatz-mittelpunkt über oder unter der Kreisebene liegt, müssen mit Zirkeln an-gerissen werden, die besonders einstellbare Spitzen besitzen (Abb. 7.6.). Die genaue Einstellung des Zirkels ist leicht durch mehrmaliges Abtragen der Zirkelöffnung zu prüfen (Abb. 7.7.). Stangenzirkel dienen zum Übertragen großer Maße.

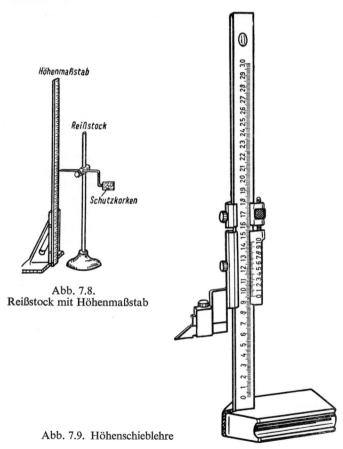

Abb. 7.8.
Reißstock mit Höhenmaßstab

Abb. 7.9. Höhenschieblehre

7.5.1. *Parallelreißer* (Höhenreißer, Reißstock)

gehören zu den wichtigsten Anreißzeugen. Sie werden zum Anreißen der Linien, aber auch zum Ausrichten und Prüfen von Werkstücken benutzt. Der einfache Höhenreißer besteht aus einer Grundplatte mit einem festen, senkrecht stehenden Stock, an dem sich der in der Höhe verstellbare Schieber, der die Reißnadel trägt, befindet (Abb. 7.8.). Die Einstellung wird an einem Höhenmaßstab vorgenommen. Höhenreißer mit Feinstellung sind vielseitig verwendbar.

7.5.2. Im Werkzeug- und Vorrichtungsbau wird die *Höhenschieblehre* (Abb. 7.9.) verwendet; der Meß- und Reißschnabel ist auswechselbar, er darf nur von einer Seite nachgeschliffen werden, damit die Nullstellung erhalten bleibt. Zum sehr genauen Anreißen, z. B. im Schnittbau, werden Endmaße zusammen mit einem Anreißschnabel verwendet, für größere Höhen werden Endmaße und Anreißschnabel in einen Endmaßhalter gespannt (Abb. 7.10.).
Parallele Linien zur bearbeiteten Kante eines Werkstückes können mit dem Streichmaß gerissen werden. Der Schieber, der gleichzeitig Anschlag ist, wird auf das gewünschte Maß eingestellt (Abb. 7.11.). Eine Unsitte, meist auf Bequemlichkeit zurückzuführen, ist das Reißen von Linien mit den Spitzen der Schieblehre; diese dienen zum Messen, niemals aber zum Anreißen.
Um Verletzungen zu verhüten, ist es ratsam, die nicht benutzten Spitzen an den Höhernreißern mit einem Schutzkork zu sichern.

Abb. 7.10. Endmaße mit Anreißschnabel im Halter

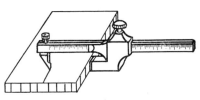

Abb. 7.11. Streichmaß

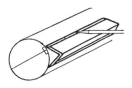

Abb. 7.12. Nutenlineal

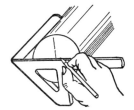

Abb. 7.13.a Zentrierwinkel

153

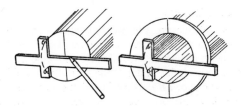

Abb. 7.13.b Kreuzmittelwinkel   Abb. 7.14. Zentrierglocke

Weitere Anreißzeuge sind Winkel und Lineale. Zum Anreißen von Nuten auf Wellen wird das Nutenlineal (Abb. 7.12.) benutzt. Sollen Wellenmittelpunkte angerissen werden, so können Zentrierwinkel bzw. Kreuzmittelwinkel (Abb. 7.13.a und b) benutzt werden. Wellen bis 40 mm ⌀ können ohne Anreißen, unmittelbar im Mittelpunkt, unter Verwendung einer Zentrierglocke (Abb. 7.14.) gekörnt werden. Die Zentrierglocke muß genau in Richtung der Wellenachse aufgesetzt werden.

Zum Anreißen von Winkeln werden Flachwinkel und Winkellehren verwendet; sind Winkellehren nicht vorhanden, so wird der einfache Winkelmesser, reicht dessen Genauigkeit nicht aus, der Universalwinkelmesser verwendet. Bei sehr hoher Genauigkeit werden Teilgeräte oder Teilköpfe benutzt. Teilkopfarbeiten siehe Seite 302.

7.6. Anreißschablonen werden verwendet, wenn sich Anreißarbeiten häufig wiederholen bzw. bei Serienarbeiten, bei denen sich die Anfertigung von Vorrichtungen noch nicht lohnt. Sie bestehen aus dünnem Stahlblech und sind einfach zu handhaben.

7.7. Hinweise zum Anreißen

Um die Rißlinien deutlich sichtbar zu machen, werden rohe Oberflächen, z. B. Guß- und Schmiedestücke, an den anzureißenden Stellen mit weißem Anreißlack (schnell trocknender Nitrolack) gestrichen. Bearbeitete Flächen können einen Überzug aus dem Kupferniederschlag von Kupfervitriol erhalten. Dieses ist jedoch nicht besonders zu empfehlen, da Kupfervitriol sehr giftig ist. Besser ist die Verwendung von gefärbtem Schellack. Die Rißlinien treten scharf hervor und sind gut sichtbar.

Das Anreißen selbst wird von der Reihenfolge der Bearbeitung des Werkstückes bestimmt. Oft genügt das Anreißen für den nächsten Arbeitsgang oder es ist gar nicht möglich, mehr anzureißen. Dann muß das Werkstück nach erfolgter Bearbeitung zur Anreißplatte zurück, zum Anreißen der nächsten Arbeitsgänge usw. Die Werkstücke werden nach ihren Mittellinien bzw. Hauptachsen ausgerichtet. Bei Gußstücken muß die Bearbeitungszugabe, Versatz angegossener Augen usw., berücksichtigt werden.

154

8. Spangebende Formung

8.1. Allgemeines

Alle Werkstoffe sind teilbar; darauf beruht die spangebende Formung. Von allen spangebenden Werkzeugen wie Feile, Meißel, Säge, Drehmeißel, Bohrer, Fräser, Schleifscheibe usw. werden Teile (Späne) von dem zu formenden Werkstoff abgetrennt. Die Grundform der Schneide eines Werkzeuges ist der Keil, welche Form sonst das Werkzeug auch haben mag. Die Abb. 8.1.a zeigt einige dieser spanabhebenden Werkzeuge. Abb. 8.1.b veranschaulicht, daß eine Schneide um so leichter in einen Werkstoff eindringt, je schlanker der Keil ist, dabei ist jedoch zu bedenken, daß beim Trennen harter Werkstoffe der Keil starken Belastungen ausgesetzt ist; er kann leicht ausbrechen und stumpf werden. Daraus folgt, daß für jeden Werkstoff die günstigste Keilform gewählt werden muß, um ein gesundes Verhältnis vom Kraftaufwand zur Standzeit der Schneide zu erzielen. Die Erfahrungen über die günstigsten Verhältnisse für den Einzelfall sind gesammelt und in Tabellen zusammengestellt worden.

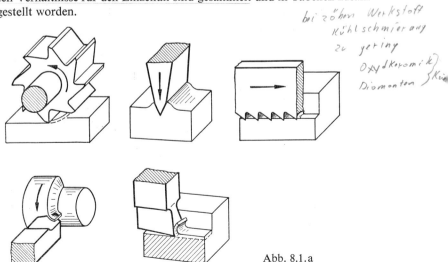

Abb. 8.1.a

Abb. 8.1.b Keilwirkung

voreilender Riß

8.2. Spanbildung

Bewegen sich Werkstoff und Werkzeug gegenläufig, dringt dabei die Schneide unter günstigen Umständen in den Werkstoff ein überwindet die Schneide dabei die Festigkeit des Werkstoffs, so wird ein Span abgetrennt. Im Augenblick der Trennung bildet sich vor der Schneide ein Spalt (voreilender Riß), die Schneide wird entlastet, bis sie wieder mit dem Werkstoff in Berührung kommt, um die Trennarbeit fortzusetzen.

Der Span besteht also aus mehr oder weniger zusammenhängenden Werkstoffteilen, die bei spröden Werkstoffen zerbröckeln und bei zähen einen rissigen Span ergeben. Dabei spielt sich folgender Vorgang ab: 1. Das auf die Werkstückoberfläche auftreffende Werkzeug (Abb. 8.2.) staucht den Werkstoff an

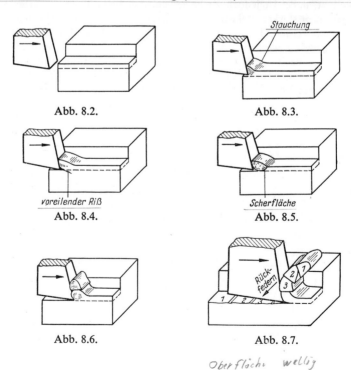

Abb. 8.2.   Abb. 8.3.

voreilender Riß   *Scherfläche*
Abb. 8.4.   Abb. 8.5.

Abb. 8.6.   Abb. 8.7.

156

(Abb. 8.3.). 2. Das weiter in den Werkstoff vordringende Werkzeug verformt den Werkstoff so, daß ein von ihm ausgehender voreilender Riß entsteht (Abb. 8.4.). Bei weiteren Eindringen tritt ein Abscheren des ersten Spanelements ein (Abb. 8.5.). Das Weitervordringen wiederholt diesen Vorgang fortlaufend, so daß die Spanelemente aufeinander zu liegen kommen (Abb. 8.6., 8.7.). Die dauernden Wechsel der Beanspruchung lassen das Werkzeug federn, so daß die Oberfläche wellig wird. Solche Späne werden Scherspäne genannt, weil sie durch einen Schervorgang entstehen.

Versuche haben bewiesen, daß bei erhöhter Schnittgeschwindigkeit ein besseres, gleichmäßiges Abtrennen erfolgt. Die Belastung der Schneide ist gleichmäßiger, dadurch ergibt sich ruhigeres Arbeiten und eine bessere Oberflächengüte. Der entstehende Span wird „Fließspan" genannt. Das läßt sich folgendermaßen erklären: Die erhöhte Schnittgeschwindigkeit läßt den Werkstoff schneller auf die Schneide prallen. Die angestauchten Spanelemente haben keine Gelegenheit, einen voreilenden Riß zu bilden und einzeln abzuscheren. Diese Eigenschaff mancher Werkstoffe nutzt man auch beim Schlichten durch Erhöhung der Schnittgeschwindigkeit aus. Die entstandene Schnittfläche ist sauberer und „rißfrei". Die Art der Spanbildung wird jedoch nicht nur von der Schnittgeschwindigkeit allein bestimmt, sie hängt auch mit dem Verhältnis Schnittgeschwindigkeit und Spanwinkel zusammen. (Siehe dort.) Setzt sich an der Schneide Werkstoff an, so ergeben sich ständig ändernde Verhältnisse beim Schneidvorgang, wodurch der voreilende Riß mitunter tiefer als die Werkzeugschneide läuft, dadurch werden unsaubere, rauhe und nicht maßhaltige Oberflächen erzeugt, man spricht von einem Reißspan. Wird die Schnittgeschwindigkeit erhöht, hört die Bildung des Schneidenansatzes auf. Abb. 8.8. zeigt die Spanbildung.

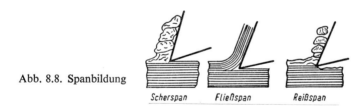

Abb. 8.8. Spanbildung

Scherspan   Fließspan   Reißspan

8.3. Schneidenform und Winkel (Abb. 8.9.)

Die *Spanfläche* ist die an die Schneide grenzende Fläche, über die der Span abläuft. Oft wird auch der Ausdruck Brustfläche oder Spanbrust verwendet. Die der Werkstücksfläche zugekehrte Seite ist die *Freifläche,* weil sie dem Werkzeug das freie Schneiden ermöglichen soll.

157

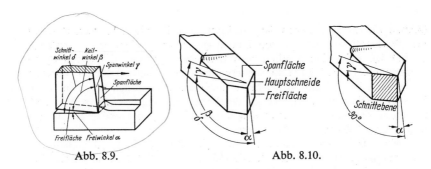

Abb. 8.9.   Abb. 8.10.

Der Winkel, der von der Spanfläche und einer gedachten Senkrechten, die auf der Werkstückoberfläche errichtet ist, eingeschlossen wird, heißt *Spanwinkel γ* (sprich Gamma).

Der Freiwinkel α (sprich Alpha) liegt zwischen der Freifläche und der schon bearbeiteten Werkstückfläche.

Der Keilwinkel β (sprich Beta) liegt zwischen Span- und Freifläche. Alle drei Winkel müssen zusammen 90° ergeben. Durch Addition des Frei- und des Keilwinkels erhält man den Schnittwinkel δ (sprich Delta) (Abb. 8.10.). Über die Geometrie am Schneidkeil des Werkzeugs gibt DIN 6581 Auskunft.

8.3.1. Einfluß der Winkel beim Schneiden (Abb. 8.11.)

Der Freiwinkel α verhindert die Berührung zwischen Freifläche des Werkzeuges und Schnittfläche des Werkstückes. Damit werden unnötige Reibungswärme und Kraftverluste vermieden. Die Größe soll mindestens 2°, im Durchschnitt 5...8° betragen, sie hängt nicht immer allein vom Anschliff, sondern zum Teil auch vom Anstellen des Meißels ab. Von der Größe des Freiwinkels ist aber auch die Kraft abhängig, die das Werkzeug für das Eindringen in den Werkstoff benötigt. Je größer der Freiwinkel ist, um so geringer die aufzuwendende Kraft. Hierbei muß man allerdings einen Kompromiß schließen, denn die Veränderung einer Winkelgröße beeinflußt auch die Größe der übrigen Winkel. Es tritt also am Freiwinkel ein Doppeleffekt auf: ein zu klein gewählter Freiwinkel läßt das Werkzeug nicht freischneiden, es entsteht durch „Drücken" Wärme. Zum Zweiten, wird durch seine zu geringe Größe ein Übermaß an Schnittkraft verbraucht. Auch hierdurch wird das Werkzeug erwärmt.

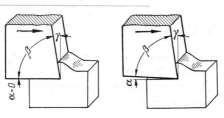

Abb. 8.11.

Der Keilwinkel β hängt vom Verhältnis Härte und Festigkeit von Werkzeug zum Werkstück ab. Im allgemeinen ist er um so größer zu wählen, je härter und fester der zu bearbeitende Werkstoff ist. Bei weichen Werkstoffen 45 bis 60°, bei mittelharten 60...72°, bei harten und spröden Werkstofen bis zu 87°. Der Spanwinkel γ ist für die Ablaufrichtung des Spanes maßgebend. Je mehr sich die Spanfläche dem natürlichen Abrollen des Spanes anpaßt, um so

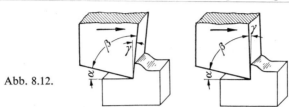

Abb. 8.12.

weniger wird dieser gestaucht. Die zunehmende Größe von γ geht jedoch auf Kosten des Keilwinkels, wodurch eine natürliche Grenze gesetzt ist. Bei der Bearbeitung weicher Werkstoffe können Spanwinkel bis zu 45° gewählt werden. Bei der Verwendung von Hartmetallwerkzeugen werden oft negative Spanwinkel bis —15° genommen (Abb. 8.12.). Durch die glättende Wirkung der Hartmetallschneide wird eine große Oberflächengüte und wegen der großen Keilwinkel auch längere Standzeit erreicht. Bei unterbrochenen Schnitten, sowie bei der Bearbeitung von Guß mit rauher Oberfläche, sind negative Spanwinkel sehr vorteilhaft. Es müssen jedoch größere Schnittkräfte in Kauf genommen werden. Bei weichem Stahl werden Spanwinkel von —5° bis —10° und bei hartem Stahl bis —15° gewählt. Abb. 8.13. zeigt Schliffarten für Hartmetallschneiden.

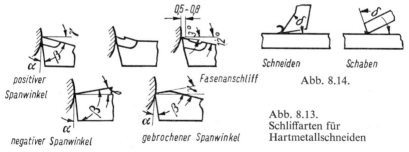

positiver Spanwinkel

negativer Spanwinkel

Fasenanschliff

gebrochener Spanwinkel

Schneiden   Schaben

Abb. 8.14.

Abb. 8.13.
Schliffarten für
Hartmetallschneiden

Ist der Schnittwinkel δ kleiner als 90°, so hat das Werkzeug einen positiven Spanwinkel γ und man spricht vom Schneiden des Werkzeuges. Ist er größer als 90° so ist der Spanwinkel negativ und man spricht vom Schaben (Abb. 8.14.). Werkzeugschneiden stumpfen ab und müssen von Zeit zu Zeit geschärft werden. Die Arbeitszeit zwischen dem Schärfen nennt man Standzeit der Schneide.

8.4. Meißeln

8.4.1. Unter Meißeln versteht man das Eintreiben eines keilförmigen Werkzeuges (Meißel) in den Werkstoff, um einen Span abzuheben oder den Werkstoff spanlos zu trennen. Die Arbeitswirkung wird mit einem Hand- oder Maschinenhammer erzielt. Das Meißeln gehört zu den ältesten Arbeitsverfahren. Es wird angewendet, wenn maschinelle Bearbeitung nicht möglich ist, oder geeignete Maschinen und Geräte nicht zur Verfügung stehen.

Beim Meißeln wird unterschieden:

8.4.1.1. Teilendes Meißeln; ohne Werkstoffverlust wird der Werkstoff verdrängt und gleichzeitig verdichtet. Die entstehende Kerbe wird fortlaufend vertieft, bis die Trennung erreicht ist (Abb. 8.15.). Hierbei verteilt sich die Kraft des Schlages auf zwei Teilkräfte, die in senkrechter Richtung zu den Schneidenflanken wirken. Diese Kräfte pressen, nach Verdichtung, den Werkstoff auseinander, wodurch sich ein voreilender Riß bildet. Ein Meißel mit großen Keilwinkel erfordert mehr Kraftaufwand als ein Meißel mit kleinem Keilwinkel. Er ist aber auch widerstandsfähiger als der schlankere Keil. Mit der Vergrößerung des Keilwinkels wird die Dehnung des Werkstoffs an der Trennfläche vergrößert, ebenso die zerreißende Wirkung. Die Trennfläche wird folglich rauher und unsauberer.

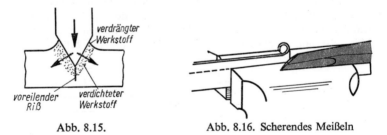

Abb. 8.15.

Abb. 8.16. Scherendes Meißeln

8.4.1.2. Scherendes Meißeln; die Schnittlinie liegt unmittelbar über der Kante eines Gegenlagers. Der Meißel übt neben der Kerbwirkung vor allem eine scherende Wirkung aus (Abb. 8.16.).

8.4.1.3. Spanendes Meißeln; der Meißel wird dem Werkstoff entsprechend so angesetzt, daß infolge der Keilwirkung ein Span abgehoben wird (Abb. 8.17.).

8.4.2. Werkzeuge

Der Meißel ist aus zähem Werkzeugstahl; die Schneide ist gehärtet. Der Meißelkopf ist weich und etwas verjüngt, die Schlagfläche ist gerundet und

160

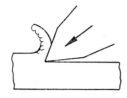

Abb. 8.17. Spanendes Meißeln

Abb. 8.18.
so darf ein Meißelkopf nie aussehen

an den Kanten abgeschrägt. Beim Meißeln bildet sich am Meißelkopf eine Bürste (Abb. 8.18.), die zeitig genug abgeschliffen werden muß, um Unfälle durch abspringende Teile zu verhüten.

Die Meißel werden nach Form und Verwendung unterschieden:

8.4.2.1. Der *Flachmeißel* (Abb. 8.19.) ist 100 bis 200 mm lang. Die Schneide liegt parallel zur Breitseite; sie ist leicht gekrümmt, um hierbei die Wirkung einer schmaleren Schneide auszuüben. Es wird durch diesen Anschliff Kraft gespart. Diese Form eignet sich aber auch aus ähnlichem Grunde für Blecharbeiten (Abb. 8.20.). Zum scherenden Meißeln wird der Schermeißel (Abb. 8.21.) verwendet; die Schneide ist einseitig angeschliffen. Zum Aushauen wird möglichst ein kurzer Meißel genommen, weil dieser wenig federt.

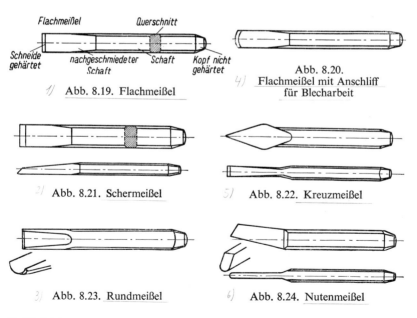

Flachmeißel   Querschnitt

Schneide gehärtet   nachgeschmiedeter Schaft   Schaft   Kopf nicht gehärtet

1) Abb. 8.19. Flachmeißel

4) Abb. 8.20.
Flachmeißel mit Anschliff für Blecharbeit

2) Abb. 8.21. Schermeißel

5) Abb. 8.22. Kreuzmeißel

3) Abb. 8.23. Rundmeißel

6) Abb. 8.24. Nutenmeißel

8.4.2.2. Der *Kreuzmeißel* (Abb. 8.22.) ist ca. 200 mm lang; die Schneide ist verhältnismäßig schmal und liegt senkrecht zur Breitseite. Der Meißelkeil hat einen etwas größeren Winkel als der Flachmeißel, dadurch können größere Kräfte aufgenommen werden. Der Kreuzmeißel wird zum Auskreuzen und zum Meißeln eckiger Nuten verwendet. Der Keil verjüngt sich oberhalb der Schneide, damit der Meißel nicht in der Nut klemmt. Unter Auskreuzen versteht man die Vorbereitungsarbeiten zur Abtragung einer grösseren Fläche durch Meißeln. Hierbei werden parallellaufende Nuten aus dem Werkstoff „ausgekreuzt", um eine nachfolgende Bearbeitung durch den Flachmeißel zu ermöglichen. Der ‚Hinterschliff" der Schneide des Kreuzmeißels verhindert ein Abdrücken der am Werkstoff liegenden Schneidenkanten. Die so entstandenen Nuten lassen den Flachmeißel an den stehengebliebenen Stegen frei arbeiten. Seine Schneidkanten werden nicht zerstört.

8.4.2.3. Der *Rundmeißel* (Abb. 8.23.) dient zum Ausmeißeln von Rundungen und gekrümmter Formen.

8.4.2.4. Der *Nutenmeißel* (Abb. 8.24.) besitzt die halbrunde Form, die der zu meißelnden Nut entspricht. Er wird vor allem zum Ausmeißeln von Schmiernuten verwendet.

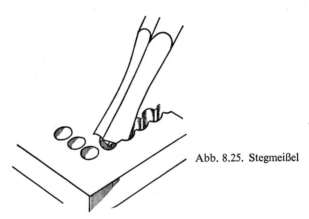

Abb. 8.25. Stegmeißel

8.4.2.5. Zum Ausmeißeln von Stegen zwischen zwei Bohrungen wird der *Stegmeißel* (*Trennstemmer*) (Abb. 8.25.) verwendet. Der Stegmeißel muß an Breit- und Schmalflächen einen Freiwinkel haben, damit er gut schneidet und nicht klemmt.

8.4.2.6. Für Drucklufthämmer werden besondere Meißel verwendet. Abb. 8.26. zeigt einen Flachmeißel für die Metallbearbeitung.

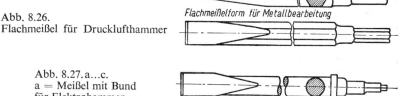

Abb. 8.26.
Flachmeißel für Drucklufthammer

Flachmeißelform für Metallbearbeitung

Abb. 8.27. a...c.
a = Meißel mit Bund
für Elektrohammer,
b = kegeliges Schaftende,
c = Meißelhalter mit
kegeliger Aufnahme

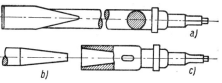

a)

b)

c)

Meißel für Elektrohämmer werden mit Bund oder mit kegeligem Schaftende für die Aufnahme im Meißelhalter hergestellt (Abb. 8.27. a, b).

8.4.3. Winkel am Meißelkeil

Der Keilwinkel ist abhängig von dem zu bearbeitenden Werkstoff; er liegt zwischen 30° und 80°.

Je kleiner der Winkel, um so leichter dringt der Keil in den Werkstoff, um so größer ist aber auch die Bruchgefahr. Je härter der Werkstoff ist, desto größer wird der Keilwinkel gewählt. Es haben sich folgend Werte aus praktischer Erfahrung ergeben:

> für weiche Werkstoffe 30...40°
> für Stahl bis 85 daN/mm² 50...60°
> für sehr harte Werkstoffe 60...70°

Drucklufthämmer dienen zur Erleichterung und Beschleunigung der Arbeit; sie werden vor allem in Gußputzereien verwendet (sie sind auch für Nietarbeiten geeignet). Je nach Größe und Bauart liegt die Schlagzahl pro Minute zwischen 900 und 4400 Schlägen. Dadurch geht das stoßartige Arbeiten nahezu in Schneidarbeit über.

Elektrohämmer werden oft dort verwendet, wo keine Preßluftanlage vorhanden ist. Sie werden für Anschlußspannungen von 42, 110, 125, 155 und 220 V hergestellt. Die Schlagzahl/min beträgt je nach Bauart 1000...5000 Schläge.

8.4.4. Ausführungshinweise:

Werkstück so kurz wie möglich fest und sicher einspannen, evtl. Meißelbacken verwenden. Der Meißel wird mit der linken Hand umfaßt, der Daumen über dem Zeigefinger angelegt und in einen Winkel von 30...40° zur

Meißelfläche gestellt. Während des Meißelns ist der Blick immer auf die Meißelschneide und Meißelstrecke zu richten, damit die Arbeit gut beobachtet werden kann. Die Schlagführung erfolgt hauptsächlich mit dem Handgelenk, das ergibt eine gute Treffsicherheit. Kräftigere Schläge werden aus Ellenbogen und Schultergelenk geführt. Bei längerem Gebrauch ist der Meißel mit Öl, Fett oder Seifenwasser zu kühlen. Wird der Meißel zu flach gehalten, so wird der Freiwinkel zu klein, der Spanwinkel wird größer und der Meißel versucht aus dem Werkstoff auszutreten. Durch Heben des Meißels werden die Winkel korrigiert. Überschreitet jedoch der Freiwinkel den mittleren Wert (Meißelhaltung zu steil), so dringt der Meißel zu tief in den Werkstoff ein, der Span wird zu dick. Durch ständige Beobachtung der Meißelstelle und der Spanbildung kann die Meißelhaltung laufend berichtigt werden. Die letzten Trennschläge leicht führen, damit der Rand nicht ausbricht. Bei spröden Werkstoffen Meißelrichtung wechseln, d. h. vom fast erreichten Endpunkt aus, der ursprünglichen Meißelrichtung entgegen arbeiten.

Beim Abtrennen von Blech und dünnen Profilstäben ist das Werkstück auf eine ungehärtete Unterlage zu legen. Beim Nachsetzen einen Teil der Schneide in der Kerbe des vorhergehenden Hiebes führen lassen, um eine glatte Trennlinie zu erreichen. Schmale Blechstreifen werden im Schraubstock mit schräg gehaltenem, auf den Schraubstockbacken geführtem Schermeißel abgetrennt. Dicke Profilstäbe werden allseitig eingekerbt, dann abgehauen. (Kalt- und Warmschroten siehe Schmieden.) Dicke Schichten in mehreren Arbeitsgängen abmeißeln. Große Flächen werden zweckmäßig zunächst mit dem Kreuzmeißel genutet, dann werden die stehengebliebenen Stege mit dem Flachmeißel weggemeißelt.

Unfallverhütung

Ist die Meißelstrecke fast zu Ende, nur noch leichte Schläge führen, sonst können Verletzungen entstehen. Darauf achten, daß sich am Meißelkopf keine Bürste (Bart) bildet; rechtzeitig abschleifen. Schutzgitter aufstellen, damit niemand durch davonfliegende Splitter verletzt wird. Hammerstiel muß festsitzen.

8.5. Sägen

8.5.1. Das Sägen ist das gleichzeitige Abnehmen vieler kleiner Späne. Auf der Schmalseite des Werkzeuges (Sägeblatt) sind viele meißelartige Schneiden (Zähne) hintereinander angeordnet.
Das Sägen wird von Hand oder maschinell ausgeführt.
Gesägt wird, um Werkstoffe zu trennen und um Einschnitte oder Schlitze herzustellen.

8.5.2. Arbeitsvorgang

Die Säge wird in Schnittrichtung unter entsprechendem Druck bewegt; dabei dringen die Zähne in den Werkstoff ein und nehmen kleine Späne ab. Die Späne werden von den Zahnlücken aufgenommen und aus dem gesägten Schlitz herausgeführt (Abb. 8.28.).

Bei Bügel-, Dekupier- und Laubsägen wechselt die Bewegungsrichtung (Arbeitshub — Rückhub), beim Rückhub schneidet die Säge nicht.

Band- und Kreissägen bewegen sich gleichbleibend in Schnittrichtung; die Säge kann fortlaufend schneiden (kein Zeitverlust).

Je nach ihrer Verwendung und dem zu bearbeitenden Werkstoff ist Zahn-

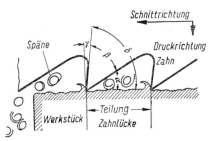

Abb. 8.28. Arbeitsweg der Säge

form und Zahnteilung ausgebildet. Die Zahnform richtet sich nach der Härte des zu bearbeitenden Werkstoffs. Je härter der Werkstoff, desto größer der Keilwinkel β und umgekehrt. Durch Vergrößerung oder Verkleinerung des Keilwinkels verändern sich auch die anschließenden Winkel. Die Zahnteilung richtet sich nach der Spanabgabe des Werkstoffs. Treten bei weichen Werkstoffen während des Schneidenweges viele Späne auf, müssen sie in dem entsprechend großen Spanraum untergebracht werden können. Daher die Faustregel: weicher Werkstoff, viele Späne, großer Spanraum. Harter Werkstoff, wenig Späne, kleiner Spanraum.

Bei Handsägeblättern ist die günstigste Teilung:

grob 14...16 Zahne/25 mm für weichen Stahl, Kupfer, Aluminium usw.,
mittel 18...25 Zähne/25 mm für harten Stahl,
fein 25...32 Zähne/25 mm für Bleche, dünnwandige Rohre, Kabel usw.

Hierbei gilt aber noch folgende zusätzliche Regel:

Großer Durchmesser des Werkstücks erfordert auch bei härterem Werkstoff eine größere Teilung.

Kleiner Durchmesser des Werkstoffs läßt auch bei weichem Werkstoff kleinere Teilung zu.

Dazu folgende Begründung: Die in der Tabelle gefundenen Werte beziehen sich auf mittlere Durchmesser. Ist aber der Schnittweg des Sägeblatts durch härteren Werkstoff zu lang, füllen sich die Spanräume (Zahnlücken) schon vor dem Auswurf völlig mit Spänen. Die Säge klemmt und wird stumpf.

Viele Meißelzähne heben bei weichem Werkstoff mehr Späne ab als wenige. Wird der Spanraum bei weicherem Werkstoff bei kleinerer Teilung nicht gefüllt, wählt man eine kleine Teilung. Die Zeitersparnis ist erheblich. Der Zahn des Handsägeblattes ist keilförmig, die Winkel (Abb. 8.28.) sind: Freiwinkel α, Keilwinkel β, Spanwinkel γ und Schnittwinkel $\delta = \alpha + \beta$. Die Größe der Winkel wird von den herstellenden Firmen für ihre Fabrikate bestimmt; im Mittel beträgt der Keilwinkel für Stahl etwa 50°.

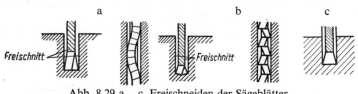

Abb. 8.29.a...c. Freischneiden der Sägeblätter,
a = gewellt,   b = geschränkt,   c = Hohlschliff bei Kreissägen

Damit die Sägeblätter beim tieferen Eindringen in den Werkstoff nicht klemmen, wird die Zahnreihe gewellt oder die Zähne werden geschränkt (Abb. 8.29.a...c). Dadurch wird der Sägeschnitt breiter als das Sägeblatt. Bei kreisförmigen Sägeblättern kann das „Freischneiden" erreicht werden durch: Schränken der Zähne, seitlichen Freischliff (8.29.c) oder durch eingesetzte Zähne (Zahnsegmente).

8.5.3. Zahnform der Maschinensägeblätter

Maschinensägeblätter für Bügelsägen und Bandsägen haben geschränkte Zähne; die Teilung wird vom Verwendungszweck bestimmt.
Metallkreissägeblätter werden feingezahnt nach DIN 1837, und grobgezahnt nach DIN 1838 hergestellt. Auch hier gelten obengenannte Regeln.

Abb. 8.30. Winkelzahn

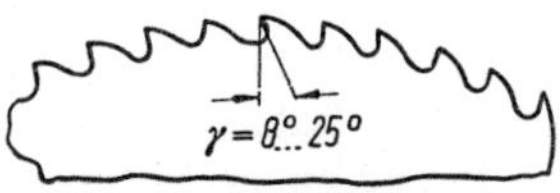

Abb. 8.31. Bogenzahn

Abb. 8.32. Bogenzahn
mit Vorschnittschliff

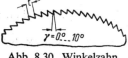

Zahnformen bei Metallkreissägeblättern sind: a) Winkelzahn nach DIN 1840 für feingezahnte Blätter (Abb. 8.30.); b) Bogenzahn für grobgezahnte Blätter und für feingezahnte Blätter, wenn die Teilung über 3,15 mm beträgt (Abb.

8.31.); c) Bogenzahn mit Vorschnittschliff für grobgezahnte Blätter, wenn die Sägeblattbreite über 2,5 mm beträgt (Abb. 8.32.).
Richtiger Schliff des Sägeblattes ist von ausschlaggebender Bedeutung für eine hohe Schnittleistung und für die Schneidhaltigkeit und Lebensdauer eines Blattes. Der Original-Hellerschliff (Abb. 8.33.) ermöglicht durch Vor- und Nachschneideschliff die Spanabnahme durch verschieden ausgebildete Schneidzähne. Auf diese Weise wird eine Dreiteilung des Spanes erreicht, der Kraftbedarf wird günstig beeinflußt und ein ruhiger, gleichmäßiger Lauf der Maschine erzielt.

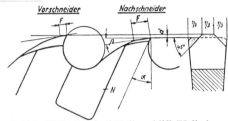

Abb. 8.33. Original-Hellerschliff (Heller)

8.5.4. Sägeblätter für Metallhandsägen

werden in folgenden Ausführungen hergestellt: einreihig, fein, mittel und grob gezahnt, Länge 300 mm; doppelreihig, fein und mittel gezahnt, Längen 300 und 350 mm; Sägeblätter, die am Anfang feinere Zahnteilung besitzen, um das Ansägen zu erleichtern, Länge 300 mm.
Sägedraht, ein ⌀ 2 mm starker Draht, der allseitig mit Zähnen besetzt ist. Er erleichtert das Kurvenschneiden in dünnen Werkstoffen.
Einstreichsägeblatt, wird für Gehrungsschnitte und für genaue Einschnitte sowie für schmale Schlitze, z. B. an Schraubenköpfen benutzt.
Laubsägeblätter mit geraden oder runden Rücken.

8.5.5. Sägeblätter für Metallsägemaschinen

Für Bügelsägemaschinen zum Schneiden kleiner und mittlerer Profile werden Sägeblätter in Längen von 300...700 mm hergestellt.
Bandsägen für gerade und bogenförmige Schnitte mit verschiedenen Bandbreiten und -dicken. Metall- und Kreissägeblätter für Kreissägen und Sägeeinrichtungen an Drehmaschinen und Fräsmaschinen, Segmentsägeblätter für Kaltkreissägemaschinen mit Durchmessern von 250...3000 mm und Dicken von 2,8...20 mm.

8.5.6. Ausführungshinweise:

Das Sägeblatt wird so in den Handsägebügel gespannt, daß es die richtige Spannung besitzt und die Zähne in Schnittrichtung stehen. Der Schnitt erfolgt beim Stoß. Zähne zeigen zur Flügelmutter. Bei der Laubsäge erfolgt der Schnitt beim Zug, die Zähne zeigen zum Griff.

Bei Maschinenbügelsägen erfolgt der Schnitt ebenfalls auf Zug; die Zähne zeigen zum Antrieb. Bei den Kreis-, Band- und Dekupiersägen führt das Werkstück den Vorschub aus. (Vorschub bedeutet das Vorrücken des Werkzeugs oder des Werkstücks nach Spanabnahme in Schnittrichtung.) Die Sägeblätter werden so eingespannt, daß die Zähne auf die Werkstückauflage zeigen.

8.5.6.1. *Sägen mit der Handbügelsäge*

Die Arbeitsbewegung erfolgt aus den Armen, die durch entsprechende Körperbewegung unterstützt wird. Die rechte Hand umfaßt den Griff, so daß dessen Kuppe im Handteller liegt, der Daumen befindet sich auf dem Griff. Die linke Hand faßt den Sägebogen vorn. Beide Hände üben beim Vorwärtsbewegen einen leichten Druck aus. Die Sägeblattlänge ist auszunutzen. Zurück wird die Säge ohne Druck geführt. Harte Metalle werden mit etwa 50 Hüben/min, weiche Metalle mit 60...70 Hüben/min gesägt. Am Werkstück wird zweckmäßig eine Kerbe eingefeilt, damit der Schnitt an die richtige Stelle kommt und das Sägeblatt beim Ansägen Führung hat. Flachen Werkstoff von der Breitseite her absägen, damit der Schnitt gerade wird und das Sägeblatt gute Führung besitzt. Bei flachen Teilen wird mit dem Sägeschnitt an der vom Arbeiter abliegenden Seite begonnen, die Säge wird dabei um 5...10° geneigt (Abb. 8.34.), sie greift dabei gut an und erhält rasch Führung. Sind Zähne ausgebrochen, so wird die Lücke an der Schleifscheibe ausgerundet, damit ein sanfter Übergang entsteht (Abb. 8.35.).

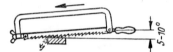

Abb. 8.34. Säge beim Anschneiden nach vorn neigen

Abb. 8.35. Ausrundung des Sägeblattes bei ausgebrochenen Zähnen

Rohre werden nicht in einer Schnittfuge durchgesägt, sondern nur bis zur inneren Rohrwand. Das Werkstück wird mehrmals gedreht. Bei nur einem Schnitt haken die Zähne an der entstehenden spitzen Kante der inneren Rohrwand und brechen aus.

Es empfiehlt sich, zur Schonung des Blattes bei größerer Zahnteilung Schmiermittel zu verwenden. Bei zu feiner Teilung können die klebrigen Späne den Spanraum verstopfen und dadurch das Sägen erschweren.

Um Unfälle zu verhüten, muß das Werkstück sicher eingespannt werden. Am Ende des Schnittes ist mit verringertem Druck vorsichtig zu sägen.

8.5.6.2. *Maschinensägen*

Die *Bügelsäge* (Abb. 8.36.) dient zum Trennen von Werkstoffen und zum Herstellen von Ein- und Ausschnitten. Das Sägeblatt ist durch Bolzen mit dem Bügel verbunden. Die hin- und hergehende Hubbewegung wird durch

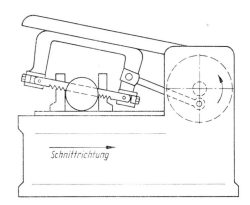

Abb. 8.36.
Bügelsäge

Schnittrichtung

den Kurbeltrieb ermöglicht. Die Hubzahl kann an der Maschine eingestellt werden; dadurch kann Werkstoff mit geringer und hoher Festigkeit wirtschaftlich geschnitten werden. Die dargestellte Maschine wird hydraulisch gesteuert. Die Ölpumpe ist so eingerichtet, daß bei Beginn des Schnitthubes das Sägeblatt weich aufsetzt, im Verlauf des Schnitthubes steigt der Druck an. Am Ende der Schnittbewegung wird das Sägeblatt vom Arbeitsstück abgehoben und durch freien Rücklauf weitgehendst geschont.

8.5.6.3. Die *Bandsäge* (Abb. 8.37.) findet besonders im Werkzeugbau zur Herstellung von Schablonen, Durchbrüchen, Lehren, Schnitt- und Stanzwerk-

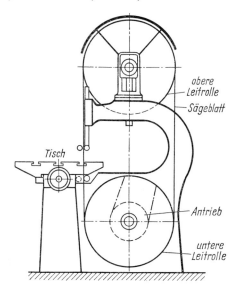

Abb. 8.37. Bandsäge

obere Leitrolle
Sägeblatt
Tisch
Antrieb
untere Leitrolle

169

zeugen Verwendung. Das Sägeband läuft über zwei Scheiben und wird von der unteren Rolle angetrieben. Das Werkstück wird auf dem Tisch von Hand oder mechanisch gegen das Sägeband gedrückt. Damit das Sägeband die richtige Spannung besitzt, kann die obere Rolle in der Höhe verstellt werden. Das Band wird im Tisch und direkt über dem Werkstück durch eine verstellbare Vorrichtung geführt, die den auftretenden Vorschubdruck auffangen und das Sägeband am Abgleiten von den Leitrollen hindern soll. Der Arbeitstisch läßt sich normalerweise nach vier Seiten schwenken, die Schrägstellung kann an Skalen abgelesen werden. Zum Sägen von Durchbrüchen wird das Sägeblatt an der Lötstelle gebrochen, durch das vorgebohrte Loch geführt und wieder zusammengelötet. Zu diesem Zweck ist an der Maschine meist ein elektrischer Lötapparat angebaut, mit dessen Hilfe das Blatt schnell und leicht gelötet werden kann.

8.5.6.4. Die *Kreissäge* ist besonders zum Trennen dicker Werkstücke geeignet. Bei Hochleistungskreissägen wird der Vorschub dem Schnittdruck angepaßt. Der Vorschubdruck bleibt während des ganzen Schnittes gleich. Die Veränderung des Schnittquerschnittes, z. B. bei Rundmaterial, aber auch das Stumpfwerden des Sägeblattes, löst selbsttätige entsprechende Veränderung des Vorschubes aus. Es werden meist Hochleistungssägeblätter verwendet. Sie bestehen aus einer Stahlscheibe, an deren Umfang Zahnsegmente aus Schnellstahl eingesetzt sind. Dadurch wird hochwertiger Werkstoff eingespart, beschädigte Zähne können leicht ausgewechselt werden. Das Werkstück muß fest und sicher gespannt werden (Unfallgefahr). Um zu starkes Erwärmen des Sägeblattes zu vermeiden, muß reichlich gekühlt werden.

8.6. Feilen

8.6.1. Die Feile ist ein spanabhebendes Werkzeug, bei der, bildlich gesprochen, viele Sägeblätter aneinandergesetzt, eine breite, schneidende Fläche ergeben. Es werden also gleichzeitig viele kleine Späne über eine bestimmte Breite hin abgehoben. Das Feilen kann von Hand oder maschinell durchgeführt werden. Es wird gefeilt, um Werkstückoberflächen und -formen durch Spanabnahme zu bearbeiten. Allerdings hat das Feilen heute seine ehemalige große Bedeutung für viele Bereiche der Metallbearbeitung verloren.

Das Feilen wird in drei Arbeitsstufen ausgeübt:

8.6.2.1. Das *Schruppen* dient dem Abheben größerer Werkstoffmengen; der Werkstoff wird geformt und bis etwa 0,2 mm an seine endgültige Maßhaltigkeit vorgearbeitet. Bei groben Arbeiten, oder wenn keine höhere Oberflächengüte verlangt wird, genügt das Schruppen, um ein Werkstück fertigzustellen.

8.6.2.2. Durch *Schlichten* werden vorgearbeitete aber noch rauhe Flächen geglättet; die Form des Werkstückes ändert sich nicht mehr merklich, die Maßhaltigkeit des Werkstückes wird erreicht.

8.6.2.3. *Feinschlichten* steigert die Oberflächengüte; es können Maßgenauigkeiten bis 0,01 mm erzielt werden.

8.6.3. Feilenarten

Die Auswahl der Feile wird von mehreren Faktoren bestimmt.

Nach dem Werkstoff wird die Zahnform und Hiebart gewählt, z. B. gehauene, gefräste, einhiebige oder Feilen mit Kreuz- oder Pockenhieb.

Von der Werkstückgröße hängt die Abmessung der Feile ab.

Nach der zu feilenden Form ist die Feilenform zu bestimmen, z. B. Flach-, Rund-, Halbrund-, Dreikant-, Vierkant-, Messer-, Schwert-, Barettfeile usw.

Die geforderte Oberflächengüte verlangt die Auswahl nach der Hiebnummer, z. B. Schruppfeilen Nr. 0...2, Schlichtfeilen Nr. 2...4 und Feinschlichtfeilen Nr. 4...5, Raspeln Nr. 0...4.

Die Handfeile ist aus Gußstahl geschmiedet, die Arbeitsflächen sind leicht nach außen gewölbt. Flachfeilen nehmen im Querschnitt vom Heft zur Spitze ab, um die stoßende Verschiebung bei der Schubbewegung auszugleichen. Die Spitze, auf der der Feilengriff sitzt, heißt Angel. Die Zähne werden vor dem Härten eingehauen, deshalb werden sie als Hieb bezeichnet.

8.6.3.1. Zahnformen und Hiebarten

Abb. 8.38. zeigt die Form gehauener und gefräster Zähne; dabei ist zu erkennen, daß gehauene Zähne einen negativen Spanwinkel und einen Schnittwinkel über 90° besitzen, das bedeutet, daß sie nicht schneiden, sondern schaben.

Läuft der Hieb einer Feile nur parallel zueinander in einer Richtung, so nennt man sie einhiebige Feile (Abb. 8.39.); sie werden meist für weiche Metalle wie Zinn, Zink, Aluminium usw. verwendet. Für harte Werkstoffe werden Feilen mit Kreuzhieb verwendet (Abb. 8.41.). Eine Ausnahme bildet die Sägeschärffeile (Abb. 8.40.). Sie ist auch einhiebig.

Beim Kreuzhieb wird der untere Hieb als Unter- oder Einhieb, der obere als Ober- oder Kreuzhieb bezeichnet. Der Unterhieb liegt im Winkel von 54° zur Feilenachse, der Oberhieb im Winkel von 71° (Abb. 8.42.). Beim Kreuzhieb ist die Teilung (d. h. der Abstand der Hiebe zueinander) von Ober- und Unterhieb immer verschieden; dadurch wird erreicht, daß die Zähne versetzt hintereinander stehen und beim Feilen glatte Oberflächen erzeugen. Zähne die hintereinander liegen, würden Riefen erzeugen. Da der Werkstoff zwischen den Riefen stehen bleibt, könnten, bei gleichgerichteter Bewegung, die Schneiden zuletzt nicht mehr greifen, da der Zahngrund auf den Werkstoffstegen aufliegt.

Abb. 8.43. zeigt den Raspel- oder Pockenhieb. Solche Feilen werden zum Bearbeiten von Holz, Fiber, Kunststoff usw. verwendet.

171

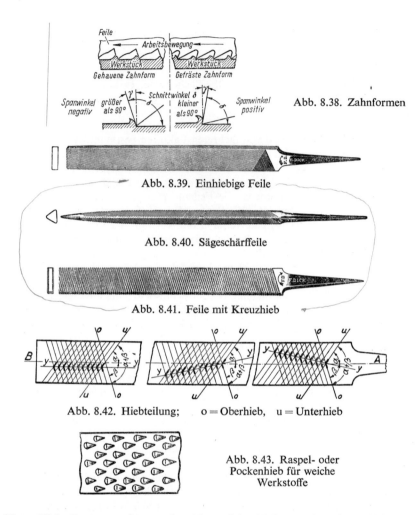

Abb. 8.38. Zahnformen

Abb. 8.39. Einhiebige Feile

Abb. 8.40. Sägeschärffeile

Abb. 8.41. Feile mit Kreuzhieb

Abb. 8.42. Hiebteilung;   o = Oberhieb,   u = Unterhieb

Abb. 8.43. Raspel- oder Pockenhieb für weiche Werkstoffe

Unter Hiebteilung versteht man den Abstand der Hiebe voneinander, gemessen in der Längsachse der Feile. Die Anzahl der Hiebe pro cm Feilenlänge ist in Gruppen eingeteilt. Die Hiebnummer kennzeichnet den Bereich einer Gruppe. Je höher die Hiebnummer, um so kleiner die Hiebteilung. Im Bereich einer Hiebnummer wird die Hiebteilung bei zunehmender Länge der Feile größer, d. h., daß beispielsweise eine 300 mm-Feile Hieb 3 eine größere Hiebteilung besitzt, als eine 100 mm-Feile Hieb 3.

Nach DIN gelten für Feilenlängen von 80...450 mm die Hiebnummern 0...5 (es sind auch überfeine Hiebnummern 6...8 und 10 erhältlich).

Werkstattübliche Hiebbezeichnung	Hiebnummer	Zahl der Hiebe/cm
Grob	0	10... 4,5
Bastard	1	16... 6,3
Halbschlicht	2	25...10
Schlicht	3	40...35,5
Doppelschlicht	4	50...25
Feinschlicht	5	71...40

Feilen werden nach ihrer Form (Querschnitt) bezeichnet:

Flachstumpffeile □, Vierkantfeile □, Dreikantfeile △, Rundfeile ○, Halbrundfeile ⌒, Messerfeile ∧, Schwertfeile < >, Vogelzungenfeile ⊂, Barettfeile ⌒.

Beispiel einer normgerechten Bezeichnung für eine Feile: Flachstumpf-Feile B 300 × 3 DIN 8331.

Flachstumpf gibt den Querschnitt, **B** die Ausführung, **300** die Länge in mm, **3** den Hieb, 8331 die DIN-Nr. an. Für feinere Arbeiten werden Nadelfeilen verwendet; sie besitzen keinen Feilengriff, können jedoch bei Bedarf in einen Spezialhalter eingespannt werden.

8.6.4. *Hilfszeuge*

Zum Festhalten und Einspannen der Werkstücke ist der Parallelschraubstock (Abb. 8.44.) gebräuchlich. Hilfszeuge zum Spannen im Schraubstock sind auswechselbare Spannbacken mit plangeschliffenen Spannflächen, Schutzbacken aus Blech mit Pappe oder Leder als Zwischenlagen, sowie Blei- oder Weichmetallschutzbacken. Zum Spannen empfindlicher Teile werden Holzkluppen (Abb. 8.45.) verwendet. Zum Einspannen runder Werkstücke werden Prismenbeilagen (Abb. 8.46.) und zum Spannen von Gewindebolzen Gewindebacken (Abb. 8.47.) benutzt. Aus dem Schraubstock herausragende Bleche werden

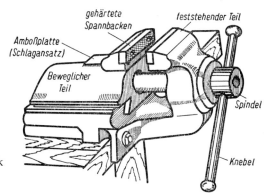

Abb. 8.44.
Parallelschraubstock

zwischen Spannschienen (Abb. 8.48.) gespannt. Zur Bearbeitung von Kanten an Werkstücken findet der Reifkloben (Abb. 8.49.) Verwendung.

Sind Rohre in Längsrichtung einzuspannen, werden doppelte Prismenbeilagen oder der Rohrschraubstock verwendet. Kleine Teile (Bleche) werden auf einen Holzklotz gelegt und durch Stifte arretiert (Abb. 8.50.). Der Holzklotz wird in den Schraubstock gespannt.

Weitere Hilfszeuge zum Spannen sind: Parallelzwinge (Abb. 8.51.), Feilkloben (Abb. 8.52.), Stielfeilkloben in verschiedenen Ausführungen (Abb. 8.53.) und Werkzeughalter (Abb. 8.54.) zum Einspannen von Werkzeugen.

Abb. 8.45. Holzkluppe

Abb. 8.46.
Prismenbeilage

Abb. 8.47.
Gewindebacken

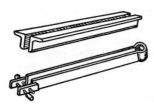

Abb. 8.48.
Spannschienen

Abb. 8.49. Reifkloben

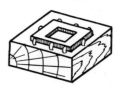

Abb. 8.50.
Befestigung dünner Bleche

Abb. 8.51. Parallelzwinge

Abb. 8.52. Feilkloben

174

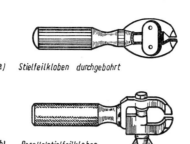

a) Stielfeilkloben durchgebohrt

b) Parallelstielfeilkloben

Abb. 8.53.
Stielfeilkloben

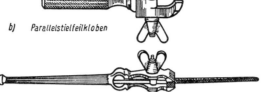

c) Stielkloben durchbohrt mit eingespannter Nadelfeile

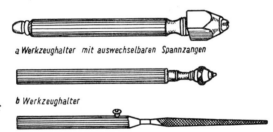

a Werkzeughalter mit auswechselbaren Spannzangen

Abb. 8.54.
Werkzeughalter

b Werkzeughalter

c Werkzeughalter mit eingespannter Nadelfeile

8.6.5. Schraubstockhöhe

Der Schraubstock wird so an der Werkbank angebracht, daß er sich möglichst über einem Werkbankfuß befindet, um beim Arbeiten unnötiges Federn zu vermeiden. Die Oberkante des Schraubstockes muß so hoch sein, daß sie mit dem rechtwinklig angezogenen Unterarm parallel läuft. Wenn nötig, ist der Schraubstock durch Unterlegen mit Hartholzplatten höher zu setzen (Abb. 8.55.). Kleine Personen erhalten zum Ausgleich ein Fußbrett oder eine Lattenroste.

8.6.6. Ordnung am Arbeitsplatz

Auf die Werkbank gehören nur die Werkzeuge, die unmittelbar benötigt werden. Meßzeuge werden auf eine weiche Unterlage abgelegt; sie liegen links vom Schraubstock. Werkzeuge liegen übersichtlich geordnet rechts vom Schraubstock (Abb. 8.56.). Werkzeuge, die nicht mehr benötigt werden, sind vor dem Einordnen in den Werkzeugkasten gründlich zu säubern.

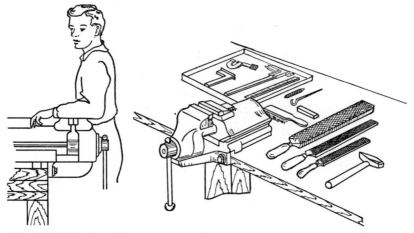

Abb. 8.55. Schraubstockhöhe   Abb. 8.56. Ordnung am Arbeitsplatz

8.6.7. Ein- und Ausheften der Feile

Feilengriffe bestehen meist aus Holz, besser sind Griffe aus Pappe (gewickelte Papierlagen); sie sind gegen Aufplatzen durch einen Metallring gesichert. Um einen guten Sitz des Griffes auf der Feilenangel zu erreichen, werden sie stufenförmig aufgebohrt und mit der Feilenangel aufgerieben. Der Griff wird mit dem Holzhammer auf die Angel geschlagen oder durch Einstauchen befestigt. Beim Einstauchen umfaßt die rechte Hand das Feilenblatt, die linke Hand führt das Feilenheft nur beim Ansetzen. Niemals beim Einstauchen am Griff anfassen (Unfallgefahr, Griff wird durch ruckartige Bewegung abgezogen). Darauf achten, daß die Angel genügend tief, fest und gerade im Griff sitzt (lose Griffe bedeuten Unfallgefahr).

Kleine Feilen werden zwischen den Schraubstockbacken ausgeheftet, größere Feilen werden auf den Werktisch oder eine Platte gelegt und so vorgeschnellt, daß der Griff gegen die Kante stößt, dabei löst sich die Feile aus dem Heft.

8.6.8. Körperhaltung beim Feilen

Die Füße bleiben fest stehen, das rechte Knie bleibt immer durchgedrückt, während das linke leicht federt. Fußstellung Abb. 8.57.

Bei Beginn des Feilhubes ist der Körper in leichter Ausfallstellung, etwas nach vorn geneigt. Der rechte Arm ist soweit als möglich nach hinten zu ziehen; dabei befindet sich die Hand in Hüftgegend. Beim ersten Drittel des Feilenweges wird der Körper etwas nach vorn gekippt, der rechte Arm bleibt fest angewinkelt, dann wird der rechte Arm vorgeschoben und der Körper weiter geneigt. Die Feile wird mit den Armen, nicht mit dem Oberkörper hin

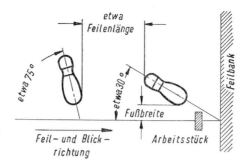

Abb. 8.57.
Fußstellung beim Feilen

und her bewegt. Die Bewegung des Oberkörpers unterstützt nur die Arbeit der Arme. Die Feile ist immer lang und gleichmäßig durchzuziehen. Eine genaue geradlinige Bewegung entsteht durch die Regelung des Druckes auf beide Feilenenden. Druck wird nur bei der Vorwärtsbewegung der Feile ausgeübt. Die Arbeitsgeschwindigkeit beträgt 45...55 Hübe je Minute.

8.6.9. Ausführungshinweise:
Bei großen Feilen wird die linke Hand auf das vordere Feilenende aufgelegt. Beim Vorwärtsbewegen mit beiden Händen einen gleichmäßigen Druck ausüben. Die Größe des Druckes richtet sich nach der Art der Bearbeitung (Schruppen oder Schlichten). Beim Vorschub ist darauf zu achten, daß der Griff nicht an das Werkstück oder den Schraubstock anstößt.
Bei kleinen Feilen werden nur die Finger der linken Hand auf die Feile gelegt. Auf dünne Feilen darf nur ein geringer Druck ausgeübt werden, weil sie sich leicht durchbiegen und dann keine ebenen Flächen erzielt werden. Rundfeilen, Dreikantfeilen, usw. werden vorn zwischen Zeigefinger und Daumen gehalten. Nadelfeilen werden mit dem Zeigefinger der rechten Hand geführt. Um die Feilwirkung zu erhöhen, kann mit zwei Fingern der linken Hand auf den hinteren Teil der Feile ein leichter Druck ausgeübt werden.
Bei Feilarbeiten wird grundsätzlich erst allseitig vorgeschruppt, dann geschlichtet. Sind mehr als 0,3 mm wegzufeilen, ist die Schruppfeile zu verwenden. Die Feilrichtung ist öfter zu ändern, dadurch wird sichtbar, wo die Feile angreift; es erleichtert das Ebenfeilen von Flächen. Lange Werkstücke werden nur in Querrichtung geschruppt. Bleche feilt man schräg zur Blechkante. Große Flächen lassen sich leichter feilen, wenn sie in mehrere kleine Flächen (durch Abschrägen) zerlegt werden. Beim Strichziehen wird die Feile quer gehalten und mit beiden Händen hin und her bewegt. Das Strichziehen wird dann angewendet, wenn ein Längsstrich nur mit quer gehaltener Feile erreicht werden kann.
Zum Entgraten darf nur die Schlicht- oder Doppelschlichtfeile verwendet werden. Es wird schräg zur Kante entgratet, quer zur Kante entstehen Rillen.

Beim Entgraten wird nur der Grat entfernt, die Kante bleibt scharf, im Gegensatz zum „Brechen der Kante", wo die Kante leicht abgeschrägt oder gerundet wird.

Zum Erzielen einer glatten Oberfläche wird die Schlicht- oder Doppelschlichtfeile mit Kreide eingerieben. Die Kreide setzt sich zwischen die Zähne und verhindert das tiefe Eindringen in den Werkstoff.

Das Rundfeilen stellt erhöhte Anforderungen, weil mit der Feile gleichzeitig mehrere Bewegungen, unter Beachtung des erforderlichen Arbeitsdruckes, ausgeführt werden. Mit der Flachfeile können Drehbewegungen um die Längsachse, um die Querachse und um beide Achsen zugleich, bei gleichzeitigem Vorschub, ausgeführt werden.

Bei Rund- und Halbrundfeilen erstrecken sich die Drehbewegungen meistens nur um die Längsachse, wobei begrenzt seitlicher Vorschub, durch die Hiebart, möglich ist.

Dünne Werkstoffe sind möglichst tief in den Schraubstock zu spannen, damit sie beim Feilen nicht federn. Bei empfindlichen Teilen sind Schutzbacken zu verwenden.

8.6.10. Reinigen der Feile

Als Hilfsmittel werden Feilenbürste und Feilenreiniger verwendet.

Die Feilenbürste wird in Richtung des Oberhiebes gezogen. Stark verschmutzte Feilen werden mit Petroleum angefeuchtet.

Festgesetzte Späne, die sich nicht ausbürsten lassen, werden mit einem Feilenreiniger (angeschärftes Messingblech) in Richtung des Oberhiebes herausgestoßen. Stumpf gewordene Feilen können wieder aufgehauen werden, was bei dicken Feilen 5...6mal, bei dünnen Feilen 2...3mal geschehen kann.

8.6.11. Maschinell angetriebene Feilen

Sogenannte Turbo- oder Umlauffeilen werden meist von einem Elektromotor über eine biegsame Welle angetrieben. Die „Rotierenden Feilen" (Abb. 8.58.)

Abb. 8.58. Turbofeilen

Turbo oder Unlauffeilen werden für Arbeiten verwendet die mit andere Feilen nicht ausgeübt werden z.B. im Werkzeugbau.

Abb. 8.59. Feilscheiben

kommen in erster Linie im Formen- und Modellbau zur Anwendung. Sie sind aus legiertem Stahl hergestellt und jeweils nach den Anforderungen der auszuführenden Arbeiten mit Feilen-, Raspel- oder Fräserzahnung versehen. Feilscheiben (Abb. 8.59.) werden ebenfalls mit verschiedenen Hiebarten hergestellt; sie können zur Bearbeitung fast aller Werkstoffe verwendet werden. Das Werkstück wird gegen die rotierende Feilscheibe gedrückt.

Bei der auf und ab gehenden Feilmaschine werden gerade Feilen verwendet; der Feilvorgang ähnelt dem Handfeilen. An der Bandfeilmaschine wird mit einer endlosen Feilkette gearbeitet. Die kurzen Feilglieder sind auf einer Grundkette zusammengesetzt. Die Feilkette gleitet in einer dreiseitigen gehärteten Führung, die den Arbeitsdruck aufnimmt. Der Arbeitstisch, auf dem das Werkstück aufliegt, ist verstellbar, er läßt sich nach vorn und hinten um ca. 15° verstellen. Feilmaschinen besitzen große Bedeutung für den Werkzeugbau, ganz besonders für den Schnittbau.

8.7. Schaben *Glatte Riefen freie gleichmäßigen tragende Oberflächen*

8.7.1. Beim Schaben werden kleine und kleinste Späne von einer vorbearbeiteten Werkstückoberfläche mit einem scharfkantigen Werkzeug — dem Schaber — abgestoßen, dabei liegt der Schnittwinkel immer über 90° (siehe Abb. 8.60.). Es werden nur Flächen geschabt, die durch Feilen, Drehen, Fräsen, Hobeln oder Bohren vorbearbeitet sind. Geschliffene Flächen eignen sich nicht zum Schaben, da das Werkzeug schwer angreift.

Nach der Art der zu schabenden Fläche unterscheidet man: Flachschaben, Rundschaben und Formschaben. Durch das Abstoßen von Erhöhungen

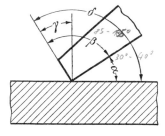

Abb. 8.60.

(Rauhigkeiten) wird die Werkstückoberfläche geglättet, d. h. die Oberflächengüte wird gesteigert. Das Maß für die Oberflächengüte (Gütegrad) ist die Zahl der Tragstellen auf ein Quadrat von 25 mm Seitenlängen. Die Tragstellen werden durch Tuschieren ermittelt.

8.7.2. Einteilung der Güteklassen

Bezeichnung	Zahl der Tragpunkte	Anzahl des Überschabens	Spantiefe etwa
Abrichten	1... 2	3... 5	— — —
Grobschaben	3... 5	6... 8	0,01 ...0,03
Schlichtschaben	6...10	10...12	0,008...0,01
Feinschaben	11...15	14...18	0,005...0,008
Feinstschaben	20...25	20...25	0,003...0,005

8.7.3. Der Zweck des Schabens ist:

1/ eine Fläche an eine andere so anzupassen, daß sie sich an möglichst vielen Stellen berühren. Dabei sind zu unterscheiden a) ruhende Flächen, b) gleitende Flächen, c) gleitende und führende Flächen.

2/ Bei ruhenden Flächen soll das Anliegen der Flächen erreicht werden. Es wird geschabt, wenn die maschinelle Bearbeitung keine Anwendung mehr finden kann oder wenn nach der maschinellen Bearbeitung ein Verzug des Werkstückes beseitigt werden soll (Abrichten).

3/ Bei gleitenden Flächen sollen durch Schaben eine möglichst große Anzahl berührender Oberflächenstellen, sowie geichmäßig verteilte Vertiefungen zur Aufnahme des Schmieröls (Ölwannen) hergestellt werden.

4/ Bei gleitenden und führenden Flächen soll darüber hinaus der Ausgleich zu Durchbiegungen (Führungsbahnen an Maschinenbetten) erreicht werden. Die Oberfläche erhält, auf die Länge des Werkstückes bezogen, eine entsprechende Wölbung. Außerdem wird die zu schabende Fläche auf eine zweite Bezugsfläche abgestimmt. Diese Oberflächenbeschaffenheit kann durch andere Bearbeitung nicht erreicht werden.

5/ Durch Schaben kann eine Fläche zur Verschönerung gemustert werden, dieses wird heute jedoch kaum noch angewendet.

6/ Geschabte Flächen besitzen den Vorteil, daß die Abnutzung auf gleitenden Flächen gut sichtbar wird. In manchen Fällen, z. B. Lager und Welle, genügt das Schaben nur einer Fläche.

180

8.7.4. Werkzeuge

Der Flachschaber (Abb. 8.61.) dient zum Schaben ebener Flächen.
Dreikant- und Löffelschaber (Abb. 8.62.a...c) werden zum Rund- und Formschaben benutzt. Schaber sind aus gutem Werkzeugstahl geschmiedet, gehärtet, geschliffen und auf Ölstein abgezogen.
Für besondere Zwecke können Schaber mit Hartmetallschneiden bestückt
werden.

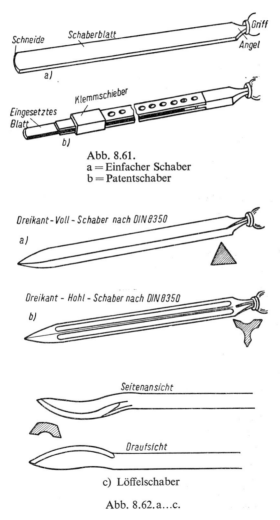

Abb. 8.61.
a = Einfacher Schaber
b = Patentschaber

c) Löffelschaber

Abb. 8.62.a...c.

8.7.5. Hilfszeuge (Abb. 8.63.)

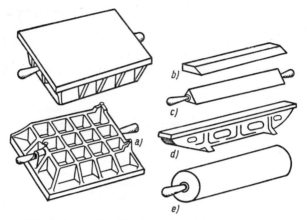

Abb. 8.63. a = Tuschierplatte, b = -leiste, c = -prisma,
d = -brücke, e = -zylinder

8.7.6. Die Tuschierplatte

ist eine genau gearbeitete ebene Platte mit feingeschabter Oberfläche (Abmessungen nach DIN genormt). Im allgemeinen soll sie größer als das zu schabende Werkstück sein. Sie dient zum Sichtbarmachen der Tragstellen des Werkstückes mit Hilfe von Tuschierfarbe. Zum Tuschieren werden weiterhin verwendet: Tuschier-Leisten, Prismenleisten, -Brücken und für Bohrungen, Lagerschalen usw. Tuschier-Zylinder.

8.7.7. Tuschierfarbe

wird zum Sichtbarmachen den Tragstellen mit einem weichen Leder hauchdünn auf die Tuschierplatte aufgetragen. Als Tuschierfarbe wird eine blaue Farbe (Pariserblau) oder Tuschierrot (Mennige und Öl) verwendet. Für geringere Genauigkeit kann eine schwarze Farbe (Ruß und Öl) selbst hergestellt werden.

8.7.8. Tuschieren

wird auch beim Passen sowie beim Prüfen der Ebenheit von Flächen angewendet. Die Tuschierplatte wird zunächst mit einem geeigneten Entfettungsmittel (Benzin, Tri usw.) und sauberem Lappen gereinigt. Die Tuschierfarbe wird aufgetragen, dabei ist zu beachten, daß keine Fremdkörper auf die Platte kommen, gegebenenfalls ist die Platte mit dem Handballen nachzuprüfen. Das Werkstück wird vorsichtig (nicht Kanten) auf die Platte gelegt und mit leichtem, gleichmäßigem Druck kreisförmig bewegt. Das Werkstück wird gleichmäßig abgehoben, die Tragstellen haben Tuschierfarbe angenommen und sind deutlich sichtbar. Tuschieren und Schaben erfolgen abwechselnd bis

182

die erforderliche Oberflächengüte erreicht ist. Die Tuschierfarbe setzt sich beim Tuschieren je nach dem Gütegrad der Oberfläche verschiedenartig ab, dadurch ergeben sich drei charakteristische Tuschierbilder. Bei geringer Güte sind die Tragstellen gefärbt. Bei gesteigerter Güte sind die Tragstellen grau, die Ränder sind durch Farbe markiert. Bei hoher Güte sind die Tragstellen blank, die nichttragenden Stellen erscheinen grau. Mit der Steigerung der Oberflächengüte treten gleichzeitig eine Vermehrung, eine Verkleinerung und eine gleichmäßige Verteilung der Tragstellen über die ganze Oberfläche ein.

Abb. 8.64. Körperhaltung beim Schaben

8.7.9. Ausführungshinweise:

Der Schabergriff wird mit der rechten Hand umfaßt. Die linke Hand wird auf den Schaber gelegt und übt beim Vorwärtsstoßen den nötigen Druck aus (Abb. 8.64.).

Gegen Ende des Schabhubes wird der Schaber angehoben, so daß eine bogenförmige Stoßbewegung entsteht. Beim Zurückführen muß der Schaber stets abgehoben werden.

Beim Rundschaben wird der Schabergriff mit der rechten Hand umfaßt, die linke Hand drückt leicht auf den Schaber. Der Schaber erhält seine schiebende und drehende Bewegung durch die rechte Hand. Die linke Hand führt und unterstützt die schiebende Bewegung. Gegen Ende des Schabstriches wird der Schaber abgehoben. Die Bewegung ist also schraubenförmig, stoßend oder ziehend.

Beim Grobschaben mit dem Flachschaber wird kräftig, durch das Körpergewicht unterstützt, gestoßen.

Mit zunehmender Güte der Oberfläche werden die Stöße leichter und kürzer. Beim Feinschaben beschreibt der Flachschaber einen flachen Bogen, wobei er, entsprechend der Rundung seiner Schneide, leicht um seine Längsachse gedreht wird.

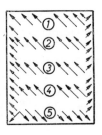

Abb. 8.65. Arbeitsfolge beim Schaben

Beim Schaben einer Fläche (Abb. 8.65.) ist darauf zu achten, daß die Schab-hübe, in der Randzone beginnend, reihenweise von innen nach außen geführt werden. Die Stoßrichtung ist etwa 45° gegen die Riefen der Vorbearbeitung. Es ist unbedingt erforderlich, daß die zu bearbeitende Stelle stets frei von Spänen ist. Beim folgenden Durchschaben wird die Stoßrichtung um 90° geändert.

Um vorzeitige Ermüdung zu verhindern, muß das Werkstück in einer günstigen Bearbeitungshöhe liegen.

Kratzt der Schaber beim Schaben von Stahl, so ist er ab und zu in Seifen-wasser zu tauchen. Bei harten Stellen im Gußeisen wird der Schaber mit Petroleum benetzt, um die Oberfläche zu „erweichen", und mit kräftigem Druck über die harte Stelle geführt.

8.7.10. Abziehen des Schabers

Riefen und Schleifgrat, die beim Schleifen des Schabers entstanden sind, werden durch Abziehen entfernt. Das Abziehen wird auf Naturölstein oder auf Kunststein vorgenommen.

Flachschaber werden abwechselnd auf der Stirn- und Blattfläche abgezogen, bis Schleifgrat und Riefen entfernt sind.

Das Abziehen der Stirnfläche erfolgt entweder durch eine Pendelbewegung in Längsrichtung der Stirnfläche oder in Querrichtung zur Stirnfläche, bei gleichzeitig leichter Drehung um die Längsachse. Die Drehbewegung ist der Rundung der Schneidkante angepaßt. Beim Abziehen der Blattfläche wird der Schaber flach auf dem Abziehstein, unter leichtem Druck, kreisförmig bewegt.

Der Keilwinkel am Flachschaber richtet sich nach dem Werkstoff, er beträgt für Stahl etwa 85°, für Messing und Bronze etwa 90° und für Gußeisen etwa 105°. Der Anstellwinkel liegt je nach der Bearbeitung, Grob- oder Fein-schaben, zwischen 30° und 45°.

8.8. Passen

8.8.1. Das Passen ist das Nacharbeiten gerader oder gekrümmter Flächen zweier zusammengehöriger Teile, die von Hand oder maschinell vorbearbeitet sind. Die Teile werden durch die Nachbearbeitung so zusammengefügt (Ein-

oder Zusammenpassen), daß sich die Berührungsflächen an möglichst vielen Punkten berühren, um eine genaue Führung, Funktion oder Verbindung zu erreichen. Die Genauigkeit entspricht dem Verwendungszweck. Das Erreichen einer durch Toleranz festgelegten Maßgenauigkeit gehört nicht zum Passen. Ein Werkstück wird mit der geforderten Genauigkeit und Güte fertig bearbeitet. Die vorbearbeiteten Flächen des Gegenstückes werden durch Feilen, Schaben, Reiben, Schleifen oder Läppen so lange nachgearbeitet, bis die geforderte Paßgüte erreicht ist. Dabei müssen die übrigen Maße des Werkstückes eingehalten werden.

Um die Paßgüte festzustellen, werden hauptsächlich drei Verfahren angewendet:

1/ das Tragstellen- oder Lichtspaltverfahren,

2/ das Druckstellenverfahren und

3/ das Tuschierverfahren.

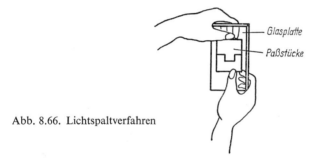

Glasplatte

Paßstücke

Abb. 8.66. Lichtspaltverfahren

8.8.2. Das *Lichtspaltverfahren* (Abb. 8.66.) wird vorzugsweise bei schmalen Paßflächen angewendet. Die beiden zusammengepaßten Werkstücke werden gegen eine Lichtquelle gehalten, um die Tragstellen zu ermitteln; dabei ist Voraussetzung, daß sich beide Werkstücke in der richtigen Lange zueinander befinden. Um die Werkstücke in eine Ebene zu bringen, werden sie am besten auf oder gegen eine plane Glasplatte gelegt. Die Tragstellen werden durch Anzeichnen kenntlich gemacht, nachgearbeitet und die Paßfuge erneut geprüft. Dieses Verfahren wird solange wiederholt, bis die erforderliche Paßgüte erreicht ist.

8.8.3. Ebene Flächen, die so breit sind, daß sich das Lichtspaltverfahren nicht mehr anwenden läßt, werden nach dem *Druckstellenwerfahren* geprüft. Das Sichtbarmachen der Tragstellen bei ebenen Flächen erfolgt durch Bewegen der Werkstücke gegeneinander unter leichtem Druck. Die Druckstelle wird als blanke, geglättete Stelle sichtbar. Als Hilfsmittel kann Tuschierfarbe verwendet werden. Siehe auch Tuschieren Seite 182.

185

Beim räumlichen Passen werden die Tragstellen durch Ein- oder Durchschieben des Gegenstückes sichtbar gemacht. Hierbei ist mit größter Sorgfalt vorzugehen; die Teile dürfen nicht mit Gewalt zusammengepreßt werden, weil die Flächen leicht „fressen" und dadurch beschädigt, meist unbrauchbar, werden.

8.9. Scheren

8.9.1. Beim Scheren wird Werkstoff durch zwei einander zugeordnete Schermesser getrennt. Die Schneiden können von Hand oder maschinell aneinander vorbeigeführt werden. Die Schneiden der Schermesser werden gegen den Werkstoff gedrückt, dabei verschieben sich die kleinsten Werkstoffteilchen gegeneinander in Richtung des wirkenden Scherdruckes. Dieser Vorgang heißt „Fließen" des Werkstoffes. Die Schermesser dringen mehr oder weniger in den Werkstoff ein, dabei wird in der Schnittebene des nicht zerschnittenen Werkstoffes eine Zugspannung ausgelöst, die bei dicken und wenig elastischen Werkstoffen schließlich zum Zerreißen führt.

Deshalb haben dünne oder elastische Werkstoffe eine glatte, dicke und wenig elastische Werkstoffe eine rauhe Schnittfläche (Abb. 8.67.).

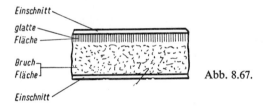

Abb. 8.67.

8.9.2. Winkel am Schermesser

Stirn und Planfläche bilden den Keilwinkel des Schermessers, der dem zu scherenden Werkstoff entsprechend zwischen 75° und 85° liegt. Der Freiwinkel von 1,5°...3° soll die Reibung zwischen Schermesser und Werkstoff vermindern. Der Spanwinkel, der etwa 5° beträgt, läßt die Schneide leichter in den Werkstoff eindringen (Abb. 8.68.).

Hierbei ist zu beachten, daß die Winkel an den Schneiden, entsprechend der Wirkungsrichtung des Werkzeugs, „verschoben" worden sind. Der Freiwinkel α gleitet wie bei jedem spanabhebenden Werkzeug an der bearbeiteten Fläche vorüber, steht aber senkrecht über und unter dem Werkstoff. Der Spanwinkel γ hat die gleichen Funktionen wie bei anderen Werkzeugen, liegt aber aus obengenannten Gründen waagerecht über der Werkstückoberfläche.

Die Schneiden dürfen nicht zu großes Schneidenspiel haben, sonst wird der Schnitt unsauber und es entsteht Grat. Dünner Werkstoff kann auch eingeklemmt und abgekantet werden.

186

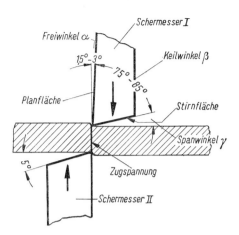

Abb. 8.68.
Winkel am Schermesser

Schermesser, die sich um einen gemeinsamen Drehpunkt bewegen, z. B. bei den Handscheren, sind leicht gekrümmt, dadurch berühren sie sich nur an einem Punkt, und zwar an der scherenden Stelle, wodurch die Reibung erheblich vermindert wird.

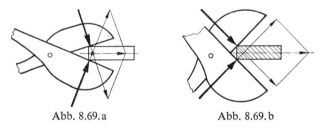

Abb. 8.69.a   Abb. 8.69.b

8.9.3. Der Öffnungswinkel (Abb. 8.69.a...b)

muß kleiner als 20° sein. Ist der Scherwinkel zu groß, wird der Werkstoff durch einseitige Kraftverteilung im Kräfteparallelogramm, (siehe Seite 200) so weit aus dem Maul der Schere herausgeschoben, bis bei einem Winkel von etwa 14° die Druckkräfte der Schneiden die schiebende Kraft der sich schließenden Backen aufheben, der Werkstoff nicht mehr ausweicht und der Schervorgang beginnt. Je weiter der Werkstoff herausgeschoben wird, desto ungünstiger wird die Hebelübersetzung der Schere, um so größer ist die zum Scheren erforderliche Kraft.

Bei Tafel- und Handhebelscheren ist das obere Schermesser aus oben genannten Gründen leicht gebogen, so daß der Scherwinkel an der Schnittstelle stets zwischen 9 und 15° liegt.

Maschinell angetriebene Scheren haben für metallische Werkstoffe einen Scherwinkel von 1° bis 6°.

187

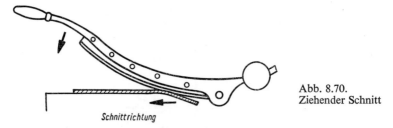

Abb. 8.70.
Ziehender Schnitt

Schnittrichtung

Beim Scheren unterscheidet man zwei Schnittarten:

8.9.4.1. *Der ziehende Schnitt*

entsteht dadurch, daß die Schermesser bei einem bestimmten Winkel und entsprechender Bewegung den Werkstoff fortlaufend trennen (Abb. 8.70.).

Abb. 8.71. Schlagender Schnitt

8.9.4.2. *Schlagender Schnitt*

erfolgt, wenn die Schermesser bei einem Scherwinkel von 0° den Werkstoff an allen Punkten der Trennlinie gleichzeitig trennen (Abb. 8.71.) wie es bei Schnitten der Fall ist.

Die Scheren werden nach ihrer Bauart unterschieden:

Handschere, beide Schermesser bewegen sich um einen gemeinsamen Drehpunkt.

Rollenscheren, zwei Schermesser bewegen sich um zwei verschiedene Drehpunkte.

Tafelschere und Rollenschere mit festem Untermesser besitzen ein festes und ein um einen Drehpunkt bewegliches Schermesser.

Handhebel-, Maschinenscheren und *Maschinen mit Schnittwerkzeug*, die ein festes und ein senkrecht zur Scherebene bewegliches Schermesser besitzen.

Schnellschnitt haben zwei sich in einer Ebene gegeneinander bewegende Schermesser.

8.9.5.1. *Handscheren* (Abb. 8.72.a...h)

werden für die verschiedenen Anwendungsbereiche hergestellt. Handblechscheren für gerade Schnittlinien und für Außenbogen a), bis zu 45° abgewinkelte Backen ermöglichen bei Sonderausführung das Scheren an schwer zugänglichen Stellen b), Durchlaufblechscheren für lange gerade Schnitte mit und ohne Hebelübersetzung c), Figurenblechscheren d), Lochblechscheren zum Ausschneiden von Löchern, rechts oder links schneidend e), Rohrscheren f), Drahtscheren g), sowie Stockblechscheren h) gehören zu den handelsüblichen Handscheren.

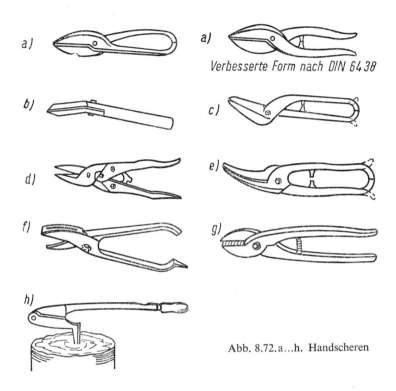

Verbesserte Form nach DIN 6438

Abb. 8.72.a...h. Handscheren

8.9.5.2. Maschinenscheren

werden für Hand- und Kraftbetrieb hergestellt.

Die Tafelblechschere (Abb. 8.73.) wird für Blechdicken bis 2 mm und Schnittlängen bis 1000 mm benützt.

Die Handhebelschere (Abb. 8.74.) schneidet Bleche bis etwa 6 mm Dicke. Die Schnittlänge ohne Nachsetzen beträgt je nach Bauart bis 200 mm. Bei den Maschinenscheren ist auf die richtige Einstellung des Niederhalters zu achten, um ein Hochkanten des zu scherenden Bleches zu verhindern.

Mit der kombinierten Maschinenschere können außer Blechen auch Profilstäbe, Rund-, Vierkant- und Winkelstahl geschnitten werden.

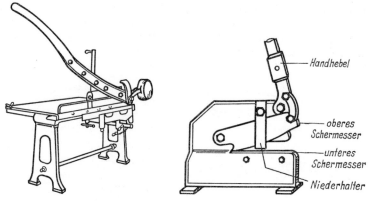

Abb. 8.73. Tafelschere   Abb. 8.74. Handhebelschere

Die Parallelschere wird durch Exzenter oder Kurbel angetrieben. Das Obermesser, das den Scherwinkel besitzt, gleitet in Führungen senkrecht gegen das Untermesser, wobei der Werkstoff getrennt wird. Da der Scherwinkel kleingehalten werden kann, wird der Werkstoff beim Scheren kaum verbogen.

8.9.5.3. Kreismesserscheren

werden zum Ausschneiden von Kurven und runden Formen benutzt; es können auch „endlose Bänder" geschnitten werden. Eine Zentriereinrichtung ermöglicht die Herstellung kreisrunder Schnitte.

Für besondere Zwecke steht eine elektrisch angetriebene Handschere, der sogenannte „Elektro-Knabber" zur Verfügung.

Zum Lochen von Werkstoffen kann bei einfachen Arbeiten ein Durchschlag verwendet werden. Der Durchschlag muß die gewünschte Querschnittsform besitzen. Als Unterlage dient eine Blei- oder Hartholzplatte, besser ist jedoch eine Lochplatte. Weiche Werkstoffe werden mit dem Locheisen gelocht. Häufig vorkommende Lochformen können bei dünneren Blechen mit der Handhebel-Lochschere (Bleche bis 2 mm Dicke, Lochdurchmesser nicht über 8 mm) hergestellt werden.

Dickere Bleche, bis etwa 15 mm Dicke, werden an Handhebellochern gelocht (Lochdurchmesser bis etwa 24 mm).

9. Maschinen

Sehr früh entdeckte der Mensch, daß bestimmte Vorrichtungen, z. B. der Hebel, das Rad, die Rolle, aber auch die schiefe Ebene und das daraus entwickelte Gewinde, Kräfte bzw. Arbeit sparen helfen. Aus diesen einfachen Maschinen schuf er im Verlauf der Entwicklung durch Anpassung an die Gegebenheiten Elemente, die in ihrer Vielzahl ein breites Feld der Arbeitserleichterungen darstellt. So ist jede Werkzeugmaschine, jede Kraftmaschine nach Hinzunahme anderer Naturkräfte, wie z. B. der Elektrizität, doch in ihren Grundformen im Allgemeinen auf die einfachen Maschinen Hebel, Rad, Rolle und schiefe Ebene zurückzuführen.

Bald entdeckte man, daß diese Vorrichtungen ganz bestimmten Gesetzmäßigkeiten unterlagen, die man schließlich, mathematisch beweisbar, in einer Sparte der Physik, der Mechanik zusammenfaßte.

Zum Verständnis einer jeden Maschine gehören also einmal der Versuch, das in jedem mechanischen Maschinenteil versteckte Urelement zu entdecken, zweitens aber die physikalischen Grundlagen dieser Elemente zu erkennen und mathematisch zu beherrschen.

Die Mechanik (Teil der Physik) ist die Lehre von der Bewegung der Körper und ihren Ursachen, den Kräften. Bei der Lehre vom Gleichgewicht spricht man von Statik, bei der Lehre von der Bewegung von Dynamik. Körper können in festem, flüssigem und gasförmigem Zustand auftreten. Danach unterscheidet man „Mechanik der festen Körper" „Mechanik der flüssigen Körper" (Hydromechanik) und „Mechanik der gasförmigen Körper,, (Aeromechanik).

9.1. Einfache Maschinen

Zu den Grundeinheiten zusammengesetzter Maschinen gehören Hebel, Rolle, schiefe Ebene und Schraube. Bei der Wirkung gilt das Grundgesetz der Mechanik

$$\boxed{\begin{array}{c} \textbf{Kraft} \times \textbf{Kraftweg} = \textbf{Last} \times \textbf{Lastweg} \\ F_1 \cdot a \qquad = \qquad F_2 \cdot b \end{array}} \quad F_1 \cdot a = F_2 \cdot b$$

Durch den Einsatz einer Maschine wird nichts an Arbeit gespart. Die Arbeit wird in bezug auf Kraft und Weg anders verteilt:
Was an Kraft gespart wird, setzt man an Weg zu!

9.1.1. Hebel

Hebel helfen bei der Arbeit in mannigfacher Weise, als Hammerstiel, Zange, Schere, Schraubenschlüssel, Windeisen, Brechstange, Kurbel, Handrad usw. Der Hebel wird benutzt, um mit kleinen Kräften eine große Kraftwirkung auszuüben. Das kommt, wenn auch manchmal schwer durchschaubar, an Zahnrädern zur Wirkung (Vorgelege usw.).

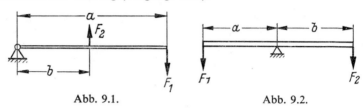

Abb. 9.1.   Abb. 9.2.

Greifen die Kräfte F_1 und F_2 auf derselben Seite des Drehpunktes an (Abb. 9.1.), so wirkt ein einseitiger Hebel. Greifen die Kräfte auf beiden Seiten des Drehpunktes an (Abb. 9.2.), so spricht man von einem zweiarmigen Hebel. Die Kraft wird mit F_1 und die Last mit F_2 bezeichnet. Der Kraftarm wird mit a und der Lastarm mit b bezeichnet.
Das Grundgesetz der Mechanik Kraft × Kraftweg = Last × Lastweg gilt sinngemäß für den Hebel $F_1 \cdot a = F_2 \cdot b$.
Umgeformt ist

$$F_1 = \frac{F_2 \cdot b}{a}; \quad F_2 = \frac{F_1 \cdot a}{b}; \quad a = \frac{F_2 \cdot b}{F_1}; \quad b = \frac{F_1 \cdot a}{F_2}$$

Bei den folgenden Beispielen ist das Eigengewicht des Hebels nicht berücksichtigt.

Beispiel 1:
Eine Gewichtskraft von 400 daN soll angehoben werden, um eine Winde anzusetzen (Abb. 9.3.).

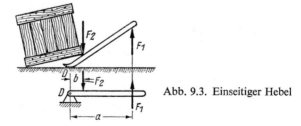

Abb. 9.3. Einseitiger Hebel

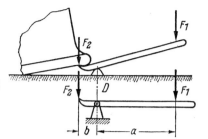

Abb. 9.4. Zweiarmiger Hebel

$b = 0,2$ m; $a = 1,7$ m; $F_2 = 400$ daN.

Welche Kraft muß bei F_1 angewendet werden? Beachte: Nur die Projektion der Hebellängen gibt die rechnerischen Maße bei schräggestellten Hebeln!

Lösung 1:

$$F_1 = \frac{F_2 \cdot b}{a} = \frac{400 \text{ daN} \cdot 0,2 \text{ m}}{1,7 \text{ m}} = 47,05 \text{ daN}$$

Die Kraft $F \approx \textbf{47 daN}$.

Beispiel 2:

Eine Maschine soll ausgerichtet werden. Zum Anheben wird eine Brechstange nach Abb. 9.4. angesetzt.

$F_2 = 700$ daN; $b = 0,15$ m; $a = 1,4$ m.

Wie groß muß die Kraft F_1 sein?

Lösung 2:

$$F_1 = \frac{F_2 \cdot b}{a} = \frac{700 \text{ daN} \cdot 0,15 \text{ m}}{1,4 \text{ m}} = 75 \text{ daN}$$

Die Kraft $F_1 = \textbf{75 daN}$.

Beispiel 3:

Auf ein Sicherheitsventil (Abb. 9.5.) wirkt ein Dampfdruck von 250 daN. Es soll durch einen Hebel im Gleichgewicht gehalten werden, $b = 160$ mm; $F_1 = 30$ daN.

Wie lang muß der Hebelarm a sein, um das Gleichgewicht zu halten?

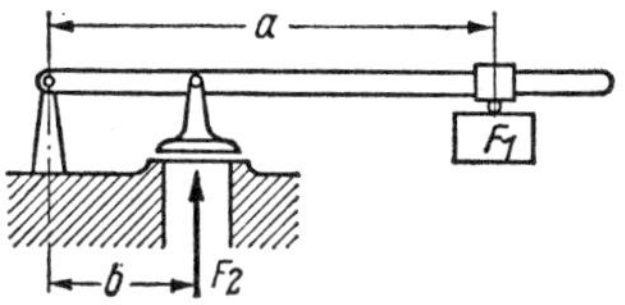

Abb. 9.5. Sicherheitsventil

Lösung 3:

$$a = \frac{F_2 \cdot b}{F_1} = \frac{250 \text{ daN} \cdot 160 \text{ mm}}{30 \text{ daN}} = 1333 \text{ mm}$$

Die Länge des Hebelarmes $a = \textbf{1333 mm}$.

Beispiel 4:

Bei diesem Beispiel soll das Eigengewicht berücksichtigt werden. Welche Last kann man mit einer Schiebkarre befördern (Abb. 9.6.), wenn die Gewichtskraft 20 daN und die wirkende Kraft $F_1 = 50$ daN betragen und die Hebelarme $a = 1,6$ m, $b = 0,4$ m lang sind?

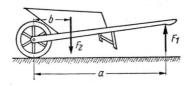

Abb. 9.6. Schiebkarre

Lösung 4:

$$F_2 = \frac{F_1 \cdot a}{b} = \frac{50 \text{ daN} \cdot 1,6 \text{ m}}{0,4 \text{ m}} = 200 \text{ daN}$$

200 daN − 20 daN Gewichtskraft = 180 daN

Mit der Schiebkarre können **180 daN** befördert werden.

Abb. 9.7.
Feste Rolle

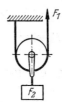

Abb. 9.8.
Lose Rolle

9.1.2. Rolle

Rollen werden zum Heben von Lasten und zum Umlenken der Kraftrichtung benutzt.

Ist die Rolle fest aufgehängt (Abb. 9.7.), so ist der Kraftaufwand gleich dem Gewicht $F_1 = F_2$, wenn man von der Zapfenreibung und der Überwindung der Seilsteifigkeit absieht. Bei der losen Rolle (Abb. 9.8.) wird die Hälfte der Last von der Seilbefestigung aufgenommen; die andere Hälfte muß die Kraft F_1 aufnehmen, um das Gleichgewicht herzustellen.

$$F_1 = \frac{F_2}{2} \text{ oder } F_2 = 2 F_1$$

194

9.1.3. Flaschenzug

Beim Flaschenzug wirken lose und feste Rollen (Abb. 9.9.). Zur besseren Anschaulichkeit sind die Rollen untereinander gezeichnet. Die Last hängt an vier gleichmäßig tragenden Seilen; folglich trägt jedes $\frac{1}{4}$ der Last. Daraus ergibt sich

$$F_1 = \frac{F_2}{4} \text{ oder für andere Fälle } \mathbf{Kraft} = \frac{\mathbf{Last}}{\mathbf{Rollenzahl}}$$

$$F_1 = \frac{F_2}{n}; \quad F_2 = F_1 \cdot n; \quad n = \text{Rollenzahl.}$$

Da ein Teil der aufgewendeten Kraft durch Reibung und Berührung der Seile untereinander verloren geht, verwendet man im allgemeinen nicht mehr als 8 Rollen.

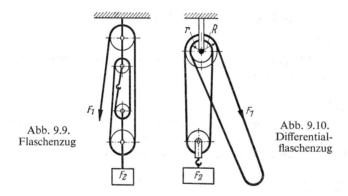

Abb. 9.9.
Flaschenzug

Abb. 9.10.
Differential-
flaschenzug

9.1.4. Differentialflaschenzug

Sehr oft wird der Differentialflaschenzug angewendet (Abb. 9.10.). Er erzielt die gleiche Wirkung wie ein Rollenflaschenzug mit mehreren Rollen, hat aber den Vorteil, daß nur 2 feste Rollen mit verschiedenen Durchmessern und eine lose Rolle gebraucht werden. Die festen Rollen bestehen aus einem Stück, sie sind in einer Gabel aufgehängt. An der losen Rolle hängt die Last. Für den Radius der großen Rollen setzt man R, für den Radius der kleinen Rolle r.

Nach dem Hebelgesetz ergibt sich:

$$F_1 \cdot R + \frac{F_2}{2} r = \frac{F_2}{2} R; \quad \text{daraus folgt}$$

$$F_1 = F_2 \cdot \frac{R-r}{2R}; \quad F_2 = F_1 \cdot \frac{2R}{R-r}$$

Mit diesen Formeln kann man alle vorkommenden Differentialflaschenzug-Berechnungen ausführen. Bei den folgenden Beispielen bleiben die Reibungsverluste außerhalb der Betrachtung.

Beispiel 1:

Welche Kraft benötigt man, um mit Hilfe eines Differentialflaschenzuges eine Gewichtskraft von 300 daN das Gleichgewicht zu halten, wenn $R = 180$ mm und $r = 150$ mm ist?

Lösung 1:

$$F_1 = F_2 \cdot \frac{R-r}{2R} = 300 \, \text{daN} \cdot \frac{180 \, \text{mm} - 150 \, \text{mm}}{2 \cdot 180 \, \text{mm}} = 25 \, \text{daN}$$

Es ist eine Kraft von **25 daN** erforderlich.

Beispiel 2:

Welche Gewichtskraft kann gehoben werden, wenn ein Zug von 30 daN wirkt. $R = 20$ cm und $r = 18$ cm?

Lösung 2:

$$F_2 = F_1 \cdot \frac{2R}{R-r} = 30 \, \text{daN} \cdot \frac{2 \cdot 20 \, \text{cm}}{20 \, \text{cm} - 18 \, \text{cm}} = 600 \, \text{daN}$$

Es können **600 daN** gehoben werden.

9.1.5. Wellrad

Unter einem Wellrad versteht man eine Trommel, auf der sich das Lastseil aufwickelt. Die Seiltrommel wird mit einer Handkurbel gedreht (Abb. 9.11.). Nach dem abgewandelten Hebelgesetzt ist:

$$F_1 \cdot a = F_2 \cdot \frac{d}{2}; \quad F_1 = \frac{F_2 \cdot d}{2a}; \quad F_2 = \frac{2F_1 \cdot a}{d}$$

Bei genauer Rechnung muß der Trommeldurchmesser von Seilmitte bis Seilmitte gemessen werden, d. h. also Trommeldurchmesser + Seilstärke.

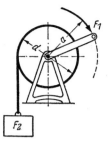

Abb. 9.11. Wellrad

Beispiel:

Welche Gewichtskraft kann mit einer Kraft von 25 daN gehoben werden, wenn die Seiltrommel einen Durchmesser von 300 mm besitzt und die Handkurbel 500 mm lang ist?

Lösung:

$$F_2 = \frac{2 F_1 \cdot a}{d} = \frac{2 \cdot 25 \text{ daN} \cdot 500 \text{ mm}}{300 \text{ mm}} = 83,3 \text{ daN}$$

Es kann eine Gewichtskraft von **83,3 daN** gehoben werden.

9.1.6. Schiefe Ebene

Bei der schiefen Ebene (Abb. 9.12.) wirkt einmal die Gewichtskraft des ruhenden Körpers senkrecht auf die schiefe Ebene als Bahndruck N (Normalkraft). Die zweite Seitenkraft wirkt parallel zur schiefen Ebene und versucht den Körper abwärts zu ziehen. Auch hier gilt:

Kraft × Kraftweg = Last × Lastweg.

$$F_1 \cdot l = F_2 \cdot h.$$

Senkrechter Druck $= N = \sqrt{F_2 - F_1}$; es ist also

$$F_1 = \frac{F_2 \cdot h}{l}; \quad F_2 = \frac{F_1 \cdot l}{h}; \quad h = \frac{F_1 \cdot l}{F_2}; \quad l = \frac{F_2 \cdot h}{F_1}$$

$h : l$ nennt man Steigung oder Gefälle.

$F_1 : F_2 = h : l$. Die Kraft verhält sich zur Last, wie der Lastweg zum Kraftweg.

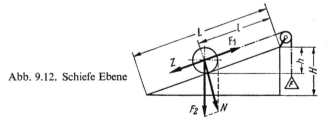

Abb. 9.12. Schiefe Ebene

197

Beispiel:

Über zwei angelegte Bohlen von 5 m Länge soll ein Faß, dessen Gewichtskraft 150 daN beträgt, auf einen Wagen, der 1,2 m hoch ist, gerollt werden. Wie groß muß die zur schiefen Ebene parallel wirkende Kraft sein?

Lösung:

$$F_1 = \frac{F_2 \cdot h}{l} = \frac{150 \text{ daN} \cdot 1,2 \text{ m}}{5 \text{ m}} = 36 \text{ daN}$$

Die Kraft muß, ohne Berücksichtigung der Reibung und Durchbiegung, mit **36 daN** wirken.

9.1.7. Schraube

Jeder Schraubengang ist eine schiefe Ebene. Die Basis ist gleich dem Umfang des Flankendurchmessers, die Höhe gleich der Steigung des Gewindes (Abb. 9.13.).

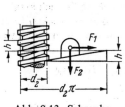

Abb. 9.13. Schraube

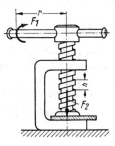

Abb. 9.14.

Mit einem Hebelarm (Abb. 9.14.) kann man Lasten heben oder einen Druck ausüben.

Der Steigungswinkel ist $\tan = \dfrac{h}{d_2 \cdot \pi}$.

Ganghöhe $h = $ Lastweg.

$2r \cdot \pi = L = $ Kraftweg, daraus folgt

$$F_1 \cdot 2r \cdot \pi = F_2 \cdot h; \quad F_1 = \frac{F_2 \cdot h}{2r \cdot \pi}; \quad F_2 = \frac{F_1 \cdot 2r \cdot \pi}{h};$$

$$r = \frac{F_2 \cdot h}{F_1 \cdot 2\pi}; \quad h = \frac{F_1 \cdot 2r \cdot \pi}{F_2}$$

Beispiel:

An einer Spindelpresse soll ein Blech ausgeschnitten werden, es ist eine Kraft von 6000 daN erforderlich. Der Wirkungsgrad[1]) der Presse beträgt 75%. Steigung der Spindel 10 mm, $r = 500$ mm.
Welche Kraft ist zum Schneiden erforderlich?

Lösung:

75% = 6000 daN, 100% = 8000 daN.

$$F_1 = \frac{F_2 \cdot h}{2r \cdot \pi} = \frac{8000 \text{ daN} \cdot 10 \text{ mm}}{2 \cdot 500 \text{ mm} \cdot 3,14} \approx 25,5 \text{ daN}$$

Es sind **25,5 daN** erforderlich.

---

[1]) Siehe Seite 237.

10. Kräftezerlegung

Wirken zwei oder mehr Kräfte auf einen gemeinsamen Angriffspunkt, so kann man, wenn ihre Richtung und ihre Größe bekannt ist, sie zeichnerisch darstellen. Hierzu wählt man für sie einen gemeinsamen Maßstab und trägt sie, ihrer Wirkungsrichtung entsprechend, vom Angriffspunkt ab. Liegen zwei unterschiedliche Kräfte auf der gleichen Wirkungslinie und haben die gleiche Richtung, kann man sie addieren und durch eine Ersatzkraft (Resultierende) ersetzen (Abb. 10.1.). Wirken zwei verschieden große Kräfte entgegengesetzt an einem Angriffspunkt auf der selben Wirkungslinie, kann man sie voneinander subtrahieren. Die Wirkungsrichtung liegt dann auf der Seite der größeren. Die Größe der Rest- oder Ersatzkraft ergibt sich aus der Differenz beider (Abb. 10.2.). Anders muß die Konstruktion aussehen, wenn zwei Kräfte im Winkel zueinander am Angriffspunkt liegen. Eine Addition der Kräfte ergibt nicht das Maß und nicht die Richtung der Ersatzkraft. Man bestimmt die Größe und die Richtung der Resultierenden, indem man, dem gewählten Maßstab entsprechend, ein Parallelogramm konstruiert (Abb. 10.3.). Dabei kommt es nicht darauf an, daß beide Kräfte denselben „Anbindungspunkt" haben (Abb. 10.4.). Man verschiebt hierbei die Kräfte auf ihrer Wirkungslinie

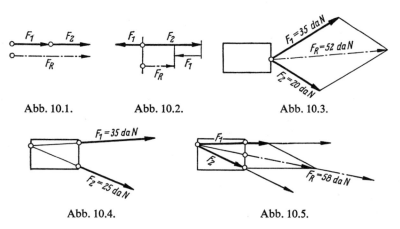

Abb. 10.1.   Abb. 10.2.   Abb. 10.3.

Abb. 10.4.   Abb. 10.5.

bis zum Schnittpunkt, dem eigentlichen Angriffspunkt, trägt die Größen der Kräfte hier ab und konstruiert das Parallelogramm und die Resultierende. Anschließend verschiebt man die Ersatzkraft auf ihrer Wirkungslinie bis zur Körperkante, wo sich der scheinbare Angriffspunkt der Resultierenden dann konstruieren läßt (Abb. 10.5.). Die obengenannten Konstruktionen beschreiben natürlich Kräfte in der Bewegung, z. B. Schleppen eines Schiffes durch zwei Bugsierdampfer usw. Die auftretende Reibung durch Wasser oder durch das Aufliegen auf rauhem Untergrund wurde nicht berücksichtigt. Bei ruhenden Systemen ist nach dem Satz: Aktion = Reaktion oder Kraft = Gegenkraft, immer eine Gegenkraft zu suchen, die, bei Konstruktion der Resultierenden (R), auf deren Wirkungslinie in entgegengesetzter Richtung auftritt und deren Größe hat (Rg) (Abb. 10.6.).

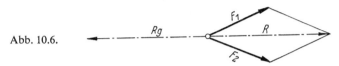

Abb. 10.6.

Liegen in einem ruhenden System die Richtungen der Teilkräfte fest und ist die Größe der Einzelkraft bekannt, lassen sich mit der Konstruktion der Gegenkraft die Größen der Einzelkräfte bestimmen.
Frage: Wie groß sind die Einzelkräfte F_1 und F_2 in Abb. 10.7., wenn das Gewicht der Lampe $F=R=25$ daN beträgt? Antwort: Nach Konstruktion des Parallelogramms mit Hilfe der Gegenkraft je 21 daN.

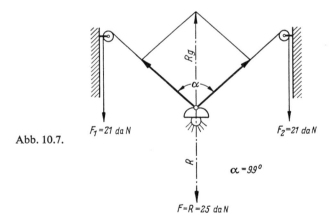

Abb. 10.7.

Macht man den Winkel größer und größer, wachsen bei gleicher Ausgangsbelastung, die Teilkräfte F_1 und F_2 bis zu einem Punkt, an dem die Zugkräfte größer werden, als die Zugfestigkeit z. B. des Seiles ausmacht. Aus dem gleichen

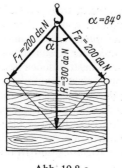

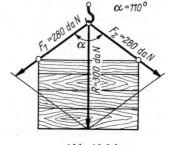

Abb. 10.8.a   Abb. 10.8.b

Grund, man muß hier die Konstruktion nur bildlich umkehren, lassen sich Ketten und Seile beim Transport sperriger Güter nur bis zu einem bestimmten Grad spreizen. Je größer hier der Spreizwinkel, um so größer die im Seil oder in der Kette auftretenden Zugkräfte (Abb. 10.8.a+b).

Die Konstruktion von Kräfteparallelogrammen ist in der Technik häufig da anzuwenden, wo die Berechnung der Wirkung zweier oder mehrerer Kräfte zu umständlich ist. So läßt sich z. B. der Öffnungswinkel der Scheren von ca. 14° mit Hilfe des Parallelogramms der Kräfte leicht konstruktiv darstellen (Abb. 8.69.a+b).

11. Bewegungslehre

11.1. Gleichförmige Bewegung

11.1.1. Geradlinig

Geschwindigkeit ist das Verhältnis des zurückgelegten Weges zu der dafür gebrauchten Zeit. Daraus ergibt sich

zurückgelegter Weg = Geschwindigkeit × Zeit

oder $s = v \cdot t$; wird die Gleichung umgeformt, so erhält man

$$v = \frac{s}{t}; \; t = \frac{s}{v}.$$

Geschwindigkeit $= v$ (velocitas),
Weg $\quad\quad = s$ (spatium),
Zeit $\quad\quad = t$ (tempus).

Die Geschwindigkeit wird in **m/s, m/min, km/h** angegeben.
Gesprochen: Meter **pro** sek., Meter **pro** min, Kilometer **pro** Stunde.

11.1.2. Kreislinig

In der Metallbearbeitung besitzt die kreislinige Bewegung große Bedeutung. Umfangs- und Schnittgeschwindigkeiten müssen oft ermittelt werden, um die Maschinen einzurichten. Der Punkt P, der am Kreisumfang der Scheibe (Abb. 11.1.) gezeigt ist, legt bei einer Umdrehung der Scheibe einen Weg zurück, der dem Umfang der Scheibe entspricht. $U = d \cdot \pi$.

Abb. 11.1.

Macht die Scheibe eine Anzahl Umdrehungen (n) in einer **Minute**, so ist der zurückgelegte Weg $s = d \cdot \pi \cdot n$.

Die **Umfangsgeschwindigkeit** ist $v = d \cdot \pi \cdot n$; soll der Weg, der in einer **Sekunde** zurückgelegt wird, ermittelt werden

$$v = \frac{d \cdot \pi \cdot n}{60}$$

Das Einheitsmaß ist **m/min**, wenn der Durchmesser in **m** angegeben wird.

Umgeformt erhält man

$$d = \frac{v}{n \cdot \pi}; \quad n = \frac{v}{d \cdot \pi}$$

Beispiel zu 11.1.1.:

Ein Kraftwagen legt in $1\frac{1}{2}$ Stunden eine Strecke von 90 km zurück. Wie groß ist seine mittlere Geschwindigkeit?

Lösung:

$$v = \frac{s}{t} = \frac{90 \text{ km}}{1,5 \text{ h}} = 60 \text{ km/h}$$

Die mittlere Geschwindigkeit beträgt **60 km/h**.

Beispiel zu 11.1.2.:

Eine Riemenscheibe hat einen Durchmesser von 0,5 m; sie dreht sich in der Minute 45 mal. Wie groß ist ihre Umfangsgeschwindigkeit?

Lösung:

$$v = d \cdot \pi \cdot n = 0,5 \text{ m} \cdot 3,14 \cdot 45 \text{ min} = 70,65 \text{ m/min}$$

Die Umfangsgeschwindigkeit beträgt **70,65 m/min**.

Beispiel a):

Ein Werkstück soll mit einer Schnittgeschwindigkeit von 26 m/min gefräst werden. Der Durchmesser des Fräsers ist 120 mm. Welche Drehzahl muß eingestellt werden?

Lösung a):

Die Schnittgeschwindigkeit eines sich drehenden Werkzeuges ist gleich der Geschwindigkeit am Umfang.

$$n = \frac{v}{d \cdot \pi} = \frac{26 \text{ m/min}}{0,12 \text{ m} \cdot 3,14} \approx 69 \text{ U/min}$$

Die Maschine muß auf ca. **70 U/min** eingestellt werden.

Beispiel b):

Ein Werkstück soll geschliffen werden. Die Schleifscheibe hat einen Durchmesser von 250 mm. Die Umfangsgeschwindigkeit soll 25 m/sek betragen. Welche Drehzahl muß gewählt werden?

Lösung b):

$$n = \frac{60 \cdot v}{d \cdot \pi} = \frac{60 \cdot 25 \text{ m/sek}}{0,25 \text{ m} \cdot 3,14} \approx 1900 \text{ U/min}$$

Es muß mit **1900 U/min** geschliffen werden.

Beispiel c):

Eine elektrische Handbohrmaschine hat eine Drehzahl von 1400 U/min. Beim Bohren eines bestimmten Werkstoffes soll die Schnittgeschwindigkeit nicht wesentlich über 26 m/min liegen. Welche Bohrergröße darf höchstens gewählt werden?

Lösung c):

Die Schnittgeschwindigkeit ist in m/min angegeben, Bohrer- ⌀ in **mm**, folglich muß die Geschwindigkeit mal **1000** genommen werden.

$$d = \frac{v \cdot 1000}{\pi \cdot n} = \frac{26 \text{ m/min} \cdot 1000}{3,14 \cdot 1400 \text{ U/min}} = \approx 5,9 \text{ mm}$$

Größter Bohrerdurchmesser **6 mm**.

Beispiel d):

Eine Welle von 65 mm ⌀ wird gedreht. Die Arbeitsspindel macht 170 U/min. Wie groß ist die Schnittgeschwindigkeit?

Lösung d):

$$v = \frac{d \cdot \pi \cdot n}{1000} = \frac{65 \text{ mm} \cdot 3,14 \cdot 170 \text{ U/min}}{1000} = 34,697 \text{ m/min}$$

Die Schnittgeschwindigkeit beträgt $\approx$ **35 m/min**.

11.2. Ungleichförmige Bewegung

Ständig wechselnde Geschwindigkeiten finden wir in erster Linie bei Hobel- und Stoßmaschinen. Bei jedem Arbeitshub nimmt die Geschwindigkeit von Null zu, bis sie ihren Höchstwert erreicht hat, dann wieder ab bis Null; hinzu kommt, daß die Rücklaufgeschwindigkeit im Mittel größer ist als die Vorlaufgeschwindigkeit. In der Praxis wird jedoch mit einer mittleren Geschwindigkeit für den Arbeitshub und einer mittleren Geschwindigkeit für den Rückhub gerechnet. Für Arbeitszeitberechnungen ist die Anzahl der Doppelhübe/min maßgebend.

Die Arbeitsgeschwindigkeit bezeichnet man mit v_a,
die Rücklaufgeschwindigkeit bezeichnet man mit v_r,
die Dauer des Arbeitsganges bezeichnet man mit t_a,
die Dauer des Rücklaufes bezeichnet man mit t_r,
die Dauer eines Doppelhubes bezeichnet man mit t_1.

Einzelheiten und Arbeitsbeispiele Abschnitt Hobeln, Seite 254.

12. Arbeit, Leistung, Drehmoment

12.1. Arbeit

Als physikalische Größe ist Arbeit das Produkt aus der Kraft F, die einen Körper angreift, und dem Weg s, den dieser Körper unter Einwirkung dieser Kraft zurücklegt. Es darf jedoch nur die Kraft berücksichtigt werden, die in Richtunges des Weges wirkt. In der Technik ist die Krafteinheit das Newton (N), die Wegeinheit das Meter (m). Daraus folgt als Einheit der Arbeit das Newtonmeter (Nm) und das Joule (J).

$$\textbf{Arbeit} = \textbf{Kraft mal Weg}$$
$$\mathbf{A = F \cdot s}$$

Beispiel:

Ein Kohlenträger trägt 50 kg Briketts zum 5. Stockwerk 20 m hoch. Wie groß ist die mechanische Arbeit, wenn der Arbeiter ein Eigengewicht von 80 kg besitzt.

Lösung:

Eigengewicht	80 kg
Briketts	50 kg
Gesamtgewicht	130 kg

Umrechnung in „Gewichtskraft":

$130 \text{ kg} \cdot 9{,}81 \text{ m/sek}^2 = 127{,}5 \text{ daN}$

$A = F \cdot s \qquad = 127{,}5 \text{ daN} \cdot 20 \text{ m} = 2550{,}6 \text{ daNm}$
$$= \mathbf{2550 \ daJ}$$

12.2. Leistung

Unter Leistung versteht man die mechanische Arbeit, die in einer Zeiteinheit vollbracht wird. Leistung ist also der Quotient aus Arbeit und Zeit.
In der Technik ist das Einheitsmaß Joule in der Sekunde (J/s). Demzugfolge ist

$$\textbf{Leistung} = \frac{\textbf{Arbeit}}{\textbf{Zeit}} = \frac{\textbf{Kraft} \cdot \textbf{Weg}}{\textbf{Zeit}}$$

$$\mathbf{P = \frac{A}{t} = \frac{F \cdot s}{t}}$$

Beispiel:

Ein Kran hebt in 30 Sekunden 10 Tonnen 5 Meter hoch. Wie groß ist die Leistung ohne Berücksichtigung der Reibungsverluste.

Lösung:

$$P = \frac{F \cdot s}{t}$$

$$P = \frac{10\,000 \text{ kg} \cdot 9{,}81 \text{ m/sek}^2 \cdot 5 \text{ m}}{30 \text{ s}}$$

$$= \frac{98\,100 \text{ N} \cdot 5 \text{ m}}{30 \text{ s}}$$

$$= 16\,650 \text{ J/s}$$

$$= 16\,650 \text{ Watt}$$

$$\mathbf{P = 16{,}650\ kW}$$

12.3. Drehmoment

Ein Drehmoment M ist das Produkt aus einer Kraft und dem Abstand ihrer Richtungslinie von der Drehachse (Abb. 12.1.).

Abb. 12.1.

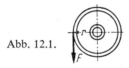

Der Formelaufbau ist folgender:

In die Formel für die Leistung $P = \dfrac{A}{t}$ setzen wir für Arbeit das Produkt Kraft mal Weg:

$$P = \frac{F \cdot s}{t}$$

Bei gleichförmiger Bewegung bedeutet $\dfrac{s}{t}$ die Geschwindigkeit v.

Daraus ergibt sich also:

$$P = F \cdot v$$

Führen wir für v den Wert $\dfrac{\pi \cdot r \cdot n}{30}$ (r = Radius) ein, so erhalten wir:

$$P = F \cdot \frac{\pi \cdot r \cdot n}{30}$$

Sind nach altem System noch als Leistungseinheit PS gegeben, müssen wir zusätzlich noch durch 75 teilen:

$$P = F \cdot \frac{\pi \cdot r \cdot n}{75 \cdot 30}$$

$P \cdot r$ ist aber gleich M_d, also Drehmoment.

Stellen wir unsere Formel nach M_d um, ergibt sich:

$$M_d = \frac{2250 \cdot P}{\pi \cdot n}$$

$2250 : \pi$ ist aber eine Zahl, die bei der Berechnung mit PS immer wieder auftaucht: 716,2.

Die Formel lautet also:

$$\mathbf{M_d = 716,2 \cdot \frac{P\,[PS]}{n\,[U/min]}\; daNm}$$

Setzen wir die 2% Ungenauigkeit voraus, können wir die Dimension auch nach daJ umwandeln. Allerdings ist diese Maßangabe nur noch zur Umrechnung von PS-Werten gestattet.

Muß das Drehmoment mit SI-Werten errechnet werden, wird folgendermaßen vorgegangen:

Die schon gefundene Formel wird **nicht** durch die Zahl 75 geteilt, die ja nur das Einsetzen der PS-Angabe ermöglichen sollte.

$$P = \frac{F \cdot r \cdot n}{30}$$

F wird hier, wie schon im Abschnitt 12.1 in N umgerechnet. Da es sich hier auch um einen zurückgelegten Weg handelt, $F \cdot r \cdot n$, erhalten wir $Nm = J$ oder in größerer Einheit daJ.

Die Umwandlung der Formel geht dann wie folgt weiter:

$$P = M_d \cdot \frac{\pi \cdot n}{30}$$

$$M_d = \frac{30}{\pi} \cdot \frac{P}{n}$$

$$M_d = 9,55 \cdot \frac{P}{n} \quad [daJ]$$

In der alten Form mit der Angabe in PS würde ein Beispiel folgendermaßen aussehen:

208

. Abb. 12.2.

Über eine Riemenscheibe (Abb. 12.2.) soll eine Leistung von 45 PS bei einer Drehzahl von 225 U/min übertragen werden.
Wie groß ist das in der Welle auftretende Drehmoment M_d in daJ?
Lösung:

$$M_d = \frac{716,2 \cdot P}{n} = \frac{716,2 \cdot 45 \text{ PS}}{225 \text{ U/min}} = 143,24 \text{ daJ}$$

Das Drehmoment ist $\approx$ **143 daJ**.

Neuere Berechnungen werden in Watt oder Kilowatt vorgenommen. Da Joule und Watt sehr leicht umzurechnen ist, erübrigt sich hier eine genaue Durchrechnung.

13. Maschinenelemente

13.1. Riementrieb

13.1.1. Unter Riementrieb versteht man die Übertragung der Drehbewegung bzw. Kraftübertragung von einer Welle zu einer anderen vermittels eines endlosen Riemens aus Leder, Gummi, natürlichen oder künstlichen Spinnstoffen z. B. endlos gewebte Seidenriemen. Die Riemen können durch Spannrollen in richtiger Spannung gehalten werden. Neuerdings werden an Stelle von Flachriemen in steigendem Umfang Keilriemen verwendet, weil sie einen kurzen Achsabstand ermöglichen. Auch Ketten dienen der Kraftübertragung und unterliegen den gleichen Gesetzen wie Riemen. Die Riemenscheiben sind aus Holz oder Stahl. Meist sind sie ballig gedreht, damit sich der Riemen in der Mitte der Scheibenbreite hält. Bei offenem Riementrieb (Abb. 13.1.) haben beide Scheiben gleichen Drehsinn, beim gekreuzten oder geschränkten Riementrieb entgegengesetzten (Abb. 13.2.).

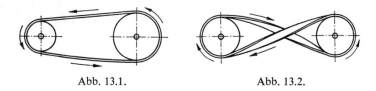

Abb. 13.1.   Abb. 13.2.

Gleiche Scheibendurchmesser ergeben bei der Übertragung auch **gleiche Umdrehungszahlen,** wenn man von geringfügigen Verlusten durch Riemenschlupf absieht. Sind die **Scheibendurchmesser verschieden,** so erhält man auch **verschiedene Umdrehungszahlen.**

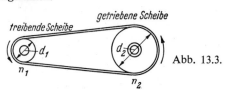

getriebene Scheibe

treibende Scheibe

d_1

d_2

n_1

n_2

Abb. 13.3.

Es treibt beispielsweise eine Riemenscheibe mit 100 mm ⌀ eine Riemenscheibe mit 200 mm ⌀ an (Abb. 13.3.). Die treibende Scheibe muß 2 Umdrehungen machen, wenn die getriebene sich einmal umdreht haben soll.

Umfang der kleinen Scheibe $d_1 \cdot \pi = 314$ mm,
Umfang der großen Scheibe $d_2 \cdot \pi = 628$ mm.

Die Geschwindigkeit am Umfang ist bei beiden Scheiben gleich groß. Hat ein angenommener Punkt am Umfang von d_1 einen Weg von 314 mm zurückgelegt, so hat sich die Scheibe 1 mal gedreht. Soll der Punkt 628 mm zurücklegen, so muß sich, weil $628 : 314 = 2$, Scheibe d_1 2 mal drehen.

Die Umdrehungszahl pro min bezeichnet man mit „n".

Es verhält sich

Durchmesser × Drehzahl der treibenden Scheibe wie
Durchmesser × Drehzahl der getriebenen Scheibe

$$\boxed{d_1 \cdot n_1 = d_2 \cdot n_2}$$

Umgeformt erhält man

$$\boxed{d_1 = \frac{d_2 \cdot n_2}{n_1}; \quad n_1 = \frac{d_2 \cdot n_2}{d_1}; \quad d_2 = \frac{d_1 \cdot n_1}{n_2}; \quad n_2 = \frac{d_1 \cdot n_1}{d_2}}$$

Das Übersetzungsverhältnis $\mathbf{i = \dfrac{n_1}{n_2} = \dfrac{d_2}{d_1}}$

bei der doppelten Übersetzung ist $\boxed{\mathbf{i = \dfrac{n_1}{n_4} = \dfrac{d_2 \cdot d_4}{d_1 \cdot d_3}}}$

Beispiel 1:

Eine Arbeitswelle soll 300 Umdrehungen/min machen, der Antriebsmotor macht $n = 1400$ U, der ⌀ der Riemenscheibe am Motor = 100 mm. Welchen ⌀ muß die Riemenscheibe auf der Arbeitswelle erhalten?

Lösung 1:

$$d_2 = \frac{d_1 \cdot n_1}{n_2} = \frac{100 \text{ mm} \cdot 1400 \text{ U/min}}{300 \text{ U/min}} = 466{,}66 \text{ mm}$$

Der Durchmesser der Riemenscheibe auf der Antriebswelle muß $\approx$ **467 mm** sein.

Beispiel 2:

Auf der Arbeitswelle sitzt eine Riemenscheibe vom ⌀ 360 mm. Der Antriebsmotor, $n = 1400$ U/min hat eine Riemenscheibe von 80 mm ⌀. Wie groß ist die Drehzahl der Arbeitswelle?

14*

Lösung 2:

$$n_2 = \frac{d_1 \cdot n_1}{d_2} = \frac{80 \text{ mm} \cdot 1400 \text{ U/min}}{360 \text{ mm}} = 311,11 \text{ U/min}$$

Die Drehzahl der Arbeitswelle beträgt **311 Umdr/min**.

13.1.2. Keilriementrieb

Bei Keilriementrieben wird die **Keilwirkung** auf die Seitenwände der in die Riemenscheiben eingeschnittenen **Keilnuten** ausgenutzt.

Die **Flanken** des aufgelegten Keilriemens **übertragen die Kraft** durch ihre natürliche Adhäsion (Anhaften) mit hohem Wirkungsgrad (ca. 95%) und arbeiten praktisch schlupflos.

Es können **sehr kleine Achsenabstände** gewählt werden (geringer Raumbedarf), und **große Übersetzungsverhältnisse** sind möglich (kleine Umschlingungswinkel genügen wegen der großen Adhäsion).

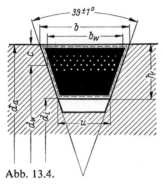

Bezeichnung der Maße
für Keilriemen und Scheibe

b = obere Breite d_a = Außendurchmesser
h = Höhe d_w = Wirkdurchmesser
b_w = Wirkbreite d_i = Innendurchmesser
u = untere Breite
$c \approx \dfrac{1}{3} h$

Maße in mm

Abb. 13.4.

13.2. Zahnradtrieb

Beim Antrieb durch Zahnräder haben wir ähnliche Verhältnisse wie beim Riementrieb. Vorteil gegenüber dem Riementrieb ist absolut genaue Drehübertragung, da kein Verlust durch Schlupf entstehen kann. Rechnen wir beim Riementrieb mit dem Durchmesser der Scheiben, so benötigen wir beim Zahnradtrieb die Zähnezahlen der Zahnräder. Bei der Berechnung der Übersetzungen ist es gleich, ob es sich um Stirn- oder Kegelräder handelt.

Laufen die Wellen parallel, so nimmt man Stirnräder, kreuzen sich die Wellen, werden Kegelräder verwendet.

Es wird bezeichnet mit z_1 = Zähnezahl des treibenden Rades,
          n_1 = Drehzahl des treibenden Rades,
          z_2 = Zähnezahl des getriebenen Rades,
          n_2 = Drehzahl des getriebenen Rades,

daraus ergibt sich **Zähnezahl × Drehzahl des treibenden Rades =**
Zähnezahl × Drehzahl des getriebenen Rades

$$z_1 \cdot n_1 = z_2 \cdot n_2$$ Umgeformt erhalten wir

$$z_1 = \frac{z_2 \cdot n_2}{n_1}; \quad n_1 = \frac{z_2 \cdot n_2}{z_1}; \quad z_2 = \frac{z_1 \cdot n_1}{n_2}; \quad n_2 = \frac{z_1 \cdot n_1}{z_2}$$

das Übersetzungsverhältnis $\quad i = \dfrac{n_1}{n_2} = \dfrac{z_2}{z_1}$

bei doppelter Übersetzung $\quad i = \dfrac{n_1}{n_4} = \dfrac{z_2 \cdot z_4}{z_1 \cdot z_3}$

Umgeformt $\quad n_1 = \dfrac{z_2 \cdot z_4 \cdot n_4}{z_1 \cdot z_3}; \quad n_4 = \dfrac{z_1 \cdot z_3 \cdot n_1}{z_2 \cdot z_4}; \quad z_1 = \dfrac{n_4 \cdot z_2 \cdot z_4}{z_3 \cdot n_1}$

$$z_2 = \frac{n_1 \cdot z_1 \cdot z_3}{z_4 \cdot n_4}; \quad z_3 = \frac{n_4 \cdot z_2 \cdot z_4}{z_1 \cdot n_1}; \quad z_4 = \frac{n_1 \cdot z_1 \cdot z_3}{z_2 \cdot n_4}$$

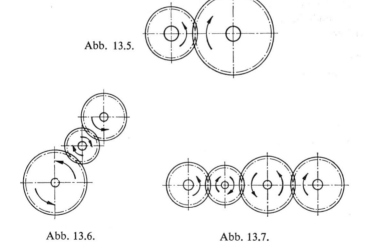

Abb. 13.5.

Abb. 13.6.   Abb. 13.7.

Der Drehsinn zweier miteinander kämmender Zahnräder ist gegenläufig
(Abb. 13.5.), soll der Drehsinn geändert werden, oder ist ein Achsabstand zu
überbrücken; (Abb. 13.5. und 13.6.), so können beliebig große Räder zwischen-
geschaltet werden, sie haben keinen Einfluß auf die Umdrehungzahl des
getriebenen Rades. Bei Berechnungen bleiben sie daher unberücksichtigt.

213

Das Übersetzungsverhältnis ändert sich jedoch, wenn die Zwischenräder nach Abb. 13.8. gesetzt werden. Hier werden die Zwischenräder zu getriebenen und treibenden Rädern.

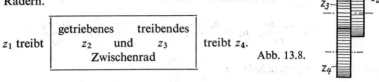

z_1 treibt

getriebenes	treibendes
z_2 und z_3	treibt z_4.
Zwischenrad	

Abb. 13.8.

Beispiel 1:
Ein Antriebsrad z_1 hat 60 Zähne, die Achse n_1 macht 100 Umdrehungen. Das getriebene Rad z_2 hat 20 Zähne. Wieviel Umdrehungen macht n_2? (Abb. 13.9.)

Lösung 1:

$$n_2 = \frac{z_1 \cdot n_1}{z_2} = \frac{60\,z \cdot 100\,U}{20\,z} = 300\,U$$

Die Achse n_2 macht **300 Umdrehungen.**

Beispiel 2:
Das Antriebsrad z_1 hat 80 Zähne, $n_1 = 60$ Umdrehungen. Das getriebene Rad $n_2 = 240$ Umdrehungen.
Wieviel Zähne hat das Rad z_2?

Lösung 2:

$$z_2 = \frac{z_1 \cdot n_1}{n_2} = \frac{80\,z \cdot 60\,U}{240\,U} = 20\,z; \qquad z_2 \text{ hat } \mathbf{20 \text{ Zähne}.}$$

Beispiel 3:
$z_2 = 32$ Zähne, $n_2 = 150$, $n_1 = 80$ U.
Wieviel Zähne hat z_1?

Abb. 13.9.

Lösung 3:

$$z_1 = \frac{z_2 \cdot n_2}{n_1} = \frac{32\,z \cdot 150\,U}{80\,z} = 60\,z; \qquad z_1 \text{ hat } \mathbf{60 \text{ Zähne}.}$$

Beispiel 4:
Bei einer doppelten Übersetzung macht die Welle $n_1 = 120$ Umdrehungen $z_1 = 30$ Zähne, $z_2 = 120$ Zähne, $z_3 = 25$ Zähne, $z_4 = 150$ Zähne.
Wieviel Umdrehungen macht die Welle n_4?

Lösung 4:

$$n_4 = \frac{z_1 \cdot z_3 \cdot n_1}{z_2 \cdot z_4} = \frac{30\,z \cdot 25\,z \cdot 120\,U}{120\,z \cdot 150\,z} = 5\,U$$

Die Welle n_4 macht **5 Umdrehungen.**

13.3. Schneckentrieb

Bei gekreuzten Wellen werden zur Kraftübertragung auch Schnecke und Schneckenrad verwendet (Abb. 13.10.). Das Schneckengetriebe findet vor allem dann Anwendung, wenn eine große Drehzahl der treibenden Welle (Schnecke treibend) heruntergesetzt werden soll (Schneckenrad getrieben), größte Übersetzung etwa 1 : 50. Schneckengetriebe findet man in erster Linie bei Teilköpfen. Die Teilung des Schneckenrades muß gleich der Teilung der Schnecke sein.

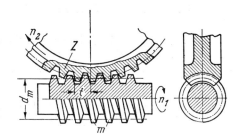

Abb. 13.10.
Schneckengetriebe

Man unterscheidet ein- und mehrgängige Schnecken. Dreht sich eine eingängige Schnecke einmal herum, so hat sich das Schneckenrad um einen Zahn weiter gedreht. Soll sich das Schneckenrad eines Teilkopfes, normalerweise 40 Zähne, einmal drehen, so muß sich die Schnecke 40mal drehen.

Es ist: z = Zähnezahl des Schneckenrades,

m = Gangzahl der Schnecke,

n_1 = Drehzahl der Schnecke,

n_2 = Drehzahl des Schneckenrades.

Unsere Formel lautet $n_1 \cdot m = n_2 \cdot z$

Umgeformt erhalten wir $n_1 = \dfrac{n_2 \cdot z}{m}$; $m = \dfrac{n_2 \cdot z}{n_1}$; $n_2 = \dfrac{n_1 \cdot m}{z}$; $z = \dfrac{n_1 \cdot m}{n_2}$

$$\text{Übersetzungsverhältnis} \quad i = \frac{n_1}{n_2} = \frac{z}{m}$$

Beispiel 1:

Ein Schneckenrad hat 30 Zähne, die Schnecke ist eingängig und macht 1200 U/min.
Wieviele Umdrehungen macht das Schneckenrad?

Lösung 1:

$$n_2 = \frac{n_1 \cdot m}{z} = \frac{1200 \text{ U/min} \cdot 1 \text{ G}}{30 \text{ z}} = 40 \text{ U/min}$$

Das Schneckenrad macht **40 Umdrehungen/min.**

Beispiel 2:

Ein Schneckenrad macht 11 Umdrehungen/min. Das Schneckenrad hat 50 Zähne. Die Schnecke ist zweigängig. Wieviel Umdrehungen macht die Schnecke?

Lösung 2:

$$n_1 = \frac{n_2 \cdot z}{m} = \frac{11 \text{ U/min} \cdot 50 \text{ z}}{2 \text{ G}} = 275 \text{ U/min}$$

Die Schnecke macht **275 Umdrehungen/min.**

Beispiel 3:

Der Antriebsmotor n_1 macht 1400 U/min. Die getriebene Welle n_2 soll 70 U/min machen. Die Übertragung soll durch Schneckengetriebe vorgenommen werden. Wieviel Zähne muß das Schneckenrad haben, wenn die Schnecke eingängig ist?

Lösung 3:

$$z = \frac{n_1 \cdot m}{n_2} = \frac{1400 \text{ U/min} \cdot 1 \text{ G}}{70 \text{ U/min}} = 20 \text{ z}$$

Das Schneckenrad muß **20 Zähne** haben.

13.4. Zahnrad- und Schneckentriebberechnung

13.4.1. Sollen Zahnräder genau kämmen, müssen sie den gleichen **Modul** besitzen. Modul ist eine Strecke, die mit π malgenommen, die Teilung ergibt. Unter Teilung versteht man das Maß von Zahnmitte bis Zahnmitte auf dem Teilkreis gemessen. Der Teilkreis ist die Linie, die Zahnfuß und Zahnkopf begrenzt (siehe Abb. 13.11.). Teilkreise eines Zahnradpaares (bei Stirn und Kegelrädern) sind die gedachten Kreise, in denen die Zahnräder sich berühren und auf deren Umfängen die Zahnräder ohne Gleiten aufeinander abrollen. Man bezeichnet also nach Abb. 13.11. mit

d_0 = Teilkreis $\varnothing$ in mm,
d_k = Kopfkreis $\varnothing$ in mm,
d_f = Fußkreis $\varnothing$ in mm,
h = Zahnhöhe in mm,
h_k = Kopfhöhe in mm,
h_f = Fußhöhe in mm,
t = Teilung in mm,   Abb. 13.11.
z = Zähnezahl.

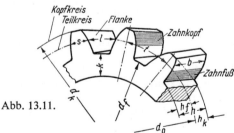

Nach DIN 780 sind folgende Module genannt.

m = 0,3; 0,4; 0,5; 0,6; 0,7; 0,8; 0,9; 1,0; 1,25; 1,5; 1,75; 2,0; 2,25; 2,5; 2,75; 3,0; 3,25; 3,5; 3,75; 4,0; 4,5; 5,0; 5,5; 6,0; 6,5; 7,0; 8,0; 9,0; 10; 11; 12; 13; 14; 15; 16; 20; 22; 24; 27; 30; 33; 36; 39; 42; 45; 50; 55; 60; 65; 70; 75 mm.

216

Aus dem oben Gesagten ergibt sich **Modul** $\times \pi =$ **Teilung.** Modul 5 ist beispielsweise 5 mm · 3,14 = 15,7 U, die Teilung ist also 15,7 mm. Der Teilkreisdurchmesser läßt sich aus Modul × Zähnezahl entwickeln. Hat beispielsweise ein Zahnrad 40 Zähne, mit Modul 3, so ist der Teilkreisdurchmesser 3 mm · 40 Z = 120 mm.

Der Zahn besteht aus Zahnkopf $= h_k =$ Modul in mm,

$$\text{Zahnfuß} = h_f = \frac{7}{6}\,\text{Modul} = 1{,}166 \cdot \text{m} = 0{,}4\,t,$$

zusammen ergibt das die Zahnhöhe $= h = h_k + h_f = \dfrac{13}{6}\,\text{m} = 2{,}166 \cdot \text{m} =$

$$= 0{,}7\,t.$$

Für Modul setzt man m, für den Mittenabstand zweier Räder a.

Der Mittenabstand läßt sich errechnen $a = \dfrac{z_1 \cdot m}{2} + \dfrac{z_2 \cdot m}{2} = \dfrac{m(z_1 + z_2)}{2}$

Die Breite b ist 6...10 m (für normale Ausführungen).
Zahnkranzstärke k ist mindestens 1,5 m.
Die Teilkreise zweier kämmender Zahnräder berühren sich.

Beispiel 1:

Von einem Zahnrad mit 60 Zähnen, Modul 5 sollen bestimmt werden:

1. die Teilung t	1. $t = m\pi$ = 5 mm · 3,14	= 15,7 ⌀ mm
2. der Teilkreis ⌀ d_0	2. $d_0 = mz$ = 5 mm · 60	= 300 ⌀ mm
3. der Kopfkreis ⌀ d_k	3. $d_k = mz + 2m$ = 5 mm · 60 + 2 mm · 5	= 310 ⌀ mm
4. der Fußkreis ⌀ d_f	4. $d_f = mz - (2 \cdot 1{,}166\,m)$ = 5 · 60 − (2 · 1,166 · 5) =	288,34 ⌀ mm
5. die Zahnhöhe h	5. $h = 2{,}166 \cdot m$ = 2,166 mm · 5	= 10,83 mm
6. die Kopfhöhe h_k	6. $h_k = m$ = 5 mm	
7. die Fußhöhe h_f	7. $h_f = 1{,}166 \cdot m$ = 1,166 mm · 5	= 5,83 mm
8. die Zahnbreite b	8. $b = 8 \cdot m$ = 8 mm · 5	= 40 mm
9. die Zahnkranzstärke k	9. $k = 1{,}5 \cdot m$ = 1,5 mm · 5	= 7,5 mm

Beispiel 2:

Der Mittenabstand zweier Zahnräder ist zu bestimmen.

$$\left.\begin{array}{l} z_1 \text{ hat 40 Zähne} \\ z_2 \text{ hat 80 Zähne} \end{array}\right\} m = 6$$

Lösung 2:

$$a = \frac{z_1 + z_2}{2} \cdot m\,\text{mm} = \frac{(40\,z + 80\,z)}{2} \cdot 6\,\text{mm} = 360\,\text{mm}$$

Der Mittenabstand beträgt **360 mm.**

13.4.2. Bei der Berechnung von Schnecke und Schneckenrad nach Abb. 13.12. gilt ebenso wie für die Zahnradberechnung

$$d_0 = m \cdot z$$

der Mittenabstand ist $\dfrac{d_{01} + d_{02}}{2}$

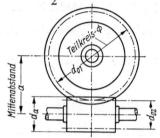

Abb. 13.12.

Beispiel:

Für ein Schneckentrieb nach Abb. 13.12. soll
1. der Teilkreisdurchmesser des Schneckenrades bestimmt werden; Zähnezahl 40, Modul 2.
2. Der Teilkreisdurchmesser der Schnecke bestimmt werden; Außendurchmesser = 40 mm.
3. Der Mittenabstand zwischen Schneckenrad und Schnecke bestimmt werden.

Lösung:

zu 1: $d_{01} = m \cdot z = 2\,\text{mm} \cdot 40 = 80\,\text{mm}$

Der Teilkreisdurchmesser des Schneckenrades ist 80 mm

zu 2: $d_{02} = a - 2 \cdot m = 40 - 2 \cdot 2\,\text{mm} = 36\,\text{mm}$

Der Teilkreisdurchmesser der Schnecke ist 36 mm

zu 3: $\quad a = \dfrac{d_{01} + d_{02}}{2} = \dfrac{80\,\text{mm} + 36\,\text{mm}}{2} = \dfrac{116}{2} = 58\,\text{mm}$

Der Mittenabstand beträgt **58 mm**.

13.5. Getriebe

Die vorgenannten einfachen Riemen-, Zahnräder- oder Kettentriebe lassen nur eine einzige Übersetzung zu. Will man die meist gleichbleibende Drehzahl des Antriebes erhöhen oder herabsetzen, verwendet man Getriebe. Besonders an Werkzeugmaschinen müssen an Antriebs-, Leit- oder Zugspindel die notwendigen Drehzahlen feinstufig oder sogar stufenlos regelbar sein.

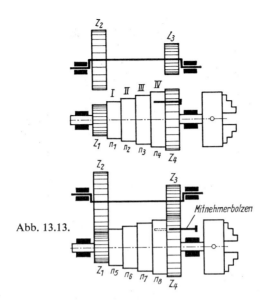

Abb. 13.13.

13.5.1. Stufenscheibengetriebe

Die einfachste Form der Drehzahlregulierung ist der Stufenscheibenantrieb. Hierbei werden in einigem Abstand drei- oder mehrstufige Riemenscheibenpaare im umgekehrten Durchmesserverhältnis gegenübergestellt und durch einen Riemen verbunden (Abb. 13.13.). Um einen Wechsel der Drehzahl zu erreichen, braucht nur der Riemen auf die nächste Stufe geworfen zu werden. Allerdings muß hierbei die Summe der beiden Stufendurchmesser immer gleich groß sein, um die Riemenspannung zu erhalten. Keilriemenübersetzungen erfordern eine Riemenentspannung, z. B. durch eine Wippe, um den Riemen gefahrlos auf die nächste Stufe bringen zu können.

13.5.2. Zahnradgetriebe

Riemenscheiben lassen durch ihren großen Platzbedarf nur eine geringe Anzahl von Stufenschaltungen zu. Will man also viele feingestufte Übersetzungen erreichen, muß man ein Zahnradgetriebe benutzen.

Je nach Verwendungszweck lassen sich folgende Getriebe einsetzen:

13.5.2.1. Das Stufenrädergetriebe (Abb. 13.14.).

Durch seitliches Verschieben lassen sich Zahnräder in Eingriff bringen, so daß bis zu sechs Geschwindigkeiten einstellbar sind. Es lassen sich große Kräfte übertragen, deshalb werden sie an Werkzeugmaschinen zur Regelung der Hauptbewegung verwendet.

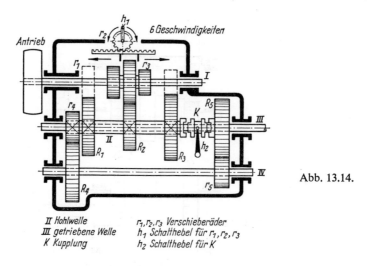

Abb. 13.14.

II Hohlwelle r_1, r_2, r_3 Verschieberäder
III getriebene Welle h_1 Schalthebel für r_1, r_2, r_3
K Kupplung h_2 Schalthebel für K

13.5.2.2. Nortongetriebe (Abb. 13.15.)

Kleinere Kräfte, z. B. die Vorschubbewegung an der Drehmaschine, werden vom Nortongetriebe übertragen. Der Antrieb erfolgt von der Hauptspindel über ein Zwischengetriebe auf die Welle I, die durch eine Federnut das Zahnrad r mitnimmt. Um dieses Zahnrad ist der Schwenkhebel mit dem Zahnrad R verschieblich gelagert. R kann nun in den mit der Zugspindel über ein Wendeherzgetriebe (Abb. 13.16.) festverbundenen Rädersatz $(r_1 \ldots r_6)$ eingerastet werden. Am Außengehäuse befindet sich ein aufsteigender Führungsschlitz, in dem der Handgriff gleitet. Ein Federstift im Handgriff gestattet das feste Einrasten des Schwenkhebels in am Gehäuse über dem Führungsschlitz angebrachte Bohrungen.

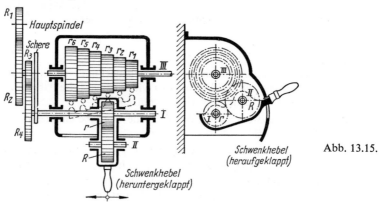

Abb. 13.15.

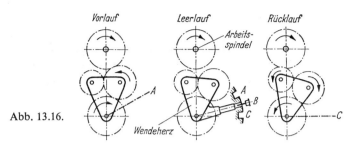

Abb. 13.16.

13.5.2.3. Ziehkeilgetriebe (Abb. 13.17.)

Kleine Kräfte lassen sich auch durch ein Ziehkeilgetriebe übertragen. Allerdings ist es durch die beweglichen Keilteile empfindlicher als das robuste Nortongetriebe.

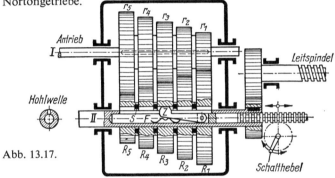

Abb. 13.17.

Der Schaltvorgang sieht folgendermaßen aus: Die Räder der Antriebswelle und die Räder der geschalteten Welle stehen dauernd im Eingriff. Während aber die Räder der Antriebwelle fest gefedert sind, laufen die der getriebenen Welle lose. Durch eine Bohrung und einen Schlitz in der Schaltwelle läßt sich ein federnder Hebel (Ziehkeil) in die Federnut der losen Räder durch Verschieben einrasten. Ein Zwischenring läßt den Keil vor jedem Schalten in die Bohrung der Hohlwelle eintauchen, so daß die Nase Z die Möglichkeit hat, die Federnut des folgenden Rades in der Radbohrung „zu erwarten". Durch den dauernden Eingriff und die unterschiedlichen Drehzahlen stehen die Federnute nicht in gleicher Stellung. Der Eingriff der „Keilnase" muß durch Drehen des Getriebes erreicht werden.

13.5.3. Stufenlose Getriebe

Die festgelegten Zähnezahlen der Zahnradgetriebe lassen nur Sprünge in den Geschwindigkeitsänderungen zu. Da die Antriebe an Werkzeugmaschinen nicht in der Drehzahl regulierbar sind, müssen deshalb, wenn gefordert, fortschreitend „schaltbare" Getriebe verwendet werden.

13.5.3.1. Reibradgetriebe (Abb. 13.18.)

An einer sich drehenden, getriebenen Radscheibe wird ein in einer Feder verschiebliches Reibrad vom Außenrand (größte Geschwindigkeit) zum Mittelpunkt hin (Geschwindigkeit 0) bewegt und umgekehrt. Die hierbei zu übertragenden Kräfte können nur gering sein, da eine hohe Belastung das Reibrad sofort zum Gleiten bringen würde. Trotzdem wurde in den Anfängen der Automobiltechnik ein derartiges Getriebe an Stelle der heute üblichen Stufenrädergetriebe verwendet.

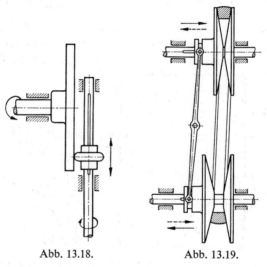

Abb. 13.18.   Abb. 13.19.

13.5.3.2. Kegelscheibengetriebe (Abb. 13.19.)

Dieses Getriebe eignet sich für die Übertragung kleinerer Kräfte bei hohen Drehzahlen. Zwei entgegengesetzt verschiebbare Scheibenpaare lassen einen Keilriemen je nach Stellung, vom größten auf den kleinsten Durchmesser angreifen. Stufenlos regelbare Zwischenstellungen gestatten, jede Geschwindigkeit der gegebenen Durchmesserbereiche einzustellen. Das Kegelscheibengetriebe wird vielfach an kleineren Werkzeugmaschinen zur Übertragung der Arbeitsbewegung eingesetzt.

13.5.3.3. PIV-Getriebe (Abb. 13.20.)

Das gleiche Prinzip wie beim Kegelscheibengetriebe wird auch beim PIV-Getriebe angewendet. An Stelle des eventuell schlüpfenden Keilriemens wird eine Spezialkette verwendet, die in Rillen der Kegelräderpaare eingreift. Dadurch lassen sich größere Kräfte übertragen.

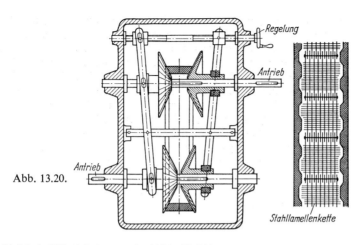

Abb. 13.20.

Regelung

Antrieb

Antrieb

Stahllamellenkette

13.5.3.4. *Flüssigkeitsgetriebe* (Abb. 13.21.)

Flüssigkeiten lassen sich nicht verdichten. Diese Eigenschaften machte man sich schon in der hydraulischen Presse und im hydraulischen Transformator zu nutze. Für Getriebe wurde es relativ spät verwendet. Die einfachste Form der Kraftübertragung zeigt Abb. 13.21. Drucköl wird durch eine Zahnradpumpe unter Druck gesetzt und durch eine Kolbenschiebersteuerung vor oder hinter einen Arbeitskolben geführt. Dieser führt eine hin- und hergehende Bewegung aus, die durch einen Steuerhebel mit Anschlägen in ihrem Ausschlag eingestellt werden kann. Eine weitere Form der Flüssigkeitsgetriebe sind die

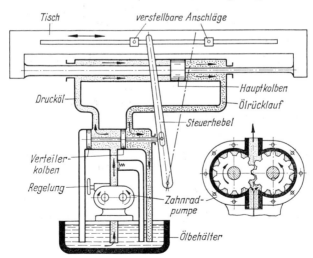

Tisch   *verstellbare Anschläge*

Drucköl

Hauptkolben

Ölrücklauf

Steuerhebel

Verteilerkolben

Regelung

Zahnradpumpe

Abb. 13.21.

Ölbehälter

hydrostatischen und die hydrodynamischen Getriebe. Bei dem erst genannten machen kleine Kolben, angetrieben durch eine exzentrisch gelagerte, verstellbare Taumelscheibe, Pumpbewegungen, die durch Rohrleitungen einem ähnlich aufgebauten System zugeführt werden. Das Öl verteilt sich auf die Kolben und bewegt nun seinerseits die ebenfalls verstellbare Taumelscheibe. Auf diese Weise lassen Öldruck und Umfangsgeschwindigkeit sich feinstufig regulieren. Diese Art Getriebe sind sehr robust und lassen sich sehr vielseitig verwenden, z. B.: zum Antrieb von Baumaschinen, Gabelstaplern, Kränen usw.

Die hydrodynamischen Getriebe arbeiten mit bewegten Flüssigkeiten, die durch Turbinen unter Druck gesetzt werden. Beide Systeme, der treibende und getriebene Teil, sehen sich sehr ähnlich. Sie sind durch Ventile und Schaltleitungen verbunden, die zusätzlichen Rädergetriebe ein- oder ausschalten können. Hierdurch wird ein sehr elastisches Laufen erreicht. Verwendung: Diesellokomotiven, Großautobusse usw.

13.6. Maschinenaufbau

Maschinen sind, wie schon in den vorangegangenen Abschnitten gesagt, aus einfachen Elementen aufgebaut, die durch Zusammensetzung ihrer Funktionen Regelung, Steuerung und Antriebe übernehmen. Einige wichtige Bauteile lassen sich allerdings nicht direkt aus einfachen Maschinen allein herleiten. Das sind die Kraftübertragungs- und Stützelemente Achsen, Wellen, Lager und Kupplungen.

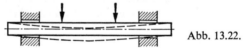

Abb. 13.22.

13.6.1. Achsen (Abb. 13.22.)

Achsen sind Tragelemente, die auf Biegung belastet werden. Sie dienen der Aufnahme von Rädern jeder Art, übernehmen dabei aber niemals Übertragungsfunktionen. Es spielt bei Achsen keine Rolle, ob sie stillstehen (das Lager also um einen Zapfen rollen lassen) oder sich selbst drehen (also selbst durch feststehende Lager abgestützt werden).

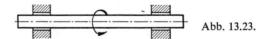

Abb. 13.23.

13.6.2. Wellen (Abb. 13.23.)

Wellen übertragen Drehbewegungen. Sie werden auf Verdrehung belastet. Dabei können selbstverständlich zur Abnahme von Kräften Räder oder Kurbelscheiben auf ihnen befestigt werden. Trotz dieser Belastung liegt die Hauptfunktion in der Kraftübertragung.

224

13.6.2.1. Triebwerkwelle

Werden die Aufgaben der Achse und der Welle in einem Element vereinigt, spricht man von einer Triebwerkswelle. Beispiele: angetriebene Kranlaufwerksachse, angetriebene Automobilachse usw.

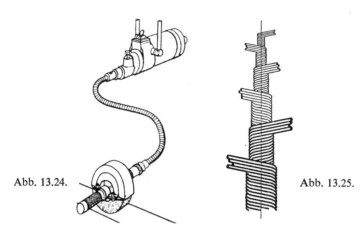

Abb. 13.24.

Abb. 13.25.

13.6.2.2. Biegsame Wellen (Abb. 13.24. und 13.25.)

Es müssen häufig kleinere Drehkräfte „beweglich", also „um die Ecke" übertragen werden, wenn die Handhabung eines Antriebsagregats zu schwierig ist. Hier werden biegsame Wellen verwendet, die aus vielen Lagen von Drahtwindungen bestehen, die immer im umgekehrten Winkelsinn gewunden sind. Ein Schutzschlauch aus Metall verhindert unter anderem die direkte Berührung mit der sich drehenden Welle. Verwendung: Handschleifapparate, Tachometerantrieb usw.

13.6.3. Lager

Achsen und Wellen müssen getragen werden. Dabei soll wenig Kraft verloren gehen. Ein Lager muß also so aufgebaut sein, daß in ihm die Reibung einen möglichst kleinen Wert erreicht. (Reibung siehe S. 235.) Hierbei spielt die Schmierung (Siehe unter Schmierung S. 232) eine große Rolle.

13.6.3.1. Gleitlager (Abb. 13.26. a...c)

Beim Gleitlager werden die Belastungen in der Welle oder der Achse angepaßten Schalen, Büchsen oder direkt im Lagerkörper aufgefangen. Gleitlager sind unempfindlich gegen Stöße und lassen niedrige wie hohe Umfangsgeschwindigkeiten zu.

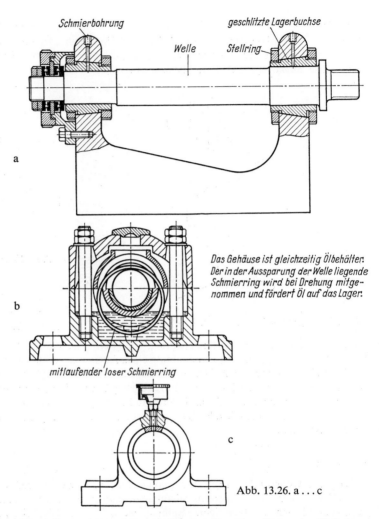

Schmierbohrung geschlitzte Lagerbuchse

Welle Stellring

a

Das Gehäuse ist gleichzeitig Ölbehälter.
Der in der Aussparung der Welle liegende
Schmierring wird bei Drehung mitge-
nommen und fördert Öl auf das Lager.

b

mitlaufender loser Schmierring

c

Abb. 13.26. a . . . c

Für ihre Herstellung verwendet man Werkstoffe, die selbst gute Gleiteigenschaften haben: Bronze, Grauguß, Sintermetalle usw. Die Sintermetalle haben
durch ihre schwammähnliche Wirkung sehr gute Notlaufeigenschaften, d. h.
bei Ausfall der Schmierung wird durch die eintretende Erwärmung aus den
Poren nach und nach das aufgesaugte Öl an die Lagerstellen gepreßt.
Sollen von Gleitlagern axiale (axial: in Richtung der Achse liegend) Kräfte,
z. B. bei stehenden Wellen, aufgenommen werden, macht die Konstruktion
dieser Lager durch das Auftreten von Trocken- oder Gemischtreibung große

226

Schwierigkeiten. Aufwendige Drucköldvorrichtungen müssen dann die direkte Berührung beider Teile verhindern.

Trotz der Vorteile des Gleitlagers, wie Selbstverstellung, einfacher Austausch der Schalen, lange Lebensdauer usw., weist es große Nachteile auf, die vielfach den Einbau der wesentlich teueren Wälzlager rechtfertigen: dauernde Pflege, hoher Schmiermittelverbrauch, großer Anlaufwiderstand usw.

13.6.3.2. Wälzlager

Wesentlich teurer, aber einfacher in der Wartung und mit besseren Laufeigenschaften versehen, sind die Wälzlager.

Das Wälzlager ist im Gegensatz zum Gleitlager ein selbständiges Maschinenteil, das einzeln auf die Welle oder Achse und in eine entsprechende Halterung eingebaut werden muß. Man unterscheidet nach der Form der Wälzkörper Kugel- oder Rollenlager.

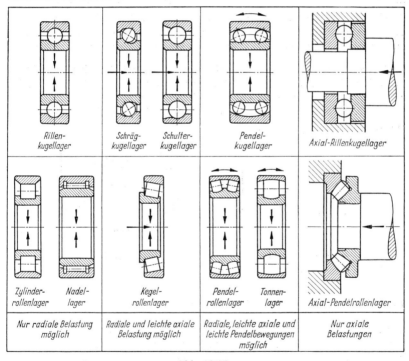

Rillen-kugellager	Schräg-kugellager	Schulter-kugellager	Pendel-kugellager	Axial-Rillenkugellager
Zylinder-rollenlager	Nadel-lager	Kegel-rollenlager	Pendel-rollenlager	Tonnen-lager	Axial-Pendelrollenlager
Nur radiale Belastung möglich	Radiale und leichte axiale Belastung möglich	Radiale, leichte axiale und leichte Pendelbewegungen möglich	Nur axiale Belastungen

Abb. 13.27.

---

* Eine neuere Entwicklung ist das Axial-Spiralrillenlager, das durch die Saugwirkung der Spiralrillen den zur Bildung des Schmierfilms nötigen Hebedruck selbsttätig erzeugt.

Da Kugeln die Kräfte der Welle theoretisch nur auf einen Punkt übertragen, sind Kugellager nicht für große Belastungen ausgelegt. Allerdings sind auch die Reibungsverluste in einem Rollenlager größer.

Man hat die Wälzlager so konstruiert, daß sie fast allen Kraftgrößen und Kraftrichtungen gerecht werden (Abb. 13.27.).

Durch ihren Aufbau bedingt, sind die Wälzlager, vor allem beim Ein- bzw. Ausbau, sehr empfindlich. Zwischen den Ringen und den Kugeln gibt es einkonstruierte Toleranzen, Lagerluft, die durch Pressungen der Welle und des Gehäuses nur zum Teil verloren gehen darf.

Lagerluft ist eine Einbaugröße, die durch das Auseinanderpressen des Innenrings und das Zusammenpressen des Außenrings verlorengehen darf. Die Lagerluft garantiert den einwandfreien Lauf des Lagers, denn Wälzkörper und Ringe dürfen über eine bestimmte Arbeitsbelastung hinaus, nicht noch durch Verformungen zusätzlich beeinflußt werden. Deshalb sind, neben unbedingter Sauberkeit am Arbeitsplatz, genau die von der Herstellerfirma angegebenen Einbauwerte (Passungen) und -vorschriften einzuhalten.

Probleme der Schmierung fallen bei Wälzlagern nicht stark ins Gewicht, da heute häufig gekapselte Lager mit Dauerschmierung eingesetzt werden. Ein ständiges Schmieren wie bei Gleitlager ist nur bedingt nötig. Schmiermittelverluste sind aber auch hier durch Dichtringe, Labyrintdichtungen usw. zu vermeiden.

Schwalbenschwanzführung

Abb. 13.28.a

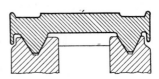

Prismenführung

Abb. 13.28.b

13.6.3.3. *Gerade Lager* (Abb. 13.28.a...b)

Schlittenführungen, wie Schwalbenschwanz- oder Prismenführungen, kann man auch gerade oder flache Lager nennen. Hier treten, vor allem wenn die Führungen bewegte Maschinenteile abstützen, die gleichen Schmierprobleme auf wie bei den Gleitlagern.

Man hat deshalb bei Führungen, die einen leichten Lauf haben müssen, auf flache Zylinderrollenlager zurückgegriffen.

228

13.6.4. Kupplungen

13.6.4.1. Feste Kupplungen

Müssen zwei miteinander fluchtende Wellenteile vorübergehend oder dauernd verbunden werden, bedient man sich einer festen Kupplung. Je nach Verwendungszweck, d. h. ob ein Auffedern der Kupplung möglich ist oder nicht, verwendet man die Scheiben- oder Schalenkupplung.

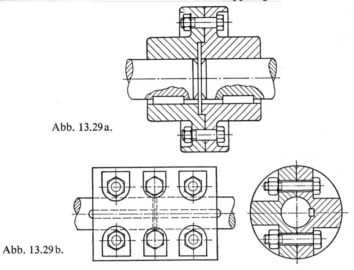

Abb. 13.29a.

Abb. 13.29b.

Die Scheibenkupplung (Abb. 13.29.a) verbindet durch Verschrauben beide Wellenteile über die Mitnahmeverbindung der Federn in der Welle.
Die Schalenkupplung dagegen kann eine reine Klemm- und damit eine Reibungsverbindung sein. Die in der Zeichnung angedeutete Feder, braucht bei kleinen Kraftübertragungen nicht eingesetzt zu sein (Abb. 13.29.b).

13.6.4.2. Bewegliche Kupplungen

Treten beim Betrieb einer Maschine starke, ruckartige Bremskräfte an den Wellen auf, die durch Riemenschlupf nicht aufgefangen werden können, verwendet man, um die Antriebsmaschine nicht übermäßig zu belasten, elastische Kupplungen (Abb. 13.30.a...b).
Die Stöße werden von federnden Zwischenlagern aufgefangen bzw. gedämpft an den Antrieb zurückgegeben. Spezielle Kupplungen, z. B. die Bibby-Kupplung, gestattet durch eingelegte Zickzackfedern zusätzlich eine Anpassung an den aufgewendeten Betriebsdruck.
Zusätzlich gestatten einige elastische Kupplungen auch Abweichungen der Wellen in der Winkellage zueinander. So können leichte Winkelunterschiede, bei gleicher Höhe der Lagerebenen, ausgeglichen werden.

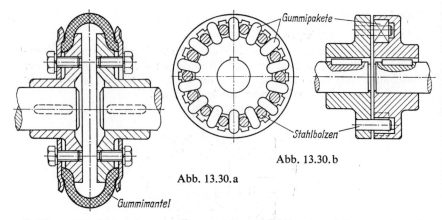

Abb. 13.30.b

Abb. 13.30.a

Gummimantel

Größere Abweichungen, vor allem wenn zwei Wellen in größerem Abstand parallel laufen, können durch Kugelgelenk- oder Kreuzgelenkkupplungen (Abb. 13.31.a und 13.31.b) verbunden werden. Diese Gelenke gestatten durch ihre allseitige Dreh- und Schwenkbarkeit eine gleichmäßige Übertragung der Drehbewegung, auch bei wechselnden Wellenabständen.

13.6.4.3. Lösbare Kupplungen

Sollen während des Betriebes einer Maschine Teile stillgelegt oder geschaltet werden, verwendet man ausrückbare Kupplungen. Hier unterscheidet man

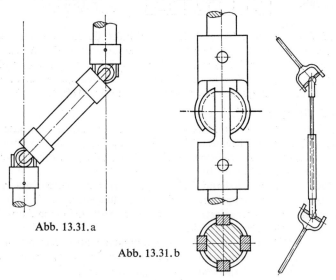

Abb. 13.31.a

Abb. 13.31.b

während der Drehbewegung schaltbare und nur im Stillstand ein- bzw. ausrückbare Kupplungen.
Zu den letzteren gehört die Klauenkupplung (Abb. 13.32.), die auch vielfach
fest mit den Wellenenden verbunden, als Ausdehnungskupplung Verwendung
findet. Werden die Klauen einseitig etwas abgeschrägt, kann die Kupplung
bedingt bei auslaufender Maschine geschaltet werden.

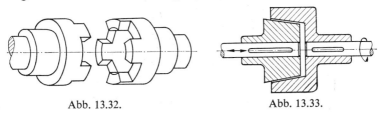

Abb. 13.32. Abb. 13.33.

Kegelkupplungen (Abb. 13.33.) gestatten das Schalten auch bei großer Drehzahl und ein weiches Mitnehmen der anzutreibenden Welle. Um große Kräfte
zu übertragen, muß allerdings die Reibungsfläche und damit die gesamte
Kupplung sehr groß gestaltet werden.

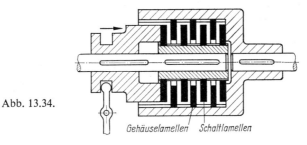

Abb. 13.34.

Gehäuselamellen Schaltlamellen

Kleiner, und dabei auf dem gleichen Prinzip berufend, ist die Lamellenkupp-
lung. Hier werden nebeneinanderliegende Scheiben mit Korkbelag durch
Einrücken mit ähnlichen Lamellenscheiben des anderen Wellenteils zusammengedrückt und zur Mitnahme gebracht. Auch hierbei ist ein weiches,
ruckloses Schalten möglich (Abb. 13.34.).

13.6.4.4. Elektromagnetische Kupplungen (Abb. 13.35.)
Moderne Maschinen verlangen kurzzeitige Schaltvorgänge, die durch elektrische Steuerimpulse ausgelöst werden.
Die elektromagnetischen Kupplungen haben meist ein Gehäuse, das die Mag-
netwicklungen mit allen Anschlüssen enthält und einen Kupplungsteil, in dem
Lamellen, Reibscheiben oder Zahnkränze zum Eingreifen oder Lösen gebracht
werden. Die Schaltvorgänge können mehrmals in der Sekunde vollzogen
werden.

231

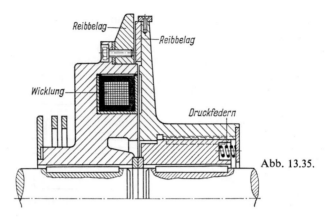

Reibbelag — Reibbelag

Wicklung

Druckfedern

Abb. 13.35.

Die abgebildete Kupplung besteht aus zwei Scheiben, deren eine die Magnet-
pakete mit Anschlüssen enthält. Die Mitnahme erfolgt hier durch Heranziehen
der unbestückten Scheibe, die eine Reibschlußverbindung durch die auf ihr
angebrachten Reibbeläge ermöglicht. Die eingelegten Druckfedern verschieben
nach dem Ausschalten der Magnete die Scheiben zueinander, so daß die
Kraftübertragung aufhört.

13.6.4.5. Sicherheitskupplungen

Um wertvolle Maschinen bei Überbelastung vor Zerstörung zu schützen,
werden häufig vor die zu schützenden Teile Sicherheitskupplungen eingebaut.
Es kann sich hier um Rutschkupplungen, d. h. Kupplungen, die bei einer
bestimmten Belastung ihre Reibschlußverbindung aufgeben, oder um Scher-
stiftkupplungen handeln.

13.6.5. Schmierung

Reibung, zum Teil erwünscht wie bei manchen Kupplungen, wirkt bewe-
gungshemmend und dabei energieumwandelnd, d. h. ein erheblicher Teil der
von der Kraftmaschine erzeugten Bewegungsenergie wird in Wärmeenergie
umgewandelt und geht damit dem direkten Arbeitsprozeß verloren.
Reibung zwischen Metallteilen führt außerdem zum Verschleiß, d. h. beide
Teile tragen sich gegenseitig unter Umständen bis zur Zerstörung ab. Auch
hierdurch entsteht natürlich Wärme, die zu einer Ausdehnung der ineinander-
oder aneinandergleitenden Teile führt. Ausdehnung führt zu noch größerer
Reibung, so daß die Bewegung schließlich zum Stillstand kommen kann.
Die Schmierung hat folglich zwei Aufgaben: 1. die direkte Berührung der
bewegten Maschinenteile zu verhindern und 2. die auftretende Wärme ab-
zuleiten.
Man unterscheidet in der Technik drei Reibungsarten.

13.6.5.1. *Die trockene Reibung*

Hier berühren sich die bewegten Körper direkt ohne das eine Gleitschicht vorhanden ist. Die Erwärmung ist groß, der Verschleiß entsprechend. Dauernde Berührung führt schließlich durch die große Erwärmung zum „Fressen". Metallteile verschweißen miteinander.

13.6.5.2. *Gemischte oder halbflüssige Reibung*

Sie entsteht dort, wo der Schmierfilm zur Trennung der bewegten Teile nicht ausreicht, d. h. zerreißt und immer noch an einigen Stellen Trockenreibung zuläßt. Das ist vor allem dort der Fall, wo die Bewegung nicht fortlaufend ist, sondern durch Umkehren der Bewegungsrichtung der Schmierfilm dauernd zusammenbricht und neu aufgebaut werden muß. Tische von Hobelmaschinen, Shapingstößel usw. unterliegen diesen Bedingungen. Hier ist nur durch geeignete Konstruktion und entsprechende Wahl der Schmierstoffe Abhilfe zu schaffen.

13.6.5.3. *Schwimm- oder flüssige Reibung*

ist der Zustand der Schmierung, der bei jeder Konstruktion von Lagern gleich welcher Form, erreicht werden sollte. Hier trägt eine Ölschicht die bewegten Teile, so daß zwischen ihnen keine direkte Berührung stattfinden kann.

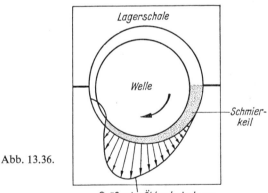

Abb. 13.36.

(Abb. 13.36.) zeigt, wie die sich drehende Welle im Lager einen „Schmierkeil" erzeugt, auf dem sie, bei genügender Bewegung, schwimmt. Der Schmierkeil unterbricht hier jede metallische Berührung.

Lager, vor allen Dingen Gleitlager, müssen so aufgebaut und eingerichtet sein, daß der Schmierkeil, z. B. durch eine Schmiernut am Boden der Lagerschale, nicht unterbrochen wird. Auch muß das Lagerspiel so groß sein, daß der Ölfilm die Möglichkeit hat, die Welle „anzuheben".

233

Große Belastungen von Welle und Lager, z. B. bei stehenden Axiallagern, haben zu aufwendigen Konstruktionen geführt, die durch Druckschmierung, Kippsegmente, Ringschmierung mit Öltaschen, Spiralrillen usw., die Erhaltung der Schwimmreibung ermöglichen sollen.

Schmiermittel werden heute meist von den Maschinenherstellern vorgeschrieben. Um die für jede Maschine günstigste Schmierwirkung zu erreichen, ist es unbedingt erforderlich, diese Vorschriften zu beachten. Ein universelles Schmiermittel gibt es nicht.

Die Eigenschaften von Schmiermitteln lassen sich durch Versuche in der Werkstatt *nicht* feststellen. Hierzu gehören Laborausrüstungen, die für den normalen Werkstattgebrauch wesentlich zu aufwendig sind. Hier einige Eigenschaften der Schmiermittel:

13.6.5.4. Viskosität: Zähflüssigkeit, die garantiert, daß der Schmierfilm bei dem der Maschine entsprechenden Schmiermittel nicht zerreißt. Die Größe der Zähflüssigkeit hängt stark vom Einsatz des Schmiermittels ab. So ist zu untersuchen, ob die Maschine bei Betrieb starken Erwärmungen unterliegt, z. B. Motore, Lokomobilen, Walzgerüste, Kalander usw. Hier muß ein Schmiermittel mit hoher Viskosität gewählt werden, da die Wärme die Zähflüssigkeit stark herabsetzt, das Schmiermittel also verflüssigt.

Kleine Maschinen ohne Erwärmung, z. B. mechanische Meßinstrumente, Nähmaschinen, brauchen niedrig-viskose Öle, weil keine Verflüssigung durch Erwärmung stattfindet und gleichzeitig kein hoher Lagerdruck auftritt.

Maschinen ohne Erwärmung, aber mit hohen Lagerdrücken, brauchen ein mittel-viskoses Öl, das den Bewegungsablauf nicht hemmt, trotzdem aber dem Lagerdruck standhält.

Maschinen mit erheblichen Lagerdrücken auf tragenden Flächen, wie Hobelmaschinentische, Stößelführungen usw., brauchen ein Schmiermittel hoher Viskosität mit zusätzlichen Gleitmitteln.

Bei der Wahl der Öle oder Pasten spielt auch die Art der Schmierung eine Rolle: handelt es sich um eine „Einweg-Schmierung", wie z. B. bei Dampflokomotiven, tropft das Öl also nach Gebrauch ab und wird nicht wiederverwendet, sind die Anforderungen an Regeneration, Kühlbarkeit und Abscheidung von Fremdstoffen gering.

Handelt es sich um eine Dauerschmierung mit Umlaufsystem, liegen diese Anforderungen bei weitem höher.

Eine weitere Eigenschaft ist der niedrige **Stockpunkt**. Das heißt, das Öl darf selbst bei großen Unterschreitungen der normalen Arbeitstemperaturen nicht „dick" werden.

Auch die Beachtung des **Flammpunktes** kann von Wichtigkeit sein. Bestimmte Öle, z. B. Zylinderöle und Autoöle, müssen einen hohen Flammpunkt haben, um im Explosionsraum eines Motors nicht zu verbrennen.

13.6.5.5. Arbeitshinweis: Schmiermittel und Öle sollten immer nach Angaben des Maschinenherstellers eingesetzt werden. Vor Gebrauch einer Maschine ist zu prüfen, ob eine ausreichende Schmierung gewährleistet ist. Maschinen, die längere Zeit stillgestanden haben, sind zur Bildung des Schmierkeils vorsichtig und ohne Last anzufahren. Starke Erwärmung der Lager zeigen mangelnde Schmierung an. Auch länger laufende Wellen und Lager sollten sich niemals über Handwärme hinaus erhitzen. Auf Ölverluste an Lagerstellen ist zu achten.

13.7. Reibung

Reibung ist der Widerstand zweier sich berührender Körper gegen eine Veränderung ihrer Lage.
Man unterscheidet drei Hauptgruppen der Reibung: 1. Haftreibung, 2. Gleitreibung, 3. Wälzreibung.

Abb. 13.37.a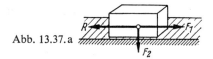

13.7.1. Haftreibung (Abb. 13.37.a). Zwei sich in einem Punkt, einer Linie oder Fläche berührende Körper, die sich gegenseitig in Ruhe befinden, setzen ihrer Verschiebung einen Widerstand entgegen. Dieser Widerstand ist von der Beschaffenheit der Oberflächen beider Berührungskörper abhängig. Je aufgerauhter diese sind, umso größer ist der Reibungswiderstand. Ebenfalls ist die Pressung beider Körper aufeinander von Einfluß auf die Haftreibung. Der größte Widerstand tritt bei trockener Reibung, also bei ungeschmierten Flächen auf, sie ist am kleinsten, wenn eine Flächenberührung durch eine tragende Flüssigkeitsschicht verhindert wird. Man nennt diesen Zustand Flüssigkeits- oder Schwimmreibung. In der Praxis wird bei Ruhelage meist nur die gemischte oder halbflüssige Reibung erreicht, da ohne Hilfsmittel, z. B. Druckschmierung, immer einige Flächen der sich berührenden Körper in „trockenem" Kontakt stehen werden.
Für die Berechnung der Kraft, die aufgewendet werden muß, um die Reibung zu überwinden, genügt folgende Formel:

$$R_0 = \mu_0 \cdot G$$

wobei R_0 etwa die Kraft zur Überwindung der Reibung aus dem Ruhezustand, G die Pressung der reibenden Flächen in daN und μ_0 die Reibungszahl für Haftreibung darstellt. Diese Reibungszahl ist, wie die folgenden, unbenannt und durch Erfahrungswerte bei ungeschmierten und geschmierten Flächen errechnet worden.

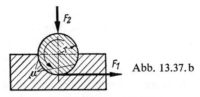

Abb. 13.37.b

13.7.2. Gleitreibung (Abb. 13.37 b). Ist ein Körper durch Überwindung der Reibkraft R_0 in eine gleichförmige Bewegung geraten, genügt eine wesentlich geringere Kraft zur Aufrechterhaltung der Bewegung. Die Formel lautet hier gleich. Nur setzt man, zur Unterscheidung des Reibungszustandes, andere Indizi. Also:

$$R = \mu \cdot G$$

Die Reibungszahl der gleitenden Reibung, ist, vor allem bei flüssiger Reibung, abhängig von der körpereigenen Pressung, der Temperatur und damit der von der Temperatur abhängigen Zähigkeit des Schmiermittels und von der Geschwindigkeit des Gleitens. Da die Abhängigkeit der Reibungszustände von den oben genannten Faktoren nicht immer voll zu übersehen ist, streuen die Reibungszahlen bedeutend, so daß nur Mittelwerte einsetzbar sind.

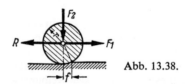

Abb. 13.38.

13.7.3. Wälzreibung (Abb. 13.38). Das Rollen eines Zylinders auf einer Ebene (z. B. ein Rad auf einer Schiene) ist nur infolge der oben erwähnten Haftreibung möglich. Da alle Stoffe elastisch sind, drückt sich z. B. das härtere Rad etwas in die weichere Schiene ein. Hierbei wird die linienförmige Berührung zur Flächenauflage. Das ergibt nach Konstruktion eines Parallelogramms einen Hebelarm f, der als Reibungszahl einzusetzen ist. Um das Rad fortzubewegen ist eine Zugkraft (F_1) erforderlich. Sie muß größer sein als der Rollwiderstand (R). Das Rollen tritt nur ein, wenn die Zugkraft kleiner oder gleich der Haftreibung $= \mu_0 \cdot G$ ist. Ist die Haftreibung sehr gering, reicht sie u. U. nicht aus, reines Rollen hervorzurufen. Dann tritt gleichzeitig ein Gleiten auf. Man hat für einige Werkstoffe, z. B. Gußeisen auf Stahl, Stahlguß auf Stahl und Stahl auf Stahl, annähernd ähnliche Reibungszahlen gefunden: $f \sim 0,05$ bis 0,055. Dieser Wert setzt sich aus der rollenden und der gleitenden Reibung zusammen, die dadurch entstehen, das Zylinder und Auflagefläche sich elastisch verformen. Dabei spielt die Geschwindigkeit eine Rolle, weil die elastische Rückformung des Rades auf seiner ablaufenden Seite mit zunehmender Geschwindigkeit immer kleiner wird. Dadurch nimmt f an Größe zu.

Für Wälzlagerkugeln oder -rollen und Laufringe, also gehärtetem Werkstoff, hat man für f 0,0005 bis 0,001 gefunden.

Werkstoffe der sich reibenden Körper	Haftreibung μ_0		Gleitreibung μ		Werkstoffe, die sich reibend abrollen	Fahr-(Wälz-)reibung μr	
	trocken	geschm.	trocken	geschm.		Geschw.	μr
Stahl auf Stahl	0,15...0,25	0,1	0,1	0,07	Stahl auf Stahl	25 km/h	0,02
Stahl auf Grauguß	0,2	0,1	0,2	0,08	Stahl auf Stahl	25 km/h	0,03
Stahl auf Bronze, Rotguß	0,18	0,1	0,16	0,01	Stahl auf Stahl	100 km/h	0,04

Die entsprechende Formel für rollende Reibung lautet:

$$R = \frac{G \cdot f}{r}$$

wobei R die Kraft zur Überwindung der Reibung in daN, G die Pressung in daN, f die Rollwiderstandszahl in cm, r der Halbmesser der Rolle in cm ist. (Durch die Subtraktion der beiden Längendimensionen bleibt nur die Dimension daN übrig.)

13.8. Wirkungsgrad

Da es keine Maschine gibt, deren zugeführte Leistung gleich der abgegebenen Leistung ist, es treten immer Verluste durch Reibung oder elektrische Verluste auf, hat jede Maschine nur einen bestimmten Wirkungsgrad.

Unter Wirkungsgrad versteht man also das Verhältnis der nutzbar gemachten zur aufgewandten Energie in einer Maschine. Man bezeichnet den Wirkungsgrad mit dem griechischen Buchstaben η (sprich Eta); es ist also

$$\textbf{Wirkungsgrad} = \frac{\textbf{Nutzleistung}}{\textbf{aufzuwendende Leistung}}$$

$$\eta = \frac{P_{ab}}{P_{zu}}$$

η ist eine Verhältniszahl, also unbenannt, meist in %.

Beispiel:
Die Nutzleistung beträgt 28 kW, die auf zuwendende Leistung 35 kW. Wie groß ist der Wirkungsgrad?

Lösung:

$$\eta = \frac{P_{ab}}{P_{zu}} = \frac{28}{35} \text{ kW} = 0,8 = 80\%$$

Der Wirkungsgrad beträgt **80%**.

14. Bewegungen an Werkzeugmaschinen

14.1. Allgemeines

Die Spanabnahme an Werkzeugmaschinen setzt eine Reihe von Bewegungen voraus, die sich in ihrem Ursprung aus denen einfacher Handwerkzeuge ableiten lassen.

14.1.1. Haupt- oder Schnittbewegung

Zur Übertragung der Schnittkraft ist eine Vorwärtsbewegung nötig, die das Stauchen, Abtrennen und Abbiegen der Werkstoffteile ausführt. Die Größe dieser Kraft wird durch den Spanquerschnitt und die Festigkeit des zu bearbeitenden Werkstoffes bestimmt.

Je nach Eigenart der Bearbeitung kann es sich um eine geradlinige, wie beim Hobeln, Stoßen und Räumen handeln. Beim Drehen, Fräsen, Bohren und Schleifen ist die Bewegung kreisförmig.

14.1.2. Vorschubbewegung

Um eine kontinuierliche Spanabnahme zu erreichen, muß das Werkzeug dauernd im Schneidvorgang gehalten werden, d. h. durch Vorrücken des Werkzeugs oder des Werkstücks muß stets die noch unbearbeitete Werkstückfläche dem Werkzeug zugeführt werden. Man nennt diese Bewegung Vorschub. Seine Größe bestimmt u. a. auch die Dicke des abgehobenen Spans.

14.1.3. Zustellbewegung

Die Spantiefe wird durch die Zustellung bestimmt. Diese Bewegung erfolgt meist nur einmal bei Beginn jeder Spanabnahme. Sie ist, zusammen mit der Vorschubbewegung für die Größe des Spanquerschnitts verantwortlich.

14.2. Anwendung auf verschiedene Werkzeugmaschinen

14.2.1. Hobel- und Stoßmaschinen (Abb. 14.1...14.3.)

Sie haben eine gradlinie Schnittbewegung, die bei den Stoßmaschinen vom Werkzeug va, bei den Hobelmaschinen vom Werkstück vb ausgeführt wird. Da das Werkzeug in seine Ausgangslage zurückgeführt werden muß, erscheint noch eine zweite Bewegung $v \cdot r$, die man als Leerhub bezeichnet (Abb. 14.1.).

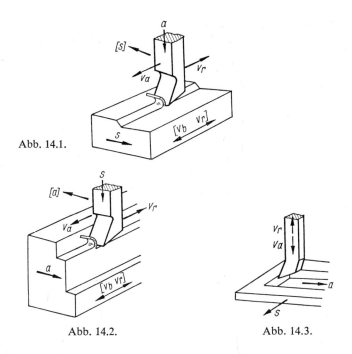

Abb. 14.1.

Abb. 14.2.   Abb. 14.3.

Der Vorschub *s* wird bei den Stoßmaschinen bei waagerechter Arbeitsfläche durch eine Bewegung des Werkstücks *s*, bei den Hobelmaschinen durch eine Bewegung des Werkzeugs (*s*) ausgeführt. Auch hier ist das Waagerechtstoßen und -hobeln in senkrechter Lage der Arbeitsfläche ein Sonderfall (Abb. 14.2.). Die Zustellung *a* bei den Stoßmaschinen erfolgt entsprechend der Lage der Arbeitsfläche durch das Werkzeug oder das Werkstück. Beim Hobeln (*a*) sind die Zustellbewegungen entsprechend angepaßt (Abb. 14.2. + 14.3.).

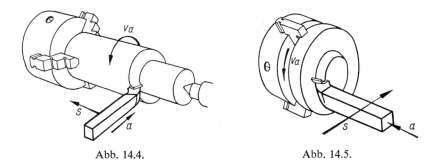

Abb. 14.4.   Abb. 14.5.

14.2.2. *Drehmaschinen* (Abb. 14.4...14.5.)

Die Hauptbewegung *va* der Drehmaschinen wird vom Werkstück übernommen. Sie ist kreisförmig.

Der Vorschub *s* erfolgt in jedem Falle durch das Werkzeug. Auch die Zustellung *a* wird vom Werkzeug, entsprechend der Arbeitsrichtung, ausgeführt.

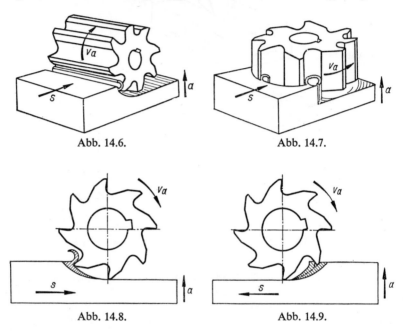

Abb. 14.6.   Abb. 14.7.

Abb. 14.8.   Abb. 14.9.

14.2.3. *Fräsmaschinen* (Abb. 14.6...14.9.)

haben ebenfalls eine kreisförmige Hauptbewegung *va*, die immer vom Werkzeug ausgeführt wird. Der Vorschub *s* und die Zustellbewegung *a* erfolgt in den meisten Fällen durch das Werkstück durch Bewegung des Arbeitstisches. Hierbei spielt die Bewegungsrichtung von Werkzeug zu Werkstück, wie beim Gegen- und Gleichlauffräsen, keine Rolle (Abb. 14.8. und 14.9.).

14.2.4. *Bohrmaschinen* (Abb. 14.10.)

Die kreisförmige Schnittbewegung *va* wird vom Werkzeug ausgeführt. Auch der Vorschub *s* wird meist von dem Bohrer übernommen. Allerdings kann bei kleinen Maschinen, und in Sonderfällen an großen Maschinen, auch das Werkstück den Vorschub übernehmen.

Die Zustellung *a* erfolgt beim Bohren nur durch die Wahl eines größeren Bohrdurchmessers.

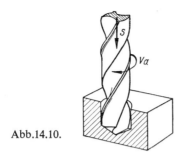

Abb.14.10.

14.2.5. *Schleifmaschinen* (Abb. 14.11...14.14.)

Die Arbeitsbewegungen beim Schleifen sind, vor allem beim Rundschleifen, häufig schwieriger zu durchschauen. Bei der Flächenbearbeitung übernimmt die Schleifscheibe allein die Hauptbewegung va. Die Zustellung a wird senkrecht und waagrecht durch das Werkzeug übernommen. Der Vorschub s erfolgt durch die Bewegung des Werkstücks (Abb. 14.11.).

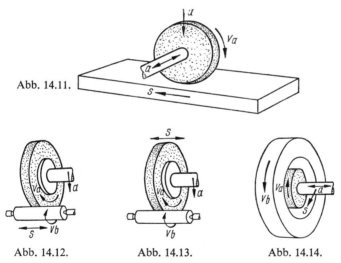

Abb. 14.11.

Abb. 14.12.   Abb. 14.13.   Abb. 14.14.

Beim Rundschleifen außen und innen kann zusätzlich eine Schnittbewegung $v \cdot b$ durch die Drehung des Werkstücks hervorgerufen werden. Auch der Vorschub s wird bei manchen Konstruktionen durch die Bewegung der Schleifscheibe übernommen.

15. Spangebende Werkzeugmaschinen

15.1. Hobeln und Stoßen

Hobeln ist eine spangebende Bearbeitungsart. Der Werkstoff wird mit einem oder mehreren meißelartigen Schneidwerkzeugen gleichzeitig zerspant. Werkstück oder Werkzeug führt eine hin- und hergehende Bewegung aus. Der Span wird unter gleichmäßigem Schnittdruck abgehoben. Die Arbeitsbewegung ist geradlinig. Die Geschwindigkeit ist meist ungleichmäßig, sie steigt von Null bis zum Höchstwert in der Mitte des Hubes an und fällt bis zum Ende des Hubes auf Null. Der Rücklauf erfolgt meist mit erhöhter Geschwindigkeit. Während oder nach Beendigung des Rücklaufes erfolgt der Vorschub. Ein Arbeitsgang besteht demnach aus dem Arbeitshub (Vorlauf) und dem Leerhub (Rücklauf). Eine Ausnahme bildet das Hobeln mit Zerspanungsleistung im Vor- und Rücklauf. Je nach Bauart der Maschine ergeben sich verschiedene Arbeitsweisen.

Das Werkstück macht die hin- und hergehende Hauptbewegung (Schnittbewegung), das Werkzeug den Vorschub (Schaltbewegung) und die Zustellbewegung. So arbeiten Tischhobelmaschinen, bei denen das Werkstück auf den die Hauptbewegung ausführenden Hobeltisch gespannt ist. Der Werkzeugträger ist auf einem Querbalken seitlich und in der Höhe verschiebbar angeordnet.

Der Hobelmeißel führt die Haupt- und Zustellbewegung, das Werkstück den Vorschub aus. Diese Arbeitsweise ist typisch für die Waagerechtstoßmaschinen (Shaping, Kurzhobler) und Stoßmaschinen.

Der Hobel führt alle drei Bewegungen aus, das Werkstück steht still. Arbeitsweise der Blechkanten- und Grubenhobelmaschinen sowie der Stößelhobelmaschine mit Querschaltung.

Nach der Richtung des Vorschubes (Abb. 15.1.) unterscheidet man: Querhobeln, Schräghobeln und Senkrechthobeln.

Erfolgt die Hauptbewegung, ausgeführt vom Werkzeug, senkrecht, so spricht man allgemein von Stoßen.

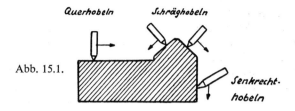

Querhobeln   Schräghobeln

Abb. 15.1.

Senkrecht-
hobeln

Das Hobeln wird in neuerer Zeit immer mehr durch das Fräsen verdrängt, weil der Fräser mit seinen vielen Schneiden schnelleres Arbeiten als der einschneidige Hobelmeißel ermöglicht.

Trotzdem ist z. B. die Hobelmaschine für die Bearbeitung innenliegender, verdeckter Flächen und als Zahnrad-Bearbeitungsmaschine unentbehrlich.

Das Hobeln ist auch immer dann von Vorteil, wenn lange, schmale Stücke zu bearbeiten sind, weil die Maschinenlaufzeit dann an der Hobelmaschine kürzer als an der Fräsmaschine ist.

Um den Hub der Hobelmaschine möglichst voll auszunutzen, werden, sofern dieses möglich ist, mehrere gleichartige Werkstücke hintereinandergespannt.

15.1.1. Werkzeuge zum Hobeln

Der Hobelmeißel wird als Schruppmeißel, Schlichtmeißel, Seitenmeißel, Nutenmeißel, Einstechmeißel und Formmeißel ausgeführt (Abb. 15.2.).

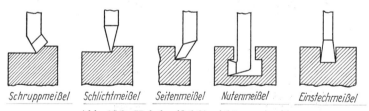

Schruppmeißel   Schlichtmeißel   Seitenmeißel   Nutenmeißel   Einstechmeißel

Abb. 15.2. Hobelmeißel (Ansicht von vorn)

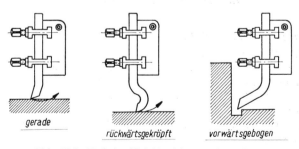

gerade   rückwärtsgekröpft   vorwärtsgebogen

Abb. 15.3. Hobelmeißel (Ansicht von der Seite)

16*

243

Von der Seite gesehen (Abb. 15.3.) wird der gerade Meißel hauptsächlich zum Schruppen verwendet. An harten Stellen im Werkstoff wird er durch Zurückfedern jedoch in den Werkstoff gedrückt, wodurch unsaubere und ungenaue Flächen hervorgerufen werden. Zum Schlichten wird deshalb mit Vorliebe der rückwärts gekröpfte Meißel, der von der Arbeitsfläche wegfedert, verwendet. Der vorwärtsgebogene Meißel wird nur dann verwendet, wenn bei einem geraden Meißel der Meißelhalter anstoßen würde. Werkstoff für Hobelmeißel ist Werkzeug- oder Schnellschnittstahl. *+ Hartmetall*

Bei Hochleistungshobelmaschinen werden zur vollen Ausnutzung Hartmetallmeißel verwendet. Um den Stoß beim Anschnitt durch die Schneidenbrust aufzunehmen, ist der Neigungswinkel der Schneide möglichst negativ $-10°$ bis $-15°$ zu wählen; dadurch wird die Schneidenspitze geschont. Der Einstellwinkel soll nicht allzu groß, etwa 40° bis 45° sein. Im übrigen gelten beim Hobeln grundsätzlich die gleichen Zerspanungsgesetze wie beim Drehen.

Die Meißel müssen in den Meißelhalter möglichst kurz und fest eingespannt werden. Damit der Meißel beim Rücklauf nicht am Werkstück schleift und dadurch vorzeitig abstumpft, ist der Meißelhalter mit einer Abhebevorrichtung versehen.

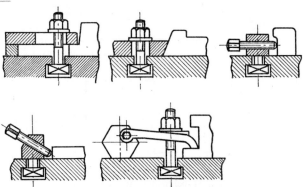

Abb. 15.4. Aufspannen der Werkstücke

15.1.2. Aufspannen der Werkstücke

Kleine Werkstücke werden in den Maschinenschraubstock gespannt, Schnittdruck möglichst gegen die feste Backe. Größere Werkstücke werden mittels Spannschrauben, Spanneisen usw. auf den Tisch gespannt (Abb. 15.4.). Das Werkstück muß gut aufliegen, es darf sich beim Festspannen nicht durchbiegen, weil es nach dem Lösen der Spanneisen zurückfedert und die bearbeitete Fläche dann uneben ist. Damit das Werkstück nicht durch den Schnittdruck verschoben werden kann, ist es durch einen festen Anschlag zu sichern.

Schnittgeschwindigkeiten beim Hobeln siehe Tabellenanhang Seite 465.

15.1.3. Ausführungshinweise:

Beim Anstellen des Meißels wird dieser an die zu hobelnde Fläche vorsichtig herangeführt, bis er sie berührt. Die Skalenscheibe des Einstellschlittens auf Null stellen, Meißel und Werkstück zurückkurbeln, Spantiefe nach Skalenscheibe einstellen. Nach dem Einschalten der Maschine den Hobelmeißel vorsichtig an das Werkstück heranführen, dann erst Selbstgang oder Vorschub von Hand betätigen. Der Hub wird so eingestellt, daß der Überlauf vorn etwa 5 mm, hinten etwa 10 mm beträgt. Beim Senkrechthobeln ist die Meißelhalterklappe so zu neigen, daß der Winkel zwischen Meißelhalterklappe und der Waagerechten größer als 90° ist, sonst schabt der Meißel beim Rücklauf an der bearbeiteten Fläche, wobei der Meißel stumpf und die Fläche unsauber wird.

15.1.4. Unfallverhütung

Späne nur mit Haken oder Besen entfernen.
Beim Hobeln spröder und spritzender Metalle ist die Schutzbrille zu benutzen. Niemals bei laufender Maschine messen.
Vor Einrücken der Maschine prüfen, ob Meißel oder Stößelkopf, bei der Tischhobelmaschine das Werkstück, nirgends anstößt.
Finger weg von der Hobelfläche, wenn der Meißel in Bewegung ist. Werkstücke fest und sicher aufspannen.

15.1.5. Hobel- und Stoßmaschinen

Nach ihrer Bauart unterscheidet man: Tischhobelmaschinen, Waagerecht- und Senkrechtstoßmaschinen sowie Sondermaschinen, z. B. Kegelradhobel- und Stirnradstoßmaschinen.

15.1.5.1. Tischhobelmaschinen

werden für die Bearbeitung langer und schwerer Werkstücke verwendet. Hauptmerkmal ist der auf Führungen hin- und hergleitende Tisch. Die Hauptbewegung macht der Tisch, auf dem das Werkstück aufgespannt ist. Die Vorschubbewegung macht der Meißel, ruckartig für jeden Hub. Die Tischhobelmaschine wird in Zweiständerausführung (Abb. 15.5.) oder in Einständerausführung hergestellt.
Bei der Zweiständer-Hobelmaschine ist die Werkstückbreite durch den Abstand der beiden Ständer begrenzt. Diesen Nachteil hat die Einständermaschine nicht. Es können hier also recht sperrige Werkstücke bearbeitet werden. Dafür ist die Zweiständermaschine jedoch starrer und läßt deshalb im allgemeinen größere Späne zu.
Für den Antrieb des Tisches können folgende Bauelemente Verwendung finden:
Zahnrad und Zahnstange,
Schnecke und Zahnstange,
Spindel und Mutter,
Flüssigkeitsgetriebe.

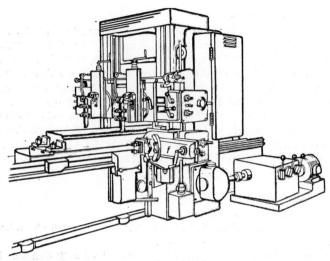

Abb. 15.5. Ölhydraulische Doppelständer-Hobelmaschine (Waldrich)

Bei älteren, leichten Tischhobelmaschinen erfolgt die Umsteuerung des Hobel-
tisches durch einen offenen und einen gekreuzten Riemen, die durch einen
Steuerschieber auf ihre Fest- und Losscheiben verschoben werden können.
Für den Arbeitsgang wird der offene, für den Rücklauf der gekreuzte Riemen
verwendet, da beim Rücklauf die Bewegungsrichtung des Tisches umgekehrt
werden muß.

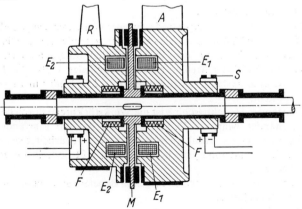

Abb. 15.6. Elektromagnetische Wendekupplung
E_1, E_2 = Magnetspulen, M = Ankerscheibe, F = Feder, S = Schleifringe,
A = Arbeitsscheibe mit Arbeitsriemen, R = Rücklaufscheibe mit Rücklaufriemen

Das Verschieben der Riemen verursacht einen hohen Riemenverschleiß, außerdem benötigt das Steuergestänge verhältnismäßig viel Platz, deshalb werden bei neueren Maschinen elektromagnetische Wendelkupplungen (Abb. 15.6.) verwendet. *Vorteil 1) hohe Tischgeschw. 2) Genau Umsteurung vom Tisch + Werkzeug.*

Als weitere Antriebe können Verwendung finden: elektromagnetische Umkehrkupplungen über einen Räderkasten, Gleichstrom-Umkehr-Regelmotore, umkehrbare Gleichstrommotore in Leonardschaltung und umkehrbare Flüssigkeitsgetriebe. *Elektro schaltung*

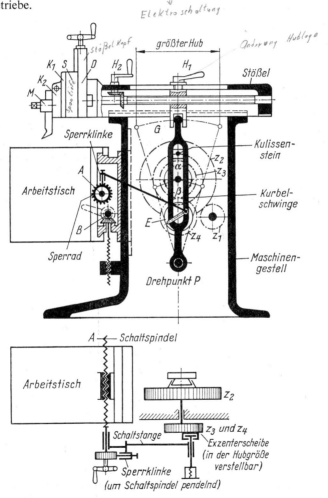

Abb. 15.7. Waagerechtstoßmaschine

Die Einständer-Hobelmaschine ist mit einem Doppelhobelsupport ausgerüstet, dadurch wird Spanabnahme beim Vor- und Rücklauf ermöglicht. Bei geeigneten Werkstücken kann außerdem mit einem Meißel in der normalen Meißelhalterklappe gleichzeitig geschlichtet werden. Der Seitensupport gestattet die gleichzeitige Spanabnahme in der senkrechten Ebene.

15.1.5.2. *Waagerechtstoßmaschinen* (Shaping, Kurzhobler, Stößelhobelmaschinen)

sind vor allem für die Bearbeitung kleinerer Werkstücke bis ca. 600 mm geeignet.

Die wesentlichsten Bauteile der Waagerechtstoßmaschine zeigt Abb. 15.7. Der Senkrechtschlitten S dient zum Einstellen der Spantiefe. Am Klappenträger K_1 ist die bewegliche Klappe K_2 befestigt, sie dient zum Abheben des Meißels, der in den Meißelhalter M eingespannt wird. K_1 besitzt einen Bogenschlitz zum Schrägstellen.

Zum Hobeln schräger Flächen wird der Stößelkopf nach Gradeinteilung, mittels Drehscheibe D schräg gestellt. Einen Schnitt durch den Support zeigt Abb. 15.8. Um die Lage des Stößelhubes zu ändern, wird Hebel H_1 gelöst und mittels Handkurbel H_2 die Lage verändert (Abb. 15.7.).

Der Arbeitstisch kann durch die Gewindespindel B entsprechend dem Werkstück in die richtige Höhenlage gebracht werden. In waagerechter Richtung

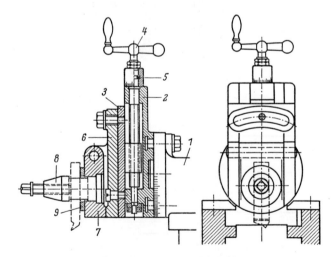

Abb. 15.8. Support einer Stößelhobelmaschine
1 = Stößel, 2 = Drehteil, 3 = Einstellschlitten (Senkrechtschlitten), 4 = Stellspindel,
5 = Spreizring mit Teilung, 6 = Klappenträger, 7 = Klappe,
8 = Meißelhalter, 9 = Meißelunterlage

führt die Schaltspindel *A* den Vorschub aus. Der Vorschub kann von Hand durch eine Handkurbel oder selbsttätig während des Rücklaufes geschaltet werden.

15.1.5.3. Antriebe für gerade hin- und hergehende Bewegung des Stößels.
Die Drehbewegung vom Motor oder Einscheibe kann durch Schraube und Mutter, Zahnrad und Zahnstange, Kurbeltrieb, Kurbelschwinge, Umlaufschwinge und durch Flüssigkeitsgetriebe in eine geradlinige Bewegung umgewandelt werden. Schraube und Mutter eignen sich nur für kleine Hübe, Zahnrad und Zahnstange für lange Hübe. Beide Arten werden in Stößelhobelmaschinen kaum eingebaut. Beim einfachen Kurbeltrieb ist der Lauf des Stößels sehr ungleichmäßig, wodurch unsaubere Arbeit entsteht, außerdem ist die Zeitausnutzung sehr schlecht (da $v_a = v_r$ ist); er wird deshalb kaum verwendet. Bei der Kurbelschwinge (Abb. 15.9.a) kreist die Kurbel *K* gleichmäßig um *M*. Sie nimmt durch den verschiebbaren Kulissenstein, der auf dem Kurbelzapfen *Z* sitzt, die Schwinge mit, die um *P* außerhalb des Kurbelkreises hin- und her schwingt. Die Schwinge geht beim Arbeitshub aus der rechten Totlage (*B*) zur linken Totlage (*A*). Der Rücklauf setzt aber nicht schon bei Beendigung der Halbkreisbewegung ein, sondern erst dann, wenn *r* oder *R* mit der Mittellinie der Kurbelschwinge einen rechten Winkel bildet. Dadurch läuft der Nutenstein (Kulissenstein) auf dem Kreisbogen, der durch den Winkel α begrenzt ist, beim Rücklauf dagegen auf dem kürzeren Kreisbogen des Winkels β; dadurch wird die Rücklaufgeschwindigkeit entsprechend größer. Die Geschwindigkeiten verhalten sich umgekehrt wie die Winkel. Wäre $\alpha = 240°$ und $\beta = 120°$, so wäre der Rücklauf doppelt so schnell wie der Vorlauf. Das Verhältnis zwischen Vorlaufgeschwindigkeit und Rücklaufgeschwindigkeit ist nur bei großem Hub günstig. Je kleiner der Hub wird, um so ungünstiger wird das Verhältnis, beim kleinsten Hub ist die Schnittgeschwindigkeit praktisch gleich Rücklaufgeschwindigkeit (Abb. 15.9.a und b).

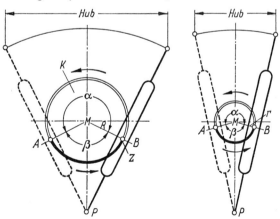

Abb. 15.9.a
Schwingschleife
(Kurbelschwinge)

249

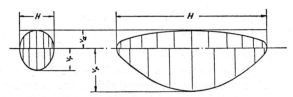

Abb. 15.9.b Das Verhältnis von Schmittgeschwindigkeit zum
schnellen Rücklauf bei kleinem und großem Hub

Die Maschine (Abb. 15.7.) besitzt Kurbelschwingenantrieb. Antriebsrad z_1
treibt das Kulissenrad z_2 mit Kurbelscheibe, die den einstellbaren Zapfen Z
trägt. Der Zapfen Z gleitet mit dem Kulissenstein im Führungsschlitz der
Kurbelschwinge. Bei kleinerem Hub ergibt sich durch den kürzeren Weg bei
gleicher Umdrehungszahl des Kulissenrades eine kleinere Schnittgeschwindigkeit, die durch Erhöhung der Drehzahl ausgeglichen werden kann. Der Zapfen
G läßt sich im Stößel durch einen Gleitschuh mittels einer Gewindespindel
waagerecht verschieben, um die Lage des Meißels an die Lage der zu spanen-
den Fläche anzupassen (Abb. 15.10.). Es kann auch ein kleinerer Schwinghebel
bei G oder P eingebaut werden (Siehe Abb. 15.7.).

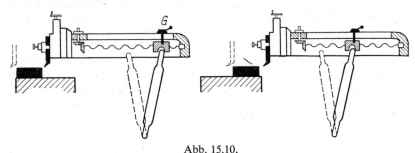

Abb. 15.10.

Bei der Umlaufschleife ist die Erhöhung der Rücklaufgeschwindigkeit gegenüber der Arbeitsgeschwindigkeit gering, der Platzbedarf jedoch gegenüber der
Kurbelschwinge größer, deshalb wird die Umlaufschwinge wenig verwendet.
15.1.5.3.1. Um die notwendigen Geschwindigkeiten zu erzielen, ersetzt man
an neuzeitlichen Maschinen das Rädervorgelege durch ein Flüssigkeitsgetriebe.
Dadurch wird eine stufenlose Regelung, d. h. eine genaue Einstellung der
Schnittgeschwindigkeit selbst während des Laufes der Maschine möglich.
15.1.5.3.2. Die Kurbelschwinge benötigt zur Überwindung der Totzeiten viel
Zeit. Ein weiterer Nachteil ist die Veränderung des Verhältnisses von Vorlauf
zum Rücklauf in Abhängigkeit von der Hublänge (Abb. 15.9.b).
Besser liegen die Verhältnisse beim hydraulischen Antrieb des Stößels (Abb.
15.11.a).

250

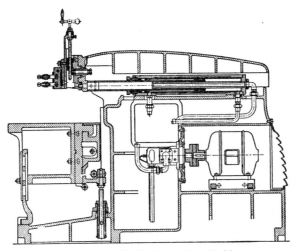

Abb. 15.11.a Vollhydraulischer Hobler

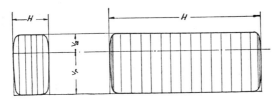

Abb. 15.11.b Das Verhältnis des schnellen Rücklaufes zur Schnittgeschwindigkeit ist beim vollhydraulischen Hobler bei jeder Hublänge, auch bei den kleinsten Hüben, konstant.

Die Schnittgeschwindigkeit ist unabhängig von der Hublänge (Abb. 15.11.b). Die erforderliche Geschwindigkeit wird durch Einstellung der Fördermenge der Druckpumpe erzielt. Die Umsteuerung erfolgt fast augenblicklich.

15.1.6. Stoßmaschinen

sind für bestimmte Innenarbeiten, z. B. das Stoßen von Keilnuten, Vierkanten Sechskanten usw. unentbehrlich. Darüber hinaus finden Universal-Stoßmaschinen durch hohe Zerspanungsleistung, billige Werkzeuge und schnelle Einstellung eine vielseitige Verwendung, so daß man sie zu den Produktionsmaschinen zählen kann.

In der Massenfertigung wird jedoch die Räummaschine vorgezogen, weil sie bei großer Genauigkeit schneller arbeitet. Abb. 15.12. zeigt eine Senkrecht-Stoßmaschine mit schwenkbarer Stößelführung.

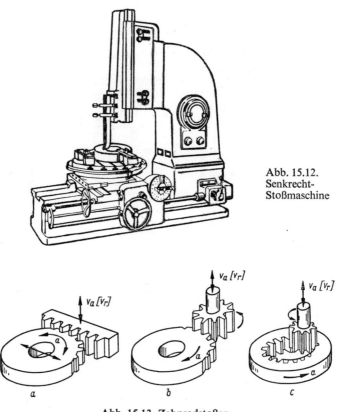

Abb. 15.12.
Senkrecht-
Stoßmaschine

Abb. 15.13. Zahnradstoßen.

15.1.6.1. *Kegelradhobelmaschinen* werden zum Verzahnen von Kegelrädern verwendet.

15.1.6.2. Keilnutenziehmaschinen

werden zur Herstellung einwandfreier Nuten und verdeckter Flächen an Werkstücken, die eine Bohrung oder Öffnung haben, verwendet. Die Keilnutenziehmaschine (Abb. 15.4.) arbeitet auf Zug. Das Ziehmesser kann nicht ausweichen, weil es auf der ganzen Länge durch eine Messerführungsstange geführt wird. Die Schwierigkeiten, die bei der Herstellung von Nuten mit der Stoßmaschine auftreten, sind bei der Keilnutenziehmaschine weitgehend ausgeschaltet. Der Antrieb bei der Keilnutenziehmaschine kann mechanisch oder hydraulisch sein.

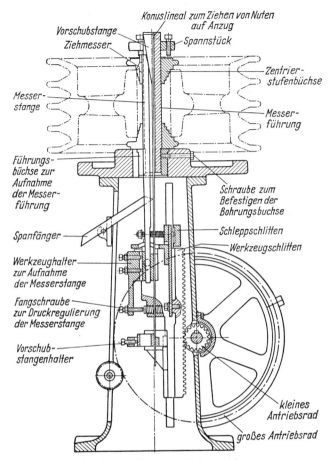

Abb. 15.14. Keilnuten-Ziehmaschine

15.1.7. Räummaschinen

werden in der Serien- und Massenfertigung zum Außen- und Innenräumen von vielfältigen Profilflächen wie Mehrkantlöchern, Innenverzahnungen, drallförmigen Nuten usw. verwendet.

Die Räummaschinen werden als Stoßräummaschinen (Pressen) oder als Ziehräummaschinen (siehe Abb. 15.15.) hergestellt; sie können eine senkrechte oder waagerechte Bauart (Abb. 15.16.) besitzen. Der Antrieb der Stoß- wie der Ziehräummaschinen kann sowohl mechanisch als auch hydraulisch sein. Die Schnittgeschwindigkeit beträgt 0,5...1,5 m/min. Beim Räumen muß reichlich mit gutem Schneidöl geschmiert werden.

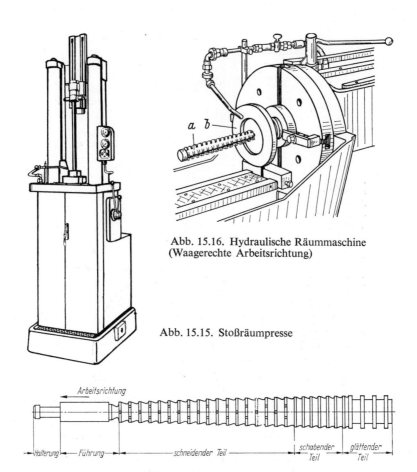

Abb. 15.16. Hydraulische Räummaschine
(Waagerechte Arbeitsrichtung)

Abb. 15.15. Stoßräumpresse

Abb. 15.17. Räumwerkzeug

Die Werkzeuge (Räumnadeln) (Abb. 15.17.) sind aus hochwertigen Stahl hergestellt. Sie sind mit Zähnen besetzt und von rundem, viereckigem oder profiliertem Querschnitt. Die Räumnadeln werden durch das Werkstück hindurchgezogen oder gestoßen.

15.1.8. Beispiel für die Arbeitszeitberechnung bei einer Hobelarbeit

Eine Führungsleiste aus Grauguß soll gehobelt werden. Länge 1,5 m, Breite 60 mm.

Die Arbeitsgeschwindigkeit $v_a = 15\ \text{m/min}$ (v_c)

Die Rücklaufgeschwindigkeit $v_r = 30\ \text{m/min}$

Der Vorschub $s = 1\ \text{mm/Doppelhub}$ (f)

Die Hublänge $l + $ Überlauf $L = 1{,}7\ \text{m}$

Dauer des Arbeitsganges $t_a = \dfrac{1{,}7}{15} = 0{,}113\ \text{min}$

Dauer des Rücklaufes $t_r = \dfrac{1{,}7}{30} = 0{,}057\ \text{min}$

Dauer des Doppelhubes $t_1 = \quad = \mathbf{0{,}17\ min.}$

1 mm seitlicher Vorschub und 4 mm seitlicher Überlauf ergeben:

$$i = \frac{60+4}{1} = 64\ \text{Doppelhübe.}$$

Die Gesamthobelzeit $T = 0{,}17 \cdot 64 = \mathbf{10{,}88\ min.}$

Der reinen Maschinenzeit sind Rüstzeit, Nebenzeit und Verteilzeiten hinzuzurechnen.

1. *Die Rüstzeit* umfaßt die Zeit, die notwendig ist zur Beschaffung von Werkzeugen und Vorrichtungen, das Einrichten der Maschine und alle Vorbereitungen, die zur Durchführung der Arbeitsoperationen getroffen werden müssen; nach Fertigstellung der Arbeit das Abrüsten der Maschine und säubern.
Bei Serienarbeiten wird die Rüstzeit einmal pro Serie vorgegeben.

2. *Nebenzeiten* sind alle Zeiten, die für Bedienungsgriffe aufgewendet werden müssen, z. B. Umspannen der Werkzeuge und des Werkstückes, Schaltgriffe an der Maschine, Messen eventuelle Werkzeugzustellung, Beseitigung der Späne usw. Die Nebenzeiten werden für jedes Arbeitsstück der Hauptzeit zugeschlagen.

3. Verteilzeiten sind die Zeiten, die durch Nachschleifen des Werkzeugs, Beseitung kleiner Sturungen usw., sachlich bedingt und für Bedürfnisse des Arbeiters, persönlich bedingt sind. Die Verteilzeit wird prozentual auf Haupt- und Nebenzeit zugegeben.

15.2. Drehen

15.2.1. Funktion der Maschine

Das sich drehende Werkstück wird mit einem oder mehreren, gleichzeitig angreifenden, keilförmigen Werkzeugen (Drehmeißel) bearbeitet. Während das Werkstück die umlaufende Schnittbewegung ausführt, wird das Werkzeug an der zu bearbeitenden Fläche entlang geführt. Die keilförmige Schneide dringt dabei in den Werkstoff ein und hebt schraubenförmige oder spiralige Späne ab. Die Vorschub- oder Schaltbewegung und die Zustellbewegung wird vom Werkzeug ausgeführt.

Drehen ist ein sehr vielseitiges und am meisten angewendetes spangebendes Bearbeitungsverfahren. Durch Drehen lassen sich alle Drehkörperformen herstellen. Man unterscheidet nach der Bewegungsrichtung des Supportes a) Lang- oder Runddrehen: der Support bewegt sich parallel zur Werkstückachse, dabei werden genau zylindrische Außen- oder Innenflächen hergestellt (Ausnahme ist das Gewindeschneiden); b) Plandrehen: der Support bewegt sich quer zur Werkstückachse; es werden an der Stirnfläche der Werkstücke ebene Flächen hergestellt; c) Kegeldrehen: die Bewegungslinie des Supports ist zur Werkstückachse geneigt; d) Form- und Kugeldrehen: es werden beliebige Drehkörperformen erzeugt; e) Gewindeschneiden: Es lassen sich Innen- und Außengewinde in verschiedensten Ausführungen herstellen. An der Drehmaschine können außerdem Bohr-, Fräs- und Schleifarbeiten ausgeführt werden; Federn lassen sich wickeln, und mit besonderen Vorrichtungen kann man hinterdrehen sowie ovale, drei- und viereckige Formen herstellen.

Die Maschinen, auf denen gedreht wird, faßt man unter dem Oberbegriff „Drehmaschinen" zusammen. Ihre Bauart ist sehr unterschiedlich, sie richtet sich nach der Größe der Werkstücke, nach der überwiegenden Art der Bearbeitung *Plan- oder Langdrehen* und nach den Anforderungen, die vom Werkstück her gesehen, an die Maschine zu stellen sind.

Die Form der Drehmeißel ist außerordentlich verschieden, sie hängt von der auszuführenden Arbeit ab.

15.2.1.1. Drehmeißel und ihre Anwendung

Abb. 15.18. gibt eine Übersicht über genormte Drehmeißel. Die Verwendung von Hartmetallmeißel setzt eine entsprechende Bauart der Maschine (genügend hohe Drehzahl und schwingungsfreie Stabilität) voraus.

Zum Drehen mit dem Handmeißel werden besondere Handdrehmeißel (Abb. 15.19.) benutzt. Handdrehmeißel werden von Hand geführt (nicht eingespannt). Diese Art des Drehens wird zum Kantenbrechen, Abrunden, Einstechen, Gewindenachstrehlen sowie zum Herstellen einzelner Formdrehstücke angewendet. Der Handmeißel wird auf die Handauflage aufgelegt und mit beiden Händen an seinem hölzernen Griff geführt. Die Handauflage muß sich möglichst nahe am Werkstück befinden, damit der Meißel nicht zwischen Auflage und Werkstück gerissen werden kann. Das Anstellen des Handmeißel erfolgt nach Abb. 15.20..

Beim Drehen mit dem Support (Werkzeugschlitten) ist der Drehmeißel eingespannt. Der Drehmeißel besteht aus Schaft und Schneidkopf. Bei Hartmetallmeißeln ist im allgemeinen auf dem Schneidkopf ein Hartmetallplättchen, an dem sich die Schneiden befinden, hart aufgelötet. In manchen Fällen ist das Hartmetallplättchen durch Klemmung befestigt.

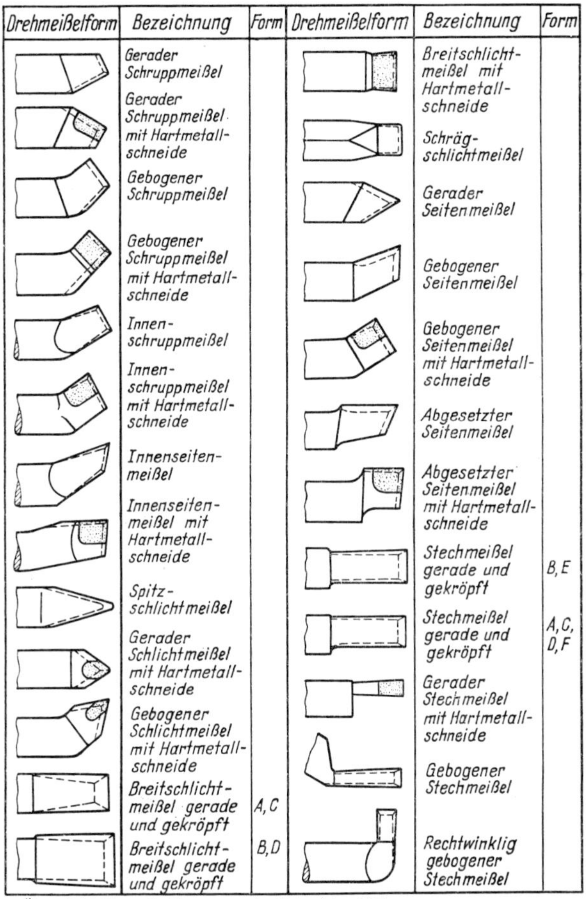

Drehmeißelform	Bezeichnung	Form	Drehmeißelform	Bezeichnung	Form
	Gerader Schruppmeißel			Breitschlicht-meißel mit Hartmetall-schneide	
	Gerader Schruppmeißel mit Hartmetall-schneide			Schräg-schlichtmeißel	
	Gebogener Schruppmeißel			Gerader Seitenmeißel	
	Gebogener Schruppmeißel mit Hartmetall-schneide			Gebogener Seitenmeißel	
	Innen-schruppmeißel			Gebogener Seitenmeißel mit Hartmetall-schneide	
	Innen-schruppmeißel mit Hartmetall-schneide			Abgesetzter Seitenmeißel	
	Innenseiten-meißel			Abgesetzter Seitenmeißel mit Hartmetall-schneide	
	Innenseiten-meißel mit Hartmetall-schneide			Stechmeißel gerade und gekröpft	B, E
	Spitz-schlichtmeißel			Stechmeißel gerade und gekröpft	A, C, D, F
	Gerader Schlichtmeißel mit Hartmetall-schneide			Gerader Stechmeißel mit Hartmetall-schneide	
	Gebogener Schlichtmeißel mit Hartmetall-schneide			Gebogener Stechmeißel	
	Breitschlicht-meißel gerade und gekröpft	A, C		Rechtwinklig gebogener Stechmeißel	
	Breitschlicht-meißel gerade und gekröpft	B, D			

Übersicht über die Normung der Schneidmeißel

Abb. 15.18. Genormte Drehmeißel

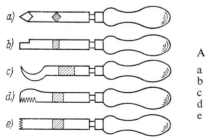

Abb. 15.19. Handdrehmeißel:

a = Stichel,
b = Handabstechmeißel,
c = Schlichthaken,
d = Innengewindestrehler,
e = Außengewindestrehler

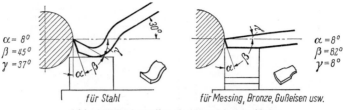

$\alpha = 8°$
$\beta = 45°$
$\gamma = 37°$

für Stahl

$\alpha = 8°$
$\beta = 82°$
$\gamma = 8°$

für Messing, Bronze, Gußeisen usw.

Abb. 15.20. Anstellen des Handdrehmeißels

Der Schneidkopf hat eine oder mehrere Schneiden. Die in Vorschubrichtung liegende Schneide ist immer die Hauptschneide. Man unterscheidet: gerade, gebogene, abgesetzte und gekröpfte Meißel, diese können als rechte oder linke Meißel ausgebildet sein. Der rechte Meißel arbeitet von rechts nach links, der linke Meißel von links nach rechts (Abb. 15.21.). Schruppmeißel werden zum Abheben dicker Späne verwendet, wobei die erzeugte Oberflächengüte eine untergeordnete Rolle spielt. Mit Schlichtmeißeln werden dagegen dünne Späne

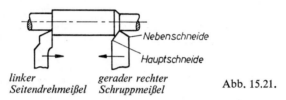

linker
Seitendrehmeißel

gerader rechter
Schruppmeißel

Nebenschneide

Hauptschneide

Abb. 15.21.

abgehoben, sie dienen zum Erreichen der Maßgenauigkeit; mit ihnen soll die verlangte Oberflächengüte erzielt werden. Seitenmeißel werden benutzt, wenn scharfkantige Ecken auszudrehen sind. Stechmeißel werden zum Abstechen oder zum Einstechen von Nuten verwendet. Formmeißel werden zum Drehen entsprechender Formen verwendet. Beim Plandrehen erfolgt der Vorschub von außen nach innen, um ein Einhaken und Herausreißen des Werkstückes zu vermeiden.

15.2.1.2. Winkel am Drehmeißel

Schneidkopfform, Winkel und auch Schaftquerschnitte sind auf Grund jahrelanger Erfahrungen und Versuche genormt.
Am Drehmeißel sind folgende Winkel (Abb. 15.22.) zu unterscheiden.
Freiwinkel α, Keilwinkel β, Spanwinkel γ, Schnittwinkel δ und Spitzenwinkel ε (Epsilon) sowie der Neigungswinkel λ (Lambda).
Beim Anstellen des Meißels an das Werkstück entsteht der Einstellwinkel $\varkappa$ (Kappa), er wird durch die Hauptschneide und die Längsachse des Werkstückes gebildet. Die Winkel richten sich nach dem zu bearbeitenden Werkstoff.
Der Freiwinkel ist notwendig, um unnötige Reibung am Rücken des Werkzeuges zu vermeiden und das Eindringen des Werkzeuges in den Werkstoff zu ermöglichen. Der Spanwinkel beeinflußt den Keilwinkel; er sorgt für

258

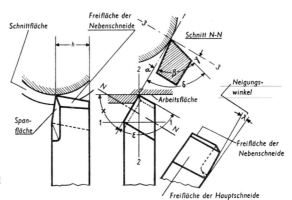

Abb. 15.22.
Winkel am Drehmeißel

möglichst reibungsfreies Ablaufen des Spanes. Die Größe hängt vom Werkstoff ab, für harte und spröde Werkstoffe ist er klein, für weiche und zähe Werkstoffe groß zu wählen. Der Keilwinkel ergibt sich aus der Größe von Frei- und Spanwinkel; er hat die auftretenden Schneidkräfte aufzunehmen; der Winkel muß um so größer sein, je härter der Werkstoff ist.

Meißel aus Schnellarbeitsstahl			Werkstoff	Hartmetallmeißel		
α	β	γ		α	β	γ
—	—	—	gehärteter Stahl bis 180 daN/mm² Festigkeit	4°	86°	−4°
6°	84°	0°	Hartguß, Messing und Bronze	5°	85°	0°
8°	74°	8°	Stahl, Stahlguß über 70 daN/mm² Festigkeit, Gußeisen, Rotguß usw.	5°	80°	5°
8°	68°	14°	Stahl und Stahlguß 50...70 daN/mm², Gußeisen (normal)	5°	75°	10°
8°	62°	20°	Stahl und Stahlguß 34...50 daN/mm²	5°	70°	15°
8°	55°	27°	weicher Stahl, zähe, weiche Bronze	5°	65°	20°
10°	40°	40°	Weichmetalle, Reinaluminium	6°	45...50°	24...29°

Je mehr der Einstellwinkel von 90° abweicht, um so breiter wird der Span, bei gleichzeitiger Verringerung der Schnittkräfte. Ein breiter, dünner Span rollt leichter über die Spanfläche ab, als ein quadratischer Span von gleichem Querschnitt. Da sich außerdem der Schnittdruck auf eine längere Schneide verteilt, wird die Standzeit wesentlich erhöht. Unterste Grenze des Einstellwinkels ist etwa 30°. Durch den Neigungswinkel kann die Schneidkante mit schrägem, schälendem Schnitt in den Werkstoff eindringen, dadurch verringert sich der Schnittdruck, außerdem wird das seitliche Abfließen des Spanes ermöglicht.

Beim Einspannen des Meißels ist zu beachten, daß der Meißel auf Mitte des Werkstückes steht, evtl. an der Körnerspitze vergleichen. Steht der Meißel über Mitte, so wird der Freiwinkel α zu klein, der Meißel drückt. Steht der Meißel

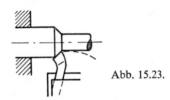

Abb. 15.23.

unter Mitte, wird der Freiwinkel α größer, der Spanwinkel β jedoch kleiner, es ergibt sich schlechterer Spanfluß und eine unsaubere Drehfläche. Beim Schruppen muß der Meißel so eingespannt sein, daß er beim Rückfedern durch den Spandruck nicht in das Werkstück dringt (Abb. 15.23.).

Der Meißel ist stets so kurz wie möglich einzuspannen, um unnötiges Federn zu vermeiden. Wird mit einer Spannpratze gespannt, so muß sie bei eingespanntem Meißel waagerecht liegen.

Meißel mit rundem Schaftquerschnitt werden zum Spannen in ein Prisma gelegt.

15.2.2. Arbeitstechniken beim Drehen

15.2.2.1. Zentrieren

Um längere Werkstücke zwischen die Körnerspitzen der Drehmaschine einzuspannen, müssen sie an beiden Enden ihrer Drehachse zentriert werden (Abb. 15.24.).

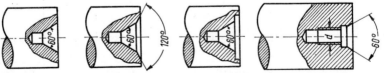

Abb. 15.24. a...d Zentrierbohrungen: a = ohne Schutzsenkung, b = mit Schutzsenkung 120°, c = mit zylindrischer Schutzsenkung, d = mit Gewinde M 4 bis M 24

Die Zentrierbohrung besteht aus Bohrung und Senkung. evtl. Schutzsenkung. Schutzsenkungen werden angewendet, wenn die Zentrierbohrung nicht beschädigt werden darf, weil die Zentrierung nicht nur während der Bearbeitung sondern auch später benutzt wird, z. B. Drehdorne usw. Die Zentriersenkung besitzt einen Winkel von 60°, für schwere Werkstücke einen Winkel von 90°. Die Zentrierbohrung kann mit Spiralbohrer und Senker hergestellt werden, besser ist jedoch die Verwendung eines Zentrierbohres, der die Zentrierung in einem Arbeitsgang herstellt. Das Zentrieren kann auf der Bohrmaschine oder der Drehmaschine ausgeführt werden, günstiger ist das Zentrieren auf der Drehmaschine, da dann Anreißen und Körnen als Vorarbeit wegfallen.
Wird mit einem Spirallbohrer gebohrt, so ergibt es sich oft, daß vom Plandrehen oder Abstechen im Mittelpunkt der Werkstückstirnfläche eine kleine Erhöhung stehengeblieben ist. Der Bohrer macht um diesen Mittelpunkt eine Kreisbewegung. Um zu verhindern, daß der Bohrer außerhalb der Mitte angreift, was zu einer schiefen Bohrung führen würde, wird ein Gegenhalter in den Support gespannt und so gegen den Bohrer gedrückt, daß dieser keine Kreisbewegung ausführen kann und zum Mittelpunkt gelenkt wird. Beim Zentrieren mit Spiralbohrern ist auf genauen Senkwinkel zu achten, auch muß die Freibohrung tief genug ausgeführt werden, weil sonst die Drehmaschinenspitze beschädigt wird.

15.2.2.2. *Schrupparbeiten* (Siehe auch Spanbildung S. 156)

werden mit großer Schnittiefe und großem Vorschub bei kleiner Schnittgeschwindigkeit ausgeführt. Die Oberfläche ist rauh und rissig. Ihre Maßgenauigkeit ist gering.

15.2.2.3. *Schlichten*

erfolgt mit geringer Spantiefe, kleinem Vorschub und hoher Schnittgeschwindigkeit. Die größere Oberflächengüte wird beim Schlichten durch folgenden Vorgang erreicht: Beim Schruppen tritt durch die geringere Schnittgeschwindigkeit, wie schon bei der Keilwirkung erklärt, ein voreilender Riß auf. Die hohe Geschwindigkeit beim Schlichten läßt die Bildung des Risses nicht zu. Der Werkstoff gleitet ohne „Zerfaserung" über den Drehmeißel ab, die Oberfläche wird sauberer.

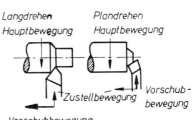

Abb. 15.25.
Bewegungen von Werkzeug und
Werkstück beim Plan-
und Langdrehen

15.2.2.4. Beim *Langdrehen* wird der Drehmeißel parallel zur Drehachse des Werkstücks, von Hand mit dem Oberschlitten, bei längeren Teilen durch den Längszug (Zugspindel) bewegt. Wird das Werkstück zwischen Spitzen gedreht, dann müssen Spindelstock und Reitstockspitze fluchten, damit das Drehteil zylindrisch wird. Beim Zustellen des Meißels ist darauf zu achten, daß der „Tote Gang" (Spindelspiel), herausgekurbelt wird, sonst weicht der Meißel während des Drehens aus. Abb. 15.25. zeigt noch einmal die Bewegungen von Werkstück und Werkzeug beim Lang- und Plandrehen.

15.2.2.5. *Kegeldrehen*

Bei der Herstellung von Außen- und Innenkegeln erfolgt die Meißelbewegung im Winkel $\frac{\alpha}{2}$ zur Werkstückachse.

Das Drehen von Kegeln kann auf drei Arten erfolgen:
1. Der Oberschlitten wird eingestellt nach Gradeinteilung.
2. Der Kegel wird mit Hilfe eines Leitlineals gedreht.
3. Der Reitstock wird eingestellt.
4) N C Maschinen.

15.2.2.5.1. *Einstellen des Oberschlittens*

Der Oberschlitten wird nach der Gradeinteilung eingestellt. Genügt die Genauigkeit nicht, so kann ein Universalwinkelmesser verwendet werden, oder es wird ein Kegellehrdorn zwischen die Spitzen gespannt und die Einstellung mit Hilfe einer Meßuhr vorgenommen.

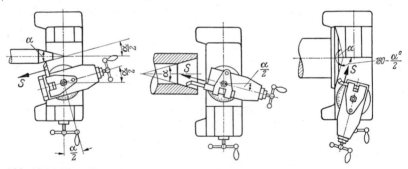

Abb. 15.26. Einstellung des Oberschlittens beim Aussenkegeldrehen kleiner als 90°

Abb. 15.27. Einstellung des Oberschlittens beim Innenkegeldrehen kleiner als 90°

Abb. 15.28. Einstellung des Oberschlittens beim Außenkegeldrehen grösser als 90°

Der Einstellwinkel des Oberschlittens ist der halbe Kegelwinkel $\frac{\alpha}{2}$ (Abb. 15.26.).

Ist der Winkel α kleiner als 90°, so wird der Oberschlitten nach Abb. 15.27. eingestellt.

Ist der Winkel α größer als 90°, so erfolgt die Einstellung nach Abb. 15.28..

Muß der Winkel $\dfrac{\alpha}{2}$ errechnet werden, so benötigt man die halbe Kegelsteigung.

$$\text{Es wird gerechnet } \quad \frac{\dfrac{D-d}{2}}{L} = \frac{D-d}{2L}$$

Dieses Verhältnis ist der Tangens des Winkels $\dfrac{\alpha}{2}$; es ist also

$$\tan\frac{\alpha}{2} = \frac{D-d}{2L}$$

Beispiel:

Es soll ein Kegel gedreht werden, dessen großer Durchmesser 90 mm und dessen kleiner Durchmesser 45 mm, bei einer Länge von 20 mm, beträgt. Wie groß ist der Einstellwinkel?

Lösung:

$$\tan\frac{\alpha}{2} = \frac{90\,\text{mm} - 45\,\text{mm}}{2 \cdot 200\,\text{mm}} = 0{,}1125 = \text{siehe Tangenstabelle Seite 442: } 6°\ 25'.$$

Der Einstellwinkel ist **6° 25'**.

15.2.2.5.2. *Kegeldrehen mit Hilfe eines Leitlineals*

Zu manchen Drehmaschinen gehört zur Ausrüstung ein Leitlineal, damit können schlanke Außen- und Innenkegel, Einstellwinkel bis ca. 10° bei einer Drehlänge von etwa 500 mm gedreht werden. Die Einstellung des Leitlineals entspricht dem Einstellwinkel. Die Spindelmutter des Querschnittens wird ausgelöst, so daß der Querschlitten frei beweglich ist. Der Querschlitten wird dann mittels eines Führungsstückes mit dem Leitlineal verbunden (Abb. 15.29.). Wird der Support in Längsrichtung bewegt, so muß der Querschlitten zwangsläufig der Steigung des Leitlineals folgen. Um den Drehmeißel besser zustellen zu können, wird der Oberschlitten um 90° gedreht.

15.2.2.5.3. *Reitstock-Einstellung*

a) Kegellänge ist Werkstücklänge (Abb. 15.30.).

Das Einstellmaß für den Reitstock ist $v = \dfrac{D-d}{2}$

Das Einstellmaß soll nicht größer als $^1/_{50}$ der Werkstücklänge sein, da sonst die Reitstockspitzen aus den Zentrierungen gleiten.

263

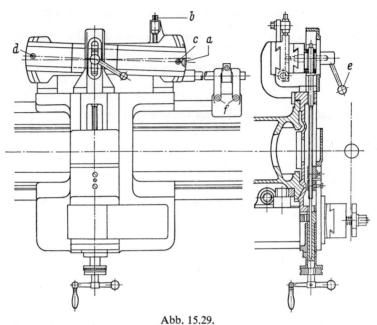

Abb. 15.29.
a Skala, b Spindel zur Linealverstellung, c und d Feststellschrauben, e Verbindungs-
bolzen mit Spannmutter

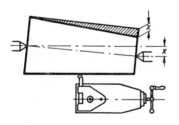

Abb. 15.30. Reitstockeinstellung beim
Kegeldrehen, Kegellänge = Werkstücklänge

b) Kegellänge ist nur ein Teil der Werkstücklänge (Abb. 15.31.).

Das Einstellmaß vergrößert sich um das Verhältnis der ganzen Werkstücklänge L zur eigentlichen Kegellänge l.

Das Einstellmaß $v = \dfrac{D-d}{2} \cdot \dfrac{L}{l}$

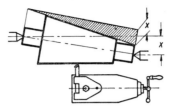

Abb. 15.31. Reitstockeinstellung beim
Kegeldrehen, Kegellänge = Teil der
Werkstücklänge

Beispiel:

$D = 80$ mm; $d = 76$ mm; $L = 400$ mm; $l = 200$ mm.

$$v = \frac{D-d}{2} \cdot \frac{L}{l} = \frac{80 \text{ mm} - 76 \text{ mm}}{2} \cdot \frac{400 \text{ mm}}{200 \text{ mm}} = 2 \cdot 2 = 4 \text{ mm}$$

Das Einstellmaß des Reitstockes beträgt **4 mm**.

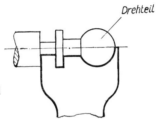

Drehteil

Abb. 15.32. Formdrehmeißel

15.2.2.5.4. Formdrehen

Beim Formdrehen wird die Form zunächst mit geraden oder gebogenen Spitz-
meißeln vorgearbeitet. Das Vorarbeiten erfolgt durch gleichzeitige Längs- und
Querbewegung des Supports mittels Handvorschub. Die Form wird mit einem
entsprechenden Formmeißel fertiggedreht (Abb. 15.32.).

15.2.2.5.5. Hinterdrehen

Das Hinterdrehen wird bei der Herstellung von Formfräsern angewendet,
damit beim Nachschleifen die Form der Fräserzähne gewahrt bleibt (siehe
Fräsen Seite 294). Der Formmeißel (Abb. 15.33.) wird bei jedem einzelnen
Zahn in Planrichtung um das Stück ,,*s*'' vorgeschoben, schnellt zurück und
dreht den folgenden Zahn in gleicher Weise ab, dadurch entsteht der spiralförmige Zahnrücken. Abb. 15.34. stellt in vereinfachter Weise die Funktion
einer Hinter-Drehmaschine dar. Hierbei schneidet der Meißel während der
Umdrehung des Werkstücks mit zunehmender ,,Zustellung'', so daß die in
Abb. 15.33. gezeigte Hinterdrehung entsteht. Ist der Endpunkt des Schnittes
erreicht, wird der Oberschlitten mit dem Meißel ruckartig durch die Rückhol-
feder zurückgezogen. Die ,,Form'' des Schnitts wird durch die Form der
Hubscheibe bestimmt, die äußere Form des Drehteils durch den Formmeißel.

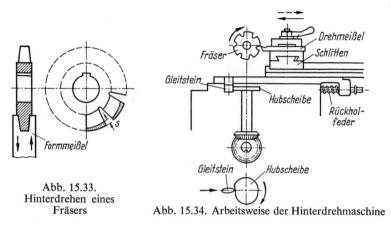

Abb. 15.33.
Hinterdrehen eines
Fräsers

Abb. 15.34. Arbeitsweise der Hinterdrehmaschine

15.2.2.5.6. *Kordeln und Rändeln*

erfolgt zum Aufrauhen der Griffflächen an Schrauben, Werkzeugen, Einstell-scheiben usw. Die Arbeit wird mit Kordel- oder Rändelrädern ausgeführt, die in einem Halter drehbar befestigt sind (Abb. 15.35a...c). Das in den Support

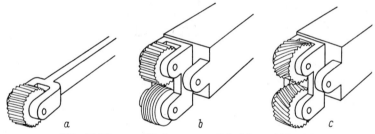

Abb. 15.35.a...c. Werkzeug zum Rändeln und Kordeln

eingespannte Kordelwerkzeug wird mit den Rollen gegen das umlaufende Werkstück gedrückt, so daß sich die Rillen in die Werkstückoberfläche ein-pressen. Da die Kordel- und Rändelrillen auf dem Drehteil annähernd in einander übergehen sollen, müssen Drehteildurchmesser und Kordel- oder Rändelteilung nach Tabelle in Einklang gebracht werden.

15.2.3. Spannvorrichtungen

15.2.3.1. *Halter zum Einspannen der Drehmeißel*

Spannpratze oder Spannklaue sowie Stichelhaus (Abb. 15.36.) und der deutsche Meißelhalter (Abb. 15.37.) sind die einfachsten Meißelhalter. Spannklaue und deutscher Meißelhalter spannen den Meißel fest und sicher selbst bei starkem

266

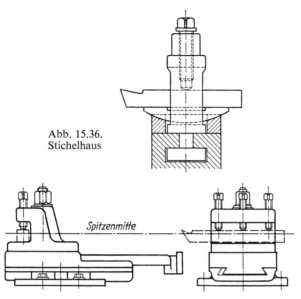

Abb. 15.36.
Stichelhaus

Spitzenmitte

Abb. 15.37. Vorderer Kreuzschieber einschließlich Drehteil, mit deutschem Drehmeißelhalter (Pferdefußstahl-
halter)

Schnittdruck, während das Stichelhaus unter Umständen weggedrückt werden
kann. Bei dem Meißelhalter (Abb. 15.38.) kann die kegelige Meißelunterlage,
die als Zahnstange ausgebildet ist, entsprechend der Höhenlage des Meißels
schnell und genau eingestellt werden. Der Vierfachmeißelhalter (Abb. 15.39.)
sowie Sechsfachmeißelhalter ermöglichen das Aufspannen mehrerer Meißel.
Die Meißelhalter können um jeweils 90° bzw. 60° weitergedreht werden und

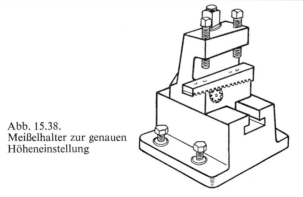

Abb. 15.38.
Meißelhalter zur genauen
Höheneinstellung

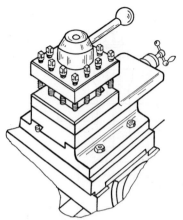

Abb. 15.39. Vierfachmeißelhalter

sind in jeder Schaltstellung zu arretieren. Die Drehmeißel können also ohne erneute Einstellung zum Einsatz kommen, wodurch Nebenzeiten durch Auswechseln des Meißels wegfallen. Diese Art der Meißelhalter sind bereits als Übergang zur Revolverdrehmaschine anzusehen.

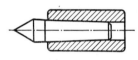 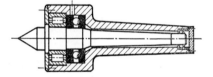

Abb. 15.40.a   Abb. 15.40.b
Pinole mit Körnerspitze   Mitlaufende Körnerspitze

15.2.3.2. Spannen der Werkstücke

Die Werkstücke müssen auf der Drehmaschine zentriert und mitgenommen werden. Das sicherste Zentrieren erfolgt beim Spannen zwischen Spitzen. Die einfache Körnerspitze (Abb. 15.40.a) besteht aus Werkzeugstahl. die Spitze ist gehärtet. Wird sie im Reitstock verwendet, so darf die Drehzahl nicht allzu hoch sein. In die Zentrierbohrung des Werkstückes muß ein Gemisch aus Öl und Graphit oder Schwefelblüte getropft werden. Die Reitstockspitze darf

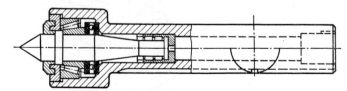

Abb. 15.41.a Fest eingebaute, mitlaufende Körnerspitze

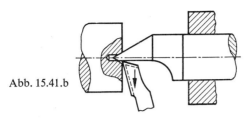

Abb. 15.41.b

nicht allzusehr gegen das Werkstück gedrückt werden. Da sich Werkstücke durch Bearbeitung erwärmen und merklich ausdehnen, muß die Reitstockspitze hin und wieder gelockert werden, sonst glüht sie aus und frißt fest. Wesentlich vorteilhafter, vor allem bei schnellaufenden Maschinen, sind mitlaufende Körnerspitzen (Nachteil: Gefahr des Schlagens) (Abb. 15.40.b). Für sehr schwere Arbeiten wird die fest in die Pinole eingebaute, mitlaufende Körnerspitze (Abb. 15.41.a) bevorzugt. Beim Plandrehen können halbe Körnerspitzen Verwendung finden, um dichter an den Werkstückmittelpunkt heranschneiden zu können (siehe Abb. 15.41.b).
Besitzen die Werkstücke eine Bohrung und sollen schlagfrei zur Bohrung bearbeitet werden, so drückt man sie auf einen Drehdorn. Der Drehdorn ist auf ca. 100 mm um 0,05 mm verjüngt.

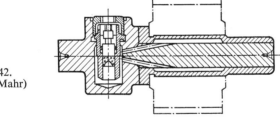

Abb. 15.42.
Dehndorn (Mahr)

Besser und genauer kann das Werkstück für genaueste Bearbeitung auf dem hydraulischen Mahr-Dehndorn (Abb. 15.42.) gespannt und zentriert werden. Der Dorn besteht aus dem Grundkörper, der einen genau geschliffenen Mantel trägt.
Zwischen Mantel und Grundkörper befindet sich ein Hohlraum, der mit einem Druckmittel gefüllt und durch Kanäle mit dem Druckraum verbunden ist. Durch Drehen der Druckschraube wird ein Kolben in den Druckraum hineinbewegt. Dadurch wird das Druckmittel verdrängt und der Mantel nach außen gegen die Bohrungswand des Werkstückes gepreßt. Die Spannkraft des Dehndornes ist sehr groß, so daß hohe Drehmomente übertragen werden können. Weitere Spannzeuge, die auf dem gleichen Prinzip beruhen, sind Dehndorne mit Aufnahmekegel oder Flansch sowie Schrumpffutter mit Aufnahmekegel oder Flansch.

Die Mitnahme des Werkstückes oder Drehdornes beim Drehen zwischen Spitzen erfolgt durch Mitnehmerscheibe und Drehherz. Zur Verhütung von Unfällen soll das Drehherz durch einen Schutzring gesichert werden (Abb. 15.43. a + b). Für hohe Drehzahlen nimmt man besser eine Mitnehmerspitze mit Gegenrig (Abb. 15.44.); sie läuft schwungfrei, wodurch schlagfreier Lauf und ein sauberes Drehbild erzielt werden.

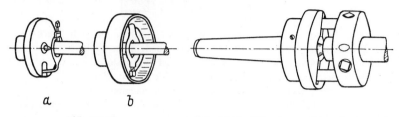

a   b

Abb. 15.43.   Abb. 15.44. Mitnehmerspitze mit Gegenring

Vor dem Einsetzen der Körnerspitzen sind die Aufnahmekegel sorgfältig zu säubern. Die umlaufende Körnerspitze, die im Innenkegel der Arbeitsspindel sitzt, muß genau rundlaufen, besonders, wenn Werkstücke mit hoher Genauigkeit fertig bearbeitet werden sollen. Der Rundlauf der Körnerspitze wird mit einer Meßuhr geprüft. Wenn notwendig, wird die Spitze in der Arbeitsspindel mit einem Spitzenschleifapparat geschliffen. Die Stellung der Spitze zur Arbeitsspindel wird gekennzeichnet.

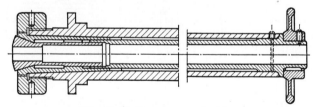

Abb. 15.45. Zangenspanneinrichtung

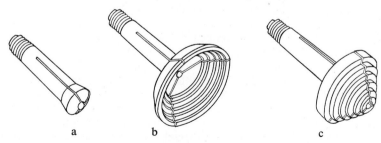

a   b   c

Abb. 15.46.a...c Spannzangen

15.2.3.3. *Spannzangen* (Abb. 15.45.)

werden zum schnellen, schlagfreien Einspannen von gezogenem Rundmaterial und Drehteilen aller Art bis zu bestimmten Durchmessern verwendet. Das Spannen erfolgt durch Handrad und Spannrohre. Spannzangen eignen sich nur für kleine Drehteile und kurze Drehlängen (Abb. 15.46.a...c).
Fliegende Dorne werden vom Innenkegel der Arbeitsspindel aufgenommen, sie können in der Werkstatt leicht hergestellt werden, ebenso Aufnahmen für Scheiben, Ringe usw.; sie werden vom Dreher gern benutzt.

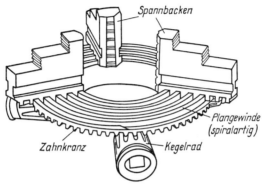

Abb. 15.47. Plangewindefutter (ältere Bauart)

15.2.3.4. *Spannfutter*

Werkstücke bis zu bestimmten Durchmessern können in selbstzentrierende Spannfutter (Zwei-, Drei- und Vierbackenfutter) gespannt werden. Zum Spannen von Rundkörpern eignet sich am besten das Dreibackenfutter (Abb. 15.47., 15.48.).
Das gezeigte Plangewindefutter (ältere Bauart) hat ein Getriebe, bestehend aus einem Zahnkranz, in den Kegelräder eingreifen, die mit einem Steckschlüssel gedreht werden können. Die Scheibe, in der auf einer Seite der Zahnkranz eingearbeitet ist, hat auf der anderen Seite ein Plangewinde in Form einer Spirale. Die Futterbacken sind auf der Unterseite gezahnt. Die Zähne greifen in das Plangewinde und wandern beim Drehen der Scheibe nach innen oder außen; dadurch kann das Werkstück gespannt werden.
Diese Bauart besitzt einige wesentliche Nachteile. Die Führungen unterliegen einer beträchtlichen Abnutzung. Die Führungsstücke der Backen liegen ungleichmäßig in den Plangewindenuten an, bedingt durch die Krümmungsänderung des Plangewindes. Die Spannkraft ist nicht allzu groß. Diese Nachteile besitzt das Forkardt-Universalfutter nicht. An Stelle des Plangewindes werden die Backen mittels Keilzahnstangen mit gerade verlaufender Keilverzahnung, die durch ein Zahnrad untereinander verbunden sind, bewegt. Große Spannkraft, Haltbarkeit und bequeme Handhabung zeichnen dieses Futter aus.

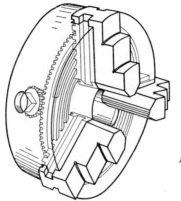

Abb. 15.48.

Eine weitere Bauart ist das Ganzstahl-Drehmaschinenfutter; es besitzt eine Spannstelle. Das Tellerrad, auf einer Seite mit einer Kegelverzahnung versehen, hat am Umfang eine Schneckenradverzahnung. Die Drehbewegung, von der Arbeitsschnecke ausgehend, treibt gleichmäßig die Spannelemente an, die mit ihrem Trapezgewinde in die entsprechende Zahnform der Spannbacken eingreifen. Durch die gute Flächenberührung zwischen Spannelement und Backe, die große Schneckenübersetzung und die günstigen Reibungsverhältnisse besitzt das Futter eine große Spannkraft.

Allen Drehmaschinenfuttern gemeinsam sind die auswechselbaren Spannbacken. Zu jedem Futter gehören je ein Satz nach außen und ein Satz nach innen abgestufte Backen. Beim Auswechseln der Backen ist eine bestimmte Reihenfolge einzuhalten. Die Backen sind numeriert, ebenso die Führungsnuten, um beim Einsetzen die Backen in der richtigen Reihenfolge einsetzen zu können. Nur in richtiger Reihenfolge eingesetzte Backen ermöglichen ein genaues, zentrisches Spannen.

Kraftbetätigte Spannzeuge werden neuerdings in zunehmendem Maße verwendet. Solche Spannzeuge werden durch Preßluft, Drucköl oder elektrisch betätigt. Der Dreher wird dadurch von einer verhältnismäßig schweren körperlichen Arbeit entlastet; das Spannen erfolgt schneller und gleichmäßiger. Der Spanndruck ist unabhängig vom körperlichen Zustand des Drehers, er kann beliebig eingestellt werden.

15.2.3.4.1. *Aufschrauben des Spannfutters auf den Drehspindelkopf*

Vor dem Aufschrauben des Futters müssen das Gewinde und die Zentrierbohrung im Futterflansch sowie das Gewinde und der Zentrierstutzen des Drehspindelkopfes sehr sorgfältig gesäubert und leicht eingeölt werden. Das Futter soll nicht durch die laufende Spindel aufgezogen werden. Durch den auftretenden „Spannschlag" wird das Spindelgewinde zu stark einseitig belastet und mit der Zeit ungenau.

15.2.3.4.2. Lösen des Spannfutters

erfolgt mittels eines Hartholzklotzes, der auf der Rückseite des Maschinenbettes aufgesetzt wird. Das Futter wird bei Leerlaufstellung des Getriebes gegen das Holzstück gedreht. Beim Aufstoßen einer Backe löst sich das Futter von der Spindel. Das Futter wird von Hand abgeschraubt.

15.2.3.4.3. Spannen im Spannfutter

Werkstücke mit kurzer Drehlänge werden im Futter fliegend, d. h. ohne Gegenspitze, gespannt. Längere Werkstücke werden durch die Reitstockspitze gestützt, damit sie beim Drehen nicht ausweichen können.
Bearbeitete Werkstücke werden durch Spannbuchsen, notfalls durch dünne, weiche Bleche vor Spannmarken geschützt, weil die harten Spannbacken auf der Oberfläche Druckstellen erzeugen. Spannbuchsen sind in Längsrichtung geschlitzt. Damit sie besser federn, ist es vorteilhaft, die Spannbuchse am Umfang mit weiteren Nuten zu versehen.

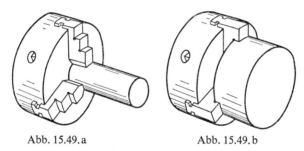

Abb. 15.49.a   Abb. 15.49.b

Die Werkstücke können im Spannfutter von innen oder außen gespannt werden (Abb. 15.49.a und b). Unbearbeitete Flächen nicht an den Backen anliegen lassen, wenn die Flächen nicht gerade sind (Werkstück schlägt). Werkstücke, bei denen eine Planfläche oder eine Planfläche und die Bohrung (beim Innenspannen) bearbeitet sind, können gegen die Backen gelegt werden. Für vorgearbeitete Werkstücke sind weiche Backen sehr vorteilhaft. Die Spann- und Anlageflächen weicher Backen werden entsprechend den Maßen des Werkstückes gedreht; dadurch wird völlig schlagfreies Spannen erzielt.

15.2.3.5. Planscheiben

Viele Möglichkeiten des Aufspannens von Körpern mit unregelmäßiger Form bietet die Planscheibe (Abb. 15.50.a und b).
Die Backen der Planscheibe lassen sich unabhängig voneinander einzeln verstellen.
Werkstücke können ohne Backen evtl. mit Hilfe von Spannwinkeln in allen Lagen aufgespannt und ausgerichtet werden. Dazu sind in dem Grundkörper

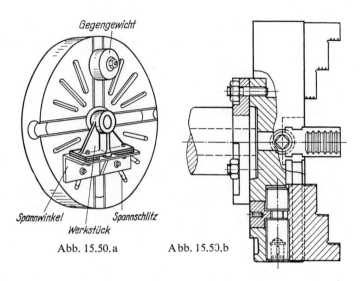

Gegengewicht

Spannwinkel Spannschlitz
Werkstück

Abb. 15.50.a   Abb. 15.50.b

der Planscheibe Langschlitze und Bohrungen vorgesehen. Bei einseitigem Spannen muß die Planscheibe durch Gegengewichte ausgewuchtet werden, damit der ruhige Lauf der Maschine nicht beeinträchtigt wird.

15.2.3.6. Hinweise zur Unfallverhütung bei Dreharbeiten:

Futter nur bei stillstehender Maschine auf- und abschrauben.

Werkzeuge nur bei stillstehender Maschine ein- oder ausspannen. Es darf nur bei stillstehender Maschine gemessen werden.

Werden Bohrungen mit Grenzlehrdorn gemessen (Werkstück muß abgekühlt sein), ist der Drehmeißel oder das im Reitstock eingespannte Werkzeug weit genug zurückzufahren, evtl. mit einem Lappen abdecken, um Handverletzungen zu vermeiden.

Vor dem Einschalten der Maschine prüfen, ob das Futter oder das Drehherz nicht am Support anläuft. Eventuell Schaltanschläge verschieben.

Niemals den Schlüssel im Futter stecken lassen.

Drehmaschinenfutter nach dem Ausschalten nicht von Hand abbremsen.

Späne nur mit Spänehaken oder Besen entfernen.

Bei spröden, spritzenden Metallen Schutzbrille aufsetzen.

Innengewinde niemals bei laufender Maschine mit dem Finger prüfen, oder mit einem um den Finger gelegten Lappen reinigen (schwere Fingerverletzungen, unter Umständen Verlust des Fingers).

Das Feilen auf der Drehmaschine ist möglichst zu vermeiden; ist es unumgänglich, wird links gefeilt, weil Futter oder Drehherz bei normalem Rechtsfeilen den linken Arm gefährdet.

Schwere Werkstücke müssen ausgewuchtet werden. Auf der Planscheibe exzentrisch gespannte Werkstücke müssen gegen Herausschleudern gesichert werden. Bei schnellaufenden Maschinen ist das Futter durch Klemmung zu sichern, weil es sich bei plötzlicher Umkehrung der Drehrichtung von der Arbeitsspindel lösen kann und mit großer Wucht durch den Raum geschleudert wird.

Reinigen und Schmieren darf nur bei stillstehender Maschine erfolgen. Spanbrände bei Magnesiumlegierungen (Elektron) niemals mit Wasser löschen, Gußspäne, notfalls Sand nehmen!

15.2.4. Drehmaschinen

Eine der wichtigsten und meistverwendeten Werkzeugmaschinen ist die Drehmaschine. Die Grundform ist die einfache, vielseitig verwendbare Spitzendrehmaschine. Im Laufe der Zeit wurden für bestimmte Arbeiten und Anforderungen viele Sondermaschinen entwickelt: Revolver-, Karussell-, Plan- oder Kopf-, Hinter-, Vielstahl-, Automaten-, Wellen-, Kopierdrehmaschinen und besonders für die Bearbeitung mit Hartmetallen sehr stabile Produktionsmaschinen für große Schnittleistungen.

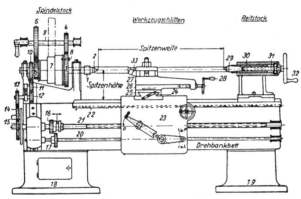

Abb. 15.51. Leit- und Zugspindeldrehmaschine (ältere Bauart)

1 = Drehspindel
2 = Körnerspitze
3 = Zahnrad (fest a. 1)
4 = Zahnrad (Vorgelege)
5 = Zahnrad (Vorgelege)
6 = Zahnrad (Verbund m. 7)
7 = Stufenscheibe
8 = Mitnehmerbolzen
9 = Vorgelegewelle
10 = Zahnrad vom Wendegetriebe

11 = Zahnrad vom Wendegetriebe
12 = Zahnrad vom Wendegetriebe
13 = Wechselräder
14 = Wechselräder
15 = Wechselräder
16 = Antriebsräder f. 20
17 = Antriebsräder f. 20
18 = Drehmaschinenfüße
19 = Drehmaschinenfüße
20 = Zugspindel

21 = Leitspindel
22 = Zahnstange
23 = Schloßplatte
24 = Spindel
26 = Drehteil
27 = Oberteil
28 = Spindel
29 = Spitze
30 = Pinole
31 = Spindel
32 = Handrad
33 = Drehmeißel

15.2.4.1. Die *Spitzendrehmaschine*

findet im Werkzeugbau, in Reparaturwerkstätten und im Betrieb für Einzel-
fertigung und kleine Serien Verwendung. Sie ist zum Schruppen und zum
Schlichten geeignet. Es können Lang-, Plan- und Kegeldreharbeiten ausgeführt
werden sowie Gewindeschneiden, Bohren, Fräsen, Polieren und evtl. Feilen.
Die Werkstücke werden zwischen Spitzen oder in Spanneinrichtungen gespannt.
Genauigkeit und Oberflächengüte hängen weitgehend von der Geschicklichkeit
des Drehers ab. Die Arbeitszeiten liegen im allgemeinen höher als bei den
Sondermaschinen. Sie wird entweder nur als Zugspindelmaschine oder als
Leit- und Zugspindeldrehmaschine ausgeführt.
Aufbau der Leit- und Zugspindeldrehmaschinen (Abb. 15.51.).

15.2.4.1.1. Das Drehmaschinenbett

soll gute Eigensteifigkeit, guten Spänefall und eine breite, sichere Unterstützung
des Supports gewährleisten. Die Führungen sind entweder gehärtet und geschliffen oder geschabt. Die Oberflächenhärte der Führungen soll etwa
400...500 HB betragen. Auf dem Drehmaschinenbett ruhen die Hauptteile
der Drehmaschine, deshalb muß ein Durchbiegen des Bettes verhindert werden.
Bei leichteren Drehmaschinen ruht das Bett auf Füßen (Kastenfüße) (Abb.
15.52.), bei schweren Maschinen ist es mehrfach unterstützt oder es ruht in
seiner ganzen Länge auf dem Fundament. Durch Schnittdruck und Riemenzug
hervorgerufene Verdrehungsbeanspruchungen sowie Erschütterungen, werden
von Diagonalrippen aufgenommen.

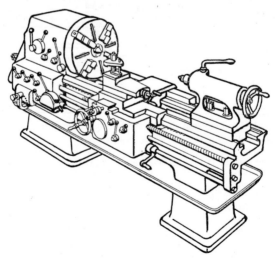

Abb. 15.52. Leit- und Zugspindeldrehmaschine VDF

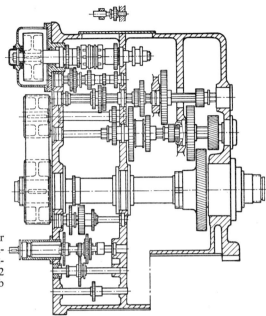

Abb. 15.53. Getriebeplan einer Drehmaschine mit 24 Drehzahlen für den Antrieb der Hauptspindel durch Räder und 12 Drehzahlen für den Antrieb durch Riemen

15.2.4.1.2. Der Spindelstock

dient zur Lagerung und zum Antrieb der Arbeitsspindel, die mit Hilfe von Einspannvorrichtungen (Spannfutter, Planscheibe, Mitnehmerscheibe usw.) das Werkstück mitnimmt. Zur Aufnahme der Spannvorrichtungen ist die Arbeitsspindel meist mit einem Gewinde versehen. Bei neueren Ausführungen wird der Spindelkopf zum Befestigen der Spannmittel oftmals mit einem Kurzkegel und Flansch versehen. Er besitzt dann kein Gewinde.

Die Arbeitsspindel (Haupt- oder Drehspindel) ist normalerweise hohl, gehärtet, an den Lagerstellen geschliffen und, um Federn und Durchbiegung zu verhindern, zwei- bis dreifach gelagert. Sie ist aus geschmiedetem und vergütetem Sonderstahl hergestellt.

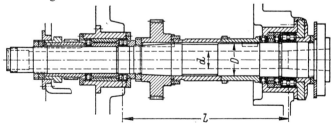

Abb. 15.54. Beispiel einer Arbeitsspindel für Drehmaschinen mit doppelreihigen Zylinderrollenlagern und kegeligem Innenring

277

Im Spindelstock befinden sich ferner die Getriebe zur Erzeugung der verschiedenen Drehzahlen der Arbeitsspindel sowie der Antrieb der Zugorgane. Abb. 15.53. zeigt den Getriebepaln eines Spindelstockes und Abb. 15.54. die Lagerung einer Arbeitsspindel.

15.2.4.1.3. Der Antrieb

erfolgt bei neueren Maschinen in der Regel durch elektrischen Einzelantrieb, entweder durch Flanschmotor oder Fußmotor. Der Flanschmotor sitzt mittig zur Antriebswelle auf einem Zwischenflansch dicht am Spindelstock. Für Genauigkeitsmaschinen ist er wenig geeignet, weil sich die Schwingungen des Motors auf das Werkstück übertragen und Rattermarken erzeugen. Er wird im allgemeinen dann bevorzugt, wenn die verlangten Leistungen so groß sind, daß ein Riemen nicht richtig durchzieht.
Um unliebsame Schwingungen durch Stöße oder starke Belastungsänderungen vom Spindelstock fernzuhalten, wird der Motor, der am Fuße der Maschine angeordnet ist, verwendet. Die Drehbewegung wird durch Flach- oder Keilriemen übertragen; sie gewährleisten einen ruhigen Lauf der Maschine, weshalb diese Antriebsart überwiegend bevorzugt wird. Amperemeter und Leistungsmesser, die man oftmals an neuzeitlichen Maschinen findet, dienen zur Überwachung der Stromaufnahme des Hauptmotors während der Bearbeitung, um eine Überlastung nach Möglichkeit zu vermeiden.

15.2.4.1.4. Das Schalt- oder Vorschubgetriebe

dient zum stetigen seitlichen Verschieben (Dauervorschub) des Werkzeuges. Die Größe des Vorschubes ist abhängig vom Werkstoff, der Form des Werkstückes, dem Gütegrad der Arbeit (Schruppen oder Schlichten) und der Schneidhaltigkeit des Werkzeuges.

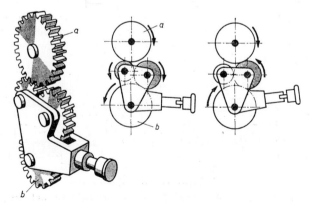

Abb. 15.55. Vierräderwendeherz: a treibendes, b getriebenes Rad

Das Vorschubgetriebe wird entweder von der Arbeitsspindel oder vom Motor angetrieben. Im allgemeinen wird der Räderantrieb bevorzugt, weil genaueste Vorschübe gewährleistet werden. In Abb. 15.51. fließt der Antrieb von der Arbeitsspindel über die Rädergruppe 10...12 das Wendeherzgetriebe und die Wechselräder 13...15 auf die Leit- und Zugspindel. Das Wendeherzgetriebe (Abb. 15.55.) dient zum Umkehren der Drehrichtung der Leitspindel, damit Rechts- und Linksgewinde geschnitten werden kann und, um beim Aufstecken der eventuell noch vorhandenen Wechselräder bei jeder Übersetzungsart (Übersetzung mit Zwischenrad, doppelte Übersetzung) Gleichlauf der Leitspindel zu erreichen.
Bei größeren Maschinen wird an Stelle des Wendeherzes auch ein Kegelräderwendegetriebe (Abb. 15.56.) eingebaut.

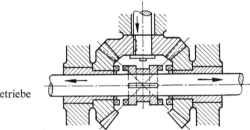

Abb. 15.56.
Kegelräderwendegetriebe

Um das ständige Auswechseln der Wechselräder zu ersparen, werden für die gebräuchlichsten Vorschübe die erforderlichen Räderpaare in einen besonderen Kasten (Vorschubräderkasten) eingebaut. Gebräuchlich sind Nortongetriebe (Abb. 15.57.) und Ziehkeilgetriebe (Abb. 15.58.). Zur Erhöhung der Zahl der Vorschübe können zwei Norton- oder Ziehkeilgetriebe hintereinandergebaut werden. Meistens wird jedoch dem Nortongetriebe ein Vervielfachungsgetriebe, das als Multiplizier- oder Halbiergetriebe ausgeführt wird, vor- oder nachgeschaltet. Das Multipliziergetriebe kann ein Ziehkeilgetriebe, ein Verschieberädergetriebe oder das Mäandergetriebe sein.
Abb. 15.59. zeigt ein Nortongetriebe, dem zwei Ziehkeilgetriebe nachgeschaltet sind. Mit diesem Getriebe können 55 verschiedene Vorschub- bzw. Gewindesteigungen ohne Räderwechsel eingestellt werden.

15.2.4.1.5. Der Werkzeugschlitten (Support)
ist mit der Schloßplatte (23 ... Abb. 15.51.) verbunden. Er trägt und führt das Werkzeug. Der Support muß so gebaut sein, daß er größter Spanabnahme bei hoher Arbeitsgenauigkeit standhält und erschütterungsfreies Arbeiten gewährleistet.
Die Hauptteile sind (Abb. 15.60.):
Das Unterteil *E* (Bett- oder Längsschlitten) mit dem Querschieber *D* (Unterschieber oder Planschlitten).

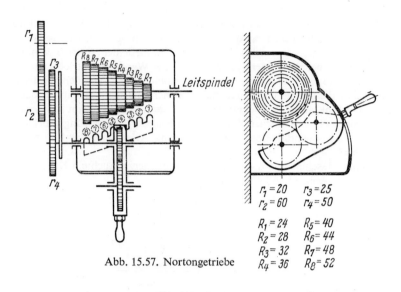

Abb. 15.57. Nortongetriebe

$r_1 = 20$ $r_3 = 25$
$r_2 = 60$ $r_4 = 50$

$R_1 = 24$ $R_5 = 40$
$R_2 = 28$ $R_6 = 44$
$R_3 = 32$ $R_7 = 48$
$R_4 = 36$ $R_8 = 52$

Leitspindel

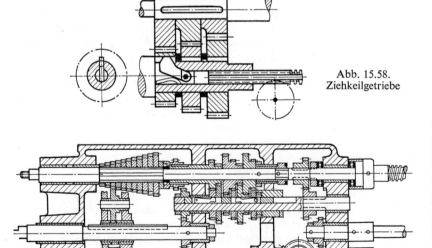

Abb. 15.58.
Ziehkeilgetriebe

Abb. 15.59. Universal-Vorschubkasten

280

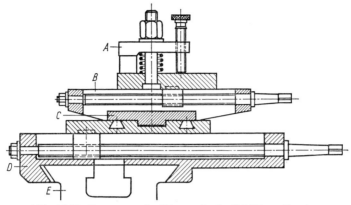

Abb. 15.60. Benennung der Hauptteile der Schlittenaufbauten

Das Oberteil, mit Drehteil *C*, Kreuzschieber *B* (Kreuzschlitten, Aufspann-schlitten oder Oberschlitten) und den Meißelhalter *A*.

15.2.2.4.1.5.1. *Die Schloßplatte*

Bei genauen Arbeiten, z. B. beim Gewindeschneiden, wird die Leitspindel benutzt. Sie bewirkt den Längsvorschub. Zur Schonung der Leitspindel werden die Drehmaschinen meist mit einer Zugspindel, die nur mit einer Nut versehen ist, ausgerüstet. In dieser Nut läuft die Feder eines Kegelrades, das über ein Getriebe ein Ritzel in einer Zahnstange den Vorschub abgreifen läßt.
Beide Spindeln erhalten ihren Antrieb vom Vorschubräderkasten. Die Leit-spindel besitzt entweder Millimeter- oder Zollgewinde. Soll die Leitspindel eingesetzt werden, kann durch eine geteilte Mutter, die Schloßmutter, die Dre-hung des Gewindes als genauer Vorschub auf den Schlitten übertragen werden.

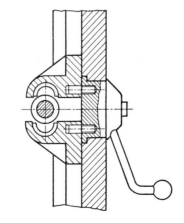

Abb. 15.61.

Hierzu wird die Schloßmutter mittels eines Hebels um die Leitspindel geschlossen (Abb. 15.61.). Für den Vorschub beim Plan- und Langdrehen wird das oben beschriebene Getriebe durch einen Schaltvorgang eingesetzt.

Abb. 15.62. zeigt eine Schloßplatte. Die sich kreuzenden Achsen der Zugspindel und des Zahnstangenritzels sind durch Kegelräder verbunden. Der Transport des Supports von Hand erfolgt durch das Handrad A über Stirnrad 7 und Zahnstangenritzel 8. Der Selbstgang, Hebel P, muß ausgerückt sein. Der selbsttätige Längszug erfolgt über Zugspindel 1, das Kegelräderpaar 2, 3 und die Stirnräder 4...7 auf das Zahnstangenritzel 8.

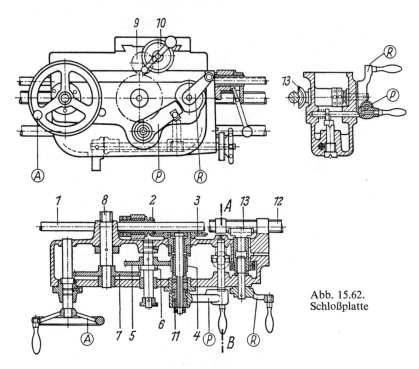

Abb. 15.62.
Schloßplatte

Der Planselbstgang erfolgt ebenfalls von der Zugspindel 1 über die Kegelräder 2, 3 und die Stirnräder 4, 5 auf die Stirnräder 9, 10 im Support.

Zum Gewindeschneiden wird durch den Hebel R die Mutterbacke 13 in die Leitspindel 12 eingerückt. Hebel R ist gegen den Hebel P durch eingebaute Sperre gesichert, so daß niemals Zugspindel und Leitspindel gleichzeitig eingeschaltet werden können.

Moderne Maschinen sind mit einer Fallschnecke oder mit einer Rutschkupplung ausgerüstet. Sie dienen der Betriebssicherheit sowie dem Anschlagsrehen.

Als Sicherung bewirken sie sofortigen Stillstand des Vorschubes bei Überlastung der Maschine, die entweder durch zu große Spanabnahme oder durch Gegenfahren des Supports an einen Anschlag hervorgerufen werden kann. Die erforderliche Auslösekraft kann beliebig eingestellt werden. Auf der zuverlässigen Auslösung der Fallschnecke oder der Kupplung, d. h. Stillsetzen des Vorschubes, beruht das Anschlagdrehen.

Das Messen wird dabei auf die Einstellung der gewünschten Drehlänge oder Drehtiefe beschränkt. Als Anschlag dienen eine Meßschraube oder Endmaße. Die Auslösegenauigkeit ist 0,01 Millimeter. Die Zeitersparnis, besonders bei der Reihenfertigung, ist bedeutend.

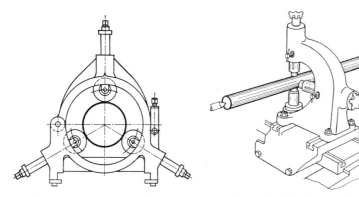

Abb. 15.63. Feststehender Setzstock   Abb. 15.64. Mitgehender Setzstock

15.2.4.1.6. Der Setzstock (Abb. 15.63., 15.64.)

dient zur Aufnahme des Schnittdruckes und soll das Durchbiegen langer, dünner Werkstücke verhindern. Der feststehende Setzstock (Abb. 15.63. Lünette oder Brille) wird auf dem Drehmaschinenbett befestigt. Der mitgehende Setzstock (Abb. 15.64.) wird dicht gegenüber dem Meißel auf dem Bettschlitten befestigt, er soll den Schnittdruck aufnehmen und geht deshalb mit dem Meißel mit.

15.2.4.1.7. Der Reitstock (Abb. 15.65.)

ist auf dem Drehmaschinenbett stets rechts angeordnet. Die Reitstockspitze dient als Gegenspitze zum Festhalten des Werkstückes. Der Reitstock wird in seiner zentrischen Lage zur Drehspindel meist durch ein besonderes Führungsprisma gehalten. Er wird auf dem Bett von Hand verschoben und mit Schrauben oder Pratzen mit Exzenterhebeln an die Bettunterseite festgeklemmt. Die Feineinstellung der Spitze erfolgt durch Verschieben der Pinole mittels Spindel und Handrades. In Endstellung wird die Körnerspitze durch die

283

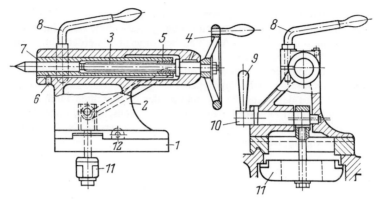

Abb. 15.65. Reitstock

1 = Unterteil, 2 = Oberteil, 3 = Spindel, 4 = Handrad, 5 = Mutter,
(Gewindebuchse), 6 = Gewindestift, 7 = Pinole mit Körnerspitze,
8 = Handhebel, 9 = Handgriff, 10 = Exzentrische Welle, 11 = Brücke,
12 = Spindel zur Querverbindung

Gewindespindel ausgestoßen. Die Pinole kann durch einen Klemmhebel festgestellt werden.

Für besondere Arbeiten kann an Stelle des normalen Reitstockes ein Bohrreitstock (Abb. 15.66.) verwendet werden. Der Bohrreitstock wird von der Zugspindel angetrieben, damit können alle Vorschübe der Drehmaschine auch von der Bohrspindel ausgeführt werden. Durch ein Übersetzungsgetriebe ins langsame im Bohrreitstock können die Vorschübe auf die Hälfte und ein Viertel herabgesetzt werden. Die Reitstockpinole ist mit Fein- und Schnelleinstellung ausgerüstet. Die Aufgaben des gewöhnlichen Reitstockes können selbstverständlich auch vom Bohrreistock übernommen werden.

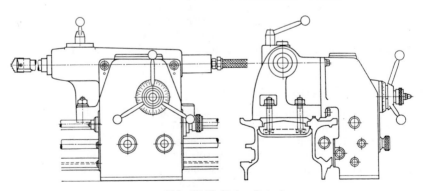

Abb. 15.66. Bohrreitstock

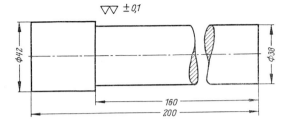

Abb. 15.67. Drehteil

15.2.4.1.8. *Beispiel für die Arbeitszeitberechnung eines Drehteils:*

Nach Abb. 15.67. soll eine Welle gedreht werden, die Arbeitszeit ist zu ermitteln
Arbeitsfolge:

1. Abstechen (hydr. Schnellsäge), Werkstoff St 37 K ⌀ 45 × 202 lg.
2. Zentrieren.
3. Ansatz ⌀ 38 × 161 schruppen und schlichten.
4. Ansatz ⌀ 42 × 41 schruppen und schlichten.
5. Stirnflächen plandrehen.

Berechnung der Hauptzeiten, die Bearbeitung erfolgt mit Schnellstahldreh-
meißel.

Schruppen $v = 22$ m/min $s = 0,5$ mm/Umdr.
Schlichten $v = 30$ m/min $s = 0,2$ mm/Umdr.

Die Drehzahlen n müssen ermittelt werden.

$v = d\pi n$; da die Schnittgeschwindigkeit v in m/min angegeben ist, wird der
Umfang $d\pi$ ebenfalls in m eingesetzt. Setzt man den Durchmesser so ein,
wie er auf der Zeichnung angegeben ist, nämlich in Millimetern, so muß durch
1000 geteilt werden, dann ist $v = \dfrac{d \cdot \pi \cdot n}{1000}$ und $n = \dfrac{v \cdot 1000}{d \cdot \pi}$

Beim Schruppen ist:

$$n = \frac{22 \text{ m/min} \cdot 1000}{45 \text{ mm} \cdot 3,14} = 155 \text{ Umdrehungen pro Minute.}$$

Beim Schlichten des Ansatzes ⌀ 39, 1 mm Bearbeitungszugabe, ist:

$$n = \frac{30 \text{ m/min} \cdot 1000}{39 \text{ mm} \cdot 3,14} = 245 \text{ Umdrehungen pro Minute.}$$

Beim Schlichten des Ansatzes ⌀ 43, 1 mm Bearbeitungszugabe, ist:

$$n = \frac{30 \text{ m/min} \cdot 1000}{43 \text{ mm} \cdot 3,14} = 222 \text{ Umdrehungen pro Minute.}$$

Die Hauptzeiten sind:

Schruppen: Ansatz ⌀ 45 × 164 mm lg. (3 mm Anlauf)
Schruppen: Ansatz ⌀ 45 × 44 mm lg. (3 mm Anlauf)

$$t_h = \frac{w}{n \cdot s} = \frac{164 \text{ mm}}{155 \text{ U/min} \cdot 0,5 \text{ mm/U}} = \approx 2,12 \text{ Min.}$$

$$\frac{44 \text{ mm}}{155 \text{ U/min} \cdot 0,5 \text{ mm/U}} = \approx 0,60 \text{ Min.}$$

Schlichten: Ansatz ⌀ 39 × 164 mm lg. $\quad \dfrac{164 \text{ mm}}{245 \text{ U/min} \cdot 0,2 \text{ mm/U}} = \approx 3,35 \text{ Min.}$
(Anlauf und Bearbeit.-Zugabe)

Schlichten: Ansatz ⌀ 43 × 44 mm lg. $\quad \dfrac{44 \text{ mm}}{222 \text{ U/min} \cdot 0,2 \text{ mm/U}} = \approx 1,06 \text{ Min.}$
(Anlauf und Bearbeitungs-Zugabe)

zusammen   7,07 Min.

Die Stirnflächen werden mit je 2 Spänen plangedreht.

$v = 30$ m; $s = 0,1$ mm/Umd.; $n = 222$ U/min.

Für das Plandrehen ist

$$t_h = \frac{22 \text{ m/min} \cdot 2}{222 \text{ U/min} \cdot 0,1 \text{ mm}} + \frac{19 \text{ m/min} \cdot 2}{222 \text{ U/min} \cdot 0,1 \text{ mm}} = 3,7 \text{ Minuten.}$$

Die Hauptzeiten betragen:

Abstechen	1 Min. (geschätzt)
Zentrieren	2 Min. (geschätzt)
Schruppen und Schlichten	7,1 Min.
Plandrehen	3,7 Min.
gesamt	13,8 Min.

Zu dieser Zeit müssen Rüst-, Neben- und Verteilzeiten hinzugerechnet werden.

15.2.4.2. Produktionsdrehmaschinen

sind kräftig gebaut und verfügen über hohe Antriebsleistungen. Es wäre unwirtschaftlich, für einfache gleichartige Fertigungsaufgaben teuere Universalmaschinen mit großem Drehzahlbereich, Einrichtungen zum Gewindeschneiden usw. einzusetzen.
Deshalb werden Einfach-Drehmaschinen hergestellt, die bei Anwendung von Hartmetallmeißeln und Mehrmeißelanordnung eine erhebliche Verkürzung der Arbeitszeit gestatten, sie sind besonders für die Anfertigung größerer Stückzahlen geeignet.

Trotz hoher Spanleistungen müssen die Maschinen erschütterungsfrei laufen. Sie besitzen deshalb verstärkte Hauptspindeln und Hauptspindellager sowie besonders verstärkte Reitstockpinolen mit eingebauten mitlaufenden Körnerspitzen. Produktionsmaschinen besitzen keine Leitspindel und kein Nortongetriebe, da sie zum Gewindeschneiden nicht vorgesehen sind. Dafür ist die Zugspindel sehr kräftig ausgebildet. Ein günstig abgestuftes Vorschubgetriebe mit Vorwählschaltung, sowie selbsttätige Auslösung längs und quer sind weitere Merkmale der Produktionsmaschine. Für besonders hohe Ansprüche ist der Spindelstock mit einem Lastschaltgetriebe ausgestattet, d. h. es können unter Last, also während des Schnittes, alle Drehzahlen verändert werden. Selbsttätige Schnittgeschwindigkeits- und Vorschubregelung, Eilgänge, Programmsteuerung usw. erhöhen die Wirtschaftlichkeit der Produktionsmaschinen erheblich.

15.2.4.2.1. Nachformeinrichtungen

dienen zur Arbeitsvereinfachung, sie erfordern keine langen Rüstzeiten, deshalb ist ihre Anwendung auch bei kleinen Stückzahlen wirtschaftlich. Neuzeitliche, fühlergesteuerte Nachformeinrichtungen liefern maß- und formgetreue Werkstücke von hoher Genauigkeit. Solche Maschine kann sowohl zum Kopieren als auch zum Spitzendrehen verwendet werden, sie besitzt meist Leit- und Zugspindel.

15.2.4.2.2. Plandrehmaschine (Kopfdrehmaschine)

werden zum Plandrehen großer oder sperriger Werkstücke verwendet. Der Spindelstock besitzt meist den gleichen Aufbau wie eine Spitzendrehmaschine; er besitzt gewöhnlich ein Stufenrädergetriebe. Eine große Planscheibe, ein Support, der auf der Grundplatte entsprechend der Werkstückgröße und Lage der Bearbeitungsstelle versetzt werden kann, sowie ein Reit-

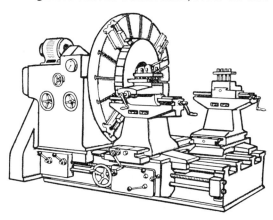

Abb. 15.68.
Kopfdrehmaschine

stock sind übersichtlich und bequem zugänglich angeordnet. Diese Maschinen sind gegenüber Karuselldrehmaschinen sehr preiswert, weshalb sie trotz mancherlei Nachteilen gern verwendet werden. Abb. 15.68. zeigt eine Kopfdrehmaschine.

15.2.4.2.3. Die *Karuselldrehmaschine* (*Drehwerk*)

hat ihren Namen von der sich karussellartig drehenden, liegenden Planscheibe. Sie ist zur Bearbeitung großer und schwerer Werkstücke geeignet. Abb. 15.69. zeigt eine kleinere Karuselldrehmaschine.

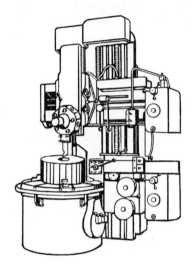

Abb. 15.69.
Karuselldrehmaschine

Gegenüber der Plandrehmaschine hat die Karuselldrehmaschine folgende Vorteile:

1. Bequemeres Aufspannen großer und sperriger Werkstücke.
2. Bessere Übersicht über die Arbeitsflächen.
3. Genauere Arbeit durch die stehende Spindel.
4. Kürzere Haupt- und Nebenzeiten.

Nachteilig sind die hohen Anschaffungskosten. Die Beseitigung der Späne ist schwieriger.

Karuselldrehmaschinen werden mit Planscheibendurchmesser ab 600 mm hergestellt. Die größten Drehwerke in Doppelständerbauart lassen die Bearbeitung von Werkstücken bis 25 m ⌀ zu.

288

16.2.4.2.4. Die *Revolverdrehmaschine*

wird für die serienmäßige Herstellung von Drehteilen, bei denen mehrere Arbeitsgänge erforderlich sind, verwendet. Hauptmerkmal der Maschine ist der Revolverkopf; er dient zur Aufnahme der Werkzeuge, von denen mehrere gleichzeitig oder nacheinander das Werkstück bearbeiten, ohne daß das Werkstück umgespannt werden muß. Dadurch ergeben sich wesentlich geringere Stückzeiten als bei der Bearbeitung auf der Spitzendrehmaschine. Die Revolvermaschine besitzt genau einstellbare Längs- und Plananschläge für alle Arbeitsgänge. Bohr- und Senkwerkzeuge werden ebenfalls im Revolverkopf aufgenommen. Die Werkstücke besitzen gleiche Maßhaltigkeit und Oberflächengüte. Die Maschine kann durch angelernte Arbeitskräfte bedient werden. Der Einsatz einer Revolverdrehmaschine lohnt sich bereits bei kleineren Serien etwa ab 20 Stück. Es können sowohl Stangen- als auch Futterarbeiten vorgenommen werden. Moderne Revolverdrehmaschinen besitzen eine Programmschaltung, die selbsttätig die für die einzelnen Arbeitsgänge erforderliche Schnittgeschwindigkeit schaltet.

Der Revolverkopf ist, je nach Bauart der Maschine, um eine senkrechte, waagerechte oder schräge Achse drehbar.

Der Sternrevolver ist um seine senkrechte Achse drehbar, er hat einen runden oder sechseckigen Kopf und besitzt meist sechs Aufnahmebohrungen für die Werkzeuge. Da mit diesem Revolverkopf keine Plandreharbeiten ausgeführt werden können, besitzen solche Maschinen einen zusätzlichen Querschlitten für Plan-, Einstech- und Ausstecharbeiten. Das Einrichten des Sternrevolvers wird durch den weiten Abstand der Werkzeuge erleichtert. Lange und sperrige Werkzeuge können jedoch Unfälle beim Schalten des Revolverkopfes verursachen.

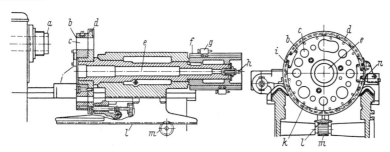

Abb. 15.70. Längsschnitt durch den Revolverschlitten und Ansicht des Revolverkopfes einer Pittler-Revolverdrehmaschine (Pittler)

a = Drehspindel, b = Auswechselbarer Revolverkopf, c = Werkzeuglöcher im Revolverkopf, d = Schaltscheibe mit Zahnkranz, e = Revolverkopfachse, f = Anschlagtrommel, g = Anschlagböckchen mit Stellschraube, h = Einstellschraube für Revolverkopfachse, i = Plananschlagböckchen mit Stellschraube, k = Sperrbolzenbüchsen, 1 = Zahnstange, m = Zahntrieb, n = Plananschlagbolzen

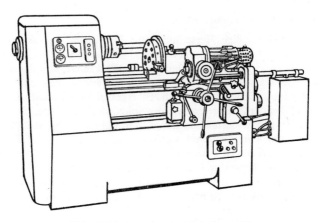

Abb. 15.71. Revolver-Nachdrehmaschinen

Ein flacher Revolverkopf in Form eines Rundtisches besitzt wegen der großen Aufnahmefläche für die Werkzeuge viele Vorteile. Die Werkzeuge können auf der waagerechten Platte gut aufgebaut und verstellt werden.

Der Trommelrevolver (Planrevolver) ist waagerecht gelagert, der Revolverkopf besitzt 16 verschiedene Aufnahmen für die Werkzeuge (Abb. 15.70.). Die Achse des Revolverkopfes liegt tiefer als die Drehspindel. In Sperrstellung des Kopfes fluchtet die über der Achse liegende Werkzeugaufnahme mit der Drehspindel. Durch Drehen des Revolverkopfes kann plangedreht werden, deshalb ist ein Querschlitten nicht unbedingt erforderlich.

Zum Fertigdrehen in 2. Aufspannung bei höchsten Ansprüchen an die Genauigkeit und Oberflächengüte, wie sie beispielsweise in der optischen und feinmechanischen Industrie gestellt werden, findet die Revolver-Nachdrehmaschine (Abb. 15.71.) Verwendung. Sie ist mit einer Meßeinrichtung zum Rundlaufprüfen und mit einem Längs-Feinanschlag ausgestattet, der bei Längsdreharbeiten eine Genauigkeit von 0,01 mm ermöglicht; ferner besitzt die Maschine eine Längs- und Plankopiereinrichtung.

15.2.4.2.5. *Automaten*

sind selbsttätige Revolverdrehmaschinen. Alle Schaltungen und Bedienungsgriffe, die an der Revolverdrehmaschine von Hand vorgenommen werden, wie Werkstoffzuführung, Spannen, Lösen, Spindelgeschwindigkeit, Vorschubgeschwindigkeit, Schalten des Revolverkopfes und das Vorschieben und Zurückziehen der Werkzeugschlitten, Einschwenken einer Kreissäge zum Schraubenschlitzen, führt der Automat von selbst aus. Durch die verschiedenen

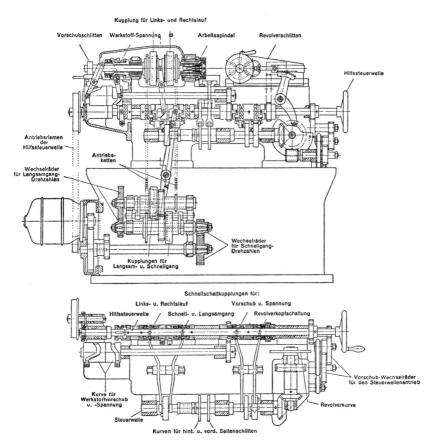

Abb. 15.72. Getriebeplan der Revolverautomaten Index 24, 36, 52 (Index-Werke)

Werkzeugschlitten kann das Werkstück gleichzeitig von mehreren Werkzeugen bearbeitet werden. Bei Mehrspindelautomaten wird darüber hinaus an mehreren Spindeln gleichzeitig gearbeitet. Automaten erfordern einen verhältnismäßig hohen Anschaffungspreis, für die Einrichtung müssen höhere Rüstzeiten aufgewendet werden, deshalb werden Einspindelautomaten für Stückzahlen zwischen 200 und 2000, Mehrspindelautomaten für Stückzahlen über 2000 Stück, in der Fertigung eingesetzt. Kleinere Stückzahlen wären unwirtschaftlich.

Abb. 15.72. zeigt den Getriebeplan der Index-Revolverautomaten 24, 36 und 52.

15.3. Fräsen

15.3.0. Wirkungsweise des Fräsers

Fräsen ist eine spangebende Bearbeitungart. Die Zerspanung des Werkstoffes erfolgt durch ein sich drehendes Schneidwerkzeug (Fräser), das an seinem Umfang mehrere gleichmäßig verteilte Schneiden (Zähne) besitzt. Der Fräser führt die Hauptbewegung aus, das Werkstück macht die Vorschub- und Zustellbewegung. Das Fräsen dient zur Erzeugung ebener oder gekrümmter Flächen aller Art. Es können Nuten mit verschiedenen Formen, Spiralen, Gewinde, Zahnräder usw. durch Fräsen hergestellt werden. Die Beantwortung der Frage, ob ein Werkstück durch Fräsen oder durch Hobeln bearbeitet werden soll, hängt von der Form des Werkstückes ab. Im allgemeinen kann man sagen, daß lange und schmale Flächen, z. B. Leisten usw. wirtschaftlicher gehobelt werden, breite und kurze Flächen dagegen gefräst, besonders wenn der Fräser die Fläche mit einem Schnitt bearbeiten kann.

Nach der Wirkungsweise des Fräsers unterscheidet man drei Arten des Fräsens:

15.3.0.1. Fräsen mit Werkzeugen, die nur am Umfang schneiden (Walzfräsen). Die Werkzeuge sind Walzen-, Form- und Schaftfräser, wenn sie nur am Umfang schneiden.

15.3.0.2. Fräsen mit Werkzeugen, die nur mit der Stirnseite schneiden (Stirnfräsen), z. B. Messerköpfe.

15.3.0.3. Fräsen mit Werkzeugen, die außer den Zähnen am Umfang noch Stirnzähne haben und sowohl am Umfang wie mit der Stirnseite schneiden (Walzenstirnfräsen). Werkzeuge sind Messerköpfe, Walzenstirnfräser, Fingerfräser usw.

Außerdem ergibt sich noch eine grundlegende Unterscheidung durch die Richtung der Vorschubbewegung zur Richtung der Drehbewegung des Fräsers.

15.3.0.4. Gegenlauffräsen

Die Vorschubbewegung (Abb. 15.73.a u. b) kann beim Walzfräsen gegen die Drehrichtung des Fräsers — Gegenlauffräsen — oder in der gleichen Richtung — Gleichlauffräsen — erfolgen. Im allgemeinen wird das Gegenlauffräsen angewendet; die meisten Fräsmaschinen haben eine entsprechende Bauart. Bei beiden Fräsarten wird ein kommaförmiger Span erzeugt. Bei der gegenläufigen Vorschubbewegung gleiten die Fräserzähne auf der Arbeitsfläche, bevor sie in den Werkstoff eindringen; dadurch entsteht eine blanke, wellige, verfestigte Oberfläche. Der Spanquerschnitt wächst von 0 bis zu seiner dicksten Stelle an, dadurch schwankt der Schnittdruck ständig zwischen einem Kleinst- und einem Größtwert, wodurch das „Rattern" beim Fräsen verursacht wird. Der Fräser versucht außerdem das Werkstück vom Tisch abzuheben oder den

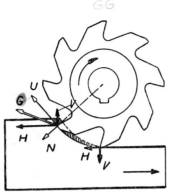
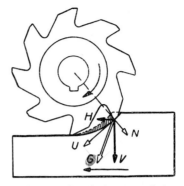

Abb. 15.73.a Gegen den Vorschub   Abb. 15.73.b Mit dem Vorschub
U = Umfangskraft, N = Normalkraft
(Mittenkraft), G = Gesamtkraft,
H = Horizontalkraft, V = Vertikalkraft

Fräsdorn durchzubiegen. Das Gleiten und Hineinquetschen stumpft die Fräser-schneiden verhätlnismäßig schnell ab und verringert dadurch die Standzeit des Fräsers.

15.3.0.5. Gleichlauffräsen

Beim Gleichlauffräsen faßt der Fräserzahn den vollen Werkstoff, der Auslauf erfolgt bei allmählich dünner werdendem Kommaspan. Der Schnittdruck wirkt nach schräg unten, er preßt den Tisch auf seine Führungen, gleichzeitig versucht der Schnittwiderstand das Werkstück in den Fräser hineinzuziehen; gelingt dies, so klettert der Fräser auf, wobei seine Schneiden zerstört werden. Dieses ist der Grund, weshalb bisher dem Gegenlauffräsen der Vorzug gegeben wurde. Durch die Entwicklung geeigneter Fräsmaschinen, bei denen vor allem das Spiel der Tischspindel beseitigt wurde, beginnt sich das Gleichlauffräsen durchzusetzen. Der Lauf der Maschine ist wesentlich ruhiger, und die Standzeit des Werkzeuges beträgt fast das Fünffache gegenüber dem gegenläufigen Fräsen. Außerdem ist durch den fehlenden „Quetschdruck" des Fräsers die Oberfläche des Werkstücks nicht verfestigt. Dadurch kann die Schnittgeschwindigkeit erhöht werden. Voraussetzung für das Gleichlauffräsen sind jedoch Hochleistungsfräser mit besonderer Zahnform.

15.3.0.6. Zahnformen

Nach der Zahnform unterscheidet man spitzgezahnte und hinterdrehte Fräser (Abb. 15.74. und 15.75.).
Spitz gezahnte Fräser haben gefräste Zähne, sie lassen sich einfach herstellen und gestatten eine kleine Zahnteilung. Durch kleine Zahnteilung ermöglicht man ruhiges Arbeiten, weil immer mehrere Zähne im Eingriff stehen. Beim

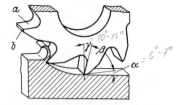

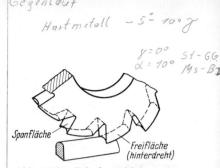

Abb. 15.74. Zahnform spitzgezahnt
a = Spanfläche, b = Freifläche

Abb. 15.75. Zahnform hinterdreht

Nachschleifen verändert sich jedoch die Zahnform, weil der Schliff an der Freifläche erfolgt. Die Fase wird breiter und der Spanraum kleiner.
Hinterdrehte Fräser haben spiralförmige Zahnlücken (Abb. 15.75.). Die Herstellung erfolgt auf der Hinterdrehmaschine. Durch diese Zahnform wird erreicht, daß das Profil des Zahnes beim Nachschliff nicht verändert wird. Das Schärfen darf nur an der Zahnbrust, unter gleichem Spanwinkel erfolgen. Der Spanwinkel ist meist 0°. Soll der Fräserzahn einen Spanwinkel erhalten, so muß das Profil genau konstruiert werden, weil Profilverzerrung eintritt, sobald die Zahnbrust nicht genau zum Mittelpunkt verläuft. Beim Nachschleifen muß von allen Zähnen gleichviel abgeschliffen werden, damit sie gleich hoch sind, weil nur dann die Spanleistung auf alle Zähne gleichmäßig verteilt ist. Wegen der ungünstigen Schnittwinkel, und damit auftretenden grösseren Kräften u. a. an der Spanfläche, werden bei hinterdrehten Fräsern kleinere Vorschübe als bei spitzgezahnten Fräsern angewendet.
Für harte Werkstoffe verwendet man am besten Fräser mit großer Zähnezahl und kleinem Spanwinkel, für Leichtmetalle Fräser mit kleiner Zähnezahl und großem Spanwinkel, für die bessere Spanabfuhr sollen diese Fräser möglichst große Zahnlücken besitzen.

15.3.1. Werkzeuge

Abb. 15.76. gibt eine Übersicht über die genormten Fräserformen.
Walzenfräser sind meist spitzgezahnt, sie werden zum Fräsen ebener Flächen verwendet. Bei längeren Fräsern sind die Schneiden nicht gleichlaufend zur Fräserachse, sondern schräg — in Schraubenlinie — angeordnet (Abb. 15.77.). Dadurch stehen nicht nur mehrere Zähne gleichzeitig im Schnitt, sondern von jedem Zahn ist nur ein Teil im Eingriff; außerdem wird der Span im ziehenden Schnitt abgehoben. Die Belastung des Fräsers ist gleichmäßig. Nachteilig wirkt bei schraubenförmig verzahnten Fräsern der seitliche Schnittdruck. Die Steigung wird deshalb so gewählt, daß der Seitendruck den Fräser zur Maschine drängt, d. h. bei linkslaufendem Fräser Rechtsdrall (Abb. 15.78.). Bei breiten Walzenfräsern wird der Seitendruck dadurch ausgeglichen, daß man eine Hälfte mit Linksdrall, die andere mit Rechtsdrall versieht. Rechts- und Linksdrall verlaufen wie beim Gewinde. Bei der Bestimmung der Schneidrichtung wird der Fräser von der Antriebsseite her gesehen.

Fräserform	Bezeichnung	DIN-Nr.	Fräserform	Bezeichnung	DIN-Nr.
	Langloch-fräser	326		Schlitz-fräser für Nuten	850
	Langloch-fräser	327		Schlitz-fräser für Nuten	850
	Langloch-fräser	328	*rechtsschneidend*	Schaft-fräser für T-Nuten	851
	Walzen-stirnfräser	841		Schaft-fräser	844
	Winkel-stirnfräser	842		Schaft-fräser	845
	Prismen-fräser	847		Konkave Halbkreis-formfräser	855
	Schlüssel-fräser (hinter-dreht)	849		Konvexe Halbkreis-formfräser	856
	Schlitz-fräser für Nuten	850			

Übersicht über die Normung der Fräser

Abb. 15.76. Genormte Fräseformen

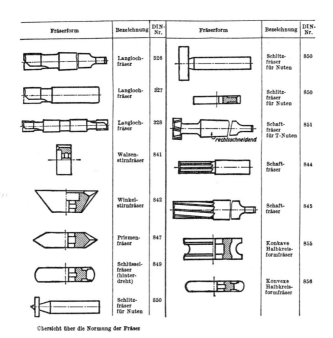

Abb. 15.77.

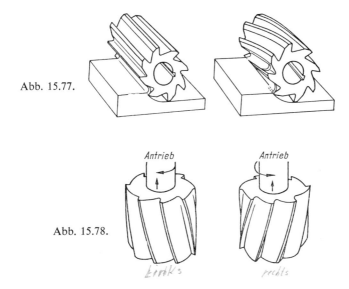

Abb. 15.78.

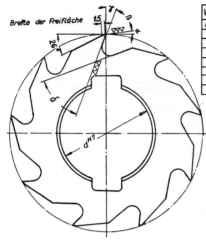

Breite der Freifläche 15

Werkstück-Festigkeit	α	β	γ
bis ca. 45 da N/mm²	7°	55°	28°
45 - 60 da N/mm²	7°	58°	25°
60 - 70 da N/mm²	6°	62°	22°
70 - 90 da N/mm²	6°	64°	20°
Grauguß	6°	66°	18°

Spiralsteigung 30°

α, β, γ gemessen senkrecht z. Schneidkante

Abb. 15.79. Spezialfräser zum
Gleichlauffräsen (Jerwag)

Walzenfräser mit schwachem Drall erhalten mitunter Spanbrechernuten, die nur kurze Späne entstehen lassen. Damit auf der Werkstückoberfläche keine Wülste entstehen, sind die Nuten gegeneinander versetzt.

Für das Gleichlauffräsen werden Walzenfräser mit starkem Drall und großem Spanwinkel verwendet (Abb. 15.79.), sie ergeben einen schälenden Schnitt, ruhigen Lauf der Maschine und saubere Oberflächen.

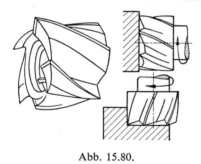

Abb. 15.80.

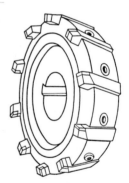

Abb. 15.81.
Messerkopf

Ebene Flächen können außer durch Walzfräsen auch durch Stirnfräsen erzielt werden. Das sogenannte Stirnen erfolgt mit Walzenstirn-, Schaftfräsern und Messerköpfen. Die Zerspanung des Werkstoffes erfolgt durch die Mantelschneiden, während die Stirnschneiden die Oberfläche glätten (Abb. 15.80.). Große Flächen, bei deren Bearbeitung hohe Spanleistung erforderlich ist, werden am besten mit Messerköpfen (Abb. 15.81.) bearbeitet. Für höchste Anforderungen werden die Messerschäfte mit Hartmetall bestückt.

296

Einfache Absätze und Nuten können mit Walzenstirn- und Schaftfräser hergestellt werden. Für solche Arbeiten sind von der Firma Strasmann besondere
Hochleistungsfräser mit Schruppgewinde (Kordelverzahnung) (Abb. 15.82. und
15.83.) entwickelt worden, die sich in der Praxis gut bewährt haben. Diese

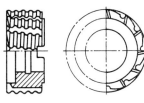

Abb. 15.82.
Hochleistungs-Walzen-
stirn-Schruppfräser mit
Schruppgewinde

Abb. 15.83.
Hochleistungs-Schaftschrupp-
fräser mit Schruppgewinde

Werkzeuge eignen sich allerdings nur zum Schruppen, die hohe Spanleistung
wiegt diesen Nachteil jedoch bei weitem auf. Die Schruppwerkzeuge besitzen
am Mantel eine Vielzahl kleiner Schneiden, die durch Hinterdrehen hergestellt
sind. Außer den spiralgenuteten Schneidstellen liegen die Schneidkuppen der
einzelnen Zähne in Gewindeform hintereinander. Dadurch ergibt sich eine
schälende Spanaufteilung mit vielen kleinen Spänen. Mit diesen Werkzeugen
können hochlegierte Stähle bis 140 daN/mm² Festigkeit ohne wesentlichen
Verschleiß bearbeitet werden. Der Schnittdruck beträgt etwa 60% des Schnittdruckes bei normalen Fräsern.
Zum Fräsen von Schlitzen und schmalen Nuten, sowie zum Trennen werden
Kreissägen (Abb. 15.84.) benutzt. Breitere Nuten oder senkrechte Flächen
werden mit Scheibenfräsern (Abb. 15.85.) gefräst. Einen ruhigeren Schnitt
erzielt man mit kreuzverzahnten Scheibenfräsern (Abb. 15.86.), bei denen die
Schneiden abwechselnd rechts und links versetzt sind und nach rechts und
links ansteigen. Damit eine genaue Fräserbreite eingestellt werden kann, besteht
der Fräser aus zwei gekuppelten Hälften, die durch Zwischenlagen bis zu
einer bestimmten Breite eingestellt werden können.
Winklige Einschnitte werden mit Winkelfräsern hergestellt, die einseitig
(Abb. 15.87.) oder doppelseitig (Abb. 15.88.) sein können.
Zum Fräsen bestimmter Formen werden hinterdrehte Formfräser (Abb. 15.89.)
verwendet. Wenn möglich, empfiehlt es sich, die Form vorzuarbeiten, damit
der teure Formfräser nur wenig Spanarbeit zu leisten hat und dadurch weitgehend geschont wird. Zur Herstellung von Stirnzahnrädern werden Abwälz-
fräser hergestellt.
Abb. 15.90. zeigt einen solchen Fräser. Der Fräser besteht aus einem Grundkörper, auf den 12 Rundmesser aufgesetzt sind, die von Kappen auf beiden
Seiten des Werkzeuges gehalten werden. Die Abbildung zeigt den Fräser nach

Kreissäge

Abb. 15.84.　　Abb. 15.85.　　Abb. 15.86.　　Abb. 15.87.　　Abb. 15.88.

dem 100. Nachschliff, die Profilgenauigkeit ist unverändert. Bei der Herstellung von Schwalbenschwanz- und T-Nuten werden die Nuten mit einem Scheibenfräser vorgearbeitet und mit entsprechenden Schaftfräsern (Abb. 15.91.) nachgearbeitet. Schmale Keilnuten werden mit zweischneidigen Fräswerkzeugen (Abb. 15.92.) und breitere Nuten mit dem Schaftfräser (Abb. 15.93.) hergestellt. Satzfräser werden aus mehreren Einzelfräsern zusammengestellt und auf einem gemeinsamen Fräsdorn befestigt. Sie gestatten die Bearbeitung mehrerer Flächen in einem Schnitt. Allzugroße Durchmesserunterschiede bei den einzelnen Fräsern sind jedoch wegen der verschiedenen Schnittgeschwindigkeiten zu vermeiden (Abb. 15.94.).

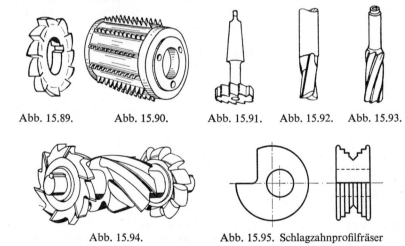

Abb. 15.89.　　Abb. 15.90.　　Abb. 15.91.　Abb. 15.92.　Abb. 15.93.

Abb. 15.94.　　　　　　Abb. 15.95. Schlagzahnprofilfräser

Die Fräser werden im allgemeinen aus Schnellstahl hergestellt, für hohe Schnittleistungen werden sie mit Hartmetall bestückt.
Sind schwierige Profile im kleinen Umfang herzustellen, wofür die Anfertigung eines teuren Formfräsers unwirtschaftlich wäre, kann man sich in der Werkstatt damit behelfen, daß man sich einen Schlagzahnfräser herstellt. Das Profil

298

wird auf der Drehmaschine hergestellt; die Aufnahmebohrung für den Fräsdorn wird exzentrisch eingebracht (Abb. 15.95.). Der Fräser arbeitet nur mit einem Zahn.

15.3.1.1. *Kühlen und Schmieren*

sind bei sauberer Schneidarbeit von großer Wichtigkeit. Beim Fräsen von harten und verschleißend wirkenden Werkstoffen mit Hochleistungsfräsern im Gegenlauf muß wegen der starken Reibung die Schmierwirkung im Vordergrund stehen, während die Kühlwirkung verhältnismäßig weniger bedeutungsvoll ist, da bei einer Fräserumdrehung jeder Zahn nur ein kleines Stück im Schnitt steht. Aus diesem Grund soll reichlich Schneidöl zugeführt werden. Seifenwasser und Kühlmittelöle werden für weichen Stahl, Grauguß und Leichtmetalle verwendet. Schärfen der Fräser siehe Werkzeugschleifen Seite 346.

15.3.2. *Spannen der Werkzeuge*

Mit Aufnahmebohrung versehene Fräser werden auf einen Fräsdorn (Abb 15.96.) gespannt. Der Fräsdorn ist mit seinem Kegel im Frässpindelkopf befestigt. Die Laufbuchse wird vom Gegenhalter aufgenommen. Genau geschliffene Abstandsringe halten den Fräser in der richtigen Lage. Abstandsringe und Fräser werden mit einer linksgängigen Mutter festgezogen. Der Fräser wird durch eine Paßfeder gegen Verdrehen gesichert. Der Fräsdorn selbst wird durch eine durch die Frässpindel hindurchgehende Schraube, die den Kegelschaft in den Aufnahmekegel der Frässpindel hineinzieht, festgezogen. Sauberkeit und Genauigkeit der gefrästen Flächen sowie die Schneidhaltigkeit der Werkzeuge hängen wesentlich von der Güte des Fräsdornes und der Parallelität

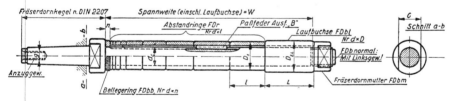

Abb. 15.96. Schnitt durch einen Fräsdorn

der Abstandsringe ab. Schlag und Durchbiegung des Fräsdornes erzeugt Rattern, es stehen nur wenige Zähne im Eingriff, die schnell abstumpfen. Große Messerköpfe werden am besten auf den Außenkegel der Frässpindel (Abb. 15.97.) befestigt. Da er bei dieser Aufspannung nahe am Spindellager sitzt, ist die Gewähr für erschütterungsfreies Arbeiten gegeben. Im Maschinenbau geht man neuerdings immer mehr dazu über, Werkzeugschäfte mit Steilkegel für Gewindeanzug zu verwenden (Abb. 15.98.). Die Frässpindelköpfe erhalten Steilkegel.

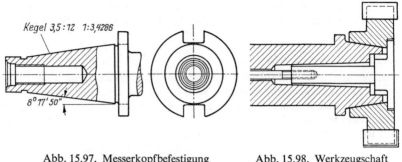

Abb. 15.97. Messerkopfbefestigung
auf den Aussenkegel der Frässpindel

Abb. 15.98. Werkzeugschaft
mit Steilkegel

Kegel 3,5 : 12   1 : 3,4286

8° 17' 50"

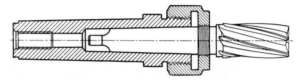

Abb. 15.99. Fräsfutter mit Sicherungsgewinde

Schaftfräser mit kegeligem Schaft befestigt man nach Abb. 15.99. oder steckt
sie einfach in den Aufnahmekegel der Frässpindel. Zylindrische Schaftfräser
werden mit Spannpatronen eines Bohr- und Fräsfutters befestigt.
Eine sehr sichere und starre Einspannung für Schaftfräser erreicht man bei
Verwendung von „AUTOLOCK"-Spannfutter und Fräser.

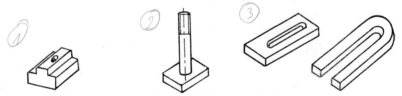

Abb. 15.100. Nutenstein   Abb. 15.101. Spannschraube   Abb. 15.102. Spannlaschen

15.3.3. Spannen der Werkstücke

Platten, kastenförmige und große Werkstücke werden unmittelbar auf den
Tisch gespannt; hierzu benötigt man Nutensteine (Abb. 15.100.). in die Kopf-
schrauben hineingeschraubt werden oder Spannschrauben, die durch eine
Mutter angezogen werden (Abb. 15.101.) und Spannlaschen (Abb. 15.102.).
Um die Spannlaschen in der richtigen Höhenlage abzustützen, besitzen sie
entweder Druckschrauben oder man verwendet Spanntreppen (Abb. 15.103.).

Dabei ist zu beachten, daß die Spannlaschen immer parallel zur Aufspann-
fläche liegen, sie müssen kräftig genug sein, um Durchbiegung zu vermeiden.
Die Spannschrauben müssen nahe am Werkstück sein. Für manche Arbeiten
werden die Werkstücke an starre Aufspannwinkel (Abb. 15.104.) oder an
verstellbare Aufspannwinkel (Abb. 15.105.) befestigt.

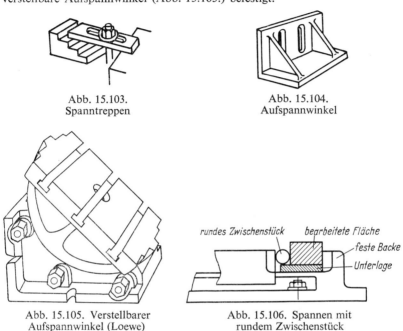

Abb. 15.103.
Spanntreppen

Abb. 15.104.
Aufspannwinkel

Abb. 15.105. Verstellbarer
Aufspannwinkel (Loewe)

Abb. 15.106. Spannen mit
rundem Zwischenstück

Kleinere Werkstücke werden in den Parallel-Maschinenschraubstock, oder
wenn sie rund sind, in einen Prismenschraubstock gespannt. Beim Spannen
in den Schraubstock ist darauf zu achten, daß der Arbeitsdruck gegen die
feste Backe gerichtet ist. Die Schraubstöcke selbst werden mit Spannschrauben
auf dem Tisch befestigt. Das Ausrichten erfolgt entweder mit Hilfe einer am
Fräsdorn befestigten Meßuhr oder mit Winkeln zur senkrechten Führungsbahn
der Maschine, wenn der Schraubstock nicht mit Führungssteinen, die in die
T-Nuten des Tisches passen, versehen ist. Ist an einem rohen Werkstück die
erste Fläche bearbeitet und soll hierzu eine andere Fläche winkelrecht gefräst
werden, dann wird zwischen das Werkstück und die bewegliche Backe des
Schraubstockes ein Stück Rundstahl gelegt, damit sich die bereits bearbeitete
Fläche sicher an die feste Backe anlegen kann (Abb. 15.106.). Keilförmige
Werkstücke lassen sich mit einem halbkreisförmigen Zwischenstück gegen die
feste Backe spannen.

Zylindrische Werkstücke mit Zentrierungen oder Werkstücke mit Bohrungen, in die ein Spanndorn gedrückt werden kann, können zwischen Spitzen gespannt werden.

Besondere Vorsicht ist beim Aufspannen von dünnwandigen und nicht voll aufliegenden Werkstücken geboten, damit sie nicht verspannt werden. Bei der Serienfertigung werden zum Spannen komplizierter Teile Aufspannvorrichtungen benutzt.

15.3.4. Ausführungshinweise:

Vor dem Fräsen prüfen, ob Schnittrichtung und Drehrichtung des Fräsers übereinstimmen, sonst brechen die Zähne des Fräsers aus. Überzeugen, daß Werkstück oder Schraubstock nirgends anstößt.

Das Werkstück langsam an den Fräser heranführen, bis dieser schabt, zurückkurbeln und Spantiefe nach Skalenring einstellen, Grundschlitten festziehen und Anschläge für die Tischbewegung einstellen, dann erst Selbstgang und Kühlmittelpumpe einschalten. Muß der Tisch für einen zweiten Fräsdurchgang zurückgekurbelt werden, so darf dies nur bei stillstehender Maschine geschehen, um Beschädigungen am Fräser zu vermeiden.

15.3.5. Unfallverhütung

Maschine nicht ohne Aufsicht laufen lassen.

Hände weg von Werkstück und Werkzeug, wenn die Maschine läuft. Es darf nur bei stillstehender Maschine gemessen werden.

Späne nur mit einem Pinsel wegkehren.

Niemals bei laufender Maschine zwischen Gegenhalter und Fräsdorn durchgreifen, Ärmel hochschlagen, enganliegende Kleidung tragen.

Lange, ungeschützte Haare sind bei allen umlaufenden Teilen eine besondere Gefahr.

Nie Schutzverkleidung bei laufender Maschine entfernen!

15.3.6. Teilkopf und Teilkopfarbeiten

Der Teilkopf ist ein Zubehörteil zur Universalfräsmaschine. Er wird auch für andere Arbeiten, z. B. Messen, Anreißen auf dem Lehrenbohrwerk usw. benutzt.

Auf der Fräsmaschine wird er benötigt, wenn Werkstücke am Umfang oder an der Stirnfläche bestimmte Einteilungen erhalten sollen, z. B. bei der Herstellung von Zahnrädern, Keilnuten, Fräsern usw. Nach jedem Fräsdurchgang wird eine Teildrehung des Werkstückes ausgeführt.

Bei der Herstellung schraubenförmiger Nuten, z. B. an Spiralbohrern, wird das Werkstück während der Bearbeitung in einem gleichmäßigen Verhältnis zum Tischvorschub um seine Achse gedreht.

302

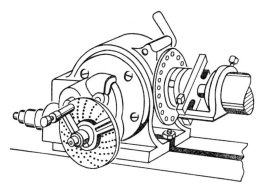

Abb. 15.107. Universalteilkopf (Werner) 13-Teilscheibe für
direktes Teilen, 25-Teilscheibe für indirektes Teilen

15.3.6.1. Der Teilkopf (Abb. 15.107.) besitzt eine Teilkopfspindel, die mittels
einer Handkurbel über ein Schneckengetriebe gedreht werden kann. Das
Übersetzungsverhältnis zwischen der Teilkopfspindel und der Handkurbel ist
normalerweise 1 : 40. Es ergeben also 40 Kurbelumdrehungen 1 Umdrehung
der Teilkopfspindel. Bei der Verzahnung kegeliger Körper kann die Spindel
um den entsprechenden Winkel geschwenkt werden. Auf der Nabe der Kurbel-
spindel sitzt die Teilscheibe. Aufbau des Teilkopfes Abb. 15.108..

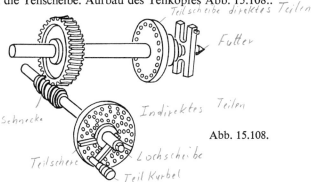

Abb. 15.108.

Bei Teilarbeiten unterscheidet man:

15.3.6.2. Einfaches Teilen erfolgt mit Hilfe einer Rastenscheibe, die fest auf
der Teilkopfspindel sitzt. Sie besitzt in genau gleichem Abstand meist 24
Bohrungen oder Rastnuten, in die ein Rastbolzen einschnappen kann. Auf
diese Art können die Teilungen 2, 3, 4, 6, 8, 12 und 24 ausgeführt werden.
15.3.6.3. Mittelbares Teilen erfolgt durch ganze und Teildrehungen der Teilkurbel. Zur genauen Bestimmung der Teildrehung wird die Lochscheibe benutzt, die meist 6 Lochkreise besitzt. Zu einem Teilkopf gehören normalerweise 3 Teilscheiben mit je 6 Lochkreisen wie folgt:

I. 15, 16, 17, 18, 19, 20. — II. 21, 23, 27, 29, 31, 33. — III. 37, 39, 41, 43, 47, 49.

Der Federstift an der Teilkurbel kann auf jeden Lochkreis eingestellt werden, so daß er in die Löcher des eingestellten Teilkreises einrasten kann.

Teilkurbelumdrehung (n_k), Zähnezahl des Schneckenrades (40) und die Teilung des Werkstückes (T) verhalten sich $n_k = \dfrac{40}{T}$

Will man z. B. 20 Teile auf dem Umfang anbringen, so ist $n_k = \dfrac{40}{20} = 2$, also 2 volle Kurbelumdrehungen.

Beispiel:

Ein Zahnrad soll 18 Zähne erhalten. Wieviel Kurbelumdrehungen sind erforderlich?

Lösung:

$n_k = \dfrac{40}{18} = 2\dfrac{4}{18}$. Die Kurbel muß **2 mal** gedreht und außerdem sind auf dem 18er Lochkreis **vier weitere Lochabstände** abzustecken.

Um nicht jedesmal die Löcher abzuzählen, werden die Zeigerschenkel so eingestellt, daß sich zwischen den beiden Zeigern 5 Löcher des 18er-Lochkreises befinden. (Es ist jeweils ein Loch als Begrenzung der Teilung hinzuzuzählen, also 4 Teile = 5 Löcher oder 14 Teile = 15 Löcher). Nach dem Teilen wird die Schere sofort nachgeschlagen und die Teilspindel festgestellt. Um Teilfehler zu vermeiden, muß auch auf den toten Gang geachtet werden. Die Kurbel darf nie zu weit vor- und dann auf das Loch zurückgedreht werden. Ist die Kurbel über ihre Einraststellung hinaus gedreht worden, so ist sie um mehrere Löcher zurückzudrehen, und dann wieder bis zur richtigen Stellung vorzudrehen.

Beispiel 2:

Verlangte Teilung 11, Übersetzung 1 : 40.

Lösung:

$n_k = \dfrac{40}{11} = 3\dfrac{7}{11}$, da wir keinen 11er-Lochkreis besitzen, erweitern wir den Bruch mit 2 = $\dfrac{14}{22}$ oder mit 3 = $\dfrac{21}{33}$; wir können also einen entsprechenden Lochkreis benutzen.

Beispiel 3:

Verlangte Teilung 64, Übersetzung 1 : 40.

Lösung:

$n_k = \dfrac{40}{64} = \dfrac{5}{8}$, mit 2 erweitert = $\dfrac{10}{16}$, also 10 Teile auf dem 16er Lochkreis.

304

15.3.6.4. *Ausgleichsteilen (Differentialteilen)*

ist eine Erweiterung des mittelbaren Teilens. Es wird dann angewendet, wenn mittelbares Teilen nicht möglich ist, weil die dazu notwendigen Lochkreise auf keiner Teilscheibe vorhanden sind. Beim Ausgleichteilen wird die Teilscheibe, die beim mittelbaren Teilen feststeht, durch Wechselräder angetrieben (Abb. 15.109.). Die Drehbewegung kann mit der Kurbelbewegung gleichlaufen oder entgegengesetzt sein.

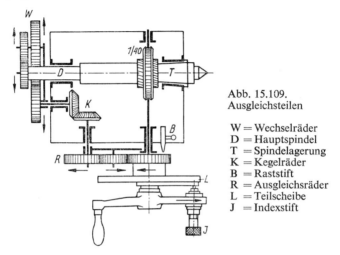

Abb. 15.109.
Ausgleichsteilen

W = Wechselräder
D = Hauptspindel
T = Spindelagerung
K = Kegelräder
B = Raststift
R = Ausgleichsräder
L = Teilscheibe
J = Indexstift

Die Berechnung der Kurbeldrehung und der erforderlichen Wechselräder wird am folgenden Beispiel erläutert.

Beispiel 1:

Es soll ein Zahnrad mit 57 Zähnen hergestellt werden. Ein 57er-Lochkreis ist nicht vorhanden. Es wird eine der gewünschten Teilung angenäherte Hilfsteilzahl gesucht, die auf einen vorhandenen Lochkreis direkt eingestellt werden kann. Gewählt wird $T' = 60$. Es ist in diesem Fall $n_k = \dfrac{40}{60} = \dfrac{10}{15}$.

Die Teilkurbel wird für eine Teilung auf dem 15er-Lochkreis um 10 Löcher weitergedreht.

Die Differenz zwischen T' $(= 60)$ und der gewünschten Teilung T $(= 57)$ muß nun durch Wechselräder ausgeglichen werden (deshalb Ausgleichsteilung).

Das Verhältnis der Zähnezahlen der Wechselräder ist

$$\frac{z_1}{z_2} \cdot \frac{z_3}{z_4} = 40 \cdot \frac{(T'-T)}{T'} = 40 \cdot \frac{(60-57)}{60} = \frac{40 \cdot 3}{60} = \frac{120}{60} = \frac{2}{1}$$

Zu einem Teilkopf für Differentialteilung gehören Wechselräder mit folgenden Zähnezahlen je 2 Stück: 24, 28, 48 je einmal: 30, 32, 36, 37, 39, 40, 44, 48, 56, 64, 68, 72, 76, 86, 96, 100 und 127.

Man kann nun 2 Wechselräder, z. B. $\frac{56}{28}$ und ein Zwischenrad oder 4 Wechselräder, einbauen.

Man schlüsselt dazu den oben gefundenen Bruch neu auf:

$$\frac{40 \cdot 3}{60} = \frac{4 \cdot 3}{6 \cdot 1} = \frac{2 \cdot 3}{3 \cdot 1};$$

$\frac{2}{3}$ wird mit 12, $\frac{3}{1}$ mit 32 erweitert. So bekommt man: $\frac{24 \cdot 96}{36 \cdot 32}$.

Diese Räder sind vorhanden.

Es ist sehr wichtig, ob Teile verlorengehen sollen oder gewonnen werden müssen. Im angeführten Beispiel sollen 3 Teile verlorengehen, die Lochscheibe muß also Rechtsdrehung erhalten. Sollen Teile gewonnen werden, muß sich die Lochscheibe linksherum, d. h. entgegen der Kurbelbewegung, drehen.

Als feststehende Regel für Differentialteilungen gilt, daß Rechtsumdrehungen der Lochscheibe durch 2 Wechselräder und 1 Zwischenrad, oder 4 Wechselräder, Linksumdrehungen durch 2 Wechselräder und 2 Zwischenräder, oder 4 Wechselräder und 1 Zwischenrad erreicht werden (1 Zwischenrad mehr für Umkehrung der Drehrichtung).

Beispiel 2:
Ein Zahnkranz soll 107 Zähne erhalten.

Lösung:

$$T' = 105 \quad T = 107 \quad 40 \cdot \frac{(T' - T)}{T'} = 40 \cdot \frac{(105 - 107)}{105} = \frac{40 \cdot 2}{105} = \frac{80}{105} = \frac{4 \cdot 20}{7 \cdot 15}$$

erweitert $= \frac{32 \cdot 40}{56 \cdot 30}$.

Da Teile gewonnen werden müssen, kommen 4 Wechselräder und ein Zwischenrad zur Anwendung.

15.3.6.5. Fräsen von Schraubennuten

Bei der Herstellung schraubenförmiger Nuten, z. B. bei Spiralbohrern oder schrägverzahnten Walzenfräsern, muß dem Werkstück durch den Teilkopf, außer der jeweiligen Teildrehung, eine gleichmäßige Drehung während des Fräsens erteilt werden. Außerdem ist der Tisch der Fräsmaschine um den der Steigung entsprechenden Tischwinkel β zu verdrehen. Schraubennuten können also nur auf Universalmaschinen gefräst werden.

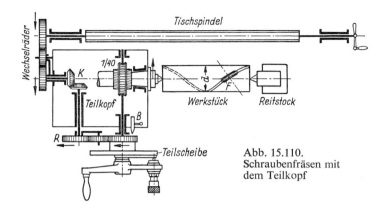

Abb. 15.110.
Schraubenfräsen mit
dem Teilkopf

Die Drehbewegung des Werkstückes bzw. der Teilspindel wird von der Tischspindel abgeleitet, die gleichzeitig den Vorschub des Tisches bewirkt (Abb. 15.110.).

Die Drehbewegung wird über Wechselräder, die auf einer Schere sitzen, über ein Kegelräderpaar auf die entriegelte Lochscheibe geleitet, die durch die festgestellte Teilkurbel die Schnecke und damit Schneckenrad und Teilspindel dreht.

Die Wechselräder werden so ausgewählt, daß der durch die Drehung der Teilspindel vom Tisch zurückgelegte Weg gleich der gewünschten Steigung am Werkstück ist.

Die Teilbewegung wird immer durch Einfachteilen ausgeführt. Schraubenförmige Nuten können in zylindrische und in kegelige Werkstücke eingearbeitet werden.

Nach Abb. 15.111. ist β der Einstellwinkel des Tisches, d. h. der Winkel, den die Werkstückachse mit der Schraubenlinie bildet, α der Steigungswinkel der Schraubenlinie, d. h. der Winkel, den die Schraubenlinie mit der zur Drehachse rechtwinkelig liegenden Stirnfläche des Werkstückes bildet, U der Umfang des Werkstückes $= d\pi$, h die Steigung der Schraubenlinie bei einer Werkstückumdrehung, h_t die Tischspindelsteigung.

Es ist also $\alpha + \beta = 90°$, $\alpha = 90° - \beta$, $\beta = 90° - \alpha$

$$\tan \alpha = \frac{h}{d \cdot \pi}; \quad h = d \cdot \pi \cdot \tan \alpha$$

$$\tan \beta = \frac{d \cdot \pi}{h}; \quad h = \frac{d \cdot \pi}{\tan \beta}$$

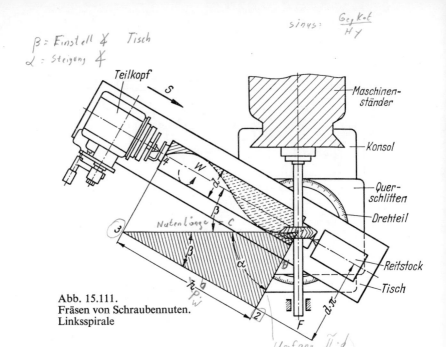

$$\sin \gamma: \frac{Geß.Kat.}{H\gamma}$$

$\beta = $ Einstell $\not\!\!\!\!\not$ Tisch

$\alpha = $ Steigung $\not\!\!\!\!\not$

Teilkopf

Maschinen-
ständer

Konsol

Quer-
schlitten

Drehteil

Nutenlänge = C

Reitstock

Tisch

Abb. 15.111.
Fräsen von Schraubennuten.
Linksspirale

Umfang $\tilde{\pi} \cdot d$

Die Tischspindel muß, um den Tisch um h (Spiralspindelsteigung) vorzuschie-
ben, $U = \dfrac{h_t}{h_t}$ Umdrehungen machen. Während dieser Umdrehungen $\dfrac{h_t}{h_t}$ muß
sich die Teilkopfspindel genau einmal herumdrehen.

Das Übersetzungsverhältnis zwischen Tischvorschubspindel und Teilkopf-
spindel ist demnach $i = \dfrac{1}{\dfrac{h}{h_t}} = \dfrac{U}{h_t}$. Das Übersetzungsverhältnis im Teilkopf ist

normalerweise 40 : 1.

Es sind also zwischen Tischspindel und Teilkopf Wechselräder mit dem
Übersetzungsverhältnis

$$i = \frac{1}{\dfrac{h}{h_t}} \cdot \frac{40}{1} = \frac{40}{\dfrac{h}{h_t}} = \frac{40 \cdot h_t}{h} = \frac{40}{U} \text{ nötig.}$$

Es ist also $i = \dfrac{40}{U} = \dfrac{40 \cdot h_t}{h} = \dfrac{z_1 \cdot z_3}{z_2 \cdot z_4} = \dfrac{z_1}{z_4}$

Die Räder K und R (Abb. 15.109.) brauchen nicht berücksichtigt zu werden,
da ihre Übersetzung 1 : 1 ist.

Beispiel 1:

In ein Werkstück von 24 mm $\varnothing$ sollen Schraubennuten mit einem Steigungswinkel $\alpha = 30°$ gefräst werden. Die Tischspindelsteigung $h_t = 5$ mm. Welche Wechselräder sind aufzusetzen?

Lösung:

$h = d\pi \tan \alpha = 24 \cdot 3{,}14 \cdot 0{,}577 = 43{,}5 = \approx 44$ mm

$$i = \frac{40 h_t}{h} = \frac{40 \cdot 5}{44} = \frac{200}{44} = \frac{2 \cdot 100}{1 \cdot 44} = \frac{56 \cdot 100}{28 \cdot 44}$$

Beispiel 2:

In ein Werkstück von 50 mm $\varnothing$ sollen Spiralnuten von 200 mm Steigung gefräst werden. Tischspindelsteigung 5 mm. Wie groß ist der Spiralwinkel α und der Tischeinstellwinkel β. Welche Wechselräder sind zu verwenden?

Lösung:

$$\tan \alpha = \frac{h}{d \cdot \pi} = \frac{200}{157} = 1{,}27; \quad \alpha = 52°; \quad \beta = 90 - 52° = 38°$$

$$i = \frac{40 \cdot h_t}{h} = \frac{200}{200} \quad \text{Wechselräder 1 : 1}$$

Beispiel 3:

Ein Walzenfräser von 70 mm $\varnothing$ soll 8 Zähne mit einem Drallwinkel von 26° erhalten. Tischspindelsteigung 6 mm. Wie groß ist die Spiralsteigung h. Welche Wechselräder werden aufgesetzt?

Lösung:

Der Drallwinkel beim Fräser wird von der Achsrichtung und der spiralig verlaufenden Schneidkante gebildet, also gleich dem Tischeinstellwinkel β.

$$h = \frac{d \cdot \pi}{\tan \beta} = \frac{70 \cdot 3{,}14}{0{,}487} = \frac{219{,}91}{0{,}487} = \approx 450 \text{ mm}$$

$$i = \frac{40 \cdot h_t}{h} = \frac{40 \cdot 6}{450} = \frac{240}{450} = \frac{3 \cdot 8}{5 \cdot 9} = \frac{24 \cdot 64}{40 \cdot 72}$$

Berechnungsbeispiele für Gewindefräsen siehe Gewindeherstellung Seite 373.

Für sehr genaue Teilarbeiten wird der *optische Teilkopf* verwendet. Er dient zum Messen von Zahnrädern, Nockenwellen, Teilscheiben usw., d. h. für alle Werkstücke, bei denen hohe Anforderungen an die Winkelgenauigkeit gestellt werden. Er wird auch an Lehrenbohrwerken, Fräs-, Bohr- und Schleifmaschinen verwendet. Die Teilkopfspindel kann unmittelbar durch einen Elektromotor angetrieben werden. Dadurch ist es möglich, das Werkstück auf dem Teilkopf auf Rundlauf zu bearbeiten und im Anschluß daran die Teilarbeit vorzunehmen, ohne das Werkstück umzuspannen. Die Aufnahme für das Werkstück, beispielsweise die Körnerspitze, kann genaulaufend nachgeschliffen werden.

15.3.7. Fräsmaschinen

Nach der Lage der Frässpindel unterscheidet man Waagerecht-(Horizontal)-fräsmaschinen und Senkrecht-(Vertikal)fräsmaschinen. Bei beiden Maschinenarten kann die Frässpindel festliegen oder verstellbar sein.

15.3.7.1. Waagerechtfräsmaschinen

15.3.7.1.1. Einfache Fräsmaschinen

haben eine waagerechte, nicht verstellbare Frässpindel. Der selbsttätige Vorschub des Tisches ist oft nur senkrecht zur Frässpindel möglich. Der Aufspanntisch kann nicht geschwenkt werden.

Werden die Bewegungen des Tisches mit Hilfe von Handhebeln oder Kurbeln ausgeführt, so spricht man von Handfräsmaschinen. Sie werden für einfache Arbeiten im Apparatebau und Feinmaschinenbau angewendet, wenn der Einsatz von Maschinen mit automatischen Vorschüben unwirtschaftlich wäre.

Im Maschinenbau werden für Serien- und Massenfertigung starrgebaute Hochleistungsmaschinen, die selbsttätigen Vorschub- und Schnellgang in Längs-, Quer- und Senkrechtrichtung besitzen, eingesetzt (Abb. 15.112.). Die Tischverstellung kann für alle drei Bewegungsrichtungen von Hand vorgenommen werden. Die Feineinstellung erfolgt nach Skalenscheiben.

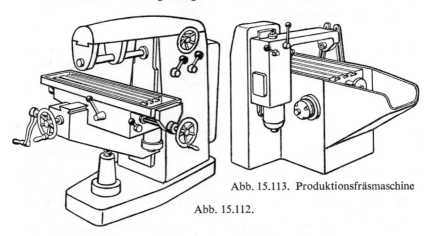

Abb. 15.113. Produktionsfräsmaschine

Abb. 15.112.

Eine ausgesprochene Produktions-Fräsmaschine zeigt Abb. 15.113. Sie wird in Einständer- aber auch in Doppelständer-Ausführung hergestellt.

Tischlängsbewegungen, Vertikal-Bewegungen des Spindelkastens und die Messerkopfabhebung sind automatisch gesteuert. Es kann z. B. beim ersten Durchlauf die untere Hälfte eines Werkstückes und, nach selbsttätiger Umstellung

310

des Spindelkastens, die obere Hälfte beim Rücklauf gefräst werden. Die Steuerung der Maschine erfolgt elektrisch, die Klemmung des Spindelkastens hydraulisch. Um verschiedene Arbeitsgänge nacheinander selbsttätig auszuführen ist die Maschine mit einer Programmsteuerung ausgestattet.

15.3.7.1.2. Universalfräsmaschinen

sind vielseitig verwendbar. Hauptkennzeichen sind schwenkbarer Winkeltisch und Teilkopf. Auf der Universalfräsmaschine können Wendelnuten gefräst werden. Die Verwendung eines Universalfräskopfes gestattet die Einstellung des Fräsers in jeder Lage. Durch die universellen Einstellmöglichkeiten eignet sich die Maschine besonders für die Einzelanfertigung von Formwerkstücken aller Art. Durch den drehbaren Aufspanntisch ist die Maschine allerdings weniger widerstandsfähig gegen starke Schnittdrücke.

Die Universalfräsmaschine ist besonders für die Herstellung von Werkzeugen, aber auch für die Bearbeitung von Einzelstücken und Serienteilen verwendbar. Der universale Frässpindelkopf ermöglicht eine schnelle Verwandlung in eine Waagerecht-, Senkrecht- oder Universalfräsmaschine. Eine Doppelfrässpindel dient zur Aufnahme von Schaftfräsern, direkt oder mittels Spannzangen. Der Frässpindelkopf kann auf jeden Arbeitswinkel eingestellt werden. Es können die verschiedensten Arbeiten wie Bohren, Reiben, Senken, Teilen, Stoßen usw. ausgeführt werden. Auch die Herstellung von schräg- und geradeverzahnten Rädern ist möglich.

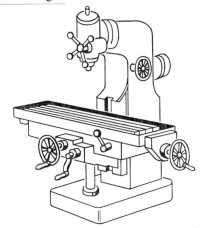

Abb. 15.114.
Senkrechtfräsmaschine

15.3.7.2. Senkrechtfräsmaschinen

Hauptmerkmal ist die senkrechte Frässpindel. Bei manchen Maschinen kann die Frässpindel nach Gradeinteilung auch schräg eingestellt werden (Abb. 15.114.). Stirnfräser arbeit

311

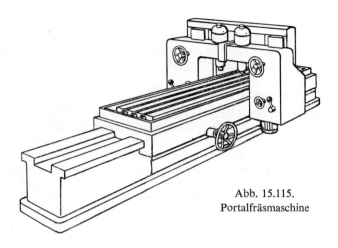

Abb. 15.115.
Portalfräsmaschine

15.3.7.3. Portal- und Langfräsmaschinen

Hauptmerkmal ist der Querbalken und mehrere Frässpindeln (Abb. 15.115.).
Durch die Anordnung mehrerer Frässpindeln können gleichzeitig mehrere
Flächen am Werkstück an verscheidenen Ebenen und Neigungen ohne Umspannen und Ausrichten des Werkstückes bearbeitet werden.
Der Antrieb erfolgt für jede Frässpindel und den Tischvorschub durch Ein-
zelmotore. Wird nur mit einer Spindel gearbeitet, so bleiben die anderen
abgeschaltet, wodurch unnötiger Leerlauf vermieden und der Wirkungsgrad
verbessert wird. Die Motore sind zwangsläufig nacheinander geschaltet, um
hohe Stromspitzen zu vermeiden.

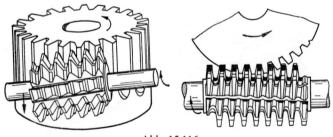

Abb. 15.116.

15.3.7.4. Sondermaschinen zum Fräsen

Bei der Massenherstellung von Zahnrädern ist das Zahnformfräsen sehr unwirtschaftlich, außerdem werden die Abrollflanken der Zähne nicht genügend
genau. Genaue Zahnformen werden beim Abwälzfräsen erreicht (Abb. 15.116.).

Für das Abwälzfräsen werden besondere Maschinen hergestellt. Mit einem Differentialgetriebe ausgestattet, finden sie für die Verzahnung von Stirn-, Schnecken- und Schraubenrädern Verwendung; sie sind damit die vielseitigsten Verzahnungsmaschinen.

15.3.7.4.1. Nachformfräsmaschinen

Massengüter aus Metall, Kunststoff, Glas, Gummi usw. werden in immer größerem Umfang auf dem Wege der spanlosen Formgebung hergestellt. Die Herstellung der dafür erforderlichen Raum-Form-Werkzeuge erfordert wirtschaftliches und genaues Arbeiten. Diesem Zweck dient die Universal-Nachformfräsmaschine. Sie ist für die Herstellung kleiner und mittelgroßer Gesenk- und Preßwerkzeuge geeignet. Die Maschine ist pantographgesteuert. Sie ermöglicht eine Übertragung 1 : 1 sowie Verkleinerungen und Vergrößerungen von 1 : 1,5 bis 1 : 4.

15.3.7.4.2. Gravier-Maschinen

finden in Gravieranstalten für die Herstellung feinmechanischer, optischer und fotografischer Erzeugnisse, sowie im Werkzeug-Formen- und Maschinenbau zum Gravieren und Herstellen von Formen Verwendung.
Die Graviermaschine besitzt neben dem Arbeitstisch noch einen Schablonentisch. Hauptmerkmal einer Graviermaschine ist der Pantograph (Storchschnabel), der sich zum Kopieren und Reduzieren normalerweise in den Verhältnissen von 1 : 1 bis 1 : 10 einstellen läßt.

Abb. 15.117.

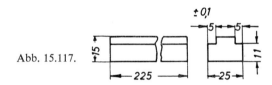

15.3.8. Beispiel einer Arbeitszeitberechnung für eine Fräsarbeit

Nach Abb. 15.117. sollen 18 Führungsschienen aus (T St 37 K) gefräst werden. Es ist an jeder Seite eine Ausfräsung von 5 mm Breite und 4 mm Tiefe erforderlich. Die Bearbeitung erfolgt auf der Horizontalfräsmaschine in einem Fräsdurchgang mit 2 Scheibenfräsern von 80 mm Durchmesser.

Bestimmung der Hauptzeit t_h:

$L = 225$ mm (Weg) $+ 40$ mm An- und Auslauf $= 265$ mm,
$v = 22$ m/min,
$s = 0,6$ mm/Umdr.,
$n = 85$ Umdr./min,

$$n = \frac{v}{d \cdot \pi} = \frac{22 \text{ m/min} \cdot 1000}{80 \text{ mm} \cdot 3,14} \approx 87 \text{ U/min}$$

$$t_h = \frac{L}{n \cdot s} = \frac{265 \text{ mm}}{85 \text{ U/min} \cdot 0,6 \text{ mm/U}} = 5,2 \text{ min pro Stück.}$$

$$5,2 \text{ min} \times 18 = 93,6 \text{ min}$$

Die Hauptzeit für das Fräsen beträgt 93,6 min. Für die Gesamtfertigungszeit müssen die Rüstzeit, Nebenzeiten und Verteilzeiten zu der Hauptzeit zugeschlagen werden.

15.4. Bohren

ist das Herstellen genauer zylindrischer Löcher durch schneidende Werkzeuge. Es ist demnach ein spangebendes Arbeitsverfahren. Bohrarbeiten werden mit Bohrmaschinen und auf der Drehmaschine ausgeführt. Bei der Bohrmaschine dreht sich das Werkzeug, macht also die Haupt- oder Schnittbewegung, und wird in Achsrichtung gegen das Werkstück vorgeschoben. Das ist der Vorschub. Dabei werden durch ein oder mehrere Schneidkanten des Werkzeuges Späne vom Werkstück abgehoben. Bei der Drehmaschine dreht sich das Werkstück, macht also die Hauptbewegung und der Bohrer führt die Vorschubbewegung aus. Es gibt Bohrmaschinen, bei denen das Werkstück durch den Tisch gegen den Bohrer geführt wird und damit die Vorschubbewegung ausübt. Bei Tieflochbohrmaschinen drehen sich Werkstück und Werkzeug in entgegengesetzter Richtung. Beide sind an der Hauptbewegung beteiligt. Die Vorschubbewegung wird vom Werkzeug ausgeführt. Die Wahl der Schnittgeschwindigkeit hängt in erster Linie vom Werkzeug, von dem zu bearbeitenden Werkstoff und unter Umständen von der Maschine ab. Die Schnittgeschwindigkeit ergibt sich aus der Anzahl der Umdrehungen und dem Durchmesser des Werkzeuges. In der Mitte des Bohrers ist die Schnittgeschwindigkeit gleich Null, am Umfang des Bohrers erreicht sie ihren Höchstwert. Die Zustellung erfolgt durch die Wahl eines größeren Bohrerdurchmessers.
Die günstigsten Erfahrungswerte sind gesammelt und in Zahlentafeln zusammengestellt worden.

15.4.1. Werkzeuge zum Bohren

Die Werkzeuge sind je nach ihrem Verwendungszweck besonders geformt. Die Grundform der Schneiden ist bei allen Bohrwerkzeugen der Keil.
Zum Bohren werden verwendet: Spitz- und Flachbohrer, Spiralbohrer, Tieflochbohrer, Kanonenbohrer, Löffelbohrer, Zentrierbohrer und Bohrstangen.

Spitz- und *Flachbohrer* (Abb. 15.118.)

sind die ältesten und einfachsten Bohrwerkzeuge. Obwohl sie bis vor einigen Jahrzehnten in den Werkstätten fast ausschließlich benutzt wurden, sind sie heute aus dem Maschinenbau fast völlig verdrängt worden. Sie werden nur

314

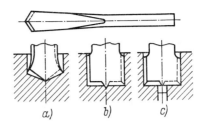

Abb. 15.118.a...c
a = Spitzbohrer,
b = Zentrumsbohrer,
c = Zapfenbohrer

a)   *b)*   *c)*

noch zum Bohren von Löchern unter $\emptyset$ 0,2 mm, als Zentrierbohrer für abgesetzte Bohrungen und als Tieflochbohrer großer Abmessungen verwendet. Zum Freibohren des Grundes bei Gewindelöchern kann eine Seite des Spitzbohrers abgeschliffen werden. Dadurch rückt die Spitze aus der Mitte. Die stumpfe Seite des Bohrers legt sich an die Schräge des vorgebohrten Loches an und wird durch den Vorschub zur Bohrungsmitte abgedrängt (Abb. 15.119.). Sollen Bohrungen einen flachen Grund erhalten, so kann der *Zentrumsbohrer* (Abb. 15.118. b) oder wenn ein Führungsloch vorgebohrt ist, der *Zapfenbohrer* (Abb. 15.118. c) benutzt werden.

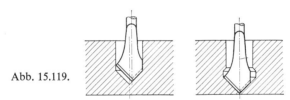

Abb. 15.119.

Diese Spitz- und Flachbohrer können in jeder Werkstatt leicht hergestellt werden. Der Spitzenwinkel liegt beim Spitzbohrer zwischen 90 und 120°, er richtet sich nach dem zu bohrenden Werkstoff. Das Bohren mit dem Spitzbohrer ist sehr unwirtschaftlich. Nachteilig sind die ungünstigen Schneidenwinkel, keine Spanabfuhr, ungenügende Führung, dadurch Ungenauigkeit der Bohrung und schließlich wird der Durchmesser beim Schleifen verändert.

15.4.1.1. Spiralbohrer (Abb. 15.120.)

sollten richtiger „Wendelbohrer" genannt werden; diese Bezeichnung konnte sich jedoch in der Werkstatt nicht durchsetzen. Sie sind die Bohrer, die am meisten verwendet werden. Sie sind aus legiertem Werkzeugstahl hergestellt; neuerdings finden Spiralbohrer mit eingesetzten Hartmetallschneiden in steigendem Umfang Verwendung.
Spiralbohrer werden nach drei verschiedenen Verfahren hergestellt: aus dem Vollen gefräst, gewunden und geschmiedet.
In ihrer Ausführung unterscheiden sie sich einmal nach ihrer Form (Abb. 15.121.) und zum anderen nach ihrem Drall- oder Spanwinkel (Abb. 15.122.).

315

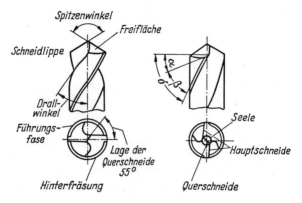

Abb. 15.120. Spiralbohrer

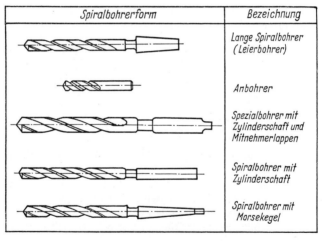

Spiralbohrerform	Bezeichnung
	Lange Spiralbohrer (Leierbohrer)
	Anbohrer
	Spezialbohrer mit Zylinderschaft und Mitnehmerlappen
	Spiralbohrer mit Zylinderschaft
	Spiralbohrer mit Morsekegel

Abb. 15.121. Genormte Spiralbohrerformen

Spann↗

Durch großen Drallwinkel ergibt sich ein kleiner, durch kleinen Drallwinkel ein großer Spanwinkel. Es ist unwirtschaftlich, mit einer Spiralbohrersorte alle Werkstoffe zu bearbeiten, deshalb ist der Drallwinkel nach dem zu bearbeitenden Werkstoff auszuwählen, weil der Drall den Spanwinkel ergibt. Der Spanwinkel kann durch Schleifen nicht geändert werden.
Die Bohrer sind nach dem Einspann-Ende hin geringfügig verjüngt, die Seele hingegen aus Festigkeitsgründen bis zu 40% verstärkt. Entlang der Nuten sind die Bohrer hinterfräst, dadurch wird die Reibungsfläche des Bohrers

316

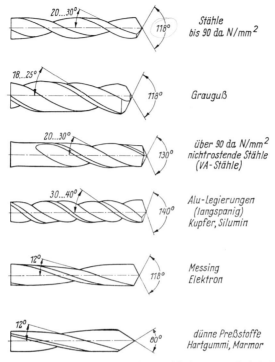

20...30° / 118°	*Stähle bis 90 da N/mm²*
18...25° / 118°	*Grauguß*
20...30° / 130°	*über 90 da N/mm² nichtrostende Stähle (VA-Stähle)*
30...40° / 140°	*Alu-Legierungen (langspanig) Kupfer, Silumin*
12° / 118°	*Messing Elektron*
12° / 80°	*dünne Preßstoffe Hartgummi, Marmor*

Abb. 15.122. Spiralbohrer mit verschiedenen Drallwinkeln
(Günther & Co.)

verringert. Die stehenbleibende Fase dient der Führung des Bohrers im Bohrloch, die Breite der Fase ist dem Bohrerdurchmesser angepaßt.

Die besonderen Vorteile des Spiralbohrers sind: gute Führung durch den
zylindrischen Schaft, selbsttätige Spanabfuhr durch die schraubenförmigen
Nuten, die günstigen Winkelverhältnisse an den Schneiden, der gleichbleibende
Durchmesser, der auch durch Nachschleifen nicht verändert wird.

Der Spiralbohrer besteht aus dem Schaft (zylindrisch oder kegelförmig), der
Wendel und der Spitze. Der Werkstoff zwischen den wendelförmigen Nuten
wird als „Kern" oder „Seele" bezeichnet (siehe Abb. 15.120.). Der schräge
Verlauf der Nuten bildet mit den Kegelflächen der Bohrerspitze die Keilwinkel
und mit der Bohrerachse die Spanwinkel. Durch Hinterschliff der Kegelflächen
entstehen die Freiwinkel. Durch die schrägen Nuten werden die Bohrspäne
aus dem Bohrloch geschafft. Die Schneidkanten müssen in einem bestimmten
Winkel zueinander geneigt sein (Spitzenwinkel).

15.4.1.2. Arbeitsvorgang beim Bohren

Die von Nuten und Freiflächen gebildeten Schneidkanten (Hauptschneiden) dringen in den Werkstoff ein und heben Späne ab.

Die durch die Schnittlinien von Nut und Mantelfläche gebildeten Fasenschneiden bearbeiten die Bohrungswandung.

Die Querschneide quetscht den Werkstoff unter großem Kraftverlust aus der Bohrungsmitte in Richtung der Hauptschneiden.

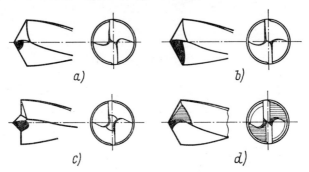

a) b)

c) d)

Abb. 15.123.a...d Sonderanschliffe und Schneidenkorrekturen (Günther & Co.). a = Zugespitzte Querschneide, b = Korrigierte Hauptschneide, c = Zentrumsspitze, d = Kreuzanschliff für Tiefenbohrungen

Zur Verringerung des Vorschubdruckes kann die Querschneide schmäler geschliffen werden (Ausspitzung), (Abb. 15.123.). Durch richtiges Ausspitzen des Bohrers wird der Axialdruck bis auf ein Drittel seines Wertes verringert.

15.4.1.3. Schleifen der Spiralbohrer

wird zweckmäßig nur mit Hilfe einer Spiralbohrer-Schleifvorrichtung oder an der Spiralbohrer-Schleifmaschine vorgenommen. Das Schleifen von Hand ist sehr schwierig und wird meist fehlerhaft ausgeführt.

Folgende Fehler können beim Schleifen auftreten (Abb. 15.124.):

1) Schnittkanten sind ungleich lang, 15.124. a,
2) Schnittkanten ungleich lang und unter verschiedenem Winkel, 15.124. b,
3) Schneidenwinkel sind ungleich, 15.124. c.

Abb. 15.124.

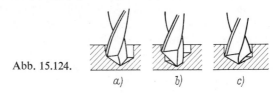

a) b) c)

318

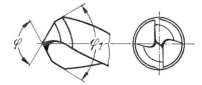

Abb. 15.125.
Sonderanschliff für Gußeisen
(Günther & Co.)

Durch fehlerhaft angeschliffenen Bohrer wird a) der Bohrungsdurchmesser zu groß und b) die Standzeit des Bohrers wesentlich verringert. Der günstigste Spitzenwinkel für Stahl und Gußeisen ist 116°. Zum Bohren von Gußeisen erhält der Bohrer zweckmäßig einen Sonderanschliff (Abb. 15.125.).

Abb. 15.126. Löffelbohrer

15.4.1.2. Der Löffelbohrer (Abb. 15.126.)
ist gerade genutet; er hat zwei zur Bohrachse parallel laufende Nuten, dadurch ergibt sich ein Spanwinkel von 0°. Der Bohrer ist zum Bohren spröder Stoffe, besonders Messing, geeignet.

Abb. 15.127. Kanonenbohrer

15.4.1.3. Der Kanonenbohrer (Abb. 15.127.)
wird zum Herstellen genauer langer Bohrungen verwendet. Er erzeugt eine glatte Bohrungswandung, bei Grundlöchern einen ebenen Grund. Der Freiwinkel ist 6° bis 8°. Der Kanonenbohrer läßt sich in der Werkstatt leicht herstellen; er wird deshalb oftmals dann verwendet, wenn für ein bestimmtes, ungerades Maß keine passende Reibahle vorhanden ist.
Zur Herstellung leicht kegeliger Bohrungen können kegelige Kanonenbohrer benutzt werden.

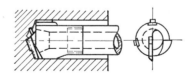

Abb. 15.128. Tieflochbohrer

15.4.1.4. Der Tieflochbohrer (*Lauf- oder Spindelbohrer*) (Abb. 15.128.)
dient zum Ausbohren langer Werkstücke wie Spindeln, Wellen, Rohre usw. Er wird auf Sondermaschinen (Lauf- oder Spindelbohrmaschinen) verwendet. Tieflochbohrer werden für kleine Durchmesser einschneidig, für größere zweischneidig ausgeführt. Der abgebildete Tieflochbohrer ist einschneidig. Die

Schneide wird von einem Hartmetallplättchen gebildet, sie reicht bis über die Bohrermitte. Zur Führung sind seitlich Hartmetalleisten eingesetzt. Die Kühlflüssigkeit gelangt durch den Ringraum zwischen Bohrer und Bohrungswandung an die Schneide. Durch den hohlen Bohrkopf und Schaft werden die Späne aus dem Bohrloch gespült. Um Verstopfungen durch zu große Späne zu vermeiden, werden bei größeren Schneiden Spanbrecherstufen eingearbeitet.

15.4.1.5. Der *Hohlbohrer*

läßt einen Kern im Bohrloch stehen; dadurch wird die Zerspanungsarbeit verringert. Der rohrförmige Schneidkopf hat an der Stirnseite eingesetzte Schneiden aus Schnellstahl oder Hartmetall.

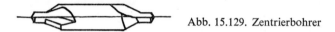

Abb. 15.129. Zentrierbohrer

15.4.1.6. Der *Zentrierbohrer* (Abb. 15.129.)

wird zur Herstellung von Zentrierbohrungen benützt, die zum Aufspannen von Werkstücken zwischen den Drehmaschinenspitzen erforderlich sind. Ferner werden sie zum genauen Anbohren auf Lehrenbohrwerken und Spezialmaschinen verwendet.

Der Zentrierbohrer besitzt an jedem Ende einen gerade genuteten Bohrer, der in einen kegeligen Senker übergeht. Bohrung und Senkung von 60° werden in einem Arbeitsgang fertiggestellt.

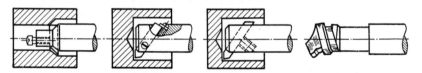

Abb. 15.130. Bohrstangen verschiedener Ausführung

15.4.1.7. *Bohrstangen* (Abb. 15.130.)

werden zum Ausbohren vorgegossener Löcher und zum Nach- und Aufbohren vorgebohrter Löcher benutzt. Der Durchmesser soll so stark wie möglich gewählt werden, um das Federn während der Arbeit zu vermeiden. Sie werden bei umlaufenden Arbeitsstücken feststehend (Dreh- und Revolvermaschinen), und bei feststehenden Arbeitsstücken (Waagerecht- und Senkrechtbohrmaschinen), umlaufend verwendet. Man unterscheidet: freitragende und geführte Bohrstangen. Geführte Bohrstangen werden hauptsächlich verwendet, wenn im Werkstück mehrere Bohrungen hintereinander liegen und fluchten müssen, oder bei großen Bohrungen.

Bohrstangen arbeiten entweder mit einem Drehmeißel, d. h. einseitig, was sich beim Schruppen unter Umständen ungünstig auswirken kann, weil die Bohrstange durch den Schnittdruck abgedrückt wird, oder es werden doppelseitig schneidende Messer verwendet. Doppelseitige Messer nutzen sich im Durchmesser leicht ab, deshalb verwendet man Schrupp- und Schlichtmesser. Es können auch Bohrstangen mit verstellbarem Messer verwendet werden; sie besitzen eine Skala zur Feineinstellung des Messers. Für besondere Zwecke werden Sonderbohrstangen verwendet, z. B. beim kegelig Bohren, Ausbohren von Ölkammern usw. Zum Ausbohren sehr großer Bohrungen werden Bohrköpfe verwendet. Die Bohrköpfe können auf der Bohrstange wandernd oder fest, oder fest und mit der Bohrstange verschiebbar, aufgesetzt werden.

Um zu verhindern, daß sich die Bohrstange in der Arbeitsspindel löst, insbesondere beim Rückwärtsschneiden, wird der Kegel der Bohrstange mit einem Querkeil befestigt.

15.4.1.8. Bohren mit Hartmetallwerkzeugen

Mit Hartmetall bestückte Werkzeuge werden in steigendem Maße auch bei der zerspanenden Lochbearbeitung verwendet. Kurzspanende oder stark verschleißend wirkende Werkstoffe, z. B. Hartguß, Leichtmetall mit Siliziumgehalt, Isolierstoffe, Glas, Gesteine usw. lassen sich mit Hartmetall gut bearbeiten. Es können auch in bereits gehärtete Stahlplatten Bohrungen eingebracht oder Bohrfehler nach Härtung des Werkstoffes beseitigt werden. Richtwerte für das Bohren mit Hartmetallen siehe Tabellenanhang Seite 461.

15.4.2. Bohrvorrichtungen

dienen zum Festhalten und Spannen von Werkstücken in einer bestimmten Lage. Sie können so ausgestaltet sein, daß sie verschiedene Auflagen besitzen. Dadurch können die Werkstücke aus verschiedenen Richtungen gebohrt werden. Bohrer, Senker und Reibahlen werden durch feste oder auswechselbare gehärtete Bohrbuchsen geführt. Bohrvorrichtungen werden verwendet, wenn große Stückzahlen gleicher Teile zu bohren sind und das Anreißen der einzelnen Teile unwirtschaftlich wäre. Zum genauen Querbohren durch zylindrische Körper werden Universalvorrichtungen mit auswechselbaren Bohrbuchsen verwendet. Um die genaue Lage des Werkstückes in der Vorrichtung zu gewährleisten, müssen die Auflageflächen sorgfältig von Spänen gesäubert werden.

Abb. 15.131. Kegelhülsen

15.4.3. Spannwerkzeuge

Bohrwerkzeuge mit kegeligem Schaft werden in der Kegelaufnahme der Bohrspindel befestigt. Zum Ausgleich der Größenunterschiede dienen Kegelhülsen (Abb. 15.131.).

Es können mehrere Kegelhülsen ineinandergesteckt werden, um beispielsweise den Ausgleich von Morse-Kegel 1 zu 4 zu erreichen.

Um Bohrwerkzeuge mit zylindrischem Schaft bis zu einer bestimmten Größe zu spannen, werden Bohrfutter in den verschiedensten Ausführungen verwendet. Besonders zu erwähnen sind selbstspannende Klemmbohrfutter und Schnellwechselfutter. Bei ihnen kann das Auswechseln des Werkzeuges während des Laufens der Maschine vorgenommen werden. Auf Revolvermaschinen und Spezialmaschinen kommen Bohrfutter mit auswechselbaren Spannpatronen zur Anwendung. Bei der Verwendung von Bohrstangen auf der Revolvermaschine werden besondere Bohrstangenhalter benutzt.

15.4.4. Ausführungshinweise:

Um saubere und maßgenaue Bohrungen zu erreichen, müssen die Bohrwerkzeuge zentrisch und schlagfrei laufen. Spannfutter für Bohrer mit Zylinderschaft müssen genau rundlaufen; bei Bohrern mit Morsekegel sind die Einsatzhülsen sorgfältig gesäubert ineinanderzufügen. Die Spindel der Maschine soll kein Spiel aufweisen. Spiel in der Achsrichtung führt leicht zum Einhaken beim Durchbohren (Bohrerbruch, Unfallgefahr). Der Bohrtisch muß starr und genau im rechten Winkel zur Spindelachse stehen. Bohrer mit zylindrischem Schaft sind so in das Bohrfutter zu spannen, daß sie oben anstoßen und beim Bohren nicht zurückgleiten können. Das Werkstück ist so auf den Tisch oder die Bohrunterlage zu legen, daß die aus dem Material tretende Bohrerspitze nicht die Tischplatte beschädigt.

Angekörnte Werkstücke müssen so unter den Bohrer geführt werden, daß der Körner genau senkrecht unter der Bohrerspitze liegt. Werden Bohrvorrichtungen verwendet, sind die Bohrbuchsen ebenfalls genau senkrecht unter den Bohrer zu bringen. Werkstück oder Bohrvorrichtung sind gegen Herumreißen zu sichern.

Zum Begrenzen der Bohrtiefe wird der einstellbare Anschlag eingestellt.

Beim Anbohren muß beobachtet werden, ob die Bohrung in der Mitte des Kontrollkreises bleibt, wenn nötig, muß man nachkörnen. Das Werkstück sollte man, insbesondere bei tiefen Löchern, mehrmals um 90° drehen, um evtl. Fehler auszugleichen und ein Verlaufen der Bohrung zu vermeiden.

Wird Kühlflüssigkeit benötigt, so muß sie reichlich zwischen Bohrer und Werkstück laufen. Der Vorschub von Hand muß so groß sein, daß der Bohrer fortgesetzt Späne aus dem Loch fördert. Leerlaufende Bohrer stumpfen schnell ab.

Bei tiefen Löchern muß der Bohrer öfter zurückgezogen werden, um die Späne aus dem Loch zu bringen. Vorsicht, wenn der Bohrer bei durchgehenden Löchern aus dem Material tritt, er neigt zum Festhaken, dadurch kann das Werkstück herumgerissen werden oder der Bohrer brechen.

In dünnere Bleche werden größere Löcher mit dem Zapfenbohrer gebohrt. Große Löcher in Vollmaterial sind vorzubohren, um den Vorschubdruck der Querschneide zu verringern, außerdem verläuft der Bohrer dann nicht so leicht. Das vorgebohrte Loch soll etwa so groß wie der Kern des Fertigbohrers sein. Die Bohrung soll nicht tiefer sein, als die Wendel des Bohrers lang ist, weil sonst die Späne nicht mehr aus dem Loch gefördert werden können; ist das Loch trotzdem tiefer, muß durch ständiges Ausheben des Bohrers der Spanabfluß gesichert werden.

Das erste Loch ist auf Maßhaltigkeit zu prüfen. Nachfeilen oder leichte Meißelkerben an der „Fehlseite" können eventuelle Fehler ausgleichen. Es ist dann nur stufenweis mit wenig größeren Bohrern zur Kontrolle nachzubohren. Weitere Korrekturen sind dann möglich. Bei wertvollen Werkstücken ist es mitunter angebracht, erst ein Probeloch in gleichartigen Werkstoff zu bohren. Gebohrte Löcher sind mit einem geeigneten Senker zu entgraten. Der Bohrer ist öfter nachzuschleifen; er soll nie ganz stumpf werden. Das Lösen eines Bohrers mit Kegelschaft erfolgt mit dem Keiltreiber, niemals an den Bohrer schlagen. Sollen in schräge Flächen senkrecht Löcher gebohrt werden, so werden zweckmäßigerweise zunächst mit einem Fingerfräser waagerechte Flächen angefräst.

15.4.5. Unfallverhütung

Lange Kopfhaare durch Kopftuch oder Spange sichern, daß sie nicht von umlaufenden Teilen erfaßt werden können. Skalpierungen können die Folge sein.
Das Werkstück gegen Herumreißen sichern. Größere Durchmesser nur im Schraubstock bohren. Riemenschutz nicht entfernen. Späne, die sich um den Bohrer gewickelt haben, nur bei Stillstand beseitigen; Augen schützen, Bohrer bricht nicht immer glatt ab, sondern kann auch splittern.

15.4.6. Senken

wird angewendet beim Einsenken von Schraubenköpfen, Ansenken von Nabenflächen, Aufsenken vorgebohrter oder vorgegossener Löcher und beim Einsenken profilierter Vertiefungen.

Werden erhöhte Ansprüche an die Güte der Oberfläche und die Präzision eines Loches gestellt, so ist ein erheblicher Arbeitsaufwand erforderlich. Es muß dann in drei Arbeitsgängen gearbeitet werden. Die Reihenfolge ist „Bohren — Senken — Reiben". Die Größe des Senkloches liegt je nach Größe des Durchmessers zwischen 0,2 und 0,6 mm unter der Reibtoleranz.

Senkerform	Bezeichnung
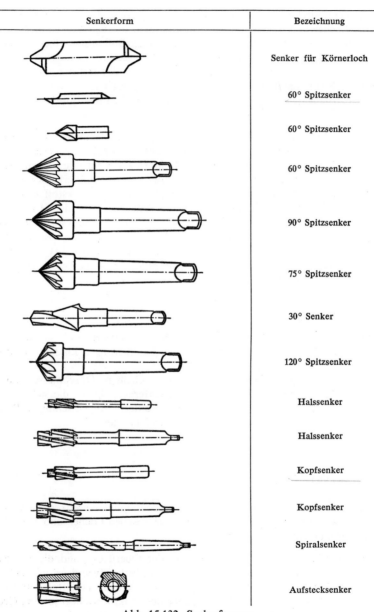	Senker für Körnerloch
	60° Spitzsenker
	60° Spitzsenker
	60° Spitzsenker
	90° Spitzsenker
	75° Spitzsenker
	30° Senker
	120° Spitzsenker
	Halssenker
	Halssenker
	Kopfsenker
	Kopfsenker
	Spiralsenker
	Aufstecksenker

Abb. 15.132. Senkerformen

Wegen der hohen Standzeiten werden beim Senken als Vorarbeit zum Reiben in immer größerem Umfang Hartmetallwerkzeuge bevorzugt. Senken unterscheidet sich vom Bohren dadurch, daß nicht in volles Material gebohrt wird, sondern ein bereits vorgegossenes oder vorgebohrtes Loch auf Unter- oder Fertigmaß gesenkt wird.

15.4.6.1. Werkzeuge zum Senken

Abb. 15.132. zeigt Senkerformen.
Die Senker werden mit und ohne Führungszapfen hergestellt. Zu den Senkern mit Führungszapfen gehören auch die Messerstangen.

15.4.6.1.1. Spitzsenker (Krauskopf) dienen zum Entgraten und kegeligem Einsenken von Bohrungen für Schraubenköpfe und Nietenköpfe.

15.4.6.1.2. Zapfensenker (zwei- oder mehrschneidig) werden zum Einsenken von Schraubenköpfen und zur Herstellung ebener Auflageflächen benutzt. Der Zapfen dient zur Führung im vorgebohrten Loch. Senker ab ⌀ 12 mm werden mit auswechselbarem Zapfen versehen; sie können beim Nachschleifen herausgenommen werden. Das Auswechseln gestattet auch verschiedene Kombination, so daß der Senker für verschiedene vorgebohrte Lochgrößen verwendbar ist.

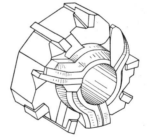

Abb. 15.133. Hartmetallbestückter, mehrstufiger Formsenker

15.4.6.1.3. Aufstecksenker werden auf einen Halter gesteckt. Durch Ansätze am Halter, die in die Nuten des Senkers eingreifen, erfolgt die Mitnahme. Dadurch, daß Senker und Führungszapfen ausgewechselt werden können, ist der Anwendungsbereich vergrößert. Abb. 15.133. zeigt einen hartmetallbestückten, mehrstufigen Formsenker.

15.4.6.1.4. Spiralsenker werden zum Aufbohren vorgebohrter oder gegossener Löcher verwendet. Kleine Senker besitzen einen festen Schaft und haben meist drei Schneiden. Größere Senker sind meist vierschneidig; sie werden auf einen Halter gesteckt. Für hohe Schnittleistungen werden sie mit Hartmetallschneiden bestückt.

325

Reibahlenform	Bezeichnung

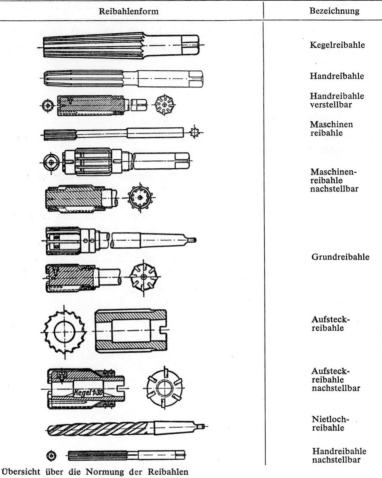

Kegelreibahle

Handreibahle

Handreibahle verstellbar

Maschinen reibahle

Maschinen-reibahle nachstellbar

Grundreibahle

Aufsteck-reibahle

Aufsteck-reibahle nachstellbar

Nietloch-reibahle

Handreibahle nachstellbar

Übersicht über die Normung der Reibahlen

Abb. 15.134. Reibahlenformen

Abb. 15.135.
Ungleiche Zahnteilung

15.4.7. Reiben

Gebohrte Löcher besitzen rauhe Bohrungswandungen und sind nicht genau maßhaltig.

Durch Reiben werden diese Mängel behoben; es können glatte, saubere, lehrenhaltige Bohrungen hergestellt werden.

Abb. 15.134. zeigt Reibahlenformen.

Die Zähne der Reibahlen können gerade oder schraubenförmig sein; sie sind mit ungleicher Teilung am Umfang angeordnet um Ratter-Erscheinungen zu vermeiden (Abb. 15.135.). Schraubenförmig verzahnte Reibahlen haben Linksdrall, damit sie sich nicht in die Bohrung hineinsaugen. Müssen genutete Bohrungen gerieben werden, so sind schraubenförmig verzahnte Reibahlen zu verwenden, um ein Einhaken zu verhindern. Besser wird jedoch die Nute erst nach dem Reiben eingearbeitet. Für hohe Leistungen werden Reibahlen mit Hartmetallschneiden verwendet.

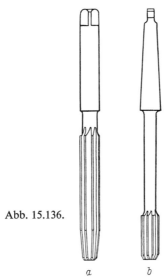

Abb. 15.136.

a   b

15.4.7.1. Die *Handreibahle* dient zum Aufreiben zylindrischer oder kegeliger Löcher von Hand. Sie besitzen lang ausgeführte Schneiden, um dem Werkzeug eine gute Führung zu geben. Zylindrische Handreibahlen haben einen langen Anschnitt (Abb. 15.136. a). Der Schaft schließt am Ende mit einem Vierkant, auf den das Windeisen aufgesetzt wird.

15.4.7.2. Maschinenreibahlen werden zum Reiben auf entsprechenden Maschinen benutzt. Im Gegensatz zu Handreibahlen haben sie nur kurze Schneidkanten und einen kurzen kegeligen oder runden Anschnitt. Sie besitzen einen

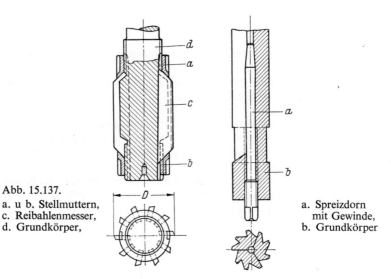

Abb. 15.137.
a. u b. Stellmuttern,
c. Reibahlenmesser,
d. Grundkörper,

a. Spreizdorn
   mit Gewinde,
b. Grundkörper

langen Schaft, der bei größeren Durchmessern am Ende als Morsekegel ausgebildet ist (Abb. 15.136. b).

15.4.7.3. Verstellbare Reibahlen können auf ein genaues Maß nach einem Einstellring eingestellt werden. Sie sind vorteilhaft, weil Abnutzung bis zu einer bestimmten Grenze durch Nachstellen ausgeglichen werden kann. Sie sind innen hohl, ihre Wandungen sind parallel mit den Schneidkanten geschlitzt. Durch Einschrauben eines kegeligen Zapfens in den Hohlraum wird der Durchmesser aufgeweitet (Abb. 15.137.).

15.4.7.4. Reibahlen mit eingelegten Messern ermöglichen eine Durchmesseränderung bis zu 2 mm. Die Messer können auf konisch verlaufenden Nuten in Achsrichtung verstellt werden, wodurch die Änderung des Durchmesser bewirkt wird.

15.4.7.5. Reibahlen mit aufgeschraubten Messern werden vorwiegend als Maschinenreibahlen benutzt. Beim Nachstellen werden die Messer mit Folien unterlegt und dann auf genauen Durchmesser geschliffen.

15.4.7.6. Grundreibahlen werden zum Aufreiben von Grundlöchern benutzt. Sie besitzen deshalb runde, kurze Anschnitte.

15.4.7.7. Eine *Reibahle mit Sonderzerspanung* zeigt Abb. 15.138. Bei dieser Reibahle kann der Senkvorgang als Vorbearbeitung zum Reiben entfallen. Die Bohrung muß mindestens 0,5 mm Untermaß besitzen. Die Spanstärke kann je nach dem Durchmesser der Bohrung bis 1 mm betragen.

328

Abb. 15.138.
Reibahle mit Sonderzer-
spanung (Strasmann-Patent)

Der Anschnitt der Reibahle ist mit Spanaufteilung versehen, dadurch werden feine Fadenspäne erzielt. Das dem Schräganschnitt folgende zylindrische Werkzeugteil reibt die Bohrung auf Passungsmaß und stellt durch Glätten eine hohe Oberflächengüte her. Die Reibahle ist nur im Anschnitt hinterschliffen, trotz mehrmaligem Nachschliff bleibt die Passung erhalten. Die Reibahle ist aus kobaltlegiertem Hochleistungs-Schnellstahl hergestellt und wird als Maschinen- und Aufsteckreibahle verwendet.

15.4.8. Ausführungshinweise zum Reiben:

Die Handreibahle ist wegen ihres langen kegeligen Anschnittes für durchgehende Löcher zu verwenden. Beim Einführen der Reibahle in die Bohrung ist sie in ihrer Schneidrichtung zu drehen, damit der Span allmählich angeschnitten wird. Beim Einführen ohne Drehung muß sie sehr vorsichtig aufgesetzt werden, weil sich die Schneidkanten leicht in den Werkstoff eindrücken und sich beim Drehen dann die Gefahr des Schneidenbruches ergibt. Beim Reiben ist nur ein leichter Druck auf die Reibahle auszuüben. Die Reibahle darf niemals rückwärts gedreht werden, auch nicht beim Herausdrehen aus der Bohrung (Gefahr des Schneidenbruches). Beim Reiben auf der Maschine ist es vorteilhaft, Pendelreibahlen zu verwenden. Solche Reibahlen sind nicht fest eingespannt; sie können an der Einspannstelle pendeln, dadurch können sie sich besser der Lage der Bohrung anpassen. Untermaße der vorgebohrten Löcher siehe Tabellenanhang Seite 463.

15.4.9. Unfallverhütung

Beim Reiben an der Bohrmaschine muß das Werkstück gegen Verdrehen und Hochreißen gesichert werden. An der Drehmaschine ist die Reibahle möglichst in den Reitstock einzuspannen. Das Halten mit dem Drehherz ist gefährlich.

15.4.10. Bohrmaschinen

Im allgemeinen werden Bohrarbeiten mit Bohrmaschinen ausgeführt. In vielen Fällen, meistens dann, wenn weitere Bearbeitung durch Drehen erfolgt, werden Bohrarbeiten auch auf Drehmaschinen vorgenommen. Werden besondere Anforderungen gestellt, beispielsweise an die Maßgenauigkeit und Oberflächengüte der Bohrungen, oder sollen in große und schwierige Werkstücke genau fluchtende und parallele Bohrungen hergestellt werden, so erfolgt die Bearbeitung auf Sondermaschinen.

Bohrmaschinen kann man einteilen:

nach ihrer Beweglichkeit in Handbohrmaschinen und ortsfeste Bohrmaschinen,
2) nach der Anzahl ihrer Bohrspindeln in Ein- und Mehrspindelbohrmaschinen,
3) nach der Lage der Bohrspindel in Senkrecht- und Waagerechtbohrmaschinen,
Lehrenbohrwerke (bestehen aus Bohrmaschinen und Meßapparaten).

Mit Handbohrmaschinen werden nur einfache Durchgangs- und Grundlöcher, ohne besondere Anforderung an Maßgenauigkeit und Güte der Bohrung, hergestellt. Für Montagearbeiten sind sie unentbehrlich. Drillbohrer, Brustleier und Bohrknarre sowie die Handbohrmaschine, die durch eine Handkurbel über zwei Kegelräder angetrieben wird, werden für bestimmte Arbeiten heute noch verwendet.

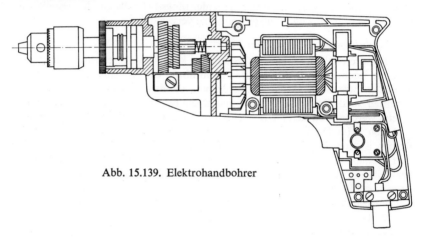

Abb. 15.139. Elektrohandbohrer

Neuzeitliche Handbohrmaschinen werden mit Druckluft, überwiegend aber elektrisch angetrieben (Abb. 15.139.). Zum Bohren an schwer zugänglichen Stellen können Eck- und Verlängerungsstücke auf die Krafthandbohrmaschinen aufgesetzt werden, teilweise sind sie von vornherein als Winkelbohrmaschinen ausgebildet. Im allgemeinen sind die Maschinen eingängig, der Bohrungs-durchmesser ist begrenzt. Mehrgang-Elektrohandbohrer mit zwei bis vier Gängen und einer Schlageinrichtung werden vor allem auf Baustellen benutzt.

15.4.10.1. Ortsfeste Bohrmaschinen

15.4.10.1.1. Senkrechtbohrmaschinen

Zu ihnen zählen die Säulen-, Ständer- und Ausleger-(Radial-)Bohrmaschinen. Die einfachste Säulenbohrmaschine ist die Tischbohrmaschine (Abb. 15.140.), sie steht meistens auf der Werkbank. Es können je nach Bauart Löcher bis

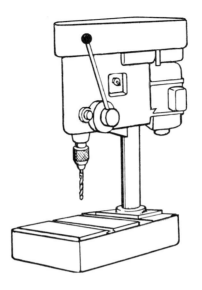

Abb. 15.140.
Tischbohrmaschine
(Wörner)

ca. ⌀ 15 mm gebohrt werden. Tischbohrmaschinen werden als Normal- oder Schnelläufer, eingängig oder mehrgängig, meist mit Riemenübersetzung, gebaut.

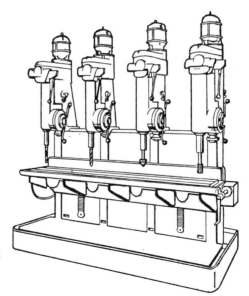

Abb. 15.141.
Vierspindelige
Reihenbohrmaschine
in Ständerausführung

15.4.10.1.2. Reihenbohrmaschinen (Bohrstraße)

(Abb. 15.141.) werden besonders in der Massenfertigung eingesetzt. Es können an einem Werkstück verschiedene Arbeitsgänge nacheinander ausgeführt werden. Der Antrieb erfolgt für jede Bohreinheit durch einen angebauten Vertikalmotor. Die Maschinen werden in Tisch- und Ständerausführung gebaut.

15.4.10.1.3. Säulenbohrmaschinen

werden zum Bohren größerer Löcher verwendet, jedoch können bei dieser Bauart kaum Löcher über ⌀ 30 mm gebohrt werden.
Eine weitaus stabilere Bauart besitzt die Ständerbohrmaschine. Durch den Kastenständer ist die Maschine starrer als die Säulenbohrmaschine und kann deshalb den Bohrdruck besser aufnehmen (Abb. 15.142.).

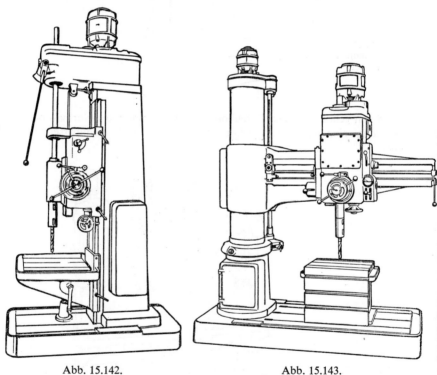

Abb. 15.142.
Ständerbohrmaschine

Abb. 15.143.
Radialbohrmaschine

15.4.10.1.4. Radial- oder Auslegerbohrmaschinen (Abb. 15.143.)

Während bei Säulen- und Ständerbohrmaschinen das Werkstück wegen der festliegenden Bohrspindel an den Bohrer herangebracht werden muß, ist die

332

Auslegerbohrmaschine so gebaut, daß man das Werkzeug ohne Umspannen des Werkstückes an die verschiedenen Bearbeitungsstellen bringen kann. Der Radialarm ist außerdem in der Höhe verstellbar. Durch den großen Drehzahlbereich können sowohl kleine wie auch große Löcher gebohrt werden; es lassen sich fast alle Möglichkeiten der Lochbearbeitung ausführen (Bohren, Reiben, Senken, Gewindeschneiden).

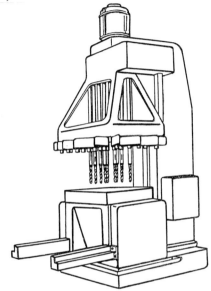

Abb. 15.144.
Mehrspindelbohrmaschine

15.4.10.1.5. Mehrspindelbohrmaschinen

(Abb. 15.144.), auch Gelenkspindelbohrmaschinen genannt, werden in der Serienfertigung verwendet, wenn in das Werkstück viele Bohrungen gleichzeitig eingebracht werden sollen oder wenn eine Bohrung in mehreren Arbeitsgängen fertigzustellen ist. Der Antrieb erfolgt durch einen Flanschmotor über ein Rädergetriebe. Die Drehbewegung wird über Zwischenräder und ausziehbare Gelenkwellen auf die einzelnen Bohrspindeln übertragen. Die Befestigung der Bohrspindeln erfolgt durch Spindellagerarme oder die Spindeln werden in einer Spindellagerplatte, welche dem Bohrbild entspricht, angeordnet.

15.4.10.1.6. Lehrenbohrwerke (Abb. 15.145.)

finden für die Herstellung sehr genauer Löcher mit großer Lagegenauigkeit, vor allem im Werkzeug- und Vorrichtungsbau, Verwendung. Sie arbeiten nach dem Koordinatensystem unter Einhaltung sehr geringer Toleranzen, unabhängig von der Geschicklichkeit des Bedienenden.
Die Bohrungen werden ohne Anriß unmittelbar nach der Werkstattzeichnung angefertigt. Mit Hilfe der optischen Messung kann der Koordinatenschlitten

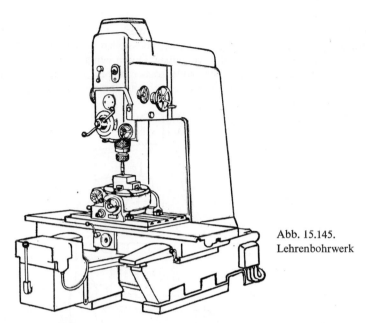

Abb. 15.145.
Lehrenbohrwerk

in beiden Richtungen mit einer Einstellgenauigkeit von $\pm 0,002$ mm verstellt werden. Auf dem gesamten Arbeitsbereich des Meßtisches können Verstellgenauigkeiten von 0,008 mm und Arbeitsgenauigkeiten am Werkstück (Abstand der Bohrungen) von 0,01 mm erzielt werden.

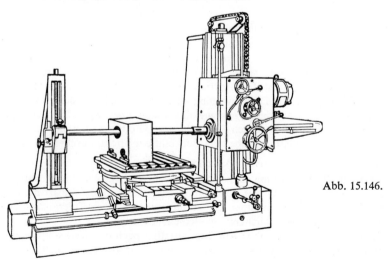

Abb. 15.146.

15.4.10.1.7. *Waagerecht-Bohr- und Fräswerke*

werden entsprechend der Größe des Werkstückes als Tisch-Bohr- und Fräswerk (Abb. 15.146.) oder als Platten-Bohr- und Fräswerk ausgeführt. Diese Maschinen nehmen unter den Werkzeugmaschinen eine Sonderstellung ein. In einer Aufspannung können Bohr-, Fräs- und Dreharbeiten am Werkstück vorgenommen werden.

Beim Tischbohrwerk ist der mit Längs- und Querzug versehene Arbeitstisch drehbar. Das Werkstück kann ohne Umspannen von allen Seiten bearbeitet werden. Es kann zum Bohren und Reiben kleiner und großer Löchei, zum Ausdrehen sehr großer Bohrungen und Zylinder, zum Drehen von Naben, Flanschen usw., zum Fräsen von Führungs-, Teil- und Paßflächen, zum Gewindeschneiden in kleinen und großen Bohrungen, zum Schruppen und zum Schlichten verwendet werden. So vielseitiger Anwendungsbereich erfordert einen entsprechenden Drehzahl- und Vorschubbereich.

15.4.10.2. *Berechnung der Arbeitszeit beim Bohren*

Für die Errechnung der reinen Arbeitszeit (t_h) sind folgende Angaben notwendig: $n =$ Umdrehungszahl/min, $s =$ Vorschub in mm je Umdrehung, $L =$ Arbeitsweg in mm.

Die Hauptzeit (in min) wird nach der Formel $t_h = \dfrac{L}{n \cdot s}$ berechnet.

Beispiel:

In eine Gußplatte von 50 mm Stärke soll ein Loch von 35 mm $\varnothing$ mit einem Schnellstahlbohrer gebohrt werden. Wie lange dauert das Durchbohren der Platte?

Lösung:

Der Anschliff des Bohres ist ca. 10 mm lang, so daß der Arbeitweg

$$50 \text{ mm} + 10 \text{ mm} = 60 \text{ mm} \text{ beträgt.}$$

Nach der Tabelle kann mit einer Schnittgeschwindigkeit von 28 m/min und einem Vorschub von 0,4 mm/Umdrehung gearbeitet werden

$$n = \frac{v}{d \cdot \pi} = \frac{28 \text{ m/min}}{0,035 \text{ m} \cdot 3,14} = \approx 255 \text{ U/min}$$

(Da v in m/min eingesetzt, muß d ebenfalls in m eingesetzt werden.)

$$t_h = \frac{L}{n \cdot s} = \frac{60 \text{ mm}}{255 \text{ U/min} \cdot 0,4 \text{ mm/U}} = 0,588 \text{ min.}$$

Bei der Berechnung von Arbeitszeiten müssen neben der reinen Arbeitszeit weitere Faktoren berechnet werden.

Vorteile / *gute Bearbeitkeit von Härter* / *Kleine Rauhtiefe von 0,02 - 0,0010* / *Harte + schwerspanende Werkstoffe*

Nachteil Stärke, Wärmeentwicklung - von Bearbeitungszonen, meist Gefügeänderung an Randzonen

15.5. Schleifen

15.5.0. Allgemeines

Schleifen ist eine spangebende Bearbeitungsart. Durch einen Schleifkörper werden feinste Späne vom ungehärteten oder gehärteten Werkstoff abgehoben. Die aus der Oberfläche des Schleifkörpers herausragenden Schleifkörner bilden mit ihren Spitzen die vielen unregelmäßigen Schneiden. Das Schleifen wird für unterschiedliche Zwecke angewendet. Es kann zur einfachen Vorarbeit dienen, z. B. zum Entfernen des Gußgrates oder zum Schruppen von Werkstücken, wenn die Bearbeitungszugabe nicht allzugroß ist. Im breitesten Rahmen wird das Schleifen jedoch angewendet, um hohe Maßgenauigkeit und Oberflächengüte zu erzielen. Nach der verlangten Oberflächengüte ist zu unterscheiden: Grob- und Vorschleifen bei Rauhtiefen von 8 bis 4 μm, Fertigschleifen bei normaler Oberflächengüte mit Rauhtiefen von 3 bis 2 μm, Fein- und Feinstschleifen mit Rauhtiefen unter 1,5 bis 0,1 μm (1 μm = 0,001 mm). Bei manchen Arbeiten spielt die Maßgenauigkeit keine Rolle. Es soll nur höchste Oberflächengüte erreicht werden, z. B. beim Stechzeugschleifen. Die Bearbeitungsarten durch Schleifen kann man in folgende Hauptgruppen einteilen:

1 Flächen- oder Planschleifen für ebene Flächen,

2 Rundschleifen innen und außen für Drehkörper und Bohrungen aller Art bis zu bestimmten Durchmessern,

3 Werkzeugschleifen zum Schärfen von Schneidwerkzeugen aller Art,

Sonderschleifverfahren, z. B. Schleifen mit Elektro-Handmaschinen, Bandschleifen, Formschleifen, Trennschleifen, Glasschleifen, Polieren usw.

15.5.1. Schleifscheiben und ihre Anwendung

Für Eignung und Leistung einer Schleifscheibe sind 5 Faktoren maßgeblich:
1) Schleifmittel, 2) Körnung, 3) Bindung, 4) Härte, 5) Gefüge. 6) Umfangsgeschwindigkeit. Zur Herstellung von Schleifkörpern werden heute fast ausschließlich Elektrokorunde oder Silizium-Karbid verwendet. Elektrokorunde eignen sich zum Schleifen zäher Werkstoffe, wie Stahl, Stahlguß, Temperguß usw. Silizium-Karbid wird bevorzugt beim Schleifen von Werkstoffen nicht allzu hoher Festigkeit, wie Grauguß, Nichteisenmetalle und nichtmetallische Werkstoffe, aber auch, bei geeigneter Schleifscheiben-Zusammensetzung, zum Schleifen von Hartmetallen.

Die Schleifmittel nach Schneidfähigkeit (Härte) geordnet:

Diamant DT braun, grau,

Borkarbid BC gelbbraun,

Siliciumkarbid SC weiß, rosa,

Edelkorund EK schwarzblau bis hellgrün,

Halbedelkorund HK schwarz, grau,

Normalkorund NK schwarzbraun, stahlgrau bis weiß.

336

15.5.1.2. Die Körnungen der Schleifmittel werden mit Nummern bezeichnet, die gröbsten Körner haben die niedrigste Nummer. Sehr grobe Scheiben Nr. 8...12, grobe 14...24, mittel 30...60, fein 70...120, sehr fein 150...240 und staubfeine 280...800. Sehr fein und staubfein sind geschlämmt. Für manche Arbeiten werden Schleifscheiben mit gemischter Körnung hergestellt.

15.5.1.3. Die Schleifkörner werden mit einem Bindemittel vermischt und durch Pressen, Gießen, Walzen usw. auf Form gebracht und anschließend durch ein besonderes Verfahren verfestigt. Die hauptsächlichsten Bindungsarten sind

a) anorganisch:

Keramisch (Ke), Silikatbindung (Si), Magnesit-Bindung (Mg),

b) organisch:

Gummi (Gu), Schellack (Nh), Bakelite (Ba).

Die anorganischen Bindungen sind wenig elastisch und spröde. Die organische Bindungen dagegen elastisch und zäh.

Die keramischen Bindungen bestehen aus Ton mit Zuschlägen; die Schleifkörper werden bei Temperaturen zwischen 1200° und 1400°C gebrannt.

Kunstharzbindungen gehören zu den wichtigsten unter den elastischen Bindungen. Die Schleifkörper werden bei einigen hundert Grad gehärtet. Sie besitzen größere Festigkeit als keramische Schleifkörper, deshalb sind sie für höhere Umfangschwindigkeiten geeignet.

Gummi- und Naturharzbindungen geben dem Schleifkörper bei dichtem Gefüge hohe Festigkeit, besondere Eignung zum Schärfen empfindlicher Werkzeugschneiden. Geeignet für dünne Scheiben und scharfe Profile.

Magnesit-Bindungen ergeben dichtes Gefüge, wodurch glatter Schliff erzeugt wird. Wegen der geringen Festigkeit dürfen die Schleifkörper nur bei niedrigen Geschwindigkeiten verwendet werden.

15.5.1.4. Die Härtegrade der Schleifkörper werden durch Buchstaben bezeichnet, die Härte steigt mit der alphabetischen Reihenfolge. Die Härtebezeichnung betrifft die Bindungshärte, d. h. den Widerstand der Schleifkörner gegen das Ausbrechen aus der Bindung. Der Härtegrad ist den Arbeitsbedingungen anzupassen. Die Schleifkörner sollen von selbst ausbrechen, wenn sie ihre Spitzen und Kanten verloren haben, d. h. stumpf sind. Je stumpfer das Schleifkorn, desto höher der Druck, der auf das Korn lastet. Übersteigt beim stumpfen Schleifkorn der Druck die Festigkeit des Bindemittels, so bricht das Korn aus. Der Schleifkörper soll sich also bis zu einer bestimmten Grenze selbst scharf erhalten, wobei er sich nicht zu schnell verbrauchen oder unrund werden darf. Härtegrade nach DIN 69100 sind: sehr weich EFG, weich HI Jot K, mittel LMNO, hart PQRS, sehr hart TUVW, äußerst hart XYZ.

22 Werkstatt

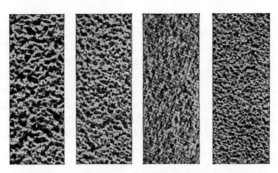

Abb. 15.147. Gefüge der Schleifkörper (Naxos Union)

15.5.1.5. Das Gefüge der Schleifkörper (Abb. 15.147.) ist meist wabenartig, mehr oder weniger offen, wobei der Raumanteil von Schleifkorn, Bindemittel und Poren das Gefüge bestimmt. Die Gefüge sind nach einer internationalen Normreihe von 0...9 eingeteilt. Die niedrigen Nummern bezeichnen die dichteren Gefüge. Nach der internationalen Norm sind: sehr dicht 0 und 1; dicht 2 und 3; mittel 4 und 5; offen 6 und 7; sehr offen 8 und 9. Das Gefüge des Schleifkörpers beeinflußt die Erwärmung der Scheibe, die Wärmeableitung und die Spanbildung.

15.5.2.1. Auswahl der Schleifscheiben

In Bezug auf die Beschaffenheit des Werkstoffes gilt die Regel: **Für harte Werkstoffe weiche Scheiben, für weiche Werkstoffe harte Scheibe benutzen.** Ausnahme von dieser Regel ist das Schleifen von Kupfer und Messing; diese Metalle neigen zum Schmieren und verstopfen schnell die Poren. Weiche, vegetabile oder kunstharzgebundene Scheiben sind hier angebrachter. Weiterhin muß bei der Wahl zwischen harten oder weichen Scheiben die Größe der Berührungsflächen berücksichtigt werden. Als Regel gilt hier: **Große Berührungsflächen, d. h. lange Spanwege, erfordern weiche Scheiben, kleine Berührungsflächen erfordern harte Scheiben.**

Beim Schleifen harter Werkstoffe darf das Korn nicht allzu groß sein, sonst dringt es schwer in den Werkstoff ein. Für weiche und zähe Werkstoffe ist ein gröberes Korn besser, weil ein feines Korn zu leicht verstopft wird.

Bei der Wahl des Gefüges einer Schleifscheibe gilt: **Je weicher der Werkstoff und je größer die Späne, um so offener das Gefüge. Je härter der Werkstoff und je kleiner die Späne, um so dichter das Gefüge·**

So sieht also die Kennzeichnung einer Scheibe folgendermaßen aus:

Gerade Schleifscheibe (Form),
230 × 30 × 65 (Größe),
DIN 69120 (DIN-Nummer),

siehe Heft

SC (Schleifmittel),
70 (Körnung), P (Härte), 3 (Gefüge), Mg (Bindung).
Als Formel geschrieben:
Gerade Schleifscheibe 230 × 30 × 65 DIN 69120 SC 70 P 3 Mg.

Abb. 15.148.   Abb. 15.149.

15.5.2.2. Befestigung der Schleifscheiben

Vor dem Einspannen müssen die Scheiben auf ihren Klang geprüft werden.
Dazu werden sie zweckmäßig mit der Bohrung freischwebend auf einen Dorn
gesteckt. (Abb. 15.148.). Bei leichtem Anschlagen geben einwandfreie Scheiben
einen klaren Klang. Unrein klingende Scheiben dürfen nicht verwendet werden. Die Schleifscheiben werden in der Regel mit Seitenbacken (Flansche)
festgehalten; diese sollen so ausgespart sein, daß nur ein ringförmiger Rand
von etwa $1/9$ des Flanschdurchmessers aufliegt. Zwischen Flanschen und
Schleifscheibe müssen elastische Zwischenlagen wie Gummi, Weichpappe,
Filz oder Leder gelegt werden. Der Flanschdurchmesser muß mindestens $1/3$
des Schleifscheibendurchmessers betragen. Können aus fertigungstechnischen
Gründen keine Schutzhauben verwendet werden, so müssen die Flansche
mindestens $2/3$ des Scheibendurchmessers betragen. Für Präzisionsschliff müssen die Flansche zum Aus- und Nachwuchten eingerichtet sein, am besten
eignen sich dafür verschiebbare Auswuchtklötzchen, die in einer Ringnute
befestigt werden können Abb. 15.149. Abb. 15.150. a...d zeigen verschiedene
Aufspannarten:
Aufspannen einer Scheibe auf den Wellendurchmesser, Aufspannen von Scheiben mit großer Bohrung, die Flanschen sind zum Auswuchten eingerichtet,
Aufspannen von Schleiftöpfen, Segmentbefestigung.

15.5.2.3. Auswuchten

Schliffgüte, Feinheit und Genauigkeit der geschliffenen Fläche, sowie Lebensdauer von Schleifscheiben und -maschine, werden durch nicht richtig ausgewuchtete Scheiben beeinträchtigt. In der Regel genügt statisches Auswuchten
auf einer Schwerpunktwaage oder einem Abrollbock. Nach einer gewissen
Abnutzung müssen die Schleifscheiben nachgewuchtet werden, weil sie in
Korn und Dichte nicht immer gleich sind.

22*

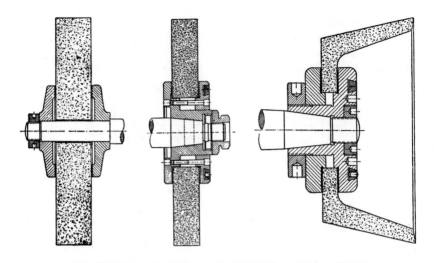

Abb. 15.150.a...c Aufspannen der Schleifkörper (Naxos Union)

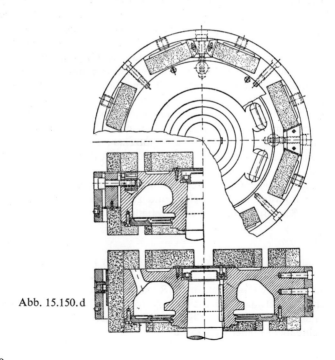

Abb. 15.150.d

15.5.2.4. *Abrichten*

erfolgt, um den Schleifkörper rundlaufend und schneidfähig zu erhalten. Stumpfe Scheiben sind an einem dumpfen, brummenden Ton zu erkennen, freischneidende Schleifscheiben geben ein scharfes, zischendes Geräusch.

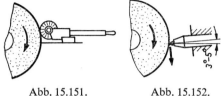

Abb. 15.151.   Abb. 15.152.

Grobkörnige und große Schleifscheiben werden mit dem sogenannten Flatterrädchen abgerichtet und aufgerauht (Abb. 15.151.). Aufrauhen kann freihändig, Abrichten dagegen nur mit zwangsläufig geführtem Abrichtwerkzeug erfolgen. Selbsttätige Schleifmaschinen besitzen meist eine Einrichtung für die Aufnahme geeigneter Abrichtwerkzeuge. Weitere Abrichtwerkzeuge sind: Silizium-Karbid-Handsteine, Silizium-Karbid-Rundstäbe in Metallhülsen. Abrichtsteine aus gesintertem Borkarbid und zum genauen Abrichten Abricht-Diamanten (Abb. 15.152.).

Beim Abrichten mit Diamanten ist zu beachten:

Der Diamant soll etwa unterhalb des Schleifscheibenmittelpunktes angreifen und „ziehend schneiden", d. h. der Diamant ist zur Schleifscheibe hin leicht nach unten geneigt.
Die Schnittiefe soll etwa 0,02...0,03 mm betragen, keinesfalls 0,05 mm übersteigen.
Der Diamant muß zwangsläufig geführt sein.
Um allzu starke Erhitzung zu vermeiden, soll möglichst reichliche Kühlwasserzufuhr erfolgen, die Umfangsgeschwindigkeit soll möglichst verringert werden.

15.5.3. *Schleifarbeiten*

15.5.3.1. *Flächenschleifen (Planschleifen)*

dient zur Herstellung gerader und ebener Flächen. Das Schleifen erfolgt entweder auf einer Maschine mit waagerechter oder mit senkrechter Spindel. Nach der Form der Schleifscheiben wird entweder mit der Stirnfläche oder mit der Mantelfläche der Scheibe geschliffen.
Große Schneidleistungen werden durch Stirnschleifen erreicht. Deshalb werden Topf- und zusammengesetzte Segment- und Ringscheiben (Abb. 15.153.) zum Schruppen bevorzugt. Für genaue und saubere Arbeiten ist die mit dem Umfang schleifende Scheibe geeigneter.

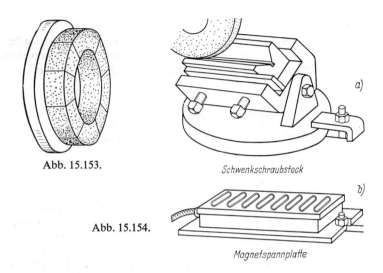

Abb. 15.153.

Schwenkschraubstock

Abb. 15.154.

a)

b)

Magnetspannplatte

Bei den Topfscheiben ergibt senkrechte Einstellung der Schleifspindel Kreuzschliff, schräge Einstellung Strahlenschliff, bei letzterem wird erreicht, daß die Scheibe nur an einer Seite schneidet.

Nach der Bauart des Schleiftisches führt das Werkstück eine hin- und hergehende Bewegung oder eine kreisende Bewegung aus. Das Aufspannen der Werkstücke erfolgt bei größeren Werkstücken, wenn dieses möglich ist, mit Spannschrauben und Spannlaschen, sonst durch Aufspannmagnete (Abb. 15.154. b).

Beim Flächenschleifen mit dem Umfang der Scheibe ist unbedingt die richtige Schleifscheibe auszuwählen, im Zweifelsfalle ist die weichere Scheibe vorzuziehen. Soll die Magnetspannplatte selbst geschliffen werden, so muß dies bei eingeschaltetem Strom erfolgen, weil sie sich sonst nach dem Einschalten des Stromes nach unten durchzieht.

Erscheinen auf dem Werkstück Anlauffarben, so müssen die Schnittiefe und die Vorschubgeschwindigkeit des Werkstückes geändert werden, gleichzeitig ist die Scheibe abzuziehen.

15.5.3.2. *Rundschleifen* (*außen*)

Es werden ausschließlich Flachscheiben verwendet. Die Schnittbewegung macht, wie bei allen Schleifarbeiten, die Schleifscheibe, die Zustellbewegung für die Spantiefe ebenfalls. Das Werkstück führt eine gegenläufige Drehbewegung aus. Der seitliche Vorschub (Längsvorschub) wird entweder von der Schleifscheibe oder vom Werkstück ausgeführt.

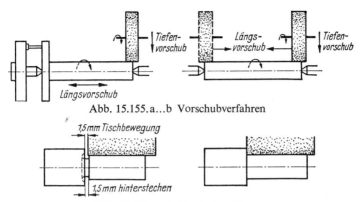

Abb. 15.155.a...b Vorschubverfahren

Abb. 15.155.c...d Einstechverfahren

Der Längsvorschub durch das Werkstück ist am gebräuchlichsten. Beim Schleifen von langen und schweren Werkstücken ist jedoch Längsgang der Schleifscheibe vorzuziehen.

Beim Einstechschleifen werden breite Schleifscheiben verwendet, die möglichst die ganze Arbeitsbreite überdecken. Bei längeren Werkstücken erfolgt das Einstechen abschnittsweise; die Scheibe wird nach jedem Einstich um etwa $^2/_3$ Scheibenbreite seitlich versetzt. Es kann auch mit mehrereren Scheiben zugleich eingestochen werden. Die Werkstücke werden in Futter oder zwischen Spitzen gespannt. Längere Werkstücke werden zur Aufnahme des Schleifdruckes durch Setzstöcke abgestützt.

Abb. 15.155. a...d zeigt einige Rundschleifverfahren.

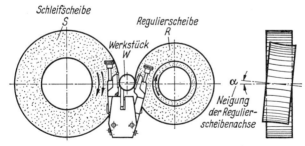

Abb. 15.156. Schematische Darstellung des Schleifvorganges, die Stellung der Schleif- und der Regulierscheibe

15.5.3.3. Spitzenloses Rundschleifen

Das Werkstück *W* wird nicht eingespannt; es befindet sich frei auf einer Führungsleiste zwischen der Schleifscheibe und der gummigebundenen Regulierungsscheibe *R* (Abb. 15.156.). Die Schleifscheibe hat eine höhere Umfangsgeschwindigkeit als die Regulierscheibe. Die hohe Drehgeschwindigkeit, die die Schleifscheibe dem Werkstück erteilt, wird durch die kleinere Umfangsgeschwindigkeit der Regulierscheibe abgebremst. Dadurch entsteht die Spanabnahme.

Beim Einstechverfahren liegen beide Scheibenachsen parallel. Soll das Werkstück einen Längsvorschub ausüben, so wird die Vorschubscheibe um den Winkel α ca. 3° zur Waagerechten geneigt. Das spitzenlose Schleifen wird besonders in der Massenfertigung und bei schwierig zu spannenden Hohlkörpern angewendet.

15.5.3.4. Innenschleifen

Nach der Bauart der Maschine unterscheidet man:

15.5.3.4.1. Das Werkstück dreht sich gegenläufig zur Schleifscheibe und führt zugleich die Längsbewegung aus (Abb. 15.157. a).

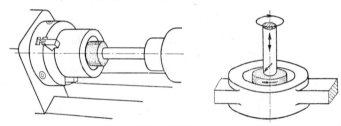

Abb. 15.157. a, b

15.5.3.4.2. Das Werkstück steht fest, die Schleifscheibe dreht sich um die eigene Achse und zugleich um die Achse der Bohrung (Planetenbewegung). Die Schleifscheibe führt außerdem die Längsbewegung aus (Abb. 15.157. b). Die zweite Art des Innenschleifens wird insbesondere bei schweren und sperrigen Werkstücken angewendet.

Beim Innenschleifen ist zu beachten, daß die Werkstück-Umlaufgeschwindigkeit um so kleiner sein muß, je langsamer die Schleifscheibe läuft und je härter ihre Bindung ist.

Der Längsvorschub soll nicht mehr als $2/3$ der Schleifscheibenbreite/Werkstückumdrehung betragen.

Die Schnittiefe ist möglichst klein zu halten. Nach Möglichkeit ist naß zu schleifen, vor allem bei kleinen Büchsen. Es ist immer zuerst die Bohrung und nachher erst der Außendurchmesser zu schleifen.

15.5.3.5. Trennschleifen

wird zum Trennen von gehärtetem und ungehärtetem Stahl bis ca. 60 mm Dicke angewendet. Das Trennschleifen ist weitaus wirtschaftlicher als Sägen, weil die Arbeitszeit wesentlich unter der des Sägens liegt. Die dünnen Schleif-

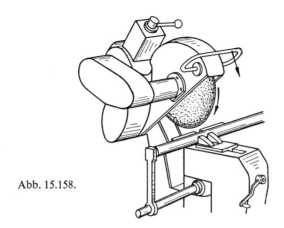

Abb. 15.158.

scheiben besitzen Kunstharz- oder Gummibindung und arbeiten mit einer Umfangsgeschwindigkeit von 40...80 m/s. Voraussetzung ist eine genügend hohe Antriebsleistung. Für einen Schnitt bis etwa 50 mm Querschnitt muß der Motor, bei einem Schleifscheibendurchmesser von 400 mm, eine Leistung von 20 PS besitzen (Abb. 15.158.).

15.5.3.6. Gewindeschleifen siehe Gewindeherstellung Seite 375.

Schnittgeschwindigkeiten, Vorschübe und Spantiefen siehe Tabellenanhang Seite 466, 467.

15.5.3.7. Werkzeugschleifen

Das Schleifen und Schärfen der Werkzeuge ist von allergrößter Wichtigkeit, weil davon Leistung und Lebensdauer des Werkzeuges abhängen. Stumpfe Werkzeuge benötigen einen großen Kraftaufwand, Genauigkeit und Oberflächengüte des Werkstückes sind in Frage gestellt, außerdem setzt ein immer schnellerer Verschleiß des Werkzeuges ein.
Schneidwerkzeuge müssen deshalb mit großer Sorgfalt fachmännisch geschärft werden. Von erheblicher Bedeutung ist die richtige Wahl von Schleifscheibe und Geschwindigkeit.

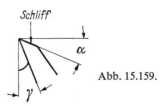

Abb. 15.159.

15.5.3.7.1.1. Schärfen spitzgezahnter Fräser

Damit der Spanwinkel γ und der Freiwinkel α (Abb. 15.159.) die richtige Form beibehalten, wird der Fräser meist an der Freiwinkelfläche nachgeschliffen. Voraussetzung ist, daß der Fräser auf einen einwandfrei rundlaufenden Dorn gespannt ist. Bei stark abgenutzten Schneiden wird der Fräser zunächst überschliffen (rund) und zwar so viel, bis die am tiefsten liegende Schneidkante gerade erfaßt wird. Beim Scharfschleifen kann eine wenige Hundertstelmillimeter breite Fase vom Rundschliff stehen bleiben. Die Teilung

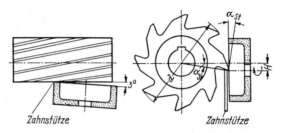

Abb. 15.160. Schleifen mit der Topfscheibe

wird beim Schleifen dadurch erreicht, daß der zu schleifende Zahn gegen einen Anschlag gelegt wird (Abb. 15.160.). Zum Schleifen spitzgezahnter Fräser werden möglichst Topfscheiben verwendet, bei langen Fräsern darf nur eine Seite der Topfscheibe schleifen; um dies zu erreichen, wird die Achse der Schleifspindel um 1...3° schräg zur Fräserachse gestellt. Um Gratbildung an der Schneide zu verhüten, wird mit dem aufwärts laufenden Rand geschliffen. Damit der erforderliche Freiwinkel erzeugt wird, muß die Fräserachse über

die Mitte der Topfscheibe liegen, wobei $h = \dfrac{d}{2} \sin \alpha$ ist.

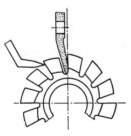 

Abb. 15.161.a
Schleifen des
Brustwinkels 0°

Abb. 15.161.b
Schleifen des
Brustwinkels über 0°

Abb. 15.161.c
Schleifenhinter-
drehter Fräser mit
Wendelsteigung

346

15.5.3.7.1.2. Schärfen hinterdrehter Fräser

Hinterdrehte Fräser werden am besten mit einer hohlen Tellerscheibe an der Zahnbrust nachgeschliffen. In der Regel besitzen hinterdrehte Fräser keinen Spanwinkel. Die Zahnbrust wird dann so geschliffen, daß sie genau zur Fräsermitte verläuft (Abb. 15.161. a). Besitzt der Fräser einen Spanwinkel, dann wird die Zahnbrust soweit aus der Mitte gestellt, bis der gewünschte Spanwinkel erreicht ist (Abb. 15.161. b).

Hinterdrehte Fräser mit Wendelsteigung schärft man mit einer zweiseitigen oder der kegeligen Seite der Tellerscheibe. Die Zahnbrust verläuft bei diesen Fräsern nicht gerade, sondern als gewundene Linie. Schärfen mit der geraden Seite der Schleifscheibe würde deshalb die Schneidkanten beschädigen (Abb. 15.161. c).

Beim Schleifen von Abwälzfräsern müssen eine genau radial zur Fräsermitte liegende Zahnbrust und hohe Teilgenauigkeit erzielt werden. Abweichungen von der radialen Lage der Zahnbrust ergeben Profilverzerrungen. Die Gleichheit der Zahnhöhen und die Lage der Zahnbrust müssen mit geeigneten Lehren geprüft werden.

15.5.3.7.2. Schärfen von Reibahlen und Senkern

Reibahlen für Werkstoffe, die lange Späne ergeben, wie beispielsweise Stahl, erhalten einen Freiwinkel von etwa 2°; für Werkstoffe, deren Späne bröckeln, wie Gußeisen, Bronze usw. 4°.

Nach dem Schleifen werden die Reibahlen gewetzt und mit einem Einstellring geprüft. Schneiden und Anschnitt müssen gleichmäßig gewetzt werden, sonst arbeiten die Reibahlen unsauber. Senker erhalten Freiwinkel zwischen 3° und 5°.

15.5.3.7.3. Schärfen von Spiralbohrern

Die Einhaltung der genauen Form und Winkel beim Schärfen von Spiralbohrern wird nur gewährleistet, wenn das Schärfen auf besonderen Schärf-

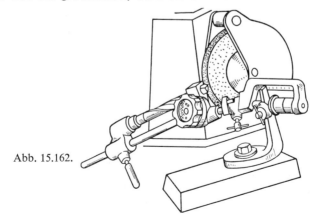

Abb. 15.162.

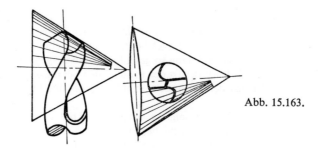

Abb. 15.163.

maschinen oder mit geeigneten Vorrichtungen erfolgt (Abb. 15.162.). Da der Bohrer genau mittig aufgenommen werden muß, wird besonders beim Schärfen größerer Bohrer die Zangenspannung auf den Fasen des Bohrers bevorzugt. Für kleinere Bohrer sind Schleifbuchsen besser. Die Freiflächen des Bohrers werden normalerweise nach einem Kegel hinterschliffen (Abb. 15.163.). Die Mantellinie des Kegels wird von der Berührungslinie zwischen Bohrer und Schleifscheibe gebildet.

Durch Schwenken des Bohrers um die Achse des Schleifkegels wird die Bohrerspitze an der Schleifscheibe vorbeigeführt.

Zum Ausspitzen des Bohrers wird eine dünne, abgerundete Scheibe verwendet. Es soll nur die Querschneide verkleinert, die Hauptschneide aber möglichst nicht verletzt werden. Nur bei korrigierten Schneiden werden neben der Verkürzung der Querschneide auch die Hauptschneiden zurückgeschliffen.

15.5.3.7.4. Schleifen von Hartmetall

Hartmetall wird mit Siliziumkarbid-Schleifscheiben oder Diamant-Schleifwerkzeugen bearbeitet. Die Auswahl der Schleifkörper nach Körnung und Härte muß mit großer Sorgfalt erfolgen; ebenso die richtige Wahl der Umfangsgeschwindigkeit; sie richtet sich z. T. nach der Zusammensetzung des Hartmetalls.

Bevor die Hartmetallschneide geschliffen wird, muß zunächst der Trägerwerkstoff und evtl. überstehendes Lot mit etwa 2° größerem Freiwinkel geschliffen werden, ohne das Hartmetall anzugreifen; hierzu werden Korundscheiben mittlerer Härte verwendet.

Das Schleifen der Hartmetallschneide erfolgt in den Arbeitsstufen Vorschleifen, Feinschleifen (Fertigschleifen), und soweit notwendig, Feinstschleifen oder Abziehen von Hand.

Für jede Arbeitsstufe muß ein besonderer Schleifkörper verwendet werden.

Das Feinstschleifen und Läppen ist notwendig bei Hartmetallschneiden, die mit kleinen Vorschüben arbeiten und bei mehrschneidigen Schlichtwerkzeugen. Um Schneidengüten mit einer Schartigkeit unter 6 µm und, um lange Standzeiten zu erreichen, werden an den Span- und Freiflächen der Hartmetallschneide nach dem Feinschleifen Fasen von ca. 0,2 bis 0,8 mm Breite mit gebundenen Feinstschleifscheiben angeschliffen oder mit losem Korn angeläppt.

Arbeitsfolge beim Schleifen von Hartmetallwerkzeugen

15.5.3.7.5.1. Hartmetallbestückte Schneidmeißel werden mit Siliziumkarbid geschliffen.

Profilierte sowie zum Feinstdrehen oder Feinstbohren bestimmte Schneidmeißel erfordern meist noch ein Feinstschleifen oder Läppen.
Vorschleifen; Trägerwerkstoff, Lot und Flußmittel beseitigen; Korundscheiben; am Schleifbock.
Schleifen der Span- und Freifläche, möglichst an der Seite der Schleifscheibe; SiC-Scheibe; Hartmetallschleifmaschine mit geeigneter Anlage oder pendelndem Werkzeughalter.
Schleifen der Fasen und Schneidenabrundungen; feinkörnigere und kleinere Scheibe.
Abziehen der Schneide; Abziehstein; von Hand.

15.5.3.7.5.2. Bohrer und Senker

Schleifen der Spanfläche (Brustfläche); SiC-Tellerschleifscheibe, bei engen Zwischenräumen Diamantscheibe; Werkzeugschleifmaschine.
Rundschleifen; SiC-Scheibe; Rundschleifmaschine.
Hinterschleifen der Freiflächen; einseitig ausgesparte Scheibe; Spiralbohrer-Schleifmaschine.

15.5.3.7.5.3. Reibahlen

Schleifen der Spanfläche (Brustfläche); Tellerscheibe, bei engen Zwischenräumen Diamantscheibe; Werkzeugschleifmaschine.
Rundschleifen; Rundschleifmaschine.
Hinterschleifen, Freifläche bis auf 0,3 mm; Topfscheiben; Werkzeugschleifmaschinen.
Wetzen der Fase; Wetzkörper (Wetzstein); Wetzmaschine oder von Hand.
Hinterschleifen und Wetzen des Anschnittes.

15.5.3.7.4.4. Fräser

Schleifen der Spanflächen (Stirn und Umfang); Tellerscheibe, Werkzeugschleifmaschine.
Rundschleifen, Schleifen der Stirnseiten, Kante brechen bzw. Rundungschleifen; Rundschleifmaschine.
Hinterschleifen, Freiflächen der Haupt- und Nebenschneiden; Topfscheibe; Werkzeugschleifmaschine.
Schleifen der Fasen; Topfscheibe; Werkzeugschleifmaschine.

15.5.3.7.4.5. Messerköpfe

Vorschleifen, evtl. Fertigschleifen der einzelnen Messer vor dem Einsetzen. Bei den Span- und Freiwinkeln sind die Einspannverhältnisse zu berücksichtigen.

Einsetzen der Messer, mit Feintaster oder Vorrichtung ausrichten.

Vorschleifen der Messer auf Rundlauf; Freiflächen der Haupt- und Nebenschneiden (sind die Messer genau ausgerichtet, kann das Vorschleifen wegfallen); Messerkopfschleifmaschine.

Fertigschleifen der Messer auf Rundlauf, Fasen, Freiflächen der Haupt- und Nebenschneiden; Messerkopfschleifmaschine oder in Arbeitsstellung auf der Fräsmaschine mit Sondereinrichtung.

15.5.4. Ausführungshinweise zum Schleifen von Hartmetallen:

Die Schleifmaschine muß immer gegen die Schneiden laufen. Je größer die Berührungsfläche zwischen Schleifscheibe und Werkstoff ist, um so geringer muß die Umfangsgeschwindigkeit der Scheibe sein. Die Scheibe muß völlig schlagfrei laufen. Die Schleifscheiben müssen des öfteren abgezogen werden. Erhitzte Hartmetalle dürfen nicht abgeschreckt werden, sie müssen an der Luft erkalten.

15.5.5. Unfallverhütung

Für Schleifarbeiten bestehen besondere Unfallverhütungsvorschriften, diese sind genau zu beachten.

Bei Arbeiten an Schleifböcken ist darauf zu achten, daß sich die Werkstückauflagen dicht am Schleifkörper und nicht unter Schleifscheibenmitte befinden. Beim Anlaufen der Maschine darauf achten, daß keine Werkzeuge, Putzlappen usw. von der Schleifmaschine erfaßt werden können. Wird mit Magnetfutter gearbeitet, überzeugen, ob der Strom für das Futter eingeschaltet ist. Niemals die Schutzhaube entfernen; sie soll glühende Schleifspäne und Bruchstücke bei Scheibenbruch auffangen. Schutzbrille tragen. Neu eingespannte Schleifscheiben müssen nach den Unfallverhütungsvorschriften 5 Minuten lang unter Aufsicht bei Absperrung des Gefahrengebietes mit voller Betriebsgeschwindigkeit zur Probe laufen.

15.5.6. Schleifmaschinen

15.5.6.1. Zum Scharfschleifen einfacher Werkzeuge wird in der Werkstatt der einfache *Schleifbock* (Trockenschliff), meist mit zwei Scheiben, benutzt. Soll viel Werkstoff abgehoben werden, so sind Naßschleifböcke zu bevorzugen.

15.5.6.2. Zum Freihandschleifen dienen *Handschleifmaschinen.* Sie werden beim Gußputzen, Entgraten, aber auch zum Ausschleifen von Formen, z. B. bei Gesenken, Modellen, Preßformen usw. verwendet. Der Antrieb erfolgt entweder über eine biegsame Welle von einem Elektromotor oder durch Druckluft.

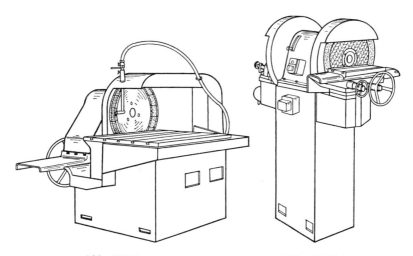

Abb. 15.164.a
Waagerechte Flächenschleifmaschine
mit Segmentschleifrad (Diskus-Werke)

Abb. 15.164.b
Waagerechte Flächenschleifmaschine
mit geriffelter Schleifscheibe für
Trockenschliff [gute Spanabfuhr,
geringe Erwärmung] (Diskus-Weker)

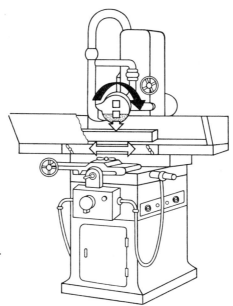

Abb. 15.165.
Waagerecht-Flächenschleifmaschine

15.5.6.3. Flächenschleifmaschinen

werden entweder mit senkrechter Spindel oder mit waagerechter Spindel (Abb. 15.164. a und 15.164. b) hergestellt. Wird hohe Genauigkeit, vor allem bei kleineren und mittleren Teilen verlangt, so wird die Waagerecht-Flächenschleifmaschine (Abb. 15.165.) bevorzugt.

15.5.6.4. Rundschleifmaschinen

besitzen meist einen hin- und hergehenden Tisch mit einem Spindelstock, von dem das Werkstück angetrieben wird. Im feststehenden Schleifspindelstock ist die Schleifspindel gelagert. Werkstück und Schleifspindel haben die gleiche Drehrichtung, dadurch läuft die Schleifscheibe an der Berührungsstelle gegen das Werkstück. Beim Längsschleifen ist der Vorschub die seitliche Tischverschiebung bei einer Werkstückumdrehung. Der Vorschub beträgt $3/4$ bis höchstens $5/6$ der Schleifscheibenbreite; er wird in mm/Umdr. des Werkstückes angegeben. Beim Einstechschleifen findet nur eine Querbewegung der Scheibe statt; in diesem Falle ist der Vorschub gleich Scheibenzustellung auf eine Umdrehung des Werkstückes. Abb. 15.166. zeigt eine schwere Produktionsrundschleifmaschine mit elektronischer Meß- und Steuereinrichtung.

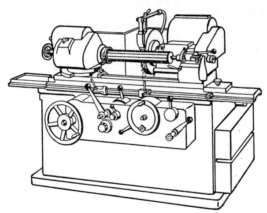

Abb. 15.166.
Schwere Produktions-
rundschleifmaschine

Zum Innenrundschleifen werden die Rundschleifmaschinen oft mit einer zusätzlichen Einrichtung ausgestattet, um die Anschaffung von Sondermaschinen zu ersparen.

15.5.6.5. Werkzeugschleifmaschinen

dienen zur Herstellung und Instandsetzung von schneidenden Werkzeugen aller Art, z. B. Fräsern, Reibahlen, Senkern, Spiralbohrern, Gewindebohrern, Gewindedrehmeißel, Dreh- und Hobelmeißel, Bohrstangenmessern usw. Sie können behelfsmäßig auch zum Außen- und Innenrundschleifen sowie zum Planschleifen Verwendung finden.

Die Universalwerkzeugschleifmaschine ist vielseitig anwendbar und einfach in der Bedienung. Die Schleifspindel ist nicht schwenkbar. Der Werkzeug- bzw. Werkstückträger besitzt die erforderlichen Aufbauteile, um alle notwendigen Bewegungs- und Einstellmöglichkeiten, die für den Schleifvorgang erforderlich sind, zu ermöglichen. Der Schleifspindelstock ist mit einem herausziehbaren Halter mit Feineinstellung versehen, der zur Aufnahme verschiedener Sondereinrichtungen dient.

15.5.7. Beispiele für die Berechnung der Schnittgeschwindigkeit beim Schleifen.
Schnittgeschwindigkeit (*v*) beim Schleifen ist der Weg in m, den ein Schleifkorn am Umfang der Scheibe in einer Sekunde zurücklegt. Sie ergibt sich aus der Drehzahl (*n*) der Schleifspindel und dem Durchmesser (*d*) der Schleifscheibe.

Die Schnittgeschwindigkeit ist $v = \dfrac{d \cdot \pi \cdot n}{1000 \cdot 60}$; dann ist die Drehzahl

$n = \dfrac{1000 \cdot 60 \cdot v}{d \cdot \pi}$ und der Schleifscheibendurchmesser $d = \dfrac{1000 \cdot 60 \cdot v}{\pi \cdot n}$

Beispiel:
Bei einem Schleifbock beträgt die Drehzahl 2800 U/min. Der Scheibendurchmesser ist 150 mm. Wie groß ist die Schnittgeschwindigkeit?

Lösung:
$$v = \frac{d \cdot \pi \cdot n}{1000 \cdot 60} = \frac{150\ \text{mm} \cdot 3{,}14 \cdot 2800\ \text{U/min}}{1000 \cdot 60} = \approx \textbf{22 m/sek.}$$

Beispiel:
Bei einem Innenschliff ist der Scheibendurchmesser 30 mm, die Schnittgeschwindigkeit soll 20 m/sek betragen. Welche Drehzahl muß die Schleifspindel haben?

Lösung:
$$n = \frac{1000 \cdot 60 \cdot v}{d \cdot \pi} = \frac{1000 \cdot 60 \cdot 20\ \text{m/sek}}{30\ \text{mm} \cdot 3{,}14} = \approx \textbf{12 700 U/min.}$$

Beispiel:
Für eine Rundschleifmaschine ist der Scheibendurchmesser zu bestimmen. Die Drehzahl der Schleifspindel ist 1400 U/min; es soll mit einer Schnittgeschwindigkeit von 30 m/sek geschliffen werden.

Lösung:
$$d = \frac{1000 \cdot 60 \cdot v}{\pi \cdot n} = \frac{1000 \cdot 60 \cdot 30\ \text{m/sek}}{3{,}14 \cdot 1400\ \text{U/min}} = \approx \varnothing\ \textbf{400 mm}$$

15.6. Feinstbearbeitung

Lange Zeit galten geschliffene oder geschabte Flächen als höchste Form der Oberflächengenauigkeit. Die heutigen Anforderungen an Maßgenauigkeit und Oberflächengüte sind in manchen Fällen so hoch, daß sie mit den genannten Arbeitsverfahren nicht mehr erfüllt werden können. Durch Feinstbearbeitung sollen auf den Oberflächen möglichst alle Riefen, Risse und Unebenheiten beseitigt werden, bei gleichzeitiger Einengung der Toleranzen. Arbeitsverfahren der Feinstbearbeitung sind: Feinstdrehen, Feinstbohren; Feinstschleifen, Läppen, Honen und Preßpolieren. Diese Verfahren werden auch als „Maßglätten" bezeichnet.

Nach Richtlinien, die der „Ausschuß für wirtschaftliche Fertigung" (AWF) herausgegeben hat, muß beim Maßglätten die Maßgenauigkeit mindestens der ISO-Qualität IT 5 und die Formgenauigkeit IT 4 entsprechen. Bei der Oberflächengüte müssen noch kleinere Toleranzen erreicht werden.

15.6.1. Feinstdrehen und Feinstbohren

wird mit Hartmetall- oder Diamantwerkzeugen ausgeführt. Die Schneiden der Werkzeuge sind feinstgeläppt, wodurch Oberflächengüte und Standzeit des Werkzeuges wesentlich gesteigert werden.

Die Oberflächengüte wird durch hohe Schnittgeschwindigkeit erreicht. Bei Hartmetallwerkzeugen wird bei der Bearbeitung von Stahl mit Schnittgeschwindigkeiten bis 250 und bei Leichtmetall bis 1500 m/min gearbeitet. Diamantwerkzeuge lassen Schnittgeschwindigkeiten bis 3000 m/min zu. Vorschübe und Schnittiefen sind sehr klein, sie liegen zwischen 0,02 und 0,2 mm. Die Maschinen für Feinstbearbeitung müssen entsprechende Genauigkeit besitzen.

15.6.2. Feinstschleifen

bewirkt eine Steigerung der Oberflächengüte durch ein Schleifverfahren, bei dem immer feiner werdende Scheiben verwendet werden. Hauptsächliche Anwendungsgebiete sind: Walzenschleifen (Papier- und Feinblechwalzen) werden

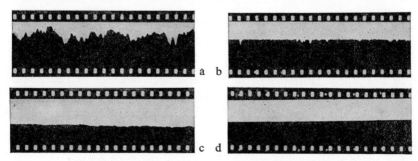

Abb. 15.167.a...d Rauhtiefen (Naxos-Union)

durch Feinschleifen (Kalander-Schliff) bearbeitet, dabei werden Schleifscheiben in Korn 180...220 verwendet. Für hochwertige Kalt- und Folienwalzen reicht diese Oberflächengüte noch nicht aus, hier gelangen Scheiben in Korn 280...500 zur Anwendung. Nach einer gewissen Schleifzeit greifen die Scheiben nicht mehr, sie beginnen zu polieren. An den abgestumpften Schleifkörnern haben sich Flächen gebildet, die unter Druck über die Schleifstelle gleiten und dabei polieren. Diese Schleiftechnik erfordert hohes berufliches Können. Abb. 15. 167. a...d veranschaulichen mittels Mikroaufnahme die verschiedenen Rauhtiefen: a) Schruppschliff Korn 46, Rauhtiefe 6...10 μm; b) Schlichtschliff Korn 80, Rauhtiefe 1,5...3 μm; c) Feinschliff Korn 220, Rauhtiefe 0,5...1 μm; d) Polierschliff mit Polierscheibe, Rauhtiefe 0,2...0,4 um. Weitere Anwendung ist das Feinstschleifen von Zahnrädern, Profilen, Gewinden usw.

15.6.3. Läppen

ist ein Feinstbearbeitungsverfahren zur Erzielung hoher Formgenauigkeit und Oberflächengüte bei runden, kugelförmigen und ebenen Flächen durch Verwendung loser Schleif- und Poliermittel bei fortwährendem Richtungswechsel zwischen Werkstück und Werkzeug. Es werden Maßgenauigkeiten von 1 μm und Rauhtiefen von 0,1 μm erreicht. Als Läppmittel dienen Siliziumkarbid für Stahl, Grauguß, Rotguß, Messing, Glas und Kunststoffe; Korund zum Fertigläppen der genannten Werkstoffe, sowie zum Vor- und Fertigläppen von Aluminiumlegierungen; Borkarbid zum Läppen von Hartmetallen. Chromoxid, Polierrot zum Polierläppen bei höchsten Ansprüchen.
Die Läppmittel werden mit einer Tragflüssigkeit (Öl, Petrol, Wasser, Benzol usw.) gemischt. Der entstehende Flüssigkeitsfilm verhindert eine metallische Reibung zwischen Werkstück und Werkzeug. Werkstück und Werkzeug werden unter Druck gegeneinander bewegt, die Läppkörner tragen dabei die Unebenheiten allmählich ab.

15.6.3.1. Läppwerkzeuge

Läppfeilen bestehen aus flachen Kupfer- oder Graugußstäben, die wie normale Feilen gehandhabt werden. Läppringe sind geschlitzte Ringe aus Kupfer- oder Grauguß. Zum Innenläppen werden sie auf einen Spreizdorn gesteckt und durch den Spreizdorn auf genauen Durchmesser eingestellt. Zum Außenläppen werden sie in einen Halter gespannt (siehe Abb. 15.168.). Feste Läppdorne werden nur zum Läppen kleiner Durchmesser verwendet. Läppscheiben bestehen aus Hartkupfer oder Gußeisen. Grauguß ist besonders gut geeignet. Zum Handläppen benutzt man Läppplatten, während Läppscheiben an der Läppmaschine benutzt werden. Die Flächen der Läppscheiben haben oftmals feine, sich kreuzende Rillen, die zur Speicherung des Läppmittels dienen, das sich von da aus gleichmäßig über die Fläche verteilt.
Beim Flachläppen von Hand wird das Werkstück auf die Läppplatte gelegt und in unregelmäßigen Schleiflinien unter leichtem Druck kreisend, schiebend

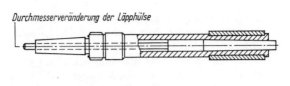

Durchmesserveränderung der Läpphülse

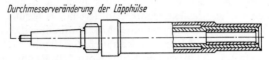

Durchmesserveränderung der Läpphülse

Abb. 15.168. Läppwerkzeuge für Bohrungen und Außendurchmesser

und ziehend über die Fläche bewegt. Läppdorne können von Hand oder Drehmaschine bzw. Bohrmaschine gedreht werden. Werkstück oder Läppdorn erhält zusätzlich eine hin- und hergehende Überlagerungsbewegung, die das eigentliche Läppen ausmacht.

15.6.3.2. Läppmaschinen

werden in verschiedenen Ausführungen je nach Verwendungszweck hergestellt. Die Universal-Läppmaschine kann Verwendung finden als:
Einscheiben-Flachläppmaschine,
Zweischeiben-Planparallel- und Außenrund-Läppmaschine,

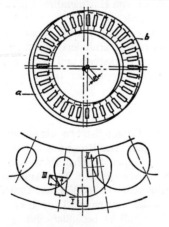

Abb. 15.169. Bewegung der Werkstücke in einer Läppmaschine

a = Läppscheibe, b = Werkstückhalter, e = Exzentrizität — I = Nur Rollen des Werkstückes — II = Nur Gleiten des Werkstückes — III = Rollen und Gleiten des Werkstückes

waagerechte Innen- und Außenrund-Läppmaschine,
Rachenlehren-Läppmaschine,
Meißel-Feinstläppmaschine.
In der senkrechten Läppspindel dreht sich eine Exzenterwelle, die zur Aufnahme von Werkstückhaltern (Werkstückkäfige) dient. Abb. 15.169. zeigt die Bewegung der Werkstücke in einer Läppmaschine.

15.6.4. *Ziehschleifen* (*Honen*)

ist das Feinen von Bohrungen, besonders bei Zylinderbohrungen, Kolbenlauf-
bahnen usw. Es kann auf Drehmaschinen und Bohrmaschinen ausgeführt werden. In der Massenfertigung werden besser Ziehschleif- oder Honmaschinen
eingesetzt.

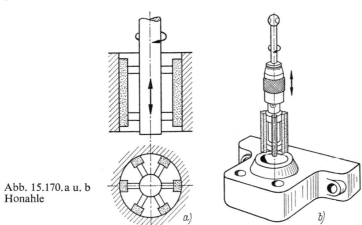

Abb. 15.170.a u. b
Honahle

Als Werkzeug dient die Schleif- oder Honahle (Abb. 15.170. a und b), die man
mit einer verstellbaren Reibahle mit aufgeschraubten Messern vergleichen
kann. Sie hat jedoch an Stelle von Messern Schleifleisten aus Siliziumkarbid.
Die abgebildete Honahle kann bei laufender Spindel zugestellt werden. Die
erreichbare Genauigkeit für Bohrungen bis ⌀ 100 mm beträgt 0,003...0,005 mm.
Die Honahle dreht sich mit einer Umfangsgeschwindigkeit je nach Werkstoff
zwischen 5 und 40 m/min, sie wird gleichzeitig in Achsrichtung hin- und
herbewegt mit Hubgeschwindigkeiten zwischen 4 und 25 m/min. Das Honen
erfolgt unter reichlichem Kühlmittelzufluß (Petroleum).
Feinstziehschleifen ist ein Bearbeitungsverfahren, das in Amerika entwickelt
und dort als „Superfinish" bekannt ist. Bei diesem Verfahren führen die
Schleifstäbe außer dem Hub noch bis zu 2000 Schwingbewegungen/min aus,
dadurch werden geringste Rauhtiefen bis zu 0,05 μm erzielt.

16. Gewindeherstellung

16.0. Allgemeines

Bei der Gewindeherstellung werden eine oder mehrere wendelförmige Rillen in der Mantelfläche eines zylindrischen Körpers erzeugt (Abb. 16.1.). Die Schraubenlinie entsteht durch die Umwicklung eines zylindrischen Körpers durch die Dreiecksfläche einer schiefen Ebene. Der Steigungswinkel α ist maßgebend für die Aufgabe des Gewindes. Ähnlich wie bei der schiefen Ebene

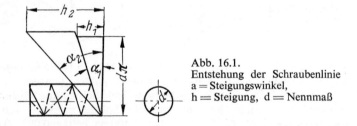

Abb. 16.1.
Entstehung der Schraubenlinie
a = Steigungswinkel,
h = Steigung, d = Nennmaß

erhöht die wachsende Größe dieses Winkels auch die Gleitbereitschaft der aufgelegten Gewichtskraft. Ist der Winkel α klein, ist die Selbsthemmung im Gewinde durch auftretende Reibung unter anderem sehr groß. Kleine Steigungswinkel werden für selbsthemmende Gewinde verwendet. Größere Steigungswinkel werden bei Bewegungsgewinden z. B. bei Leitspindeln gebraucht. Das setzt allerdings auch das Einschneiden mehrerer Gewindegänge voraus, da der zwischen den Gewindegängen verbleibende Raum durch Tieferschneiden der Gänge nicht gefüllt werden kann. Ausnahmen sind Kegel- und Plangewinde.
Die Form des Gewindes (Abb. 16.2.) richtet sich nach dem Verwendungszweck. Befestigungsschrauben erhalten im allgemeinen Spitzgewinde, das metrische, metrische ISO oder Zollsteigung haben kann. Soll die Gewindesteigung klein sein, so wird Fein- oder Rohrgewinde hergestellt. Bewegungsspindeln, die geringen Reibungswiderstand haben sollen, erhalten Trapezgewinde. Für Druckspindeln mit einseitiger Belastung eignet sich besonders das Sägengewinde. Für Sonderzwecke, z. B. Eisenbahnkupplungen, Feuerwehrschläuche usw. wird Rundgewinde verwendet (unempfindlich gegen Sand und Schlamm).

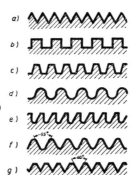

Abb. 16.2. Gewindeformen:

a = Spitzgewinde
b = Flachgewinde (nicht genormt)
c = Trapezgewinde
e = Sägengewinde
f = Whitworthgewinde
g = Metrisches Gewinde

Die Windungen eines Gewindes bezeichnet man als „Gänge". Die Steigung eines Gewindes wird von Gewindegang zu Gewindegang gemessen, sie entspricht dem axialen Weg, den Bolzen oder Mutter bei einer Umdrehung zurücklegen.

Mehrgängige Gewinde besitzen zwei oder mehrere zueinander parallellaufende Gewindegänge von gleicher Form und Steigung. Das ändert allerdings nichts an dem von der Mutter zurückzulegenden Weg.

Bei Rechtsgewinden steigen die Gewindegänge nach rechts an, bei Linksgewinden nach links. Rechtsgewinde verlangen beim Einschrauben Drehbewegung im Uhrzeigersinn. Die Flächen der Gänge nennt man Flanken, sie nehmen die Zug- und Druckkräfte auf.

Befindet sich das Gewinde auf einem Bolzen, so ist es ein „Bolzengewinde", ist es in die Wand eines Hohlzylinders eingeschnitten, wird es als „Muttergewinde" bezeichnet. Da beim Gewinde Bolzen- und Muttergewinde zusammenpassen müssen, ist die genaue Einhaltung der Steigung, des Flankenwinkels und des Flankendurchmessers erforderlich. Zum Messen und Prüfen sind deshalb besondere Verfahren und Einrichtungen geschaffen worden. Die Gewindeherstellung kann von Hand oder mit Maschinen erfolgen.

16.1. Gewindeschneiden von Hand

16.1.1. Innengewinde werden mit *Gewindebohrern* geschnitten, die bei kleinerem Durchmesser 3, bei größerem 4 Längsnuten besitzen. Durch die Längsnuten werden die Schneidkanten gebildet, die Spanabfuhr ermöglicht, und das Schmiermittel an die Schneidkante gebracht. Zum leichteren Anschneiden sind die Gewindebohrer vorn kegelig geformt. Für durchgehende Löcher werden Mutterbohrer (Abb. 16.3.) verwendet, die das Gewinde in einem Arbeitsgang fertig schneiden; sie werden auch auf Gewindeschneidmaschinen benutzt. Handgewindebohrer haben am Ende des Schaftes einen Vierkant zum Aufsetzen des Windeeisens. Maschinengewindebohrer werden ohne Vierkant hergestellt, weil sie in Spannfutter gespannt werden.

359

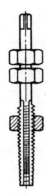

Abb. 16.3. Mutter-Gewindebohrer für Handgebrauch mit kurzem Schaft und langem Gewindeteil für Whitworth-Gewinde nach DIN 11

Zum Gewindeschneiden in Grundlöcher werden im allgemeinen „Satzbohrer", 2 bis 3 Stück, verwendet (Abb. 16.4.). Satzbohrer sind am Schaft durch ein, zwei oder drei Ringe gekennzeichnet; jeder Gewindebohrer schneidet nur einen Teil der Gewinderille aus. Die abgebildeten Bohrer sind 1. Vorschneider, 2. Mittelschneider, 3. Nachschneider. Maschinengewindebohrer besitzen einen längeren, zylindrischen Schaft. Besitzen sie noch einen Vierkant, so können sie als Handgewindebohrer Verwendung finden (Abb. 16.5.).

Der spiralgenutete Hochleistungsgewindebohrer mit geschliffenem Gewinde schneidet in einem Schnitt genau lehrenhaltig. Der Schälanschliff im Anschnitteil ermöglicht eine sehr hohe Schneidleistung. Für durchgehende Löcher

Gewindebohrer: Dreiteiliger Satz

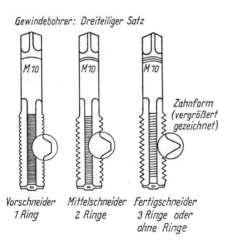

Vorschneider
1 Ring

Mittelschneider
2 Ringe

Fertigschneider
3 Ringe oder
ohne Ringe

*Zahnform
(vergrößert
gezeichnet)*

Abb. 16.4. Handgewindebohrer, in Sätzen zu drei Stücken

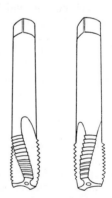

Abb. 16.5. Spiralgenutete Hochleistungs - Maschinengewindebohrer. Lange Ausführung für metrisches Gewinde und Whitworth-Gewinde.
Linksgenutet für durchgehende Löcher, rechtsgenutet für Grundlöcher

wird der Bohrer mit Linksdrall versehen; er schiebt die Späne aus dem Loch vor sich her. Für Sacklöcher besitzen die Gewindebohrer Rechtsdrall, die Späne winden sich entgegengesetzt der Bohrrichtung aus den Nuten heraus. Hochleistungsbohrer werden als Hand-, Maschinen- und Maschinenmutterbohrer hergestellt.

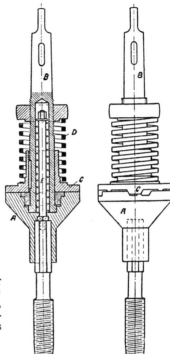

Abb. 16.6.
Sicherungskupplung für Gewindebohrer A = Hülse für den Gewindebohrer, B = Schaft mit Kegel, C = Kupplungsteil, D = kräftige Schraubenfeder, E = federnder Bolzen zum Halten des Gewindebohrers

Beim Gewindeschneiden in Sacklöcher darf der Gewindebohrer nach dem Aufstoßen auf den Grund des Loches nicht mehr weitergedreht werden, sonst bricht er ab. Man verwendet deshalb beim Schneiden von Gewinden an Maschinen Sicherheitskupplungen (Abb. 16.6.), um beim Überschreiten eines bestimmten Schnittwiderstandes das Abbrechen des Gewindebohrers zu verhindern. Richtwerte für Schnittgeschwindigkeiten Seite 465.

16.1.2. Ausführungshinweise:

Die Durchmesser der Gewindekernlöcher sind genormt. Das Kernloch wird mit einem 90°-Senker auf den Außendurchmesser des Gewindes aufgesenkt. Kleinere Werkstücke so in den Schraubstock spannen, daß das Gewindeloch senkrecht steht.

Bei starkem Widerstand wird der Schnitt durch kurzes Rückwärtsdrehen unterbrochen, dadurch lösen sich die Späne.

Beim Schneiden ständig auf achsgleiche Lage von Bohrer und Kernloch achten, evtl. mit Stahlwinkel prüfen.

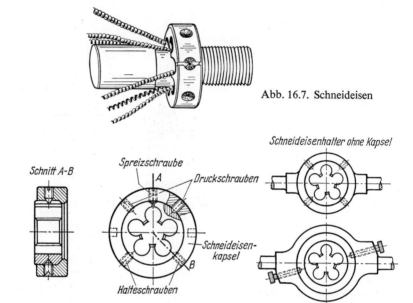

Abb. 16.7. Schneideisen

Abb. 16.8. Schneideisen mit Halter

Mittel- und Fertigschneider richtig in die vorgeschnittene Rille einführen. Reichlich Schmiermittel verwenden.

16.2. Außengewinde werden von Hand *mit Schneideisen* oder *Schneidkluppe* geschnitten. Das Schneideisen (Abb. 16.7.) wird in einen Schneideisenhalter (Abb. 16.8.) eingesetzt.

Ist das Schneideisen geschlitzt, kann es auf genauen Gewindedurchmesser eingestellt werden.

Gewinde mit größerem Durchmesser, besonders wenn keine besondere Genauigkeit verlangt wird, können mit Schneidbacken (zweiteilige Schneideisen), die in einem dafür vorgesehenen Halter (Schneidkluppe) eingesetzt sind, geschnitten werden. Die Schneidkluppe wird so ein- bzw. nachgestellt, daß das Gewinde in mehreren Arbeitsgängen ausgeschnitten wird. Es können außerdem Gewinde mit gleicher Steigung auf verschiedene Bolzendurchmesser geschnitten werden.

Der Bolzendurchmesser soll vor dem Gewindeschneiden etwa $^1/_5$ der Gewindetiefe schwächer sein als der Außendurchmesser des fertigen Gewindes, weil beim Gewindeschneiden der Werkstoff zur Gewindespitze hin verdrängt wird. Abmaße bei zähen Werkstoffen größer als bei harten und spröden.

Beispiel:
M 20 Gewindeaußendurchmesser $d = 20$ mm, Kerndurchmesser $d_1 = 16,53$ mm.

$$\text{Abmaß} = \frac{d - d_1}{2 \cdot 5} = \frac{20 \text{ mm} - 16,53 \text{ mm}}{10} = 0,347 \text{ mm}$$

Außendurchmesser $d = 20$ mm $-$ 0,35 mm $= \mathbf{19,65}$ **mm**.

Der Bolzen wird für einen leichteren Anschnitt vorn leicht kegelig angedreht, Beim Schneiden muß reichlich geschmiert werden.

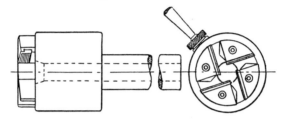

Abb. 16.9. Selbstöffnender Gewindeschneidkopf für Außengewinde
mit Strehlerbacken (Pittler)

16.2.1. Für die Herstellung kurzer Bolzengewinde auf *Schraubenschneidmaschinen*, Revolverdrehmaschinen und Automaten werden selbstöffnende Gewindeschneidköpfe (Abb. 16.9.) verwendet. Sie besitzen den Vorteil, daß sie nach Fertigstellung des Gewindes nicht zurückgeschraubt zu werden brauchen.

16.3. Gewindeschneiden auf der Leitspindeldrehmaschine

Die Herstellung von Innen- und Außengewinden größerer Durchmesser und Längen bei verhältnismäßig großer Genauigkeit wird meist auf der Leitspindeldrehmaschine durchgeführt.
Die Form der *Gewindemeißel* richtet sich nach dem zu schneidenden Gewinde. Drehmeißel für Spitzgewinde haben einen Spitzenwinkel von 60° für metrisches und 55° für Whitworthgewinde. Bei Trapezgewinde ist der Flankenwinkel 30°. Die Winkel werden mit einer Gewindelehre geprüft, die gleichzeitig zum Einstellen des Meißels verwendet wird (Abb. 16.10.).

16.3.1. Der Spitzgewindemeißel hat einen Freiwinkel von 10...15°, der Schnittwinkel beträgt 90° (Abb. 16.11.). Der Gewindemeißel soll möglichst kurz eingespannt sein, damit er nicht federt; die Schneide wird genau senkrecht zur Werkstückachse eingestellt. Die hauptsächlichsten Meißel für die Außengewinde sind in Abb. 16.12. und für die Innengewinde in Abb. 16.13. dargestellt.

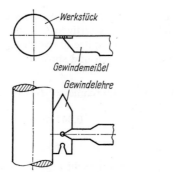

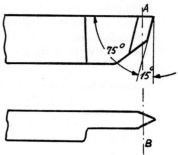

Abb. 16.10.
Anstellen des Gewindedrehmeißels
mit Hilfe der Gewindemeißellehre

Abb. 16.11. Gewindedrehmeißel

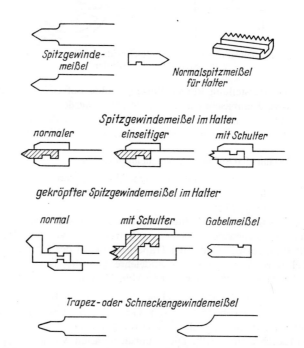

Abb. 16.12. Gewindemeißel für Außengewinde (n. Langer-Lange)

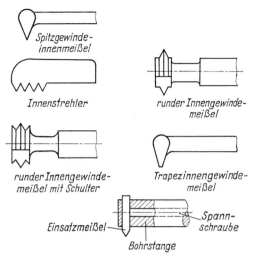

Abb. 16.13. Gewindemeißel für Innengewinde (n. Langer-Lange)

16.3.2. Der Gewindestrehler (Abb. 16.14.) wird vor allem beim Gewindestrehlen auf der Revolverdrehmaschine verwendet. Beim Strehler sind mehrere Zähne in einem Werkzeug zusammengefaßt, die Schneidarbeit wird unterteilt. Die Schneidenzähne sind so geformt, daß der folgende Zahn immer etwas mehr

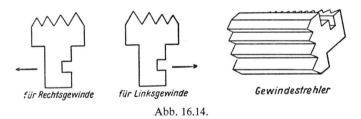

Abb. 16.14.

schneidet als der vorhergehende; der letzte Zahn schneidet das volle Profil. Das Gewindeschneiden geht schneller vor sich, jedoch können nicht alle Werkstoffarten mit Strehlern bearbeitet werden, weil das Gewinde leicht ausreißt. Strehler sind auch oftmals ungenau, weil sie sich beim Härten verzogen haben und schlecht nachzuarbeiten sind.

16.3.4. Der Rundgewindemeißel (Abb. 16.15.) wird für die Herstellung von Spitzgewinden gern benutzt. Er hat die Gewindeform des zu schneidenden Gewindes; zum Schneiden von rechtsgängigen Gewinden muß er jedoch linksgängiges Gewinde besitzen.

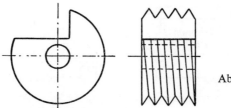

Abb. 16.15.

Wird beim Gewindeschneiden der Meißel bei jedem Schnitt um die Spantiefe senkrecht zur Werkstückachse zugestellt, so kommen beide Schneiden des Gewindemeißels gleichzeitig zum Schnitt. Die von beiden Flanken abfließenden Späne stauchen sich gegeneinander und ballen sich zu Klumpen zusammen; das hat zur Folge, daß der Meißel leicht einhakt und die Oberfläche rissig wird. Um einen sauberen, einwandfreien Schnitt zu erzielen, kann man nach drei Methoden vorgehen:

16.3.5. Schneiden mit Gewindemeißel

16.3.5.1. Ein Gewindemeißel mit einseitig geschliffenem Spitzenwinkel ε wird in den schräggestellten Oberschlitten so eingespannt, daß nur eine Schneide nach dem Zustellen arbeitet (Abb. 16.16.), auf diese Weise wird das Gewinde vorgeschruppt. Günstig ist, daß der Meißel einen Spanwinkel erhalten kann. Das Fertigschneiden erfolgt dann mit einem normalen Gewindemeißel, der senkrecht zur Werkstückachse zugestellt wird.

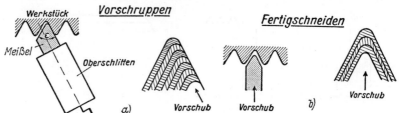

Abb. 16.16. Zustellung beim Gewindeschneiden (n. Langer-Lange)

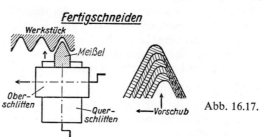

Abb. 16.17.

Der Gewindemeißel wird vor jedem Schnitt durch den Querschlitten senkrecht zur Achse und gleichzeitig in Richtung der Werkstückachse seitlich durch den Oberschlitten zugestellt (Abb. 16.17.).
Dadurch wird der Span nur durch die Meißelspitze und die auf Schnitt stehende Schneide abgehoben.

Beim Vorschruppen wird abwechselnd mit der linken und rechten Schneide des Meißels gearbeitet, erst beim Fertigschneiden kommen beide Schneiden zum Schnitt, wobei nur kleinste Spänchen abgehoben werden dürfen.

Flachgewinde ist nicht genormt; da es verhältnismäßig schwierig herzustellen ist, wird es meist durch Trapezgewinde ersetzt, welches sich besonders durch Fräsen wirtschaftlicher herstellen läßt.

Abb. 16.18.
Trapezgewindemeißel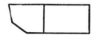

Der Trapezgewindemeißel muß dem Steigungswinkel des Gewindes entsprechend schräg gearbeitet sein, weil er sonst nicht frei schneidet (Abb. 16.18.). Die Schräge wird um so größer, je steiler das Gewinde ist.

16.3.5.2. Beim *Schneiden von Trapezgewinde* kann man nach zwei Methoden vorgehen:

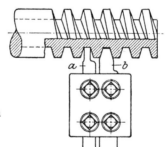

Abb. 16.19.
Meißel zum Vor-
und Fertigschneiden
(n. Müller)

Das Gewinde wird mit 2 Meißeln (Abb. 16.19.), die in genauem Abstand nebeneinander in den Support eingespannt sind, geschnitten. Meißel *a* besitzt die Breite der Gewindelücke am Kerndurchmesser, er leistet den Vorschnitt. Der nachfolgende Meißel *b* schneidet die Flanken fertig.

Das Gewinde wird mit 3 Meißeln (Abb. 16.20.) hergestellt. Der Einstechmeißel schneidet das Gewinde auf den Kerndurchmesser vor. Ein Trapezgewindemeißel, der schmaler als die fertige Gewindelücke ist, schneidet die rechte und dann die linke Flanke vor. Mit einem Normaltrapezgewindemeißel wird das Gewinde fertiggeschnitten.

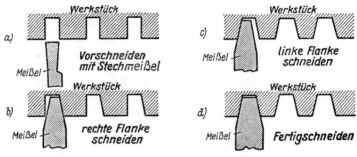

Abb. 16.20. Trapezgewindeschneiden mit 3 Meißeln (n. Langer-Lange)

Um eine allzu starke Wärmeentwicklung zu verhüten, muß reichlich gekühlt werden. Erwärmte Spindeln führen zu Steigungsfehlern oder sie verziehen sich. Gewindespindeln vor dem Fertigschneiden deshalb gut abkühlen lassen, noch besser ist es, sie erst am nächsten Tag fertigzuschneiden.

Wesentlich für die Ausführung der Arbeit und die Arbeitsgeschwindigkeit ist der Auslauf des Gewindes. Am günstigsten sind Einstiche nach DIN, sie setzen die Festigkeit des Bolzens nicht herab, da sie nur wenig tiefer gehen als der Kerndurchmesser.

Läuft der Gewindegang im vollen Material aus, so ist eine große Aufmerksamkeit des Drehers erforderlich, weil bei zu frühem Zurückziehen des Meißels der letzte Gang unvollkommen ausgeschnitten wird. Beim zu späten Zurückziehen läuft der Meißel in den vollen Werkstoff, wobei Meißel und Werkstück meist beschädigt werden. Um diese beiden Fehler zu vermeiden, wird beim letzten Gewindegang der Riemen meist von Hand durchgezogen, wodurch wesentliche Zeitverluste auftreten. Auch das Bohren eines Loches am Gewindeauslauf ist keine ideale Lösung.

16.3.5.3. Schneiden mehrgängiger Gewinde

Wird mehrgängiges Gewinde geschnitten, so muß beim Übergang des Gewindemeißels von einem Gang in den anderen entweder das Werkstück entsprechend der Gangzahl weitergedreht werden (z. B. erfordert zweigängiges Gewinde $1/2$, dreigängiges Gewinde $1/3$ Umdrehung des Werkstückes), oder der Gewindemeißel wird durch den Oberschlitten parallel zur Werkstückachse verschoben. Beträgt z. B. die Gewindesteigung 12 mm, so ist bei zweigängigem Gewinde der Meißel um

$$\frac{12 \text{ mm}}{2} = 6 \text{ mm weiterzustellen.}$$

Eine weitere Möglichkeit ist das Einspannen mehrerer Meißel nebeneinander, die das mehrgängige Gewinde gleichzeitig fertigschneiden. Bei zweigängigem Gewinde ist der Abstand der beiden Meißel gleich der halben Gewindesteigung.

Das Weiterdrehen des Werkstückes kann folgendermaßen vorgenommen werden:

a) Durch einen Kreidestrich wird der eingegreifende Zahn des ersten treibenden Rades und die zugehörige Lücke des ersten getriebenen Rades gekennzeichnet. Die Schere wird gelöst und beide Räder außer Eingriff gebracht, durch Drehen der Arbeitsspindel wird das treibende Rad um so viele Zähne versetzt, wie es die Teildrehung erfordert, z. B. treibendes Rad = 60 Zähne; das geschnittene Gewinde ist dreigängig, also $\dfrac{60 \text{ Zähne}}{3} = 20$ Zähne.

Vorgelege- und Herzrad-Übersetzungen müssen natürlich berücksichtigt werden.

b) Bei Verwendung einer Mitnehmerscheibe mit Schalteinrichtung ist eine Teildrehung des Werkstückes ohne Verdrehung der Arbeitsspindel möglich. Die Mitnehmerscheibe besteht aus zwei Scheiben. Nach einer Skaleneinteilung können die Scheiben in beliebigem Winkel zueinander versetzt werden; in der gewünschten Stellung lassen sie sich durch Schraubenbolzen fest miteinander verbinden.

16.3.6. *Wechselräderberechnung beim Gewindeschneiden*

Beim Gewindeschneiden müssen oftmals die Wechselräder, d. h. die zwischen Arbeits- und Leitspindel anzubringenden Räderpaare, berechnet werden. Das Wendeherzgetriebe ist bei der Berechnung zu berücksichtigen; ist die Übersetzung des Wendeherzgetriebes 1 : 1, so ist es ohne Einfluß auf die Wechselräderübersetzungen und braucht nicht berücksichtigt zu werden. Ist die Herzradübersetzung jedoch z. B. 1 : 2, dann muß die Wechselräderübersetzung um $^1/_2$ gekürzt werden, d. h. die Wechselräderübersetzung beträgt beispielsweise 1 : 8, die Herzradübersetzung 1 : 2, so ist nur noch ein Übersetzungsverhältnis von 1 : 4 herzustellen.

Die Grundformel für Wechselräderübersetzungen lautet:

$$i = \frac{\textbf{Gewindesteigung } h_1}{\textbf{Leitspindelsteigung } h_2} = \frac{\textbf{Zähnezahl der treibenden Räder}}{\textbf{Zähnezahl der getriebenen Räder}}$$

Beim Aufsetzen der Wechselräder stelle man sich das Drehmaschinenbett als Bruchstrich vor. Das zu schneidende Gewinde ist oben, die Leitspindel unten, dann sind also auch die treibenden Räder oben und die getriebenden unten. Nach Abb. 16.21. ist z_1 ein treibendes Rad, es sitzt am Spindelkasten, z_2 das getriebene und z_3 das treibende Rad auf dem Scherenbolzen. Rad z_4 sitzt als getriebenes Rad auf der Leitspindel bzw. der unteren Welle des Nortonkastens. Die Übersetzung ist also

$$\frac{h_1}{h_2} = \frac{z_1 \cdot z_3}{z_2 \cdot z_4} \quad \text{oder} \quad h_1 = h_2 \cdot \frac{z_1}{z_2} \cdot \frac{z_3}{z_4}$$

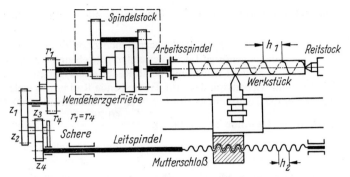

Abb. 16.21. Wechselräder zum Gewindeschneiden

Mitunter genügen zwei Wechselräder und ein Zwischenrad, dann hat das Zwischenrad keinen Einfluß auf das Übersetzungsverhältnis; es ändert nur die Drehrichtung, deshalb kann das Zwischenrad beliebig gewählt werden. Die Übersetzung ist dann

$$\frac{z_1}{Z} \cdot \frac{Z}{z_4} = \frac{z_1}{z_4}$$

Beim Aufsetzen der Räder dürfen sie nicht aneinandergepreßt, aber auch nicht zu weit auseinandergestellt werden. Sie müssen einwandfrei kämmen.
Die Steigungen der Leitspindeln sind genormt $3-6-12-24$, bei Whitworthgewinde betragen sie $1/4$ oder $1/2$ Zoll, d. h. sie haben 4 oder 2 Gänge auf einen Zoll (25,4 mm).

Die Wechselräder besitzen meist Zähnezahlen ab 20 um 5 steigend bis 150, außerdem ein 21er, 127er und 157er Rad.

Nicht passende Räderpaare können verändert werden.

a) Das Verhältnis wird erweitert, z. B. $\frac{3}{4}$ mit 10 $= \frac{30}{40}$

b) Die Vorder- bzw. Hinterglieder werden vertauscht, z. B.

$$\frac{40}{80} \cdot \frac{127}{110} = \frac{40}{110} \cdot \frac{127}{80}$$

c) Die Räderpaare werden vertauscht, z. B.

$$\frac{30}{90} \cdot \frac{50}{80} = \frac{50}{80} \cdot \frac{30}{90}$$

370

d) Das Grundverhältnis wird in andere Faktoren zerlegt, z. B.

$$\frac{127}{200} = \frac{1}{2} \cdot \frac{127}{100} \text{ oder } \frac{1}{4} \cdot \frac{127}{50}$$

Beispiele zur Wechselräderberechnung:
Bei allen Beispielen ist die Herzradübersetzung 1 : 1.

16.3.6.1. Die Leitspindel hat Millimetersteigung

Beispiel 1:
Die Leitspindel hat eine Steigung von 6 mm.
Es soll ein Gewinde mit 1,2 mm Steigung geschnitten werden.

Lösung 1:

$$\frac{h_1}{h_2} = \frac{1,2}{6} = \frac{12}{60} = \frac{3 \cdot 4}{6 \cdot 10} = \frac{30}{60} \cdot \frac{40}{100} = \frac{z_1}{z_2} \cdot \frac{z_3}{z_4}$$

$$\text{Probe: } h_1 = h_2 \cdot \frac{z_1}{z_2} \cdot \frac{z_3}{z_4} = 6 \cdot \frac{30}{60} \cdot \frac{40}{100} = 1,2 \text{ mm}$$

Beispiel 2:
Leitspindelsteigung $h_2 = 6$ mm,
Gewindesteigung $h_1 = 4$ Gang auf 1″.

Lösung 2:
Es ist zweckmäßig, in die Grundformel alle Werte in mm einzusetzen, z. B.
4 Gänge auf 1″ =

$$\frac{1''}{4} \text{ Steigung} = \frac{25,4}{4} \text{ mm}$$

$$\frac{h_1}{h_2} = \frac{25,4}{4 \cdot 6} = \frac{25,4 \cdot 5}{4 \cdot 6 \cdot 5} = \frac{127}{120}, \text{ dazu kommt ein beliebiges Zwischenrad.}$$

Beispiel 3:
Leitspindelsteigung $h_2 = 12$ mm.
Gewindesteigung $h_1 = 10$ Modul.

Lösung 3:
Der π-Wert ist durch Zahnräder nur annähernd zu erreichen. Setzt man für
$\pi = 3,14159 = \dfrac{22}{7}$, so können mit dem normalen Wechselrädersatz fast alle
normalen Module geschnitten werden

$$\frac{h_1}{h_2} = \frac{10\pi}{12} = \frac{10 \cdot 22}{12 \cdot 7} = \frac{50}{60} \cdot \frac{110}{35} = \frac{110}{60} \cdot \frac{50}{35}$$

Probe: $h_1 = \dfrac{110}{60} \cdot \dfrac{50}{35} \cdot 12 = 31,428 = 10\pi$

Ein genauerer Wert wird erreicht, wenn man $\pi = \dfrac{5 \cdot 71}{113}$ setzt, dann sind jedoch Räder mit 71 und 113 Zähnen erforderlich.

Beispiel 4:

Leitspindelsteigung $h_2 = 6$ mm.
Gewindesteigung $h_1 = 9$ Diametral Pitch
(1 Pitch $= \pi'' = 3,14 \cdot 25,4 = 79,79645$ mm).

Bei Pitch werden häufig vorkommende Bruchteile der Steigung als Ganze bezeichnet. Es wird also $1/4$ Pitch (4 Gang) 4 Pitch geschrieben; 9 Pitch $= 1/9 \pi''$ usw.

Lösung 4:

Für $\pi'' = 79,79645$ setzt man $\dfrac{21 \cdot 19}{5}$

$$\frac{h_1}{h_2} = \frac{21 \cdot 19}{5 \cdot 9 \cdot 6} = \frac{105}{50} \cdot \frac{95}{135}$$

16.3.6.2. Die Leitspindel hat Zollsteigung

Beispiel 5:

Leitspindelsteigung $h_2 = 1/4$ Zoll $= 4$ Gang/Zoll.
Gewindesteigung $h_1 = 2,5$ mm.

Lösung 5:

$$\frac{h_1}{h_2} = \frac{2,5 \cdot 4}{25,4} = \frac{10 \cdot 5}{25,4 \cdot 5} = \frac{50}{127},$$ dazu kommt ein beliebiges Zwischenrad.

Fehlt das 127er Rad, so kann für 25,4 der angenäherte Wert $\dfrac{1600}{63}$ oder $\dfrac{330}{13}$ gesetzt werden; dann wäre die Lösung

$$\frac{h_1}{h_2} = \frac{2,5 \cdot 4 \cdot 63}{1600} = \frac{63}{160} = \frac{7 \cdot 9}{16 \cdot 10} = \frac{35}{80} \cdot \frac{45}{50}$$

Beispiel 6:

Leitspindelsteigung $^1/_2'' = 2$ Gang/Zoll.
Gewindesteigung $^1/_4'' = 4$ Gang/Zoll.

Lösung 6:

$$\frac{h_1}{h_2} = \frac{\dfrac{25,4}{4}}{\dfrac{25,4}{2}} = \frac{2}{4} = \frac{20}{40} \text{ oder } \frac{40}{80}, \text{ dazu ein beliebiges Zwischenrad.}$$

Beispiel 7:

Leitspindelsteigung $h_2 = {}^1/_2''$.
Gewindesteigung $h_1 = 9$ Modul.

Lösung 7:

$$\frac{h_1}{h_2} = \frac{9 \cdot \pi \cdot 2}{25,4} = \frac{9 \cdot 22 \cdot 2}{25,4 \cdot 7} = \frac{18 \cdot 22}{25,4 \cdot 7} = \frac{90}{35} \cdot \frac{110}{127}$$

Beispiel 8:

Leitspindelsteigung $h_2 = {}^1/_4''$.
Gewindesteigung $h_1 = 8$ Pitch.

Lösung 8:

$$\frac{h_1}{h_2} = \frac{\pi \cdot 25,4 \cdot 4}{8 \cdot 25,4} = \frac{\pi \cdot 4}{8} = \frac{22 \cdot 4}{7 \cdot 8} = \frac{110}{35} \cdot \frac{40}{80}$$

16.4. Gewindefräsen auf der Universal-Fräsmaschine

In manchen Fällen sind Schnecken oder Trapezgewindespindeln auf der Universal-Fräsmaschine zu fräsen. Die Fräsmaschine muß für diese Arbeiten mit einem schwenkbaren Fräskopf und einem Teilkopf ausgerüstet sein.

Beim Gewindefräsen sind zwei Aufgaben zu lösen:

1. Die erforderlichen Wechselräder müssen berechnet werden.

2. Der Steigungswinkel für die Verstellung des Fräskopfes ist zu ermitteln.

An der Universal-Fräsmaschine sitzt das treibende Rad auf dem Tischspindelbolzen und das getriebene auf dem Verlängerungsbolzen der Teilkopfspindel. Besonders ist darauf zu achten, daß die Schnecke im Teilkopf sich nicht im Eingriff mit dem Schneckenrad befinden darf.

16.4.1. Die Berechnung der Wechselräder

Das Verhältnis der Wechselräder ist gleich dem Verhältnis der Steigung der Tischspindel zur Steigung des zu fräsenden Gewindes. Z. B. die Tischspindel hat 5 mm Steigung, die zu fräsende Schnecke 10 mm; das Verhältnis ist also $5 : 10 = \dfrac{50}{100}$. Bei 2 Umdrehungen der Tischspindel hat sich das Werkstück einmal gedreht und ist gleichzeitig um $2 \cdot 5$, also 10 mm vorgeschoben worden.

Um den Abstand von Tisch- und Teilkopfspindel zu überbrücken, kann ein beliebiges Zwischenrad verwendet werden oder es werden 4 Wechselräder eingesetzt, z. B. $\dfrac{5}{10} = \dfrac{20 \cdot 100}{50 \cdot 80}$, die Zähnezahlen der treibenden Räder stehen also oberhalb des Bruchstriches, die der getriebenen unterhalb.

16.4.2. Die Berechnung des Steigungswinkels

Der Steigungswinkel läßt sich aus dem Verhältnis der Steigung zum Umfang berechnen. Angenommen, die zu fräsende Schnecke hat einen Durchmesser von 65 mm, so ist der Umfang $65\,\pi = 204,2$, bei einer Steigung von 10 mm ist dann das Verhältnis $10 : 204,2 = 0,0488 = \tan \alpha$.

Nach der Tangenstabelle Seite 442 entspricht der Wert 0,0490 einem Winkel von 2° 48′. Der Fräskopf wird entsprechend aus der Mittelstellung verstellt.

Beispiel 1:
Die Tischspindelsteigung $h_2 = 1/4''$.
Gewindesteigung $\qquad h_1 = 5/8''$; $\varnothing = 45$ mm.

Lösung 1:

$$\text{Wechselräder } \frac{h_2}{h_1} = \frac{\dfrac{1}{4}}{\dfrac{5}{8}} = \frac{1 \cdot 8}{4 \cdot 5} = \frac{8}{20} = \frac{40}{100} \text{ und beliebiges Zwischenrad.}$$

$$\text{Steigungswinkel } \tan \alpha = \frac{\dfrac{5''}{8}}{d \cdot \pi} = \frac{15,875}{45 \cdot 3,14} = 0,112 = 6° 25'.$$

Beispiel 2:
Tischspindelsteigung $h_2 = 1/2''$.
Gewindesteigung $\qquad h_1 = 6$ mm; $\varnothing = 34$ mm.

Lösung 2:

a) Wechselräder

$$\frac{h_2}{h_1} = \frac{\dfrac{25,4}{2}}{6} = \frac{12,7}{6} = \frac{127}{60}$$

b) Steigungswinkel

$$\tan \alpha = \frac{6}{34 \cdot 3,14} = 0,056 \approx 3°\,12'$$

Wirtschaftlicher ist das Gewindefräsen auf Gewindefräsmaschinen.

16.5. Gewindeschälen auf der Langgewinde-Schälmaschine

Ein anderes Herstellungsverfahren von Außengewinden verschiedener Art ist das Gewindeschälen. Ein mit Hartmetall bestücktes Schälmesser wirbelt exzentrisch zum sich drehenden Werkstück mit hoher Geschwindigkeit, wobei es von einem Teil des Umfanges dünne, kommaförmige Späne abtrennt. Die große Schnittgeschwindigkeit ergibt eine hohe Oberflächengüte, die Schälzeit beträgt nur $^1/_{10} \ldots ^1/_{25}$ der sonst üblichen Fräszeit; die Steigungsgenauigkeit ist besser als bei den Gewindefräsmaschinen. Voraussetzung für einwandfreies Schälen ist Stabilität und Laufruhe der Maschine. Wichtigster Teil ist der Werkzeugkopf, in dem die der Gewindeform angepaßten, auswechselbaren Schälmesser sitzen. Das Schälen mehrgängiger Gewinde wird durch eine Teileinrichtung ermöglicht. Durch Verwendung von Gleichstrommotoren können die Drehzahlen von Werkstück und Drehspindel stufenlos geregelt werden. Zur Vermeidung hoher Arbeitstemperaturen wirkt ein Druckluftstrom, der gleichzeitig die Späne schnell und sicher entfernt. Ähnlich wie die Langgewinde-Schälmaschine arbeitet auch das Wirbelgerät der Fa. Burgmüller & Söhne. Es wird auf dem Quersupport einer Leitspindelmaschine aufgebaut. Das Gewinde wird in einem Durchgang gewirbelt. Die Zeitersparnis gegenüber dem Fräsen oder Drehen beträgt fast 90%. Die Steigungsgenauigkeit hängt von der Drehmaschinenleitspindel ab. Die Schnittgeschwindigkeit liegt, je nach dem Werkstoff, bei Stahl und Grauguß etwa zwischen 250 und 600 m/min und die Werkstückdrehzahl zwischen 3 und 25 m/min.

16.6. Gewindeschleifen

16.6.1. Gewinde kann an der Leitspindeldrehmaschine mit Hilfe eines auf dem Support befestigten Gewindeschleifapparates (Abb. 16.22.) geschliffen werden. Im allgemeinen erfolgt das Gewindeschleifen jedoch auf Gewindeschleifmaschinen. Das Gewindeschleifen kann nach drei Arbeitsverfahren erfolgen.

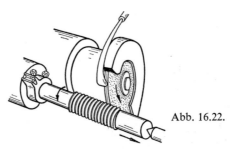

Abb. 16.22.

Bei einer Vielzahl von Umdrehungen des Werkstückes wird mit einer Ein- oder Mehrprofilscheibe nach dem Längsschleifverfahren geschliffen.

Bei etwa einer Umdrehung des Werkstückes wird mit einer mehrrilligen Schleifscheibe (Mehrprofilscheibe), die breiter als die zu schleifende Gewindelänge ist, nach dem Einstechverfahren das Gewinde fertiggeschliffen.

Mit einer Mehrprofilscheibe wird Einstechschleifen und Längsschleifen im Verbundverfahren ausgeführt.

16.6.2. Längsschleifverfahren

Genaueste Gewinde mit Toleranzen von $\pm 2\,\mu$m für den Flankendurchmesser und $\pm 5'$ für den halben Flankenwinkel erzielt man mit der einrilligen Schleifscheibe. Die Steigungsgenauigkeit ist von der Maschine abhängig. Dieses Arbeitsverfahren wird z. B. bei der Herstellung von Gewindebohrern, Genauigkeitsspindeln wie die Meßspindeln der Meßschrauben usw., angewendet. Gewinde, deren Steigung unter 0,7 mm liegt, können ebenfalls nur mit einrilliger Scheibe geschliffen werden. Mehrprofilscheiben arbeiten ähnlich wie Gewindestrehler, die Schleifleistung ist größer als bei der einrilligen Scheibe, die Toleranzen für Flankendurchmesser und -Winkel sind jedoch größer.

16.6.3. Gewinde-Einstechschleifen

ist ein außerordentlich leistungsfähiges Verfahren. Im allgemeinen werden im Einstechschliff Gewinde, deren Steigung zwischen 0,75 und 4 mm liegen, hergestellt. Nach der verlangten Genauigkeit wird das Gewinde entweder in einem Arbeitsgang geschliffen, dann können für den Flankendurchmesser Genauigkeiten von $\pm 20\,\mu$m erreicht werden oder es wird geschruppt und dann geschlichtet, dann liegt die Genauigkeit bei $\pm 10\,\mu$m. Gewinde, die länger als die Scheibenbreite sind, werden mit mehreren nebeneinander liegenden Einstichen geschliffen. Im Einstechverfahren können Innen- und Außengewinde hergestellt werden, die erreichbare Steigungsgenauigkeit beträgt ± 5 bis $8\,\mu$m auf 25 mm Gewindelänge.

16.6.4. *Verbundschleifen*

wird meist bei Innengewinden, die bis nahe an einen Bund herangehen, angewendet. Der innerste Gang wird im Einstechverfahren auf volle Tiefe geschliffen, daran anschließend wird das Gewinde im Längsschleifverfahren fertiggeschliffen.

Von großer Wichtigkeit für die Standzeit der Scheibe, d. h. die Erhaltung der Profilform, ist reichliche Kühlung mit Bohremulsionen oder Schleifölen, wobei gleichzeitig die Schleifspäne fortgespült werden.

16.7.1. Spanlose Gewindeherstellung, Gewindewalzen

Die Herstellung von Gewinden durch Walzen kann entweder mit Flachbacken (Abb. 16.23.) oder mit scheibenförmigen Gewinderollen (Abb. 16.24.) auf Spezialmaschinen erfolgen.

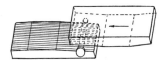

Abb. 16.23. Walzbacken

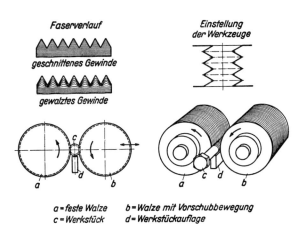

Abb. 16.24. Das Pee-Wee-Gewindewalzverfahren

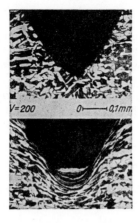

Abb. 16.25.
Gewindeerzeugungsverfahren,
Faserverlauf [Gewindegrund]
(Pee-Wee)

Die spanlose Formgebung hat den Vorteil, daß die äußeren Walzfasern nicht zerschnitten, sondern nur verlagert werden (Abb. 16.25.). Der Werkstoff erfährt eine hohe Verfestigung. Das Gewinde ist preßglatt und spiegelblank. Wird mit geschliffenen Walzwerkzeugen gearbeitet, so entspricht die Genauigkeit der kaltgewalzten Gewinde der Genauigkeit geschliffener Gewinde. Die Gewinde können bis dicht an den Schraubenkopf gewalzt werden.

Der Durchmesser des Bolzens muß vor dem Walzen kleiner sein, als der Außendurchmesser des fertigen Gewindes, weil der Werkstoff beim Walzen nach außen verdrängt wird.

Ist der Bolzendurchmesser D_b, der Außendurchmesser des Gewindes D_a und der Kerndurchmesser d_k, so ist $D_b = \sqrt{\frac{1}{2}(D_a{}^2 + D_k{}^2)}$.

Bei der Gewindewalzmaschine ist die untere Walzbacke fest, die obere in einem Schlitten gelagert. Der Bolzen wird seitlich eingeführt, zwischen den Backen geformt und selbsttätig ausgeworfen. Bei jedem Hub kann ein Gewinde hergestellt werden. Die Gewindebacken bestehen aus hochwertigem Werkzeugstahl.

Abb. 16.26. zeigt den Werdegang einer durch Kaltpressen auf der Doppeldruckkaltpresse hergestellten Sechskantkopfschraube.

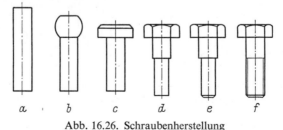

Abb. 16.26. Schraubenherstellung

a) Werkstoff abgelängt, b) vorgestaucht, c) fertig gepreßt, d) in einem Arbeitsgang Absetzen des Schaftes und Ausschneiden des Sechskantes, e) Absetzung des Schaftendes, f) Gewinde gewalzt.

Bei der Gewindewalzmaschine mit runden Werkzeugen (Gewinderollen) pressen sich beim Walzen des Gewindes zwei Gewinderollen mit langsam wachsendem, hydraulischem Druck in das auf Vordrehmaß vorbearbeitete Werkstück ein. Das Werkstück, das auf einem Lineal aus Hartmetall aufliegt, dreht sich beim Walzen, ohne zu wandern, um seine Achse. Alle Gewindegänge werden gleichzeitig aufgewalzt.

16.7.2. Gewindeherstellung mit Gewinderollköpfen

Als Zusatzgeräte für Drehmaschinen, Revolverdrehmaschinen, Bohrmaschinen oder Automaten können selbstöffnende Fette-Gewinde-Rollköpfe (Abb. 16.27.) verwendet werden. Es können durch spanlose Kaltformung Spitz-, Rund-, Trapez-, Sägengewinde sowie alle Spezialgewinde durch Einbau entsprechender Gewinderollen hergestellt werden.

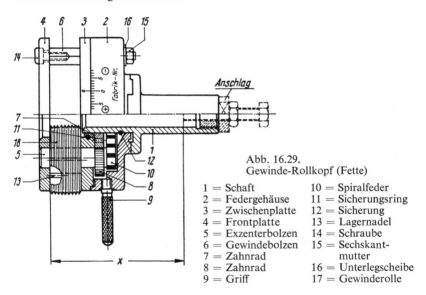

Abb. 16.29.
Gewinde-Rollkopf (Fette)

1 = Schaft	10 = Spiralfeder
2 = Federgehäuse	11 = Sicherungsring
3 = Zwischenplatte	12 = Sicherung
4 = Frontplatte	13 = Lagernadel
5 = Exzenterbolzen	14 = Schraube
6 = Gewindebolzen	15 = Sechskant-
7 = Zahnrad	mutter
8 = Zahnrad	16 = Unterlegscheibe
9 = Griff	17 = Gewinderolle

Wesentliche Vorzüge des Gewinderollens sind:

Weniger Kraftbedarf als beim spanabhebenden Gewindeschneiden, kürzere Arbeitszeit, Werkstoffeinsparung bei gewalzten oder gezogenen Werkstücken, Erzeugung des Gewindes in einem Arbeitsgang, Verfestigung der Werkstückoberfläche, preßpolierte Flankenprofile und schließlich eine höhere Verschleißfestigkeit, besonders bei Gewindespindeln mit Bewegungsmuttern.

17. Funkenerosion, Elysion

17.1. Funkenerosin

Beobachtungen des Abrandes und der Metallverdampfung durch den Zünd-
funken bei Zündkerzen, führten zu einer neuen Metallbearbeitung. Man
setzt die sogenannte Funkenerosion dort ein, wo Sinterkarbide, harte, hoch-
warmfeste und verschleißfeste Werkstoffe bearbeitet werden müssen.

Das Prinzip der Erosion ist einfach: Ein zur Funkenstrecke parallel geschalte-
ter Kondensator lädt sich solange auf, bis die Durchschlagsspannung erreicht
ist. Bei dieser Entladung zwischen Elektrode und Werkstück werden an beiden
Werkstoffpartikel abgetragen. Durch geeignete Wahl der Werkstück- und
Werkzeugmetalle, kann der Abtragungsverschleiß gering gehalten werden.
Durch den überschlagenden Funken bildet sich die Form der Elektrode genau
auf dem Werkstück ab. Das Abtragen der einzelnen Metallschichten durch
die Elektrode erfolgt ohne gegenseitige Berührung der Pole. Ein Steuergerät
hält den Abstand zwischen Werkstück und Werkzeug durch Spannungs-
Stromvergleich konstant auf etwa 0,025 mm.

Um störende Faktoren auszuschalten, wird ein ständiger Strom einer dielek-
trischen Flüssigkeit, meist ein leichtes Öl, um die Elektroden gespült. Durch
diese Flüssigkeit werden gleichzeitig Metallpartikel fortgewaschen und Elektrode und Werkstoff gekühlt.

Die in einer Sekunde mehrere tausendmal entladenden Kondensatoren werden
von einem Gleichstromversorgungteil gespeist, das mit einem Spannungs-
regler, einer Frequenzsteuerung und einer Servonachsteuerung verbunden ist.

Das Regelteil sichert gleichzeitig automatisch vor Lichtbögen, also Kurz-
schlüssen, die zu örtlichen Metallverbrennungen führen können.

Durch Regelung der Energiezufuhr, lassen sich die abzutragenden Werkstoffmengen genau bestimmen. Hohe Energie führt zu großer Oberflächenrauhigkeit. Man spricht hier von Schruppen und erreicht, je nach Maschine, bis zu
2000 mm^3 Abtragung je Minute.

Niedrige Energie trägt wesentlich geringere Werkstoffmengen ab. Die Oberflächenrauhigkeit liegt bei 2 bis 10 μm, so daß man hier von Schlichten und
Feinschlichten sprechen kann.

Die Hauptschwierigkeit der erosiven Metallbearbeitung liegt in der richtigen Bestimmung des Elektrodenwerkstoffs. Hier muß gute spanabhebende Bearbeitbarkeit zur Formgebung der Elektrode mit geringer Abnutzung vereint werden. Auch darf der Elektrodenwerkstoff durch zu hohem Preis nicht zur Unwirtschaftlichkeit des Verfahrens führen. Gebräuchliche Werkstoffe sind, je nach Einsatzgebiet und Dauerbeanspruchung: Kupfer und seine Legierungen, aber auch Kupfer vermischt mit Wolfram, Kadmium oder Molybdän, zinkhaltige Legierungen, Leichtmetalle, Molybdän und Wolfram.

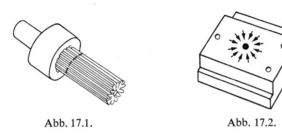

Abb. 17.1.   Abb. 17.2.

Um die Elektroden aus harten Werkstoffen wirtschaftlich bearbeiten zu können, werden darum neben den üblichen spangebenden Bearbeitungen auch das Gesenkschmieden, Ätzen, galvanisches Formen (Galvanoplastik), Gießen und Verpressen und Sintern von Pulvermetallen verwendet (Abb. 17.1. u. 17.2.). Der Nachteil der geringen Metallabtragung dieses Verfahrens gegenüber den üblichen Methoden, stehen bedeutende Vorteile gegenüber: Es lassen sich 1. alle Metalle und sonstige elektrische Leiter gleich welcher Zusammensetzung bearbeiten, ohne daß ihr innerer Aufbau wesentlich gestört wird, 2. der Formgebung sind nur durch die Fertigung der Elektroden Grenzen gesetzt.

So lassen sich mit Hilfe des Funken-Erosionsverfahren die aufwendigsten Durchbruch- und Formwerkzeuge aus Werkstoffen leicht herstellen, die den üblichen Arbeitsverfahren großen Widerstand entgegensetzen oder überhaupt nicht durchführbar sind.

17.2. Elysion

Die Nachteile des langsamen Werkstoffabtragens beim Erodieren, kann man durch ein ebenfalls elektrisches Verfahren, der Elektro-Elysion, begegnen. Es handelt sich hierbei nicht um das Abheben kleinster Partikel durch Funkenerzeugung, sondern um ein chemo-elektrisches Zersetzen des Werkstoffs.

Das dem Galvanisieren gleiche Verfahren löst das Metall an der Anode in Ionen auf, die dann durch die Elektrolytlösung zur Kathode wandern. Der Unterschied zum Galvasieren ist hierbei nur im Ziel der Bearbeitung zu sehen.

Beim Galvanisieren trägt man Werkstoff auf, beim Elysieren aber ab. Beim Galvanisieren wird der Werkstoff an der Anode ab- und auf die Kathode gleichmäßig aufgetragen. Hierbei ist der Überzug der Kathode, also des zu galvanisierenden Werkstückes, die Hauptsache. Beim Elysieren ist umgekehrt der Auftrag an der Kathode überflüssig, ja störend. Er wird deshalb durch die schnell bewegte Elektrolytflüssigkeit von der Kathode ferngehalten, gefiltert und die gereinigte Flüssigkeit dem ständigen Strom wieder zugeführt. Die hierbei erreichten Geschwindigkeiten sind groß, auch die Oberflächengüte des Werkstücks ist besser als beim Erodieren, der Verschleiß der Elektrode, also der Kathode, ist klein. Allerdings ist die Maß- und Formgenauigkeit beim elektrolytischen Verfahren wesentlich geringer als beim Erodieren.

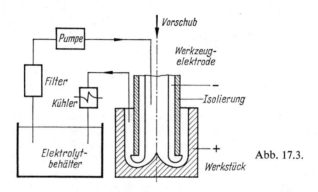

Abb. 17.3.

Die Abb. 17.3. zeigt das Prinzip der elektro-chemischen Verfahren. Die Elektrode ist wegen des hohen Leitwertes aus Kupfer, das Werkstück aus Stahl, die Elektrolytflüssigkeit kann aus einer Salzlösung bestehen.

Folgendes geschieht: Die nur an den „Arbeitsrändern" elektrisch freie Hohlelektrode wird auf das zu bearbeitende Werkstück gesenkt. Die Elektrolytflüssigkeit wird in den Hohlraum der Elektrode gedrückt und fließt am Werkstück ab. Schaltet man nun den Strom ein, erreicht er bei Erhöhung der Spannung schließlich seinen Zersetzungswert, die Abtragung beginnt.

An der Kathode entweicht, wie beim Galvanisieren, Wasserstoffgas, das durch ein Gebläse abgesaugt wird. Dabei beginnt sich die Anode, d. h. hier das Werkstück, aufzulösen. Durch Erwärmung der Elektrolytflüssigkeit nimmt deren Leitfähigkeit zu, so daß der Strom bei gleicher Spannung ansteigt. Auch wird sie durch den Wasserstoffverlust und die Umwandlung in Metalloxydverbindung immer konzentrierter, so daß von Zeit zu Zeit Wasser genau dosiert nachgefüllt werden muß. Geeignete Reinigungsanlagen müssen ständig die ausfällenden Fremdstoffe herausfiltrieren, um den Verschmutzungsgrad möglichst unter 1% zu halten.

Wie beim Erodieren muß die Elektrode ständig dem abgetragenen Werkstoff nachgeführt werden, vor allem, um die Spaltbreite konstant zu halten. Man kann die Geschwindigkeit nach physikalischen Gesetzen berechnen.

So nimmt die spezifische Abtragsleistung in cm^3/A min mit der Stromdichte verhältnisgleich zu, wobei man Stromdichte als Quotient der Stromstärke durch die Stirnfläche der Werkzeug-, also Elektrodenfläche definieren muß. Hieraus ergibt sich folgende Formel: $v = i \cdot Vsp$, wobei v in mm/min, $i =$ Stromdichte in A/mm^2 und Vsp als Abtragsleistung eingesetzt sind.

Den Wert der Abtragsleistung Vsp in mm^3/min errechnet man nach der Formel $Vsp = A \cdot v$, wobei A die Elektroden-Stirnfläche in mm^2 ist.

Es ergeben sich noch weitere physikalische Zusammenhänge. So ist die Vorschubgeschwindigkeit unabhängig vom Durchmesser der Werkstücksbohrung, die hergestellt werden soll, also von der Größe der Elektrodenstirnfläche. Eine Bohrung von 10 mm Durchmesser kann in der gleichen Zeit gesenkt werden, wie eine Bohrung von 40 mm Durchmesser, denn der Vorschub und die Abtragungsgeschwindigkeit stehen nur durch die Stromdichte zueinander in Beziehung.

Wird die Vorschubgeschwindigkeit erhöht, verengt sich der Arbeitsspalt. Dadurch erhöht sich die Stromstärke und mit ihr die Stromdichte, eine stärkere Erwärmung der Elektrolytflüssigkeit ist die Folge. So darf die Vorschubgeschwindigkeit nie so erhöht werden, daß die Flüssigkeit siedet und der Wasseranteil verdampft. Auch die Größe der Fläche der Elektrodenstirn ist auf die Geschwindigkeit von Einfluß, weil die Elektrolytflüssigkeit hier eine mehr oder weniger große Erwärmungsfläche umspült.

Wie schon anfangs gesagt, ist die Abbildungsgenauigkeit gegenüber dem Erodieren geringer. Sie läßt sich aber in weiten Grenzen variieren. So ist der Weite des Bearbeitungsspalts von der Vorschubgeschwindigkeit und der angelegten Spannung, aber auch von der Temperatur der Elektrolytlösung, von der Wasserstoffbildung an der Elektrode, und der Strömungsgeschwindigkeit der Flüssigkeit abhängig.

So steigert die Erwärmung der Elektrolytflüssigkeit die Leitfähigkeit bis zu 300%, dadurch ändert sich auch die Breite des Arbeitsspalts. Die Wasserstoffentwicklung setzt dagegen die Leitfähigkeit herab usw. Auch der Kohlenstoffgehalt des Stahls ist für die Genauigkeit und die Oberflächengüte maßgebend. So hat sich gezeigt, daß ein hoher Kohlenstoffgehalt die Oberflächengüte stark verschlechtert. Grauguß läßt sich aus diesem Grunde überhaupt nicht elysieren.

Dieses neue Verfahren läßt sich aber, wenn geeignete Maschinen vorhanden sind, zur Herstellung komplizierter Werkstücke aus Werkstoffen verwenden, für die normale Arbeitsmethoden versagen würden. So lassen sich z. B. Turbinenläufer aus einem Stück elysieren, wobei die Art und Härte des Stahls keine Rolle spielen.

Auch eine Kombination von Elysieren und Erodieren ist möglich. So lassen sich Gravuren und vielgestaltige Durchbrüche durch Elysieren vorarbeiten, während die Nacharbeit durch Erodieren vollzogen wird. Erodieren und Elysieren sind also keine konkurrierenden Techniken, sondern ergänzen sich mit ihren Eigenheiten gegenseitig.

18. Fügen

Nach DIN 8593 ist „das Fügen", auch Verbindung genannt, das Zusammenbringen von zwei oder mehr Werkstücken geometrisch bestimmter fester Form oder von ebensolchen Werkstücken mit formlosen Stoff. Dabei wird jeweils der Zusammenhalt örtlich geschaffen und im ganzen vermehrt. Demnach werden auch das Zusammenlegen und das Füllen zum Fügen gezählt. Auch das Fügen verschiedener Stellen eines und desselben Körpers, z. B. eines Ringes, gehört dazu.

Dagegen wird das Aufbringen von Schichten aus formlosem Stoff auf Werkstücke in der Hauptgruppe „Beschichten" erfaßt.

Man unterscheidet beim Fügen stets verschiedene Möglichkeiten, Werkteile und Stoffe einander mehr oder weniger fest zuzuordnen.

18.1.1. Zusammenlegen. Zu dieser Gruppe gehören das Auflegen, Aufsetzen und Schichten, (wie bei einer Zylinderkopfdichtung beim Verbrennungsmotor) das Einlegen (von Paßfedern in eine Nut, Kugeln in ein Kugellager, das Einschichten von Drahtwicklungen, von Drahtlagen in einem Elektromotor), das Ineinanderschieben (von Schwalbenschwanzverbindung), das Einhängen (von Zugfedern), das Einrenken (von Glühlampen in eine Swan-Fassung), das federnde Einspreizen (von Sprengringen).

18.1.2. Füllen. Zum Füllen gehören das Einbringen von Gasen und dampfförmigen Stoffen in Hohlräume, von Flüssigkeiten in hydraulische Vorrichtungen oder von festen Stoffen (z. B. als Filterstoffe, in Filtergehäuse). Zum weiteren Bereich des Füllens gehört das Tränken (z. B. mit Isolierlack) und das Einschlämmen (z. B. von Schleifmitteln in Schleifscheiben).

18.1.3. An- und Einpressen. Zu dieser Gruppe des Fügens gehören sehr wichtige Bereiche der Verbindungstechnik, z. B. das Schrauben (mit allen Untergruppen wie Auf-, An-, Ein-, Ver- und Festschrauben. Auch das Fügen durch den Anpreßdruck einer Verschraubung zählt dazu), das Klemmen (z. B. mit Klemmschellen), das Klammern (z. B. mit Hilfe von Feder- oder Schraubklammern).

Man zählt ferner zum An- und Einpressen das Fügen durch Preßpassung. Hier unterscheidet man das Fügen durch Einpressen (z. B. Einpressen von Welle und Bohrung), das Keilen (wie z. B. das Festlegen eines Rades durch einen Keil), das Einschießen mit Explosivkraft (z. B. wenn Teile nur mit großer Kraft gepaßt werden können), das Fügen durch Schrumpfen (z. B. durch Erwärmung der Bohrung, wobei die Haftkraft durch das Übermaß nach der Abkühlung erzielt wird), das Fügen durch Dehnen (z. B. wenn die Welle abgekühlt in die Bohrung eingeschoben, nach Erwärmung durch Dehnen die Haftkraft durch Übermaß erreicht wird), das Fügen durch Rohreinwalzen (d. h. durch ringförmiges Einwalzen einer Verengung wird die Haftkraft erreicht), das Fügen durch magnetische Feldkraft (z. B. durch vorübergehendes magnetisches Anheften bei Magnetkupplungen)

18.1.4. Fügen durch Urformen, Werden mehrere Werkstücke durch Umgießen, Einbetten, Eingalvanisieren, Vergießen, Eingießen, Einschmelzen, Umpressen und Aufvulkanisieren verbunden, so spricht man von Fügen durch Urformen.

18.1.5. Fügen durch Umformen. Flechten, Weben, Verdrehen, Verseilen und auch das Kerben, Körnen, Ummanteln, Falzen, Bördeln, Sicken usw. von Blechen gehört zum Fügen durch Umformen.

Wichtiger für die Fügetechnik in vielen technischen Bereichen ist aber das Umformen von Hilfsfügeteilen. Dazu gehören das Nieten allgemein, das Heften, das Binden und Zusammenbinden und das Nähen.

18.1.6. Stoffvereinigen. Hierzu gehören die Verfahren, bei denen Teile durch Verbinden der Stoffe der gefügten Werkstücke, bisweilen unter Hinzunahme von Zusatzwerkstoffen, zusammengehalten werden.

Dazu gehören alle Schweißverbindungen, aber auch das Löten und Kleben, Leimen, Kitten.

Im folgenden Abschnitt wird von einem Teil dieser Fügebereiche die Rede sein.

18.2. Verbindungsarbeiten

18.2.1. Lösbare Verbindungen

18.2.1.1. Schrauben dienen zur Herstellung lösbarer Verbindungen. Abb. 18.1. gibt eine Übersicht über die gebräuchlichsten genormten Schrauben und Muttern. Schrauben bewirken durch den Anpreßdruck eine kraftschlüssige Verbindung.

Zum Anziehen von Schrauben und Muttern dürfen nur passende Schlüssel bzw. verstellbare Schraubenschlüssel verwendet werden; bei Schlitzschrauben müssen die Schraubendreher passen. Sie dürfen nicht keilförmig sein, sonst werden die Schraubenschlitze beschädigt und der Schraubendreher wird aus dem Schlitz gedrückt. Breite und Dicke sind dem Schlitz anzupassen.

Abb. 18.1. Gebräuchliche genormte Schrauben und Muttern

18.2.1.2. Sicherungselemente sollen ein selbsttätiges Lösen von Muttern oder Schrauben, hervorgerufen durch Erschütterungen und wechselnde Belastungen, verhindern. Abb. 18.2. zeigt einige Schraubensicherungselemente.

Unterlegscheiben sollen das Beschädigen der Werkstückoberfläche beim Anziehen oder Lösen von Schraube oder Mutter verhindern. Sind die Auflageflächen schräg oder gekrümmt, so werden besonderes Scheiben verwendet, um eine einwandfreie Auflage von Schraubenkopf oder Mutter zu erzielen.

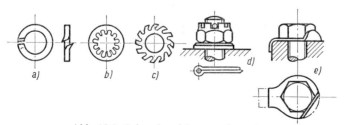

Abb. 18.2. Schraubensicherungselemente
a = Federring, b = Federnde Zahnscheibe mit Innenzähnen, c = Federnde Zahnscheibe mit Außenzähnen, d = Kronemutter mit Splint, e = Sicherungsblech mit Kappen

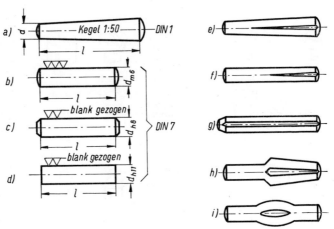

Abb. 18.3. Genormte Stifte

a = Kegelstift, b = Paßstift, c = Verbindungsstift, d = Nietstift, e = Kegelkerbstift,
f = Paßkerbstift, g = Zylinderkerbstift, h = Steckkerbstift, i = Knebelkerbstift,
(Spannstifte DIN 1481)

18.2.1.3. Stifte werden verwendet, wenn Bauteile gegen gegenseitiges Verschieben gesichert werden sollen. Abb. 18.3. zeigt die gebräuchlichsten genormten Stifte. Kegelstifte, die auf Grund der gegebenen Bedingungen nicht zurückgeschlagen werden können, sind mit Innen- oder Außengewinde versehen, so daß sie zurückgezogen werden können. Zylinderische Stifte sind vor dem Eintreiben leicht einzufetten; sie dürfen beim Eintreiben nicht deformiert werden. Um die Kuppen oder Schlagflächen nicht zu beschädigen, sind Kupferoder Messingdorne zu verwenden. Diese Verbindung nennt man Formschlüssig.

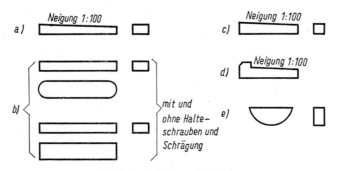

Abb. 18.4. Keile und Federn

a = Hohlkeil, b = Paßfeder, c = Flachkeil, d = Nasenkeil e = Scheibenfeder

18.2.1.4. *Keile* und *Federn* dienen zur Herstellung von Verbindungen zwischen Wellen und Naben.

Keile haben gleichzeitig die Aufgabe, einen aufgekeilten Körper gegen seitliches Verschieben zu sichern. Keile bilden eine kraftschlüssige Verbindung. Abb. 18.4. zeigt die genormten Keile und Federn. Die Abmessungen sind den Wellendurchmessern anzupassen; sie sind ebenfalls genormt, siehe Tabellenanhang Seite 468.

Federverbindungen dienen nur zur Mitnahme. Da sie die Teile nicht aneinanderpressen, wird der Rundlauf nicht beeinträchtigt. Diese Verbindung ist formschlüssig.

18.2.2. Unlösbare Verbindungen

18.2.2.1. Nieten

ist unlösbares Verbinden von zwei oder mehreren Teilen durch Niete, oder Zapfen eines Teiles. Soll die Verbindung gelöst werden, so muß das Verbindungselement zerstört werden. Es handelt sich um eine kraftschlüssige Verbindung.

Abb. 18.5. Nietformen
a = Halbrundniet,   b = Senkniet,
c = Linsenniet,   d = Rohrniet,
e = Hohlniet

Man unterscheidet: Vollniet, Hohlniet und Rohrniert. Bei Vollniete unterscheidet man nach der Kopfform: Halbrundniet, Senkniet und Linsenniet (Abb. 18.5.). Niete bestehen aus weichem Stahl, Kupfer, Messing oder Aluminium; sie dienen zur Verbindung von Metallteilen, besonders dann, wenn Kräfte zu übertragen sind. Beim Hohlniet läßt sich der Kopf leicht schließen, deshalb eignet er sich besonders zum Verbinden empfindlicher Metallteile. In besonderen Fällen sind die Bohrungen der Hohlniete mit Sprengsatz versehen, wenn an schwer zugänglichen Stellen genietet werden muß. Die Zündung des Knallsatzes erfolgt durch Erwärmung z. B. durch einen Speziallötkolben. Rohrniete werden verwendet, wenn geringe Kräfte auftreten oder an Gewicht gespart werden muß oder unter Umständen andere Bauteile durch die Bohrung geführt werden müssen.

Die Teile eines Niets sind: Setzkopf, Schaft und Schließkopf.

Beim Kaltnieten werden die Teile durch den Druck zusammengepreßt, der beim Formen des Schließkopfes aufgewendet wird. Beim Warmnieten zieht der erkaltende Niet die Teile zusammen.

Die Verbindungskräfte werden 1. durch den Widerstand gegen auftretende Scherung an den Nietquerschnitten, 2. durch die Klemmkraft und damit durch die Reibung der Bleche auf einander, gebildet.

Für die Berechnung der Belastbarkeit einer Nietung ist allerdings nur der Scherquerschnitt der Nietreihen maßgebend. Dabei kommt es auch auf die

Nietungsweise (z. B. Überlappungs-, Laschen-, Doppellaschennietung) an. Wird der Niet an mehreren Stellen auf Scherung belastet, ergeben sich andere Werte. Nach der Festigkeit und Dichtigkeit unterscheidet man.

Im Stahlbau: die feste Nietung. Im Behälterbau: die dichte Nietung. Im Kesselbau: die feste *und* dichte Nietung. Die feste Nietung des Stahlbaus wird immer mit Warmnietungen erreicht. Dichte Nietungen können durch die sogenannte Zickzacknietung und durch Verstemmen der angefasten Überlappungen erzielt werden. Feste und dichte Nietungen werden durch kombination beider Verfahren ermöglicht.

18.2.2.1.1. Werkzeuge zum Nieten

Der Nietenzieher wird zum Einziehen der Niete und zum Zusammenpressen der Teile, vor dem Anstemmen des Schließkopfes, benötigt; er hat eine Bohrung, die etwas größer als der Nietschaft ist und eine ebene Stirnseite.

Der Kopfmacher (Döpper) wird zum Fertigformen des mit dem Hammer vorgeformten Schließkopfes verwendet. Für Rohrniete wird entweder ein entsprechend geformter Kopfmacher oder ein schnell umlaufender Spinner verwendet.

Beim Warmnieten wird der Niet mit einer Nietzange aus dem Feuer geholt und angesetzt.

Das Nieten kann von Hand oder durch Elektro- bzw. Druckluftwerkzeuge vorgenommen werden.

Maschinen zum Nieten sind: Kniehebelpresse und Spezial-Nietmaschinen.

18.2.2.1.2. Hinweise zum Nieten

Um die einwandfreie Bildung des Schließkopfes zu ermöglichen, ist die Nietschaftlänge = Werkstoffdicke + 1,5 d (d = Nietschaftdurchmesser), bei Halbrundkopf über 20 mm ⌀ ≈ 1,7 d; 1,2 d bei Halbversenkkopf; 0,7 d bei Linsensenkkopf und 0,5 d bei Senkkopf. Für Warmnietung muß die Zugabe um je 0,3 d größer sein.

Werden Leichtmetallteile genietet oder ist die Nietung der Witterung ausgesetzt, muß möglichst der Niet aus dem gleichen Werkstoff wie der Grundwerkstoff bestehen, weil sonst die Gefahr der Elementenbildung, und damit der Zerstörung der Verbindung besteht.

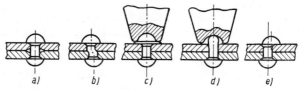

a)   b)   c)   d)   e)

Abb. 18.6. Fehler beim Nieten

a = Bleche klaffen, schlecht eingezogen; b = Löcher versetzt, Nietloch schlecht ausgefüllt; c = Niet zu lang, Schließkopf zu groß; d = Niet zu kurz, Schließkopf zu klein; e = Schließkopf versetzt

Das Nietloch für Halbrundköpfe ist auf beiden Seiten leicht anzusenken. Die Senkungen werden beim Stauchen ausgefüllt; dadurch erhält der Niet einen kegeligen Übergang vom Schaft zum Kopf.

Die Seite des Nietloches, auf der die zu nietenden Teile aufeinanderliegen, darf nur leicht entgratet werden, keinesfalls versenken, sonst treibt der Niet die Teile auseinander. Bei weichen und nachgiebigen Werkstoffen müssen Unterlegscheiben unter die Nietköpfe gelegt werden, damit die Auflagefläche vergrößert wird. Die am häufigsten vorkommenden Fehler beim Nieten zeigt Abb. 18.6..

18.2.2.2. Löten

Löten ist ein Arbeitsverfahren, bei dem metallische Werkstücke eine thermische Verbindung oder Ergänzung erfahren. Verbindung oder Ergänzung erfolgt durch Zulegestoffe (Lote), wobei die Arbeitstemperatur unter dem Schmelzpunkt der zu verbindenden oder zu ergänzenden Werkstoffe liegt. Die Arbeitstemperatur ist die Temperatur, die die Werkstücke an der Lötstelle besitzen müssen, damit das Lot fließen bzw. verlaufen und gleichzeitig binden kann. Löten ist eine stoffschlüssige Verbindung.

18.2.2.2.1. Vorgänge beim Löten

Ist die erforderliche Arbeitstemperatur erreicht (sie liegt an der Bindestelle oberhalb der Erstarrungstemperatur des Lotes), muß bei der Bindung des Lotes die flüssige Lotmasse eine enge, rein metallische Berührung mit dem Grundwerkstoff haben. Es dürfen keine Oxid- oder andere Zwischenschichten die metallische Berührung verhindern. Das wird durch Anwendung geeigneter Flußmittel erreicht. Ferner müssen die zu lötenden Teile auf „Haarspalt"-Breite aneinander gepreßt werden, um durch Kapillarkraft (Kräfte, die in Haarröhrchen durch Ad- und Kohäsion ein Hochsteigen von benetzenden Flüssigkeiten hervorrufen) ein Hochsaugen des Lotes zwischen den Lötflächen und eine gleichmäßige, dünne Beschichtung zu gewährleisten. Durch die Löttemperatur ist eine erhöhte Bewegung der Metallatome vorhanden. Es kann über die Grenzfläche Lot—Grundwerkstoff, wenn innige Berührung vorhanden ist, ein Platzwechsel der Atome stattfinden, so daß Diffusion (selbst eintretende Vermischung) eintritt. Es können in manchen Fällen auch Atom- und Molekularkräfte (Adhäsion) das Zustandekommen einer Verbindung bewirken.

Nach dem Schmelzpunkt des Lotes unterscheidet man Weich- und Hartlöten.

18.2.2.2.2. Weichlöten wird angewendet, wenn keine hohen Anforderungen an die Festigkeit der Verbindung gestellt werden. Beim Weichlöten werden jedoch dichte Lötnähte erzeugt, weshalb es vorzugsweise bei der Herstellung einfacher Gefäße, Konservendosen, bei Verbindungen von Bleirohren, Dachrin-

nen usw. Verwendung findet, weiterhin lassen sich gut leitende Verbindungen für den elektrischen Strom herstellen; deshalb hat das Weichlöten ein großes Anwendungsgebiet in der Elektroindustrie, besonders in der Fernsprech- und Kabeltechnik, gefunden.

Man unterscheidet, von der Wärmequelle her: Kolbenlöten, Flammenlöten und Tauchlöten. Am meisten wird beim Weichlöten zum Erwärmen der Lötkolben verwendet. Er besteht aus Kupfer, die Form ist nach der Art der Arbeit sehr unterschiedlich. Kupfer ist ein guter Wärmeleiter und bringt deshalb die im Kolben aufgespeicherte Wärme schnell an die Lötstelle; außerdem nimmt es das Zinnlot gut an. Der einfache Kolben wird im Holzkohlenfeuer oder durch eine Gasflamme erhitzt. Beheizte Lötkolben können jedoch auch eigene Wärmequellen besitzen (flüssige Brennstoffe, Gas oder elektrische Beheizung). Bei großen Werkstücken reicht die Wärme des Lötkolbens nicht aus, dann finden Gasflammen oder Lötlampen Verwendung.

Bei der Lötlampe wird flüssiger Brennstoff (Spiritus, Benzin, Petroleum) vergast; mit dem Sauerstoff der Luft wird eine Stichflamme von hoher Temperatur gebildet.

Beim Tauchlöten wird das Werkstück in ein Zinnbad getaucht. Zinnbäder werden in beheizten Gefäßen flüssig gehalten.

18.2.2.2.1. Lote (Zulegestoffe) zum Weichlöten

Es sind Zinn-Blei-Legierungen, die Schmelzpunkte liegen je nach der Zusammensetzung zwischen 183 und 257° C. Für besondere Zwecke können Schnelllote verwendet werden; diese besitzen Zusätze von Wismut und Kadmium, wobei dann die niedrigsten Löttemperaturen bei etwa 60° C liegen. Schnellote besitzen jedoch geringere Festigkeit als die normalen Weichlote. Für Arbeiten an Metallen, die mit Speisen in Berührung kommen, dürfen nur Lote Verwendung finden, deren Bleianteil höchstens 10% beträgt (Bleivergiftung).

18.2.2.2.2. Flußmittel

haben die Aufgabe, die unmittelbare Berührung zwischen Lot und Grundwerkstoff zu ermöglichen. Da alle unedlen Metalle sich an der Luft mit ihrer Sauerstoff-Verbindung, dem Oxid, überziehen, wobei die Löttemperatur die Oxidbildung außerordentlich fördert, muß das Flußmittel die Oxidschicht beseitigen. Das Flußmittel löst die Oxidschicht zu einer Flüssigkeit auf, die dem schweren Lot ausweicht, wodurch die metallische Berührung ermöglicht wird. Da das Flußmittel die Lötstelle mit einer dünnen Schicht während des Lötvorganges bedeckt, wird weitere Oxidation verhindert.

Beim Weichlöten werden als Flußmittel verwendet:

Lötwasser, eine gesättigte Lösung von Zink und Salzsäure für Stahl, Kupfer, Messing, Nickel, Zinn usw. Lötwasser hinterläßt Rückstände, die zur Korrosion führen; es darf deshalb nur dort verwendet werden, wo die Lötstelle abgewaschen werden kann.

Kolophonium wirkt ebenfalls oxidlösend, jedoch ist die Wirkung geringer als beim Lötwasser. Für blanke Messing- und Kupferteile, vor allem aber für verzinnte Flächen, eignet es sich gut, zumal Kolophonium weder zur Rost- noch Grünspanbildung führt. Es wird in der Elektromechanik beim Löten von Kabeln und Drähten verwendet, weil die Isolationen nicht angegriffen oder zerstört werden. Nachteilig wirkt sich aus, daß die Rückstände nur mit Spiritus abgewaschen werden können. Kolophonium ist in Spiritus und Benzol löslich, die dickflüssige Lösung wird mit einem Holzstäbchen auf die Lötstelle aufgetragen.

Bei Verwendung von Lötfetten oder Lötpasten sind die Lötstellen ebenfalls gründlich von den Rückständen zu reinigen. Manche Lote besitzen Röhren- form, der Hohlraum ist mit einem Flußmittel gefüllt, so daß beim Löten keine Flußmittel benötigt werden.

Zum Reinigen des Lötkolbens benutzt man am besten einen langfaserigen Salmiakstein. Infolge der reinigenden Wirkung des Salmiaks wird eine gute Verbindung zwischen Kupfer und Zinn erzielt.

18.2.2.2.3. Hinweise zum Weichlöten:

Vor dem Löten werden die Lötstellen mit Feile, Schaber, Schmirgel usw. metallisch blank gemacht.

Die Lötstelle mit einem Flußmittel versehen, um sie vor Oxidation zu schützen.

Für die Verbindung stromführender Teile sollte man Kolophonium verwen- den; andere Flußmittel zerstören die Isolation oder fördern Grünspanbildung. Wenn möglich, sind die zu lötenden Flächen vorher zu verzinnen.

Der Lötkolben muß so hoch erwärmt werden, daß das Lot leicht schmilzt; wird er überhitzt, dann verzundert er und nimmt kein Lot an. Der erwärmte Kolben wird blank gemacht (Feile, Salmiak) und verzinnt und solange mit der Lötstelle in Berührung gebracht, bis dort die Arbeitstemperatur erreicht ist, wenn notwendig, wird weiteres Lot zugeführt.

Größere Flächen werden mit der Lötlampe oder Gasflamme einzeln erwärmt und verzinnt. Das Verzinnen muß gleichmäßig erfolgen, evtl. mit Putzwolle das flüssige Lot verreiben. Nach dem Verzinnen werden die Teile möglichst dicht zusammengesetzt und gleichmäßig erwärmt, bis das Lot fließt und bindet. Die Teile werden solange zusammengepreßt, bis das Lot erstarrt ist. Flüssiges Lot hat Quecksilberglanz, erstarrtes Lot ist von mattgrauer Farbe. Nach dem Erkalten sind die anhaftenden Rückstände des Flußmittels abzuwaschen, Löt- fett und Lötwasser am besten mit einer heißen Sodalösung, Kolophonium mit Spiritus.

18.2.2.2.4. Unfallverhütung

Vorsicht, Lötwasser spritzt beim Verdampfen.

Wird eine Lötlampe verwendet, so darf sie niemals in der Nähe einer offenen Flamme aufgefüllt werden.

Nach beendeter Lötarbeit sind die Hände gründlich zu waschen.

18.2.2.3. Hartlöten

unterscheidet sich vom Weichlöten durch die Verwendung höher schmelzender Lote; die hergestellte Verbindung besitzt wesentlich höhere Festigkeit. Während beim Weichlöten die Zugfestigkeit 3,5...4,5 daN/mm² und die Scherfestigkeit 2,5...3,5 daN/mm² beträgt, werden bei Hartlötverbindungen Zerreißfestigkeiten bis zu 40 daN/mm² und Scherfestigkeiten bis 30 daN/mm² erzielt. Die Arbeitstemperaturen liegen bei den Hartloten zwischen 610 und 1000°. Die Hartlote sind genormt.

18.2.2.3.1. Hartlote

bestehen in der Hauptsache aus Kupfer und Zink, wobei der Kupferanteil je nach der Zusammensetzung zwischen 45 und 85% beträgt; sie können geringe Zusätze von Silizium, Silber und Phosphor enthalten. Die Lötstellen vertragen Hammerschläge. Je höher der Kupfergehalt des Hartlotes, desto größer ist die Festigkeit, um so höher aber auch der Schmelzpunkt.

Wird dem Hartlot Silber zugesetzt, so erniedrigt sich der Schmelzpunkt und die Fließfähigkeit des Hartlotes wird verbessert. Silber verteuert zwar das Lot, trotzdem ist die Verwendung dieser Legierungen wesentlich wirtschaftlicher wegen der geringen Arbeitstemperaturen. Als Lot können auch Metalle wie Kupfer, Neusilber usw. verwendet werden.

Hartlote werden in Form von Körnern, Draht, Bändern, Blechen usw. verwendet.

Aluminiumhartlote

bestehen aus 70...90% Aluminium und je nach Legierung aus Zusätzen von Kupfer, Zinn, Zink, Nickel, Kadmium usw. Der Schmelzpunkt beträgt etwa 600°C. Die Zusammensetzung des Lotes muß der zu lötenden Aluminiumlegierung angepaßt sein.

18.2.2.3.2. Flußmittel zum Hartlöten

ist Borax. Ungebrannter Borax ist wenig geeignet, weil er beim Erhitzen aufschäumt, dabei das Lot von der Lötstelle wegdrückt und den Sauerstoff nicht genügend abhält. Besser eignet sich gebrannter Borax. Borax wird mit Wasser zu einem Brei vermischt, dem das Schlaglot in Körnerform beigemengt werden kann. Beim Löten von Stahl empfiehlt es sich, dem Borax etwas Borsäure zuzusetzen. Außerdem sind im Handel fertige Lötpasten erhältlich. Für niedrig schmelzende Silberlote ist Borax wenig geeignet, da es erst bei 740°C wirksam wird, deshalb sind hier Spezial-Flußmittel zu empfehlen. Zum Löten von Aluminium werden ebenfalls Spezial-Flußmittel verwendet, weil die üblichen Flußmittel unwirksam sind.

18.2.2.3.3. Hinweise zum Hartlöten

Auch hier sind vor dem Löten die Teile so zusammenzupassen, daß ein gleichmäßiger Lötspalt erzielt wird. Die günstigste Lötspaltbreite liegt je nach Lot und Werkstoff zwischen 0,05 und 0,2 mm.

Lötoberflächen bzw. Nahtkanten müssen unbedingt von Fett, Öl, Zunder, Oxid oder sonstigen Fremdstoffen gereinigt werden. Fette und Öle werden vom Flußmittel nicht entfernt. Starke Oxidschichten sättigen das Flußmittel, wodurch es seine Wirksamkeit verliert.

Da die Werkstücke während des Lötens weder von Hand noch mit der Zange zusammengehalten werden können, sind sie durch Zwingen, Schrauben, Stifte oder Bindedraht zu sichern. Um das Festlöten von Zwingen oder Bindedraht zu verhindern, kann Asbestpapier zwischengelegt werden. Das Lot muß durch die Wärme des Grundwerkstoffes schmelzen und fließen, nicht durch die Flamme, weil es dann meist nicht bindet.

Die Oberflächen der Lötstelle sollen nicht allzu rauh sein, am besten ist es, wenn Schleif- oder Feilriefen in Richtung des Lotflusses vorhanden sind, weil dadurch die Kapillarwirkung erhöht wird.

18.2.2.3.4. Hartlöten von Hartmetallplättchen auf Schaftwerkstoff

Elektrolytkupfer ist das geeignetste Lot; es kann in Form von Draht oder Blech verwendet werden. Als Flußmittel dient Borax. Die Löttemperatur beträgt 1100...1150°C, sie soll möglichst gleichmäßig gehalten werden.

Die Erwärmung auf Arbeitstemperatur erfolgt am besten im Gasmuffelofen. Es muß unbedingt mit reduzierender Flamme, d. h. mit geringem Gasüberschuß, gearbeitet werden. Hierbei empfiehlt es sich, das Hartmetallplättchen mit Bindedraht auf dem Schaft des Werkzeugs zu fixieren. Die Flammen sollen das Hartmetallplättchen möglichst nicht treffen, um schädliche Einwirkungen zu vermeiden. Wird bei kleineren Werkstücken mit der Schweißflamme gearbeitet, so gilt ebenfalls: Gasüberschuß, Flamme nicht gegen das Hartmetallplättchen, sondern von unten gegen den Schaft richten.

Ist das Lot geschmolzen und verlaufen, so wird das Werkstück aus dem Ofen genommen. Das Plättchen wird mit einem spitzen Gegenstand fest gegen die Auflagefläche gedrückt, dabei wird das überflüssige Lot verdrängt, so daß nur eine dünne Lötschicht bleibt. Es muß unbedingt ein spitzes Druckstück verwendet werden, weil bei einer großen Flächenberührung das Hartmetallplättchen abgeschreckt wird, wodurch Risse entstehen. Unmittelbar nach dem Andrücken wird das Werkzeug in Holzkohlenstaub, Asche oder Elektrodenkohle gesteckt, damit es langsam abkühlen kann.

Da mitunter infolge der verschiedenen Wärmeausdehnung Spannungen auftreten, die zu Rissen im Hartmetallplättchen führen, legt man vor dem Löten besser zwischen Hartmetallplättchen und Schaftwerkstoff ein Unterlagsgewebe. Das Unterlagsgewebe ist feinmaschiger Draht (SM-Stahl verzinkt, verzinnt oder Draht aus Reinnickel); es sichert beim Löten ein gleichmäßiges Schmelzen der Lötfolie auf der ganzen Lötfläche. Beim Arbeiten mit dem Hartmetallwerkzeug werden die unterschiedlichen Wärmeausdehnungen und damit alle entstehenden Spannungen von dem Unterlagsgewebe aufgenommen.

18.2.3. Schweißen

Unter Schweißen versteht man das unlösbare Verbinden meist gleichartiger Werkstoffe im hocherhitzten, teigigen oder flüssigen Zustand durch Ineinanderarbeiten oder Aneinanderschmelzen, so daß sich ein stofflich einheitliches Ganzes bildet. Schweißen ist ein außerordentlich wirtschaftliches Arbeitsverfahren, weil die Verbindungen schnell und sicher hergestellt werden können. In vielen Fällen werden durch geeignete Schweißkonstruktionen erhebliche Werkstoff- und Arbeitszeiteinsparungen erzielt. So werden z. B. beim Gießen zie Wandstärken eines Werkstückes nicht immer aus Festigkeitsgründen, sondern vielmehr nach gußtechnischen Rücksichten bestimmt. Die Schweißtechnik kommt einer der wichtigsten Forderungen der Fertigung, mit einem Minimum an Werkstoffzerspanung auszukommen, weitgehend entgegen. Schweißen ist eine stoffschlüssige Verbindung.
Nach dem Vorgang beim Schweißen unterscheidet man grundsätzlich zwei Schweißarten:

18.2.3.1. Preßschweißungen

Beim Preßschweißen werden die Teile an der Schweißstelle so weit erhitzt, bis sie sich im einem teigigen, knetbaren Zustand befinden, dann werden sie durch Hammerschläge, Drücken oder Pressen ineinandergearbeitet. Man unterscheidet:

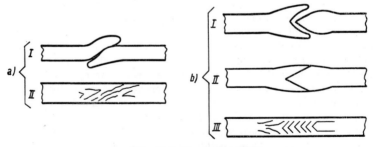

Abb. 18.7. Feuerschweißen
a = Überlappschweißung
b = Kluppenschweißung

18.2.3.1.1. Feuerschweißen

auch Hammerschweißen genannt, ist die älteste auch noch beim Schmieden angewendete Art des Schweißens. Der Werkstoff, angestaucht und abgeschrägt (Abb. 18.7.), wird an der Schweißstelle im Schmiedefeuer auf Weißglut erhitzt, so daß er gerade noch seine feste Form behält. Die Stahlenden werden vorher angestaucht, weil durch Verzunderung und Hammerschläge eine Verringerung des Querschnittes an der Schweißstelle entsteht. Um während der Erwärmung Oxidation an den Schweißstellen zu verhindern, werden diese mit einem Flußmittel (Borax, Schweißpulver, Quarzsand) bestreut. Das Ineinanderarbeiten des Werkstoffes wird durch schnell aufeinanderfolgende Hammerschläge erzielt. Je niedriger der Kohlenstoffgehalt des Stahls ist, um so besser läßt er sich schweißen.

18.2.3.1.2. Elektrische Widerstandsschweißungen

Stumpfschweißen erfolgt auf der Stumpfschweißmaschine. Die zu verschweißenden Teile werden in Einspannvorrichtungen, die gleichzeitig als Elektroden dienen, gespannt. Die Stoßstellen müssen metallisch rein sein und parallel zu einanderliegen, damit ein guter Stromfluß erreicht wird. Mit Hilfe einer geeigneten Vorrichtung werden die Teile aneinandergedrückt und dann der Strom eingeschaltet.

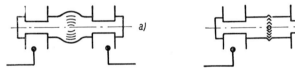

Abb. 18.8. Elektrische Widerstandsschweißung
a = Wulstschweißung, b = Abbrennschweißung

Die Stoßstellen erhitzen sich. Ist ein teigiger Zustand erreicht, so erfolgt die Schweißung unter verstärktem Druck, dadurch bildet sich an der Schweißstelle eine Wulst (Abb. 18.8.). Diese Art der elektrischen Widerstandschweißung wird deshalb Wulst- oder Druckschweißung genannt.

18.2.3.1.2.1. Abschmelz- oder Abbrennschweißen

erfolgt in der Weise, daß die zu verschweißenden Teile zunächst nicht zusammengepreßt werden; es bleibt zwischen den Stoßflächen ein Luftspalt. Nach Einschalten des Stromes werden die Teile vorsichtig einander genähert, bis ein Lichtbogen überspringt. Durch mehrmaliges Berühren und Zurückziehen der Stoßflächen beginnen diese zu schmelzen. Haben sich beide Flächen einander angepaßt und sind beide Flächen gleichmäßig auf Schweißtemperatur gebracht, so wird der Strom ausgeschaltet. Die Teile werden schlagartig zusammengestaucht, dabei werden flüssige oder verbrannte Metallteilchen seitlich herausgequetscht. Da die Erwärmungszone an den Schweißenden nur wenige

Millimeter beträgt, entsteht beim Zusammenstauchen keine Stauchwulst, sondern nur ein Stauchgrat. Dieses Arbeitsverfahren wird vor allem bei der Werkzeugherstellung angewendet, wenn hochwertiger Schnellschnittstahl an den Schaft- oder Trägerwerkstoff geschweißt wird.

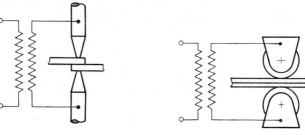

Abb. 18.9. Punktschweißen   Abb. 18.10. Nahtschweißen

18.2.3.1.2.2. Punktschweißen

erfolgt an der Punktschweißmaschine. Es können Stahlbleche bis ca. 8 mm Dicke und Leichtmetallbleche bis etwa 5 mm Dicke durch Punktschweißen verbunden werden. Der Schweißvorgang erfolgt in Sekundenschnelle. Durch diese Arbeitsweise ist das Nieten weitgehend verdrängt worden. Die zu verbindenden Teile werden zwischen den u. U. gekühlten Kupferelektroden mit einem Druck von 100...200 daN zusammengepreßt (Abb. 18.9.), wobei gleichzeitig der Schweißstrom eingeschaltet wird. Die aufeinanderliegenden Flächen werden auf Schweißhitze gebracht, durch den Arbeitsdruck wird ein Ineinandergehen der teigigen Metalflächen erzielt.

Nahtschweißen (Abb. 18.10.) ist dem Punktschweißen ähnlich, nur werden hier anstelle der festen Elektroden Rollen verwendet. Die Bleche werden langsam zwischen den Rollen hindurchbewegt, wodurch eine fortlaufende Naht erzielt wird. Stahlbleche bis 2,5 und Leichtmetallbleche bis 1,2 mm können durch Nahtschweißen verbunden werden.

18.2.3.1.3. Thermitschweißen

Als Wärmequelle wird ein Pulvergemisch aus Aluminium und Eisenoxid verwendet, das unter dem Namen Thermit bekannt ist. Dieses Gemisch kann mit Hilfe einer Bariumsuperoxidpatrone entzündet werden. Das Aluminiumpulver verbindet sich mit dem Sauerstoff des Eisenoxids unter großer Wärmeentwicklung (ca. 3000° C), gleichzeitig entsteht flüssiger Stahl. Die flüssige Masse umgibt die zu schweißenden Teile und bringt sie auf Schweißtemperatur.

Beim Stumpfschweißen werden die Schweißenden zusammengepreßt und mit einer feuerfesten Form umgeben. Das Thermitpulver kommt in einen mit Magnesium ausgekleideten Tiegel. Nach dem Entzünden schwimmt die leichtere Schlacke auf dem flüssigen Eisen. Beim Eingießen durch Kippen des Tiegels gelangt die Schlacke zuerst in die Form (Abb. 18.11.). Die Schlacke erstarrt an den Wänden des Werkstückes und verhindert dadurch ein Verschweißen mit dem nachfolgenden flüssigen Stahl, der durch seine große Hitze die Schweißenden auf Weißwärme bringt. Mit Hilfe einer geeigneten Klemmvorrichtung werden die Teile zusammengepreßt, wobei sie verschweißen. Nach dem Erkalten läßt sich Thermitmasse und Schlacke leicht abschlagen. Für starke Querschnitte ist dieses Verfahren wenig geeignet weil die Schweißhitze nicht mit Sicherheit bis zum Kern durchdringt.

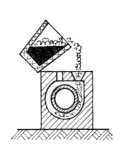 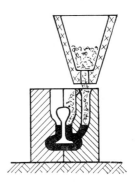

Abb. 18.11. Thermitschweißen, Stumpfschweißen von Röhren

Abb. 18.12. Thermitschweißen, kombiniertes Verfahren (Umgießschweißen)

Beim kombinierten Verfahren, z. B. Schweißen von Bahnschienen (Abb. 18.12.), wird ein Spitztiegel verwendet. Das Thermiteisen fließt zuerst ab; es umhüllt den Fuß und den unteren Teil des Steges, wobei es mit den Schweißenden verschmilzt. Der obere Teil des Steges und der Schienenkopf wird durch die nachfließende Schlacke erhitzt. Bei Schweißtemperatur werden die Teile mittels Klemmvorrichtung zusammengepreßt.

Bei Instandsetzungsarbeiten, z. B. beim Flicken gebrochener Maschinenteile, kann das Thermitschweißverfahren ebenfalls Anwendung finden. Die Zusammensetzung der Thermitmasse richtet sich dann nach dem zu schweißenden Werkstoff. Für das Schweißen von Grauguß wird Graugußthermit mit hohem Si-Gehalt verwendet. Die schadhafte Stelle muß gereinigt und bis auf Rotglut vorgewärmt werden, um ein gutes und einwandfreies Aufschmelzen zu erreichen.

18.2.3.1.4. Wassergasschweißungen

werden bei großen Rohren und Blechzylindern vorgenommen, wobei die Blechstärken bis 100 mm betragen können. Als Wärmequelle dient ein Brenngas aus Wasserstoff und Kohlenoxid.

18.2.3.1.5. Lichtbogen-Preßschweißen
(Bolzenschweißverfahren — Cyc-Arc-Verfahren)

Zum Festschweißen von Bolzen aller Art aus Stahl und anderen Metallen, dient das Bolzenschweißverfahren. Beim Schweißen von Nichteisenmetallen wird ein Schutzgas zugeführt. Die Bolzen, die bis zu 20 mm dick sein können, werden mit einer Schweißpistole auf den Grundwerkstoff „aufgeschossen". Das zu schweißende Bolzenende ist mit einer bestimmten Aluminiumlegierung überzogen. Die mit dem Bolzen geladene Schweißpistole wird senkrecht auf das Werkstück aufgesetzt, mittels eines Druckknopfes wird der Lichtbogen zwischen Werkstück und Bolzen gezündet. Durch den Lichtbogen entsteht an der Aufsatzstelle ein Schmelzbad. Der Bolzen wird durch Federkraft oder magnetisch in das entstandene Schmelzbad gepreßt. Der gesamte Vorgang dauert etwa 1 Sekunde.

18.2.3.2. Schmelzschweißungen

Beim Schmelzschweißen werden die Verbindungsstellen bis zum Schmelzpunkt erhitzt, die schmelzenden Verbindungskanten fließen ineinander. In den meisten Fällen wird der Schweißfuge ein gleichartiger Werkstoff (Schweißdrähte, Schweißelektroden) zugesetzt. Man unterscheidet:

18.2.3.2.1. Elektrische Hand-Lichtbogenschweißung (Abb. 18.13.)

Wärmequelle ist der elektrische Lichtbogen, der die Schweißkanten des Werkstoffes und den Zusatzwerkstoff verflüssigt. Zur Erzeugung des Lichtbogens wird elektrischer Strom benötigt, wobei die Spannung zwischen 15 und 40 Volt, und die Stromstärke zwischen 30 und 250, in Sonderfällen bis zu 1000 Ampere beträgt. Man kann sowohl mit Wechsel- als auch mit Gleichstrom schweißen. Um die erforderliche Spannung zu erhalten, werden bei Wechselstrom Schweißtransformatoren, bei Gleichstrom Schweißumformer verwendet. Schweißdynamos lassen sich auch durch Drehstrommotore antreiben.

Beim Lichtbogen fliegen Elektrizitätsteilchen mit hoher Geschwindigkeit vom Minus- zum Pluspol, wo sie mit gewaltiger Wucht aufprallen. Am Pluspol beträgt die Temperatur 4200° C und am Minuspol 3600° C. Diese Temperaturunterschiede kann man, durch wahlweises Anlegen der Pole an die Zange

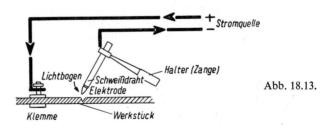

Abb. 18.13.

400

oder Masse, zur Erreichung bestimmter Schmelzvorgänge ausnutzen. Um den Metall-Lichtbogen zu zünden, wird das Werkstück, das an den Stromkreis angeschlossen ist, mit der Elektrodenspitze berührt, dann wird die Elektrode zurückgezogen, bis der Abstand zwischen der Stabelektrode und dem Werkstück etwa dem Elektrodendurchmesser entspricht; dabei springt der Lichtbogen über.

18.2.3.2.1.1. Elektroden (Abb. 18.14.)

sind Metallstäbe, die den Stromkreis schließen und vom Lichtbogen geschmolzen als Zusatzwerkstoff das Schweißbad auffüllen. Die Elektrode wird in den Elektrodenhalter eingespannt, der durch ein flexibles Kabel mit der Stromquelle verbunden ist. Je nach der verlangten Arbeit kann unter vier Arten von Schweißelektroden gewählt werden, und zwar werden unterschieden: nackte, Seelen-, getauchte, umhüllte (dünn, mittel, stark) und Falzelektroden. Der Werkstoff der Elektroden muß eine nach dem zu schweißenden Werkstoff bestimmte Zusammensetzung besitzen. Nackte, Seelen- und getauchte Elektroden werden nur für einfache Schweißarbeiten verwendet. Während nackte Elektroden sich nicht zum Schweißen mit Wechselstrom eignen, da der Lichtbogen ständig abreißt, sofern nicht ein Schweißtransformator mit überlagertem Hochfrequenzstrom vorhanden ist, sind Seelen- und getauchte Elektroden wechselstromschweißbar. Der mechanische Gütewert der Schweißung ist jedoch bei den letztgenannten Elektroden nicht wesentlich besser als bei den nackten. Sollen vom Schweißgut Stickstoff (Naht wird spröde) und Sauerstoff (Oxidbildung) während des Schweißvorganges ferngehalten werden, so müssen stark umhüllte (Mantel-)Elektroden verwendet werden.

Der Mantel der Elektrode erleichtert das Zünden und Aufrechterhalten des Lichtbogens durch eine ionisierte Gashülle, die auch bei Wechselstrom niedriger Frequenz eine leitende Verbindung zwischen den Polen aufrechterhält. Der Lichtbogen behält eine gleichbleibende Richtung in Verlängerung

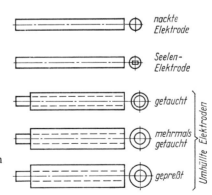

Abb. 18.14. Schweißelektroden

der Elektrode bei. Da der Schmelzprozeß bei hohen Temperaturen vor sich geht, besteht die Gefahr, daß das flüssige Eisen bei Luftberührung Verbindungen mit Sauerstoff oder Stickstoff eingeht, dadurch bilden sich Oxide oder Nitride, die die Schweißnaht hart, spröde und brüchig machen. Die Umhüllungsmasse schließt diese Gefahren aus. Sie schmilzt mit der Elektrode ab und umgibt den Lichtbogen mit einem weißglühenden Gasmantel. Die sich bildende Schlacke ist leichter als das Schmelzgut, sie deckt die Schweißnaht ab und bewahrt sie vor dem Zutritt kalter Luft. Die Schlackenschicht läßt sich leicht entfernen; das soll jedoch erst nach dem Erkalten erfolgen.

Falzelektroden sind mehrfach gefaltete und gefalzte Stahlbänder, in den Hohlräumen befinden sich Flußmittel und metallische Zusätze in Pulverform. Sie können außen blank oder mit einer Umhüllung versehen sein. Durch die Füllung kann jede beliebige Schweißgut-Zusammensetzung erreicht werden. Falzelektroden werden meist für Verbindungs- oder Auftragsschweißungen an Sonderstählen verwendet.

Kohle-Elektroden können nur bei Gleichstrom verwendet werden, sie bilden den Minuspol. Mit dem Kohle-Lichtbogen lassen sich nur Schweißarbeiten ausführen, die keinen Zusatzwerkstoff benötigen, z. B. Bördelnähte.

18.2.3.2.1.2. Halten und Führen der Elektrode

Beim Waagerechtschweißen wird die Haltung der Elektrode vom Schlackenfluß und von der Blaswirkung bedingt. Die Schlacke darf nicht in Schweißrichtung verlaufen, sie muß hinter der Elektrode zurückbleiben (Abb. 18.15.). Dicke und breite Nähte werden mit flach gehaltener Elektrode geschweißt, wobei die Spitze der Elektrode sich etwa 1 mm über der Schlacke befindet. Durch seitliche Pendelbewegung (Abb. 18.16.) ergibt sich die Breite und Dicke der Naht. Bei schmalen oder dünnen Nähten wird die Elektrode steiler, evtl. senkrecht, gehalten und langsam in Schweißrichtung fortbewegt.

Beim Senkrechtschweißen kann von unten nach oben oder umgekehrt geschweißt werden. Ist die Schweißung von oben nach unten durchgeführt, so bezeichnet man sie mit Hängenaht. Es muß mit geringer Stromstärke und

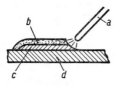

Abb. 18.15. Haltung der Elektrode
a = Elektrode, b = Schlacke,
c = Zusatzwerkstoff, d = Grundwerkstoff

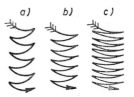

Abb. 18.16. Pendelbewegung beim Legen der Schweißraupe
a = dünne, b = mittelstarke, c = starkumhüllte Elektrode

kurzem Lichtbogen gearbeitet werden, sonst läuft das leichtflüssige Schmelzbad herab. Um Schlackeneinschlüsse zu vermeiden, ist besonders auf den
Schlackenfluß zu achten. Die Elektrode wird leicht gegen die Schweißrichtung
geneigt.

18.2.3.2.2. Schutzgas-Lichtbogen-Schweißverfahren
Der Schweißstelle wird durch den Elektrodenhalter oder gesondert Schutzgas
zugeführt. Als Zusatzwerkstoff werden nackte Elektroden verwendet. Das
Schutzgas hat die Aufgabe, Lichtbogen und Schmelzbad vor Stickstoff und
Sauerstoff der Luft zu schützen.

18.2.3.2.2.1. Arcatomschweißung (Abb. 18.17. a)
(arc = Bogen, atom = Zerlegung des Wasserstoffmoleküls in 2 Wasserstoff-
atome).
Der Lichtbogen wird zwischen zwei Wolfram-Elektroden gezogen. Im Elektrodenhalter befinden sich Ringdüsen, durch die Wasserstoff auf die Schweißstelle geführt wird.
Der Wasserstoff bildet einen Schutzmantel, er verhindert den Zutritt von
Sauerstoff und Stickstoff zur Schweißstelle, gleichzeitig tritt durch Spaltung

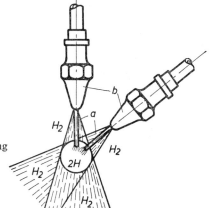

Abb. 18.17.a Arc-Atom-Schweißung
a = Wolframelektroden,
b = Düsen
H_2 = molekularer Wasserstoff,
2H = atomarer Wasserstoff

der Wasserstoffmoleküle in Atome eine Temperatursteigerung an der Schweißstelle, bei Wärmeentzug aus den Elektrodenspitzen, ein. Da der Lichtbogen
frei beweglich wie eine Stichflamme zu handhaben ist, kann jede beliebige
Schmelzwirkung erzielt werden. Mit diesem Verfahren können alle Stahlsorten
sowie fast alle Nichteisenmetalle und Legierungen geschweißt werden. Allerdings muß beim Arcatomschweißen, wie beim Gasschmelzschweißen, u. U.

von außen Zusatzwerkstoff beigegeben werden. Neuerdings wird das Arcatom-Verfahren auch als Schutzflammen-Schweißung bezeichnet, weil Wasserstoff verbrennt, im Gegensatz zu den bei der Schutzgasschweißung verwendeten Edelgasen Argon und Helium, die nicht verbrennen.

18.2.3.2.2.2. Wolfram-Inert-Gas (WIG) — Verfahren (Argonarcverfahren)

Bei diesen Verfahren wird der Lichtbogen zwischen einer Wolframelektrode und dem Werkstück gezogen. Als Schutzgase werden die Edelgase Argon oder Helium verwendet. Das Schutzgas hüllt Lichtbogen und Schmelzgut sowie evtl. zugeführte Zusatzwerkstoffe ein und schützt diese vor Oxidation. Hauptsächlich kommt das Edelgas Argon zur Anwendung; es wird bei der Sauerstofferzeugung als Nebenprodukt gewonnen. Diese Verfahren werden zum Schweißen von Nichteisenmetallen und legierten Stählen angewendet. Besonderer Vorteil sind hochwertige qualitative Schweißnähte, nachteilig ist der größere Kostenaufwand durch den Verbrauch der Edelgase. (Abb. 18.17. b)

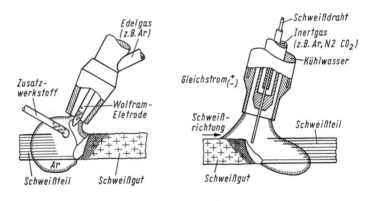

Abb. 18.17. b und c

18.2.3.2.2.3. Metall-Inert-Gas (MIG) — Verfahren (Sigma-Verfahren)

Der Lichtbogen wird zwischen Werkstück und dem als Zusatzwerkstoff abschmelzenden Schweißdraht gebildet. Der Vorschub für den Zusatzwerkstoff erfolgt automatisch im Brenner; dadurch läßt sich die Schweißgeschwindigkeit außerordentlich steigern. Der Schweißvorgang selbst erfolgt unter dem Schutzmantel eines Edelgases, es wird jedoch nur mit Gleichstrom geschweißt. „Sigma" und „Aircomatic" sind Firmenbezeichnungen. Das Schweißen kann von Hand, halb- oder vollautomatisch erfolgen. (Abb. 18.17. c)

18.2.3.2.3. Ellira-Schweißung oder Unter-Pulver-(UP-)Schweißung

ist ein Lichtbogenschweißverfahren, bei dem die selbsttätig geführte Elektrode von größeren Schweißpulvermengen völlig abgedeckt wird, dadurch ist der Lichtbogen nicht sichtbar, weshalb man auch von Schweißen mit verdecktem Lichtbogen spricht. Abb. 18.18. zeigt die schematische Darstellung des Ellira-Verfahrens. Das Verfahren ist vor allem für größere Blechdicken geeignet, die Schweißgeschwindigkeit ist sehr hoch. Die Schweißung kann mit Wechsel- und Gleichstrom ausgeführt werden, für größere Schweißleistungen ist Wechselstrom jedoch zu bevorzugen. Um die Schweißgeschwindigkeit zu steigern und bei der Verbindung dicker Werkstoffe die Mehrlagenschweißung zu vermeiden, wurde die Doppelkopfschweißung entwickelt. Es laufen zwei Schweißelektroden hintereinander und schmelzen zu gleicher Zeit ab. Das Schweißgut der zweiten Elektrode wird auf das im Erstarren begriffene Schweißgut der ersten Elektrode aufgetragen. Die Schweißfuge wird in einem Durchgang gefüllt.

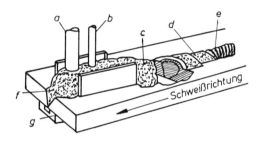

Abb. 18.18. Ellira-Verfahren
a = Zuführungsrohr für c, b = Elektrode, c = Schweißpulver, d = geschmolzene Schlacke, e = Schweißnaht, f=Schweißfuge, g=Kupferschiene

18.2.3.2.4. Elin-Hafergut-(EHV-)Verfahren

gehört zu den automatischen Lichtbogenschweißverfahren. Die ummantelte Elektrode wird in die Schweißnaht eingelegt, am blanken Ende an die Stromquelle angeschlossen und am Gegenpol gezündet. Sie Schmilzt selbsttätig ab. Mit diesem Verfahren können Stumpf-, Kehl- und Überlappnähte bis zu 12 m Länge geschweißt werden. Die Elektroden, die eine Länge von 2 m besitzen, können dabei aneinandergelegt werden (Abb. 18.19.).

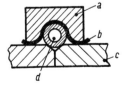

Abb. 18.19. Elin-Hafergutverfahren
a = Kupferschiene, b = Papierstreifen, c = Werkstück, d = Preßmantel-Elektrode

18.2.3.2.5. Weibel-Schweißverfahren

ist ein Sonderverfahren für Nahtschweißung. Zwei verkupferte Kohlestäbe, die in einem Elektrodenhalter befestigt sind, werden kurz in Berührung gebracht und auf Weißglut erhitzt, dann etwas auseinandergezogen und ohne Druck an den Rändern gebördelter Bleche entlanggeführt. Dadurch werden die Bördelränder niedergeschmolzen. Dieses Verfahren ist nur für dünne Leichtmetallbleche anwendbar.

18.2.3.2.6. *Gasschmelzschweißung (Autogenschweißung)*

Mit Hilfe eines Schweißbrenners wird eine heiße Stichflamme erzeugt, die das Metall an den Stoßkanten so weit erhitzt, daß es schmilzt und ineinanderfließt. Je nach der Schweißnaht wird mit oder ohne Zusatzwerkstoff geschweißt. Als Brennstoff wird Gas benutzt.

Als Brenngase können verwendet werden: Wasserstoff, Methan, Leucht- oder Steinkohlengas, Benzin- oder Benzoldämpfe, Gasöl, Propan, Butan und Azetylen.

Das geeignetste und meistverwendete Brenngas beim Autogenschweißen ist das Azetylen (C_2H_2). Durch seine hohe Verbrennungsgeschwindigkeit erreicht es, mit Sauerstoff verbrannt, eine Flammentemperatur von etwa 3200°C.

18.2.3.2.6.1. Das *Azetylengas* wird in ortsfesten oder beweglichen Entwicklern hergestellt. Es entsteht aus Kalziumkarbid bei Hinzutritt von Wasser. Als Rückstand bleibt gelöschter Kalk im Entwickler. Kalziumkarbid wird durch Zusammenschmelzen von Kohle und Kalk hergestellt. Ein kg Karbid ergibt etwa 250...300 l Azetylen. Gemisch aus Azetylen und Luft ist explosibel, wenn der Azetylenanteil 3...65% beträgt, außerdem ist Azetylen sehr druckempfindlich; bei 2 bar wird es ohne Anwesenheit von Luft explosiv.

Meistens wird das Gas in Stahlflaschen gespeichert, weil sich diese leicht und schnell an jeden beliebigen Ort transportieren lassen. Da das Gas druckempfindlich ist, wird es in Azeton gelöst, welches von einer Füllmasse, die sich in der Stahlflasche befindet, aufgesaugt wird. Eine Flasche enthält etwa 6000 l Azetylen bei 15 bar Überdruck.

18.2.3.2.6.2. *Sauerstoff* wird in Stahlflaschen mit einem Druck von 150 bar Überdruck aufgespeichert. Das Öffnen bzw. Schließen der Flaschen erfolgt durch ein Flaschenventil. In Verbindung mit dem Flaschenventil steht ein Druckminderventil, das den Druck der ausströmenden Gase regelt. Durch Hochdruckschläuche werden die Gase zum Brenner geleitet, wo sie gemischt werden.

Um Verwechslungen zu vermeiden, sind die Stahlflaschen durch einen genormten Farbanstrich gekennzeichnet, die Ventilanschlüsse sind verschieden ausgeführt.

Gas	Kennfarbe	Ventilanschluß	Druck bei voller Flasche
Sauerstoff	blau	Rechtsgewinde	150 bar
Wasserstoff	rot	Linksgewinde	150 bar
Azetylen	gelb	Bügelverschluß	15 bar

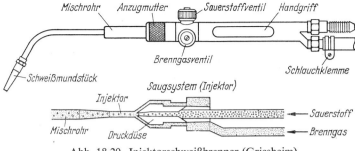

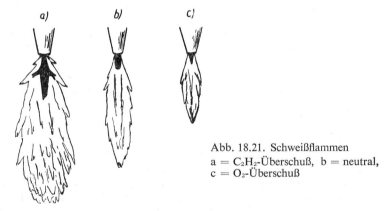

Abb. 18.20. Injektorschweißbrenner (Griesheim)

18.2.3.2.6.3. Der Schweißbrenner (Abb. 18.20.) dient zum Mischen der Gase. Der meist verwendete Brenner ist der Injektorschweißbrenner, bei dem das Azetylen von dem unter höherem Druck stehenden Sauerstoff angesaugt wird. Die Brennerspitze ist auswechselbar. Die Düse wird der Dicke des zu schweißenden Teiles angepaßt.

Abb. 18.21. Schweißflammen
a = C_2H_2-Überschuß, b = neutral,
c = O_2-Überschuß

18.2.3.2.6.4. Die Schweißflamme (Abb. 18.21.) bestimmt weitgehend die Güte der Schweißnaht. Bei Inbetriebnahme des Brenners wird zunächst der Sauerstoffhahn geöffnet und dann der Arbeitsdruck am Druckminderer eingestellt. Der Azetylenhahn wird halb geöffnet, die ausströmenden Gase werden entzündet. Die brennende Flamme wird durch langsames Drehen des Azetylenhahnes einige Male groß und klein eingestellt.

Bei völlig offenem Azetylenhahn, d. h. bei Azetylenüberschuß soll sich eine große, weißleuchtende Flamme ergeben. Wird der Azetylenhahn gedrosselt, ergibt sich ein Flammenbild, bei dem der weißleuchtende Flammenkern scharf abgegrenzt ist. Diese Flammeneinstellung wird durch das richtige Mischungsverhältnis der Brenngase erreicht, man spricht von neutraler Flamme. Bei weiterer Drosselung der Azetylenzufuhr stellt sich Azetylenmangel ein. Die Flamme brennt mit Sauerstoffüberschuß. Der Flammenkern verkürzt sich und nimmt violette Farbe an. Das richtige Mischungsverhältnis von Sauerstoff und Azetylen liegt bei 1 : 1 bis 1,2 : 1.

18.2.3.2.6.5. Hinweise für Arbeiten mit dem Schweißbrenner:

Die Stahlflaschen müssen gegen Umfallen gesichert sein; im gefüllten Zustand sind sie vor Hitze, Frost und Erschütterungen zu schützen.

Ventile, Hähne und Verschraubungen der Sauerstofflaschen dürfen nicht mit Fett, Öl oder Glyzerin in Berührung kommen. Die Armaturen sind vor dem Anschrauben einwandfrei zu entfetten, sonst entstehen Explosionen.

Flaschenventile müssen langsam geöffnet werden (Explosionsgefahr). Die Gasschläuche werden an beiden Enden mit Sicherheitsrohrschellen befestigt.

Vor dem Schweißen muß geprüft werden, ob die Ventile dicht sind. Beim Absperren des Brenners muß der Azetylenhahn zuerst geschlossen werden, damit der unter höherem Druck stehende Sauerstoff nicht in die Azetylenleitung dringen kann.

Ist die Brennerspitze verstopft, so wird sie mit einem passenden Stift vorsichtig gesäubert.

Wird die Brennerspitze während des Schweißens an der Mündung verunreinigt, so kann man die Spitze einige Male an einem Stück Holz reiben, sie wird dann sofort wieder sauber.

Bei zurückschlagender Flamme muß der Azetylenhahn sofort geschlossen werden, weil sonst die Flamme in der Brennerspitze weiterbrennt und diese anschmilzt. Wegen der Helligkeit der Flamme ist das Tragen einer Schutzbrille *unbedingt* erforderlich.

18.2.3.2.6.6. Führung des Brenners

Die höchste Temperaturzone liegt etwa 1 bis 3 mm vor dem scharf umgrenzten Flammenkern; der Brenner wird deshalb so gehalten, daß die höchste Temperaturzone sich an der Schmelzstelle befindet. Nach der Bewegungsrichtung des Brenners unterscheidet man das Nachrechts- und das Nachlinksschweißen. Beim Nachrechtsschweißen wird der Schmelzfluß, vom Standort des Schweißers

Abb. 18.22.
Nachrechtsschweißen

aus betrachtet, von links nach rechts ausgeführt (Abb. 18.22.). Beim Schweißen von Längsnähten wird die Flamme in der Schweißfuge geradlinig vorwärts bewegt, wobei der Zusatzdraht stetig abgeschmolzen wird. Mit dem Zusatzdraht wird eine schürfende Pendelbewegung im Schmelzbad ausgeführt. Durch Nachrechtsschweißen ergibt sich eine kennzeichnende Raupenbildung. Nachrechtsschweißung: Schmelzbad wird von der Flamme gegen die schon fertige Raupe geblasen und in der Schweißrinne zusammengehalten. Dabei wärmt die Flamme den noch nicht geschweißten Werkstoff gründlich vor. Wärmeausnutzung besser als bei Nachlinksschweißung, deshalb bei dicken Blechen angewandt.

Abb. 18.23.
Nachlinksschweißen

Beim Nachlinksschweißen wird die Schweißung von rechts nach links ausgeführt (Abb. 18.23.). Der Schweißer unterhält dabei ein Schweißbad, in das unter ständiger Bewegung des Zusatzdrahts und halbkreisförmiger Bewegung der Flamme so viel eingeschmolzen wird, daß die Fuge in einem Arbeitsgang ausgefüllt wird. Das Nachlinksschweißen wird vorwiegend bei dünnen Blechen angewendet. Nachlinksschweißung: Schmelzbad wird durch die Flamme von der entstehenden Raupe fortgetrieben. Bei Blechdicken unter 4 mm können bei Nachrechtsschweißung infolge zu starker Erwärmung Verbrennungen auftreten, deshalb ist hierbei die Nachlinksschweißung geeigneter. Auch senkrechte Nähte an starken Blechen erfordern manchmal die Nachlinksschweissung, da der Zusatzwerkstoff nur abtropft und nicht im Schmelzbad der Raupe gerührt wird.

18.2.3.6.7. Schweißnahtformen und Schweißnahtvorbereitung

Wesentliche Voraussetzung für eine gute Schweißnaht ist die einwandfreie Vorbereitung der Schweißstoßkanten, die je nach Art und Dicke des Werkstoffes ausgeführt werden. Die Stoßkanten müssen frei von Zunder, Schmutz oder Farbe sein. Die gebräuchlichsten Nähte zeigt Abb. 18.24. Luftspalt und Schweißöffnungswinkel müssen richtig gewählt werden, um einwandfreies Durchschweißen zu gewährleisten.

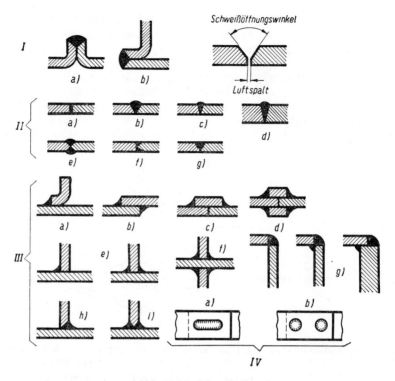

Abb. 18.24. Schweißnähte

I: a = Bördelnaht, b = Bördelstoß; II: a = I-Naht, b = V-Naht, c = ½ V-Naht,
d = Steilkantennaht, e = X-Naht, f = K-Naht, g = U-Naht (Tulpennaht), III. Kehl-
nähte: a = Stirnstoß, b = Überlappstoß, c = Laschenstoß einfach, d = Laschenstoß
doppelt, e = T-Stoß, f = Kreuzstoß, g = Winkel- oder Eckenstöße, h = Kehlnaht
bei ½ V-Naht, i = Kehlnaht bei K-Naht, IV. Schlitznähte: a = Langlochnaht,
b = Rundlochnaht

18.2.3.2.6.7. Unfallverhütung

Beim Lichtbogenschweißen entstehen gefährliche Strahlen, die nicht nur den
Schweißer gefährden, sondern auch alle in der Nähe weilende Personen.
Solche Arbeitstellen sind unbedingt abzuschirmen. Die Strahlen gefährden
nicht nur die Augen, sondern auch alle anderen nicht bedeckten Körperteile.
Deshalb niemals, auch nicht im Vorübergehen, in einen Lichtbogen sehen.
Beim Gasschweißen muß selbstverständlich auch ein dunkler Augenschutz
getragen werden.

18.2.3.3. Schweißen von Kunststoffen

Beim Schweißen von Kunststoffen können keine offenen Flammen verwendet werden. Beim heute am meisten angewendeten Schweißverfahren wird mittels Heißluftbrenner geschweißt. Die Erwärmung der Schweißstelle erfolgt durch heiße Gase, meist Luft.

Es können nur nichthärtbare, thermoplastische Kunststoffe geschweißt werden. Die Schweißtemperatur liegt bei den einzelnen Kunststoffen verschieden hoch, für die meisten Kunststoffe liegt die Temperatur zwischen 180 und 200°C (Abb. 18.25.).

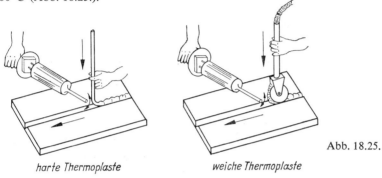

Abb. 18.25.

harte Thermoplaste   *weiche Thermoplaste*

Die Führung von Brenner und Zusatzwerkstoff ist ähnlich wie beim Nachrechtsschweißen bei Gasschmelzschweißungen und erfordert erhebliche Erfahrung.

Andere Verfahren der Kunststoffschweißung lassen sich nicht mit den gebräuchlichen Stahlschweißungen vergleichen. So nutzt man z. B. die geringe Leitfähigkeit für Wärme und elektrischen Strom, aber auch die leichte Schwingungseregbarkeit der Kunststoffe durch Ultraschall zu Schweißvorgängen aus.

18.2.3.3.1. Reibungsschweißen: zwei zuverschweißende Rundteile z. B. Rohre größeren Durchmessers werden auf der Drehmaschine verschweißt. Der Vorgang ist folgender (Abb. 18.26.): Ein Teil wird in die Planscheibe gespannt und

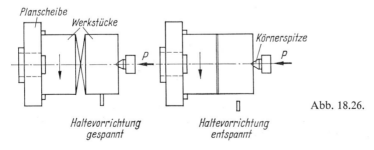

Abb. 18.26.

Haltevorrichtung gespannt   *Haltevorrichtung entspannt*

in Drehung versetzt, das andere, genaufluchtend, mit der Spitze und einer Halte-vorrichtung stehend dagegen gepreßt. Die entstehende Reibungswärme ver-setzt die Ränder beider Teile in den sogenannten thermoplastischen Zustand, in dem die Kunststoffschweißung erfolgt. Ist die Erwärmung weit genug fortgeschritten, wird die Haltervorrichtung entspannt und das jetzt mitlaufende Teil mit der Reitstockspitze gegen das umlaufende Teil gepreßt. Nach Ab-kühlung durch Wasser ist der Schweißvorgang beendet.

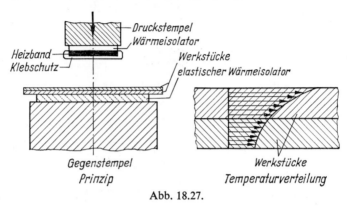

Abb. 18.27.

18.2.3.3.2. Wärmeimpuls-Schweißen (Abb. 18.27.): Dünne Folien werden durch kurzzeitige Wärmestöße (Impulse) unter Druck verschweißt. Die Schweißnaht ist, wie bei allen Kunststoffen, durch die geringe Wärmeleitfähigkeit eng begrenzbar.

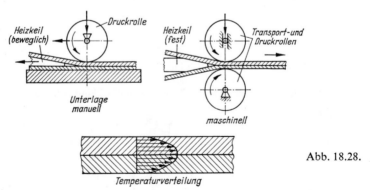

Abb. 18.28.

18.2.3.3.3. Heizkeil-Schweißen (Abb. 18.28.): Lange Nähte an Folien werden durch einen dauerbeheizten Keil, um den die Folien herumgezogen werden, unter Druck verbunden.

412

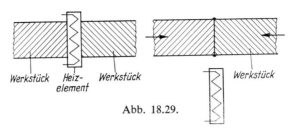

Werkstück   Heiz-   Werkstück   Werkstück
            element

Abb. 18.29.

18.2.3.3.4. Heizelement- oder Spiegelschweißung (Abb. 18.29.): Größere Teile werden an dauerbeheizten Flächen (Spiegel) bis zum Plastizitätsbereich erwärmt und unter Druck stumpf verschweißt.

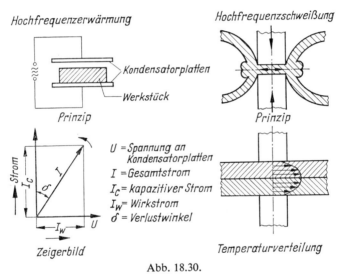

Hochfrequenzerwärmung   *Hochfrequenzschweißung*

Kondensatorplatten
Werkstück

Prinzip   *Prinzip*

U = Spannung an Kondensatorplatten
I = Gesamtstrom
I_C = kapazitiver Strom
I_W = Wirkstrom
δ = Verlustwinkel

Zeigerbild   *Temperaturverteilung*

Abb. 18.30.

18.2.3.3.5. Hochfrequenzschweißen (Abb. 18.30.): Strom hoher Frequenz wärmt den nichtleitenden Kunststoff durch dielektrische Wirkung engbegrenzt an, so daß er unter dem Druck der Kondensatorplatten verschweißt. Dieses Schweißverfahren ist durch die kurze Schweißzeit und die Begrenzung der Schweißfläche in der Folienverarbeitung bevorzugt.

18.2.3.3.6. Ultraschallschweißung: Hochschwingende Schallwellen werden ebenfalls für die Schweißung von Kunststoffolien genutzt. Die Erwärmung tritt hier durch die Anregung der Makromoleküle ein. Eng begrenzte Schwingungen erwärmen die Kunststoffe auf kleiner Fläche, so daß sie unter Druck verschweißt werden können.

413

18.3. Brennschneiden

18.3.1. Allgemeines

Brennschneiden ist zwar ein Trennverfahren, wegen seiner Verwandtschaft mit dem Schweißen, wird es aber an dieser Stelle erläutert.

Brennschneiden ist das Trennen von erwärmten Stahlteilen mit einem Sauerstoffstrahl. Es gehört natürlich nicht zum Fügen. Wurde aber hier wegen seines Zusammenhangs zum Autogenschweißen eingefügt. Die Schnittstelle wird durch eine Vorwärmflamme bis zur Entzündungstemperatur erhitzt (Stahl 1350°C). Durch Sauerstoffzufuhr wird dann die langsame Verbrennung beschleunigt. Durch den Druck des Sauerstoffstrahls wird die Schlacke aus der Trennfuge weggeblasen. Der Schneidbrenner (Abb. 18.31.) ähnelt dem Schweißbrenner, er besitzt jedoch ein weiteres Rohr oder eine zusätzliche Düse für die Zuführung des Schneidsauerstoffes. Schneidbrenner können für Hand- oder Maschinenbetrieb ausgebildet sein. Für Gußeisen sind Spezialbrenner erforderlich. Für Unterwasserschneidbrennarbeiten wird ein Brenner mit einer Ringdüse verwendet, die durch Abdrängen des umgebenden Wassers dem Vorwärm- und Schneidstrahl Raum zur Verbrennung schafft.

Im allgemeinen lassen sich nur Metalle durch Brennschneiden trennen, deren Entzündungstemperatur unter ihrem Schmelzpunkt liegt und deren Wärmeleitfähigkeit gering ist. Bedingt schneidbar sind:

Gußeisen bis 3,4% C, Chrom (bei Weißglut), Blei, rostfreie Chrom- und Chromnickelstähle, plattierte Bleche. Nach einem neuen amerikanischen Verfahren ist auch Aluminium schneidbar. Nicht schneidbar sind: Kupfer, Nickel und Messing.

Das Schneidbrennen wird, außer von Hand, mehr und mehr in der Trenntechnik eingesetzt. Halb- oder Vollautomatische Maschinen schneiden hierbei aus starken Blechen vielgestaltige Formen aus. Die Führung des Brenners mit allen Hilfsaggregaten erfolgt elektrisch oder hydraulisch über optische Zeichnungslesevorrichtungen oder handgeführte Pantographen. Die Schnittgenauigkeit beträgt hierbei ±1 mm, die Oberflächengüte der Schnittfuge entspricht geschruppten Flächen.

18.3.2. Unfallverhütung

Für alle Schweißarbeiten bestehen ausführliche Unfallverhütungsvorschriften, diese sind unbedingt streng zu beachten.

414

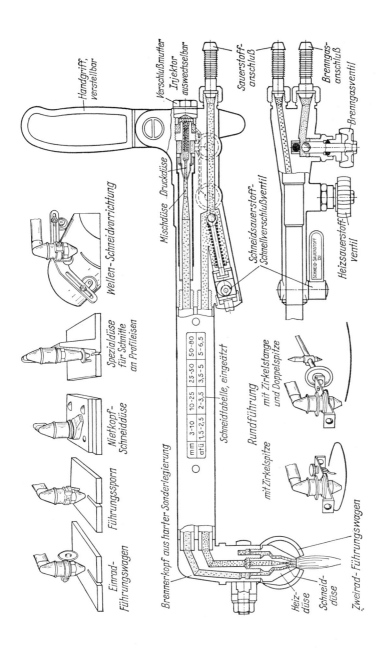

Handgriff, verstellbar

Verschlußmutter
Injektor auswechselbar

Sauerstoff-anschluß

Brenngas-anschluß

Brenngasventil

Mischdüse Druckdüse

Wellen-Schneidvorrichtung

Schneidsauerstoff-Schnellverschlußventil

Spezialdüse
für Schnitte
an Profileisen

Nietkopf-Schneiddüse

Führungssporn

Einrad-Führungswagen

Brennerkopf aus harter Sonderlegierung

mm	3-10	10-25	25-50	50-80
atü	1,5-2,5	2-3,5	3,5-5	5-6,5

Schneidtabelle, eingeätzt

Rundführung
mit Zirkelstange
und Doppelspitze

mit Zirkelspitze

Heiz-düse

Schneid-düse

Zweirad-Führungswagen

Heizsauerstoff-ventil

Abb. 18.31. Schneidbrenner (Griesheim)

415

18.4. Metallkleben

18.4.1. Allgemeines

Das aus der Holzverarbeitung bekannte Kleben hat sich durch Einführung neuer Kleber auf Kunstharzbasis in zunehmenden Maße auf die Verbindungstechnik im Metallbereich ausgedeht. Die Vorteile dieses wärmearmen Fügeverfahrens gegenüber dem Löten, Schweißen, Nieten usw. sind vielseitig:

Durch Kleben können unterschiedliche Werkstoffe verbunden werden.

Das Kleben schafft eine gleichmäßige Verbindung, bei der die Beanspruchung auf die gesamte Fügefläche verteilt wird.

Oberflächenveredelte Werkstoffe können schadenfrei und dünne Bleche verzugsfrei verbunden werden.

Geklebte Verbindungen sind fugenfüllend, meist elektrisch isolierend, undurchlässig, druck- und vakuumdicht.

Beim Herstellen von Klebeverbindungen sind zahlreiche Einflußgrößen zu berücksichtigen, die für die Festigkeit der Verbindung maßgebend sind: So ist u. a. auf die Verträglichkeit im molekularen Bereich von Grundwerkstoff und Kleber, sowie auf die Polarität beider zu achten.

Man unterscheidet theoretisch zwischen polaren und unpolaren Stoffen. Polare Stoffe ziehen einander an, da die Klebstoffe meist polar sind, müssen die Oberflächen unpolarer Stoffe polar gemacht werden, damit diese die polaren Kräfte des Klebstoffes absorbieren können.

Der Benetzbarkeit, der Löslichkeit, der Beschaffenheit der Oberfläche, aber auch mechanische, thermische und chemische Eigenschaften des zu klebenden Werkstoffes, stehen hier entsprechende Verhaltensweisen der Kleber gegenüber. Durch konstruktive Überlegungen und metallurgische Untersuchungen ist festzustellen, welcher Kleber sich für die geforderten Beanspruchungen besonders eignet.

Die Metallklebstoffe sind Kunstharze, die immer mit einer chemischen Reaktion aushärten. Nach der Wahl des Klebers richtet sich also auch die Klebetechnik.

18.4.2. So sollen *Phenolharzklebstoffe*, die als Ein- bzw. Zweikomponentenkleber in flüssiger Form, als Pulver oder Folien im Handel sind, nur bei Temperaturen von 150°C und höher aushärten. Um die bei der Reaktion (Polykondensation) freiwerdenden flüchtigen Spaltprodukte aus der Klebeschicht herauszudrücken, ist ein gleichmäßiger Anpreßdruck von 3 bis 20 daN/cm² nötig. Kleben ist ein stoffschlüssiges Verbinden.

18.4.3. *Epoxidharz-Kleber* können kalt und warm ausgehärtet werden. Die dort stattfindende Reaktion nennt man Polyaddition. Hier werden keine Bestandteile ausgeschieden, so daß ein leichter Druck zur Fixierung der Teile

ausreicht. Die kalthärtenden Kleber werden in zwei stets getrennt zu halten-
den Gefäßen in Pastenform geliefert. Die beiden Komponenten, Harz und
Härter, sind erst vor dem eigentlichen Kleben im vorgeschriebenen Verhältnis
zu mischen. Die Härtezeiten können bei Raumtemperatur mehrere Tage
betragen. Sie lassen sich allerdings durch Wärmezufuhr wesentlich verkürzen.
Warmabbindende Klebstoffe sind auch als Einkomponentenharze in Form
von Pulvern, Stangen, Folien oder Pasten erhältlich. Die Aushärtung beginnt,
nachdem der Kleber vorübergehend dünnflüssig wird, zwischen 100°C und
200°C. Die Härtezeit verkürzt sich mit zunehmender Temperatur.

18.4.4. Kleber auf der Basis der Vinyl- und ungesättigten Polyesterharze sind
ihrem Verhalten und ihrer Verarbeitung den pastenartigen Epoxidharzklebern
ähnlich. Die Festigkeit von Klebungen ist in besonderem Maße abhängig von
der gründlichen Vorbereitung des Haftgrundes. So müssen durch Vorbehand-
lung die molekularen Kräfte der Grenzschicht Kleber-Metall zur Wirkung
gebracht werden.

18.4.5. Ausführungshinweise

Die Ursachen der Bindung zwischen den beiden Werkstoffen sind keine
mechanischen Verankerungen (z. B. in den Poren des zu klebenden Werkstücks), auch keine primären chemischen Bindungen (z. B. Oberflächenlegie-
rungen), sondern sekundäre Bindungen, die sogenannten „Van der Waals'schen
Kräfte". Reinigen durch Methylenchlorid, Tri oder Perchloräthylen usw.
führt häufig nicht zu ausreichender Entfettungen. Deshalb ist im DIN-Blatt
53 281 (Entwurf Juli 1963) für die in der Praxis üblichen Metalle eine Auswahl
von mechanischen und chemischen Oberflächenbehandlungsverfahren angegeben.
Kleberverbindungen müssen besonders konstruktiv gestaltet werden. So muß
die Last möglichst auf große Flächen der Klebung verteilt werden. Biege-,
Schlag- und Schälbeanspruchungen sind konstruktiv zu vermeiden. Die Kleb-
schichtdicke muß dünn gehalten werden (etwa 0,05...0,2 mm).
Die geringe Temperaturbeständigkeit, die je nach Kleber zwischen 50°C bis
150°C liegt, schränkt weiter den Einsatzbereich der Klebeverbindungen ein.
Ebenso treten bei Temperaturen bis −60°C Festigkeitsverluste auf. Auch
Feuchtigkeit schränkt die Festigkeit der Verbindungen ein, so daß Schutzanstriche und konstruktive Maßnahmen das Eindringen der Feuchtigkeit verhindern müssen.

19. Wärmebehandlung von Metallen

Um die Eigenschaften von Metallen in gewünschter Weise zu verändern, werden diese häufig durch Erwärmen mit nachfolgendem Abkühlen behandelt. So können Legierungen durch die der spanabhebenden oder spanlosen Formung folgenden Wärmebehandlung, in ihrer Festigkeit, Zähigkeit und Härte weitgehend beeinflußt werden.

19.1. Glühen

Man unterscheidet nach der Wirkung der Glühbehandlung folgende Verfahren:

19.1.1. Normalglühen. Hier soll ein feinkörniges, gleichmäßiges Gefüge erreicht werden. Es wird dort eingesetzt, wo durch falsche Wärmebehandlung ein zu grobkörniges Gefüge entstanden ist.

19.1.2. Weichglühen. Legierte Stähle können in der Lieferform für eine spanlose oder spanende Bearbeitung zu hart sein. Hier hilft Erwärmen auf eine bestimmt Glühtemperatur mit nachfolgendem Abkühlen.

19.1.3. Spannungsfreiglühen. Kaltformung, ungleichmäßige Abkühlung und Zerspanung führen häufig zu inneren Spannungen. Durch längeres Glühen bei vorgeschriebener Temperatur, lassen sich Schmiede- und Gußstücke, aber auch Schweißkonstruktionen von Spannungen durch Ausgleich befreien.

19.1.4. Rekristallisationsglühen. Deformierte Kristalle, die durch Kaltformung verfestigt wurden, lassen sich durch Glühen verformbar machen. Es entstehen dabei neue Kristallite, die je nach Glühtemperatur und entsprechend der vorangegangenen Kaltformung, unterschiedliche Korngröße haben können.

19.1.5. Diffusionsglühen. Ansammlungen von Legierungsbestandteilen können durch Glühen verteilt werden. Ebenso lassen sich Fremdstoffe nachträglich als Legierungsbestandteile von außen in die Oberfläche des Werkstoffs einführen. Dieses Verfahren wird in der letzgenannten Form beim Einsatz- und Nitrierhärten verwendet.

418

19.1.6. Glühen zum Härten. Um Stähle und andere legierte Metalle zu härten, ist ein genau in angegebenen Grenzen zu haltendes Glühen, mit manchmal nachfolgendem Abschrecken nötig. Dieser Glühvorgang führt zu Kristallumbildungen und Lösungsvorgängen, die die Eigenschaften der Legierungen in großem Rahmen ändern. Einzelheiten dieser Vorgänge werden in den nachfolgenden Abschnitten näher erläutert.

19.2. Glühen von wichtigen Metallen

19.2.1. Kupfer und Kupferlegierungen. Kupferne Geräte werden vielfach von Hand getrieben. Dabei wird durch Kaltformung der Werkstoff verfestigt und spröde. Häufiges Glühen und Abschrecken zwischen den einzelnen Phasen der Treibarbeit, stellen die anfängliche Zähigkeit des Werkstoffs wieder her. Auch bei den Legierungen des Kupfers, Messinge und Bronzen, ist das Zwischenglühen bis etwa auf 600°C angezeigt. Allerdings verändern hier die Legierungsbestandteile erheblich die Grundeigenschaften des Kupfers. Es empfiehlt sich hier, wie überall, die vom Hersteller beigegebenen Bearbeitungsvorschriften zu beachten.

19.2.2. Aluminium. Einige Aluminiumlegierungen lassen sich wie Stahl härten. Nach einem Glühen von 500...540°C wird das Werkstück abgeschreckt und in einer nachfolgenden „Warmauslagerung" über mehrere Stunden hin „ausgehärtet". Ein nachfolgendes Anlassen hat, anders als beim Stahl, eine weitere Erhöhung der Härte zur Folge. Allerdings härten einige Aluminiumlegierungen auch bei Zimmertemperatur aus, so daß man von „warm- und kalthärtenden" Legierungen spricht.

Der Vorgang bei diesem Härteverfahren ist folgenermaßen zu erklären: Die Legierungsbestandteile Kupfer, Magnesium und Silizium lösen sich beim Glühen in der Kupfer-Grundmenge. Der so entstandene Sättigungszustand bei hoher Temperatur, wird durch Abschrecken in den Mischkristallen (siehe Härten von Stahl Seite 420) erhalten. Das langsame Wiederausscheiden der zuviel gelösten Bestandteile der härtenden Zusätze, erhöht dann die Festigkeit.

Ausgehärtete Aluminiumlegierungen sind wärmempfindlich, weil der erreichte Sättigungsgrad weitgehend verändert wird. So führen Schweißungen und Hartlötungen an gehärteten Werkstücken zu einem Rückgang der Härte. Um den gehärteten Zustand wieder zu erreichen, müßte eine erneute Warmbehandlung angeschlossen werden.

Die langsame Härtung des Werkstoffs ermöglicht, anders als beim Stahl, ein dem Glühen und Abschrecken nachfolgende Kaltformarbeit.

19.2.3. Magnesiumlegierungen. Aluminiumzusatz zu Magnesium ermöglicht durch normalisierendes Glühen, d. h. durch Verfeinerung des Kornes, eine wesentliche Erhöhung der Festigkeit auf Kosten der Dehnbarkeit.

27*

19.3. Härten und Anlassen von Stahl

Härten ist ein Verfahren, das in der Metallbearbeitung angewendet wird, um den Widerstand eines Werkstoffs gegen das Eindringen eines anderen zu erhöhen. Im Maschinenbau wird vor allem Stahl gehärtet.

19.3.1. Anwendungsgebiete

Bei Werkzeugen muß die Werkstoffhärte größer sein, als die der Werkstoffe, die bearbeitet werden sollen.

Maschinenteile, die einer starken Abnutzung unterliegen, müssen harte Oberflächen erhalten, damit die Verschleißfestigkeit erhöht wird. Von manchen Werkstücken, z. B. Federn, wird Elastizität gefordert.

19.3.2. Das Eisen-Kohlenstoff-Diagramm

Zum Verständnis des Härtevorganges sind einige Erläuterungen nötig. Das Eisen-Kohlenstoff-Diagramm zeigt das Verhalten des unlegierten Stahles bei steigendem Kohlenstoffprozentsatz und die zum Härten nötige Temperatur. Die Kenntnis dieser Vorgänge ist maßgebend für das sachmäße Härten überhaupt. Allerdings spielen sich im Bereich der härtbaren Stähle so komplizierte Vorgänge in den Kristallen ab, daß eine umfassende Erläuterung zu weit führen würde. Deshalb nur grundlegende Erläuterungen und Hinweise.

19.3.2.1. Begriff der Legierung

Legierungen sind kristalline Verbindungen verschiedener metallischer oder nichtmetallischer Stoffe. Hierbei können einmal chemische Verbindungen der vermengten Stoffe, zum zweiten atomar verbundene Vereinigungen der Legierungsbestandteile in einem Mischkristall auftreten. Vereinigungen von chemischen Verbindungen und reinen Legierungsbestandteilen nebeneinander sind selbstverständlich auch möglich. (Kristallgemisch)

19.3.2.2. Bestandteile des Stahls

19.3.2.2.1. Reines Eisen oder Ferrit ist in der Technik nur in Ausnahmefällen brauchbar. Es ist weich und silbrig glänzend. Als α-Eisen (unter $723°C$) ist es nicht in der Lage Legierungsbestandteile zu lösen. Als γ-Eisen (über $723°C$) kann es das.

19.3.2.2.2. Kohlenstoff, meist in Form von Graphit, ist ein wichtiger Bestandteil des Roheisens. Hohe Prozentsätze des Kohlenstoffs machen Eisen spröde und nicht schmiedbar, weil der Kohlenstoff sich als Graphitkristall unterbrechend zwischen die Eisenmischkristalle legt und dadurch, bildlich gesprochen, den festen Zusammenhang der Eisenkristalle unterbricht. Deshalb

420

darf er im Stahl einen Prozentsatz von 1,6% nicht überschreiten. Nach 1,6% werden die Zementitkristalle so grob, daß die Festigkeit des Stahls stark herabgesetzt wird. Die Härtbarkeit des Stahls ist aber wesentlich vom Vorhandensein des Kohlenstoffs abhängig.

19.3.2.2.3. Eisenkarbid, auch Zementit oder Fe_3C, ist eine Verbindung von reinem Eisen und Kohlenstoff. Zementitkristalle haben die 270fache Härte des reinen Eisens. Eisenkarbid tritt im Bereich des härtbaren Stahles einmal als Kristallgemisch mit reinem Eisen (Ferrit) als Perlit, zum zweiten, bei höherem Kohlenstoffprozentsatz, als schalige Einlagerungen der Perlitkristalle auf.

19.3.4.4.4. Perlit ist ein Kristallgemisch, dessen prozentualer Anteil am Kohlenstoff 0,9% beträgt. Dieses Kristall heißt wegen seines perlmutterähnlichen Glanzes Perlit. Es ist das für den Härtevorgang wichtigste Kristall.

19.3.2.2.5. Aus dem Perlit bildet sich mit den noch vorhandenen reinen Feritkristallen bei einer Temperatur von 723°C ein neues Kristall, das *Austenit*, das bei Abschreckung, d. h. plötzliche Abkühlung unter 200°C, eine weitere neue Form annimmt, das sehr harte *Martensit*. Austenit ist ein Mischkristall.

19.3.2.3. Erläuterungen zum Eisen-Kohlenstoff-Diagramm

Betrachten wir nun das Eisen-Kohlenstoff-Diagramm und die Abhängigkeit der Härtbarkeit vom Kohlenstoffgehalt. Stahl von 0% Kohlenstoff ist nicht

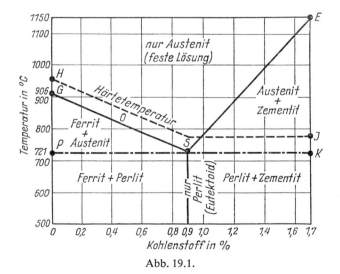

Abb. 19.1.

härtbar. Die Härtbarkeit nimmt mit steigendem Prozentsatz zu und erreicht bei 1,6% ihre Grenze. Danach scheiden sich, wie schon erwähnt, reine Kohlenstoffkristalle aus, der Stahl wird unbrauchbar. Im Bereich des geringen Kohlenstoffgehalts liegen Stähle, die durch noch zu beschreibende Glüh- und Aufkohlungsvorgänge eine wichtige Rolle in der Technik spielen (Abb. 19.1.).

Die Wärmevorgänge im Diagramm stehen im engen Zusammenhang mit der Lösungsfähigkeit der Überschüsse durch das „Grundkristall". Genaugenommen handelt es sich hier, wie schon gesagt, um die Lösungsfähigkeit zweier Eisenkristallformen. Man unterscheidet also α-Eisen, das nicht in der Lage ist, andere Stoffe in großen Mengen in seinem festem Zustand zu lösen und γ-Eisen, das bei einer Temperatur um 720°C entsteht und in festem Zustand andere Stoffe (z. B. Kohlenstoff) lösen kann. Hier zeigt sich ein Vorgang, den man feste Lösung nennt, bei dem Stoffe im festen Zustand von anderen festen Stoffen gelöst werden. Zur Vereinfachung vernachlässigen wir die oben beschriebenen Kristallvorgänge und beziehen uns auf die in der Legierung vorhandenen Kristallmischungen. Vergleichen wir das ferrithaltige Perlit und das Austenit mit Wasser und die Überschüsse (auf der linken Seite reines Eisen, auf der rechten Eisenkarbid) mit Salz oder Zucker, so läßt sich der Vorgang einfach darstellen. Schüttet man in Wasser von Zimmertemperatur Salz oder Zucker, so löst sich eine bestimmte Menge, wenn man nur genügend umrührt.

Erhöht man die Menge, bleibt zum Schluß ein Überschuß, der nicht mehr zu lösen ist. Erwärmt man das Wasser z. B. um 10°C, läßt sich der Überschuß und auch eine neue Menge Salz oder Zucker lösen, bis auch hier der Sättigungsgrad erreicht ist. Weitere Temperaturerhöhungen lassen immer größere Mengen des zu lösenden Stoffes im Wasser „verschwinden", bis ein absoluter Sättigungsgrad erreicht ist, bei dem auch kochendes Wasser kein Salz oder Zucker mehr aufnimmt. Kühlt die Flüssigkeit wieder ab, scheidet auch entsprechend der Lösungstemperatur wieder etwa die gleiche Menge Salz oder Zucker aus, bis bei Raumtemperatur das Wasser seine anfängliche Lösungsfähigkeit wieder erreicht hat.

Ähnliches gilt auch für das Eisen-Kohlenstoff-Diagramm. Unter der waagerechten Linie etwas über 700°C (P—K) haben wir auf der linken Seite reine Eisenkristalle (Ferrit) neben Perlit. Je höher der C-Prozentsatz steigt, um so weniger Ferrit finden wir, so daß bei 0,9% Kohlenstoff nur noch Perlit vorhanden ist. Die senkrechte Perlitlinie ist die Grenze zwischen den Überschüssen. Links haben wir einen Ferrit-, rechts der Perlitlinie einen Zementitüberschuß. Der weiter steigende Kohlenstoffprozentsatz läßt immer mehr „ungelöstes" Zementit übrig, das in schaligen Einlagerungen die Perlitkristalle umgibt.

Wie schon erwähnt, verändert sich die Kristallform nach 700°C (bei 723°C). Das Perlit wird zu Austenit und kann jetzt durch die Umwandlung des α-Eisens in γ-Eisen die Überschüsse lösen. Die V-förmige Kurve G—O—S—E zeigt die Temperaturen an, bei denen die Überschüsse zu lösen wären. Der Ferritüberschuß bedingt auf der linken Seite die Temperaturerhöhung über 900°C, der Zementitüberschuß erfordert eine Steigerung über 1000°C hinweg in den teigig-flüssigen Zustand hinein. Nur da, wo reine Perlitkristalle vorhanden sind, geht das Gefüge sofort in Austenit oder feste Lösung über.

Zusammengefaßt bedeutet das: über 723°C verwandelt sich Perlit in Austenit (α-Eisen in γ-Eisen) und kann Überschüsse lösen. *Unter* der Linie G—O—S haben wir also Austenit und einen Überschuß von reinem Eisen, der *über* der Linie G—O—S gelöst und in seiner Gesamtheit in Austenit umgewandelt ist. *Unter* der Linie S—E haben wir Austenit und den Überschuß an Zementit ungelöst, *über* der Linie S—E nur wieder Austenit. Je höher die Überschüsse aber, um so höher die Lösungstemperatur. Bei 0,9% Kohlenstoff ist kein Überschuß zu lösen. Hier liegt sofort eine völlige Umwandlung des Perlits in Austenit bei 723°C vor. Man spricht hier von einem Eutektoid, d. h. sehr frei übersetzt „wohlgelungene Lösung". (Eigentlich bedeutet Eutektikum leicht schmelzbar. Eutektoid ist nur eine Verkleinerungsform von Eutektikum.)

Beziehen wir nun das Diagramm auf den Härtevorgang, so bedeutet das: Um eine völlige Umwandlung der Überschüsse an Ferrit oder Zementit in Austenit zu erreichen, muß immer, wenigstens theoretisch, die Linie G—O—S—E überschritten werden. Denn nur so ist es möglich, nach dem Abschrecken reines Martensit ohne Überschußeinschlüsse zu bekommen. Schreckt man nämlich bei 0,5% Kohlenstoff und einer Temperatur von 750°C ab, bekommt man zwar Martensit, aber es befindet sich zwischen den Kristallen noch ungelöstes Ferrit, das den Stahl weich macht. Anders ist es auf der Seite mit Zementitüberschuß. Zementit ist sehr hart. Es lohnt sich nicht, hier auch eine völlige Lösung des Überschusses zu erreichen. Hier kann man sich mit der Perlit-Austenit-Umwandlung begnügen, um nach dem Abschrecken Martensit mit Zementiteinschlüssen zu erlangen. Der Versuch das Zementit zu lösen, könnte hier auch zum „Verbrennen" des Stahles führen. Der steigende Prozentsatz an Kohlenstoff macht den unlegierten Stahl wärmeempfindlicher. D. h. der Kohlenstoff kann bei den zur Lösung nötigen Temperaturen verbrennen und den Stahl unbrauchbar machen. Aus diesem Grunde ist die sogenannte Härtelinie (H—I) nach der Perlitlinie (0,9% C) nicht der S—E-Linie nachgeführt, sondern verläuft, wie auch schon über G—O—S, im Abstand von ca. 80°C über der Linie P—K parallel weiter. Die Erhöhung der Härtelinie um 80°C über die Umwandlungstemperatur ist ein Sicherheitszuschlag, der garantieren soll, daß nach dem Glühen die Temperatur auf dem Wege zum Abschrecken nicht unter die Linie G—O—S—K sinken kann.

Wäre das der Fall, zeigt das Diagramm welche Rückwandlungen eintreten können. Der Stahl ist nicht mehr zu härten.

19.3.3. Ausführungshinweise zum Härten:

Die Werkstücke werden vor dem Härten zweckmäßigerweise geglüht, um etwaige Spannungen, die durch Formgebung entstanden sein können, zu beseitigen. Zum Ausglühen wird das Werkstück auf 600...700° C erwärmt, bis es gleichmäßig durchgewärmt ist. Zu hohe Glühtemperatur ist für den Stahl schädlich, ebenso zu langes Glühen, das Gefüge wird grobkörnig und der Werkstoff dadurch spröde. Solche Fehler können durch Rückfeinen innerhalb bestimmter Grenzen wieder ausgeglichen werden.

Entweder man schmiedet den Stahl kräftig durch oder er wird abgeschreckt und erneut bei richtiger Temperatur und Dauer geglüht. Ist der Stahl so hoch erhitzt worden, daß die Oberfläche entkohlt wurde, so muß diese Schicht abgearbeitet werden. Nach dem Glühen muß das Werkstück langsam abkühlen; es wird deshalb am besten mit Lösche oder Sand bedeckt.

Die Erwärmung zum Härten muß zuerst langsam und gleichmäßig erfolgen, damit das Werkstück bis zum Kern gut durchgewärmt wird. Ist das Werkstück gleichmäßig vorgewärmt, so folgt schnelles Erhitzen auf Härtetemperatur.

Bei legierten Stählen ist das Vorwärmen besonders sorgfältig vorzunehmen, da die schlechte Wärmeleitfähigkeit bei zu schnellem Temperaturanstieg zu Wärmerissen führen kann. Wie beim Glühen, darf auch hier der Stahl nicht überhitzt oder zu lange auf Härtetemperatur gehalten werden.

Um gleichmäßiges Erwärmen des Werkstoffes zu erreichen, ohne daß Überhitzung empfindlicher Stellen, wie Schneiden, Spitzen usw. eintritt, muß die Wärmequelle entsprechend gewählt werden. Weiterhin ist zu beachten, daß während der Erwärmung keine chemischen Veränderungen im Werkstoff, z. B. Schwefelaufnahme, Verzunderung, Entkohlung usw., hervorgerufen werden dürfen.

Schmiedefeuer eignet sich deshalb nur bedingt als Wärmequelle, die Erwärmung muß mit besonderer Sorgfalt vorgenommen werden, das Werkstück ist vor dem Gebläsewind zu schützen. Wegen des Schwefelgehaltes der Schmiedekohle verwendet man besser Holzkohle.

Bunsenbrenner und Schweißbrenner sind als Wärmequelle ebenfalls nicht besonders gut geeignet, weil bei ihnen die Gefahr örtlicher Überhitzung besteht.

Öfen mit offenem Gasfeuer eignen sich nur zum Erwärmen kleinerer einfacher Teile, Brennstoff und Flammen wirken unmittelbar auf das Glühgut ein, die Temperaturen lassen sich nicht messen.

Ein Hilfsmittel zur Temperaturbestimmung des erhitzten Stahls an einfachen Stücken sind die Glühfarben.

In Platten- und Härteöfen ist das Härtegut vor der Einwirkung der Stichflammen geschützt. Um Verzunderung und Entkohlung zu vermeiden, empfiehlt es sich, die Flammen mit Brennstoffüberschuß arbeiten zu lassen. Wärmequellen sind Gas oder Öl; die Temperaturen im Ofen sind meßbar und lassen sich mit geeigneten Geräten selbsttätig regulieren. Muffelöfen besitzen einen geschlossenen Glühraum, die Wände werden von außen durch Flammen oder elektrisch beheizt. Soll das Härtegut vor den Einwirkungen der Außenluft geschützt werden, so kann man dieses durch einen Schutzgasvorhang erreichen. Eine sehr gleichmäßige Erwärmung erreicht man in Blei- und Salzbadöfen. Das Härtegut wird in das auf Härtetemperatur erhitzte Bad getaucht, damit sind alle schädigenden Einflüsse von außen ausgeschaltet. Die Temperatur ist leicht zu regeln. Jede Überhitzung auch an sehr empfindlichen Stellen ist ausgeschlossen. Bleibäder lassen sich nur auf Temperaturen bis 800°C verwenden, weil Blei bei höheren Temperaturen giftige Dämpfe entwickelt.

Die wichtigsten Salze für das Ansetzen von Salzbädern sind: Chlorbarium, Chlorkalium und Chlornatrium. Chlorbarium übt eine entkohlende Wirkung auf das Härtegut aus; zur Behebung dieses schädlichen Einflusses werden dem Härtebad Ferrosilizium, Borax oder Zyansalze zugesetzt. Da das Härtegut im Salzbad mit einer dünnen Salzkruste überzogen wird, ist es auf dem Wege von der Wärmequelle zum Abschreckbad gegen Luftberührung geschützt.

19.3.4. Abschrecken

Nach dem Erreichen der Härtetemperatur wird das Härtegut unmittelbar abgeschreckt. Je nach der Stahlsorte muß das Abschreckmittel gewählt werden. Als Abschreckmittel verwendet man nach Abschreckhärte gestuft Wasser, Petroleum, Tran, Öl, Talg, Preßluft.

Beim Härtevorgang wird Austenit in Martensit umgewandelt, da Martensit einen größeren Raum als Austenit einnimmt, entstehen im Werkstück Spannungen, weil außerdem die Abkühlung von außen nach innen fortschreitet, werden Formveränderungen (Härteverzug) hervorgerufen, die unter Umständen wegen der Sprödigkeit des harten Werkstoffes zu Härterissen führen können.

Jede Stahlsorte benötigt zur Härtung eine bestimmte Abkühlgeschwindigkeit, deshalb ist die Wahl des Abschreckmittels von wesentlicher Bedeutung. Stärkste Abschreckwirkung besitzt Regenwasser von 18° bis 20°C, durch Zusatz von Kochsalz oder Säure (Schwefel- oder Ameisensäure) wird die Wirkung erhöht, Öl- oder Kalkzusatz vermindert die Wirkung. Da sich beim Abschrecken in Flüssigkeit an der Werkstückoberfläche ein Dampfmantel bildet, wird die Abkühlgeschwindigkeit stark herabgesetzt, deshalb wird das Werkstück in der Flüssigkeit bewegt, um die Dampfhülle zu beseitigen. Um die Dampfbildung, die dem Wärmeentzug entgegen wirkt, auszuschalten, werden manche Werkzeuge, die ihre volle Härte behalten sollen, in Quecksilber oder niedrigschmelzenden Metallbädern abgeschreckt.

Das Gefäß, in dem sich das Kühlmittel befindet, muß groß genug sein, weil sich die Temperatur des Kühlmittels nicht wesentlich erhöhen darf.

Werkstücke wie Durchschläge, Körner, Meißel usw. werden senkrecht, mit der Spitze zuerst, eingetaucht. Plattenförmige Teile und Scheiben werden senkrecht mit der Schmalseite eingetaucht; die Teile werden in der Kühlflüssigkeit auf- und abbewegt. Werkstücke, die eine Aushöhlung besitzen, werden so eingetaucht, daß sich die Aushöhlung oben befindet, weil sich sonst eine Luftblase bildet, die den Zutritt der Kühlflüssigkeit verhindert.

Um allzugroße Härtespannungen zu vermeiden, wird besonders bei hochgekohltem Stahl die abgestufte Abkühlung angewendet. Das Härtegut wird in Wasser abgeschreckt, bis die Glut verlöscht ist und dann in ein Warmbad von etwa 200° C getaucht; hat das Härtegut diese Temperatur angenommen, erfolgt die weitere Abkühlung an der Luft.

Sollen Stellen am Werkstück weich bleiben, so werden diese Stellen entweder abgedeckt oder die Erwärmung dieser Stellen wird von vornherein verhindert. Manche Stahlsorten lassen sich in einem Warmbad abschrecken. Bei hochgekohlten Stählen liegt die Temperatur des Abschreckbades etwa bei 200° C; geeignetes Abschreckmittel ist Rindertalg.

Hochlegierte Schnell- und Warmarbeitsstähle werden bei Badtemperaturen von 500 bis 580° C abgeschreckt, haben sie die Badtemperatur angenommen, so erfolgt die weitere Abkühlung an der Luft. Besondere Vorteile der Warmbadhärtung ergeben sich aus dem gleichmäßigen Wärmeabfluß, dadurch Verminderung der Wärmespannungen sowie Vermeidung von Verzug und Härterissen.

19.3.5. Anlassen

erfolgt in den meisten Fällen unmittelbar nach dem Härten, um die Sprödigkeit des Werkstoffs zu mildern und innere Spannungen auszugleichen. Durch das Abschrecken haben die Kristalle, bildlich gesprochen, keine Zeit zur richtigen Platzwahl gehabt. Sie liegen verformt aneinander und üben aufeinander starke Kräfte aus, die sich bei Stößen durch Bruch entladen können.

Das Anlassen bezweckt eine Gefügeumwandlung, d. h. das Martensit wird durch mehr oder weniger starke Erwärmung in andere Kristallformen umgewandelt, die einmal keine Spannungen mehr enthalten, zum zweiten auch nicht mehr so hart wie das Martensitkristall sind. Allerdings muß die Anlaßtemperatur und die Anlaßzeit so gewählt sein, daß eine völlige Rückverwandlung in den perlitischen Zustand ausgeschlossen ist.

Die Wirkung des Anlassens kann durch die Anlaßzeit wesentlich beeinflußt werden. Durch Versuche wurde ermittelt, daß z. B. ein Stahlstück bei einer Anlaßtemperatur von 150° C und einer Anlaßzeit von 10 Stunden den gleichen Anlaßzustand aufweis, wie ein gleiches Stahlstück bei einer Temperatur von 266° C und einer Anlaßzeit von 1 Minute.

Das Anlassen kann entweder von innen erfolgen, wobei die Restwärme eines nicht vollständig abgekühlten Werkstückes ausgenutzt wird, z. B. bei einfachen

Werkzeugen wie Körner, Meißel, Schraubendreher usw., oder dem völlig erkalteten Werkstück wird Wärme von außen zugeführt, bis es die erforderliche Anlaßtemperatur erreicht hat.

Als Wärmequelle zum Anlassen können heiße Stahlplatten, Gasflammen, Öl-, Salz- oder Metallbäder sowie erhitzter Sand benutzt werden. Bei Anlaßbädern kann die Temperatur genau bestimmt und reguliert werden. Ein Hilfsmittel zur Bestimmung der Anlaßtemperatur sind die Anlaßfarben. Voraussetzung für richtiges Erscheinen der Anlaßfarben ist eine blanke, völlig fett- und säurefreie Oberfläche. Auf dem blanken Stahl bildet sich beim Anlassen eine hauchdünne Oxidschicht, die bei steigender Temperatur ihre Farbe ändert, woraus die jeweilige Temperatur des Stahls zu erkennen ist. Als Kühlmittel für angelassene Werkstücke wird Wasser oder Öl verwendet.

Die Anlaßtemperatur ist vom Verwendungszweck und vom Werkstoff des Werkstückes abhängig.

19.3.6. Oberflächenhärtung

ist das Erzeugen einer harten Oberfläche, wobei je nach dem Werkstoff die verschiedensten Verfahren angewendet werden können. Die Oberflächenhärtung kann durch Einsatzhärtung, Flammhärtung oder Nitrieren erfolgen.

19.3.6.1. Einsatzhärten (Zementieren)

wird bei kohlenstoffarmen Spezialstählen angewendet. Das Werkstück wird in einem kohlenstoffabgebenden Mittel geglüht, dabei nimmt die Außenschicht des Werkstückes Kohlenstoff auf, so daß beim nachfolgenden Abschrecken eine verschleißfeste, harte Oberfläche entsteht, der Kern jedoch weich und zäh bleibt.

Zum Einsatzhärten verwendet man Stähle, deren Kohlenstoffgehalt unter 0,2% liegt. Starke Zusätze von Chrom und Nickel und anderen Legierungsbestandteilen verbessern u. A. die Zähigkeit des nicht gehärteten Kerns usw.. Einsatzmittel sind Pulvergemische aus Holz-, Leder- und Knochenkohle oder besondere Härtepulver, denen Natrium-, Barium- oder Kaliumkarbonat zugesetzt ist. Es können auch gasförmige oder flüssige Einsatzmittel verwendet werden. Viel verwendet wird als flüssiges Härtungsbad Zyankali (sehr giftig), die Werkstücke bleiben beim Härten blank.

19.3.6.1.1. Hinweise zum Einsatzhärten:

Das Werkstück wird in einem Einsatzkasten in Einsatzpulver eingebettet, wobei die Schicht des Einsatzmittels je nach Größe des Werkstückes, mindestens 15 bis 40 mm dick sein muß.

Der Kasten wird mit einem Deckel verschlossen. Um ein Entweichen der freiwerdenden Kohlenstoffgase zu verhindern, werden alle Fugen mit Lehm abgedichtet.

Je nach der gewünschten Einsatztiefe richtet sich die Glühdauer bei Glühtemperatur zwischen 850° und 930°C.

Ist die erforderliche Einsatztiefe erreicht, so läßt man das Einsatzgut im Einsatzkasten langsam erkalten, dann werden die Werkstücke nochmals auf 600...650°C erwärmt mit nachfolgender langsamer Abkühlung. Zum Härten erfolgt Erwärmung auf Härtetemperatur 750...800°C. Es ist selbstverständlich möglich, nach der Aufkohlung noch spanabhebende Bearbeitungen vorzunehmen, allerdings wird dabei die härtbare Oberfläche beseitigt. Dann wird das Härtegut im Wasser abgeschreckt. Durch das Zwischenglühen wird ein allmählicher Übergang von der harten Oberfläche zum weichen Kern erzielt. Um evtl. Spannungen zu beseitigen, kann bei 150...200°C angelassen werden.

Stellen, die weich bleiben sollen, werden vor dem Einsetzen mit einer Schutzschicht (Lehm oder Asbestbrei) abgedeckt, um die Kohlenstoffaufnahme zu verhindern, oder das Werkstück erhält an dieser Stelle Bearbeitungszugabe, so daß vor dem Härten die aufgekohlte Materialschicht abgenommen werden kann.

Für manche Zwecke genügt eine dünne Härteschicht, z. B. bei Schraubenköpfen und Muttern. Diese Teile werden auf helle Rotglut erhitzt, mit Kali (Blutlaugensalz) bestreut und so lange im Feuer gehalten, bis das Pulver zu einer glänzenden Schicht zerschmilzt. Dieser Vorgang wird mehrmals, je nach gewünschter Einsatztiefe, wiederholt; dann wird das auf Härtetemperatur erhitzte Werkstück im Wasser abgeschreckt. Die durch das zerschmolzene Blutlaugensalz gebildete stumpfgelbe Oberfläche ist auch als Oxidationsschutz zu belassen.

19.3.6.2. Flammenhärtung (Brennstrahlhärtung)

wird bei Stahlsorten von mehr als 0,3% C-Gehalt angewendet. Durch eine Stichflamme wird die obere Schicht des Werkstoffes sehr schnell auf Härtetemperatur erhitzt und bevor die zugeführte Wärme in das Werkstückinnere abfließen kann, erfolgt das Abschrecken durch eine Wasserbrause.

Je nach Form und Größe des Werkstückes wendet man verschiedene Verfahren an; man unterscheidet Linienhärtung, Mantelhärtung und Umlaufvorschuboder Spiralhärtung.

Bei der Linienhärtung überdeckt der Brenner und die mit dem Brenner gekoppelte Abschreckbrause die zu härtende Fläche in ihrer ganzen Breite. Sie werden entweder langsam über die Fläche bewegt, oder die Fläche bewegt sich langsam an Brenner und Brause vorbei. Die Vorschubgeschwindigkeit liegt zwischen 50 und 200 mm/min; je langsamer der Vorschub, um so tiefer ist die Härteschicht. Die Aufkohlung des Werkstoffes erfolgt durch die Azetylenflamme.

Bei der Mantelhärtung erfolgt der Härtevorgang in 2 Stufen. Der Brenner erwärmt zunächst die ganze Fläche; entweder durch Pendelbewegung des Brenners oder das Werkstück macht mehrere schnelle Umdrehungen am Brenner vorbei. Ist die Erwärmungszone tief genug, so erfolgt das Abschrecken durch die Brause.

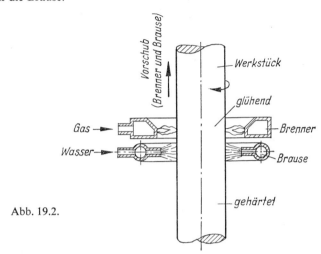

Abb. 19.2.

Bei der Umlaufvorschubhärtung werden ein Ringbrenner bzw. Segmentbrenner mit nachfolgender Ringbrause bei langsamer Drehbewegung des Werkstückes axial über dieses hinweggeführt. Die Härtung erfolgt mit einem einmaligen Durchgang (Abb. 19.2.).

19.3.6.3. Induktionshärtung (Hochfrequenzhärtung)

Der Stahl muß den zum Härten erforderlichen C-Gehalt besitzen. Anstelle eines Brenners wird eine Hochfrequenzspule verwendet, die Form muß dem Werkstück angepaßt sein. Der Spule wird hochfrequenter Strom zugeführt. Dieser Strom wechselt in einer Sekunde etwa 100000mal seine Richtung; er besitzt die Eigenart, nur an der Oberfläche des Leiters zu fließen, dadurch wird nur die Oberfläche des Werkstückes erhitzt. Je höher die Frequenz, um so geringer ist die Eindringtiefe. Da die Einrichtungen für Induktionshärten verhältnismäßig teuer sind, wird dieses Härteverfahren meist nur für die Massenfertigung angewendet. Die Induktionshärtung wird mit Spezialspulen auch zur Härtung von Zahnflanken an Zahnrädern verwendet.

19.3.6.4. Nitrieren (Stickstoffhärtung)

Anstelle von Kohlenstoff wird der Außenschicht des Werkstoffes Stickstoff zugeführt. Es können nur zum Nitrieren geeignete Stahlsorten verwendet

429

werden, die einen Al- und Cr-Zusatz besitzen; ein Sondergußeisen läßt sich ebenfalls nitrieren. Der Werkstoff wird entweder in einem besonderen Ofen bei einer Temperatur von ca. 500°C einem Ammoniakgasstrom ausgesetzt oder in ein Bad, das Stickstoff abgibt (Durferrit-Nitrierbad) eingesetzt. Der Stickstoff der Ammoniakverbindung wird von der Oberfläche des Stahls aufgenommen, dadurch wird eine sehr große Oberflächenhärte hervorgerufen. Die nitrierte Schicht besitzt eine sehr große Härte, sie ist jedoch nicht so tief als beim Einsatzhärten. Das Werkstück wird nach dem Nitrieren nicht abgeschreckt. Während des Nitrierens bildet sich kein Zunder; da die Glühtemperatur nicht allzu hoch ist und auch kein Abschrecken erfolgt, verziehen sich die Werkstücke nicht, sie können deshalb vor dem Nitrieren fertigbearbeitet werden. Stellen, die weich bleiben sollen, werden verzinnt oder mit einer besonderen Paste abgedeckt. Nitriert werden Teile, die höchste Verschleißfestigkeit besitzen müssen, z. B. Arbeitsspindeln der Werkzeugmaschinen, Automobil- und Flugzeugmotorenzylinder, Auslaßventile, Zahnräder, Kurven- und Nockenscheiben usw.

19.4. Vergüten

Das Vergüten ist eine Abart des Härtens. Im Gegensatz zum Härten steht nicht die Härte, sondern die Verbesserung der mechanischen Eigenschaften im Vordergrund. Das Vergüten erfolgt durch ein- oder mehrmalige Wärmebehandlung (Erwärmen, Abschrecken und Anlassen bei hohen Temperaturen, 350...650°C). Zum Vergüten eignen sich Stähle mit einem C-Gehalt von 0,2...0,65%, sowie niedriglegierte Mangan-, Chrom-Molybdän-Stähle. Besonderer Vorteil des Vergütens ist die Verwendung von weichem, leicht zu bearbeitendem Stahl für Konstruktionsteile, die jedoch höhere Festigkeit besitzen müssen. Die erforderliche Festigkeit und Zähigkeit wird nach der Bearbeitung durch das Vergüten erzielt.

20. Oberflächenschutz

Technische Metalle besitzen die Eigenart, bei Berührung mit Luft, Wasser oder beiden, an ihrer Oberfläche anzulaufen (oxidieren), weil die äußere Metallschicht chemische Verbindungen mit Bestandteilen der Luft bzw. des Wassers eingeht.

Säuren, Laugen und Gase können ebenfalls zerstörend auf die Metalle einwirken. Feuchte Berührung verschiedener Metalle läßt ein galvanisches Element entstehen, wodurch ein Metall zersetzt wird.

Alle genannten Zerstörungserscheinungen bezeichnet man als Korrosion, bei Stahl und Eisen spricht man vom Rosten.

Bei manchen Metallen haftet die Oxidschicht fest auf dem darunterliegenden Metall, z. B. beim Kupfer, Aluminium, Zink, Blei usw., sie bildet einen natürlichen Schutz und verhindert weitere Zerstörung.

Blättern oder bröckeln die Oxidschichten jedoch ab, wie dieses z. B. beim Rost geschieht, der außerdem außerordentlich porös ist, so wird die darunterliegende Schicht ebenfalls zerstört. Dieser Vorgang setzt sich fort, bis das Metall völlig zersetzt ist.

Um die Metalle vor äußeren Einwirkungen zu schützen, können die verschiedensten Verfahren angewendet werden.

20.1. Blanke Stahlteile lassen sich kurzfristig durch Einfetten bzw. Einölen vor Oxidation schützen. Fette und Öle müssen jedoch säurefrei sein.

20.2. Schutzanstriche werden vielfach verwendet. Je nach dem Zweck erhält die Oberfläche einen ein- oder mehrmaligen Anstrich. Werden hohe Anforderungen an den Farbschutz gestellt, z. B. bei Brücken oder sonstigen Stahlkonstruktionen, die sich im Freien befinden, so muß zunächst mit einem rosthemmenden Mittel grundiert werden; hierzu sind besonders Bleimennige und Bleiweiß geeignet.

Voraussetzung für gute Haltbarkeit der Schutzschicht ist ein rost- und zunderfreier, trockener Untergrund. Sollen die Oberflächen des Werkstückes besonders glatt sein, so werden sie ein- oder mehrere Male gespachtelt; nach dem Trocknen wird die Spachtelung mit Bimsstein glattgeschliffen. Als Deckanstriche finden Ölfarben, Chlorkautschukfarben sowie synthetische Farben und Lacke Verwendung. Sehr dauerhafte Überzüge werden durch eingebrannte Lackanstriche erzielt. Für besondere Zwecke werden Anstriche mit Steinkohlenteerpech oder Naturasphalt ausgeführt. Das Auftragen der Farbe geschieht durch Streichen, Aufspritzen oder Tauchen.

20.3. Metallüberzüge durch Tauchen in geschmolzene Metalle werden beim Verzinken, Verzinnen und Verbleien hergestellt. Diese Arbeitsverfahren werden hauptsächlich bei Blechen, Drähten und Röhren angewendet.

20.4. Werkstücke lassen sich auf galvanischem Wege verkupfern, kadmieren, vernickeln, verchromen, versilbern und vergolden. Um die Überzüge zu verdichten und der Oberfläche Glanz zu verleihen, können die Teile noch poliert werden. Da diese Überzüge sehr dünn sind, ist ein Ausgleich von Oberflächenfehlern nicht möglich. Galvanische Aufträge eignen sich in stärkerer Schicht allerdings als Ausgleich für durch Verschleiß entstandene Werkstoffverluste.

20.5. Durch Emaillieren erhalten vor allem Grauguß und Stahl einen außerordentlich widerstandsfähigen Schutzüberzug gegen Feuchtigkeit und Witterungseinflüsse aus verflüssigten und dann erstarrten Silikaten. Emaille ist jedoch sehr empfindlich gegen Schlag und Stoß sowie gegen schroffen Temperaturwechsel.

20.6. Weitere Verfahren sind: oxidische Überzüge, die durch chemische Veränderung der äußersten Metallschicht hervorgerufen werden; sie sind meist sehr dünn und haben außerdem oftmals den Zweck, die Oberfläche zu verschönern: Brünieren, Schwarzfärben von Eisen, Abbrennen mit Leinöl (Schwarzbrennen), Phosphatüberzüge auf Eisen (Parkerisieren), Coslettisieren (Kaltbonderverfahren), Nitrieren. Für Aluminium und Leichtmetallegierungen wird überwiegend das Eloxalverfahren angewendet. Hierbei wird in einem elektrischen Bad eine künstliche Oxidhaut erzeugt, die durch entsprechende Einfärbung auch zu Schmuckzwecken Verwendung findet.

21. Sonderverfahren

21.1. Metallspritzverfahren

Geschmolzenes Metall wird auf eine Oberfläche aufgespritzt. Es bildet dort eine Metallschicht. Metallegierungen oder auch reines Metall werden in einer Flamme geschmolzen. Die Zerstäubung erfolgt durch Preßluft. Der Haftgrund muß zweckentsprechend vorbearbeitet sein.

Spritzmetall ist ein besonders metallurgisches Material. Die physikalischen Eigenschaften sind von denen des ursprünglichen Materials sehr verschieden. Da Spritzmetall sehr spröde und porös ist, eignet es sich ausgezeichnet für Lager, weil ideale Olspeicherung in den Metallporen stattfindet.

Im Maschinenbau wird Metallspritzen auch angewendet, wenn reparaturbedürftige Teile instandzusetzen sind, oder wenn Teile gerettet werden sollen, die durch die Herstellung verdorben wurden. Das bespritzte Objekt wird nicht allzustark erhitzt, man bezeichnet das Metallspritzen deshalb auch als „Kaltverfahren". Verwerfungen sind aus diesem Grunde nicht zu befürchten.

Spritzmetall wird auch für Korrosionsschutzarbeiten verwendet, besonders bei solchen Konstruktionen, die dem Wasser ausgesetzt sind, z. B. Schiffen, Brücken, Schleusentore usw.; hier werden zumeist Aluminium und Zink auf Stahl aufgespritzt. Weitere Anwendungsgebiete sind: elektrische Abschirmungen, elektrische Leitungselemente für Strahlungsheizung, Lötverbindungen, für Kohlenwiderstände, Bürsten, Gleichrichterplatten, bei Dekorationsgegenständen uam.

Das Metallspritzen erfolgt mittels einer Spritzpistole. Es gibt die verschiedensten Typen. Bei der Tiegelpistole wird Metall in einem Tiegel geschmolzen, das flüssige Metall wird mit Hilfe einer Luftdüse zerstäubt. Die Staubpistole bläst mittels Preßluft zerstäubtes Metall durch eine Hitzeflamme auf die zu bespritzende Oberfläche. Bei manchen Pistolentypen werden elektrische Lichtbogen anstelle von Gassauerstoffflammen verwendet. Die bewährteste Spritzpistole ist jedoch die Drahpistole; hier wird das zu verspritzende Metall durch eine selbsttätige Vorschubvorrichtung durch die Pistole bis in eine Gas-Sauerstoffflamme geleitet, welche durch Preßluft beschränkt, die geschmolzene Drahtspitze in feinen Metallstaub verwandelt.

21.2. Sonderbehandlung von Oberflächen durch Sandstrahlen

Am Ende des vorigen Jahrhunderts wurde das Sandstrahlen zum Mattieren von Glas entwickelt. Daraus hat sich eine Vielzahl von Anwendungsmöglichkeiten ergeben. Zunächst wurde das Sandstrahlen in der Gießerei-Industrie zum Putzen von Gußstücken angewandt; aber auch andere metallverarbeitende Industriezweige erkannten bald, daß sich mit dem Sandstrahlgebläse praktisch viele Oberflächenbearbeitungen an Metallteilen wie Reinigen, Entrosten, Aufrauhen usw. rasch, bequem und billig durchführen lassen.

Der früher zum Sandstrahlen verwendete Quarzsand, der zu etwa 95% aus freier Kieselsäure besteht, erwies sich als außerordentlich gesundheitsschädigend. In einigen Ländern wurde deshalb das Sandstrahlen mit Quarzsand verboten. Versuche, Quarzsand durch Stahlsand (Stahlkies), der in der Steinindustrie seit Jahrzehnten zum Sägen, Schuren und Schleifen von Hartgesteinen verwendet wurde, zeigten sehr günstige Ergebnisse.

Der Stahlsand (Stahlkies aus gehärteten Eisenlegierungen und in neuester Zeit auch aus Stahlguß) enthält keine freie Kieselsäure und splittert infolge seiner Zähigkeit nicht beim Aufprall auf das Werkstück. Gegenüber dem Quarzsand, der nach zwei bis drei Umläufen zu unbrauchbaren und gesundheitsschädigendem Staub zerschlägt, kann der Stahlsand mehrere hundert Male verwendet werden (100 kg Stahlsand ersetzen 3000...4000 kg Quarzsand).

Für das Sandstrahlen setzen sich in neuerer Zeit neben den Sandstrahlgebläsen immer mehr Sandstrahlmaschinen durch, die nach dem Schleuderprinzip arbeiten.

Tabellen und Richtwerte

Mathematische Zeichen (Auszug aus DIN 1302)

=	gleich; $\equiv$ identisch gleich	$\parallel$	gleichlaufend, parallel
$\triangleq$	entspricht	$\perp$	rechtwinklig zu
$\neq$	nicht gleich, ungleich	$\rightarrow$	gegen, nähert sich, strebt nach
$\approx$	nahezu gleich, etwa, rund	$\sphericalangle$	Winkel, z. B. $\sphericalangle\,\alpha$
$\cong$	kongruent	$\triangle$	Dreieck
$\sim$	ähnlich, proportional	$\sqrt{}$	Wurzel aus
$<$	kleiner als	Δ	endliche Zunahme (Delta)
$>$	größer als	Σ	Summe von
$\leqq$	kleiner od. gleich, höchst. gleich	lg	Logarithmus zur Basis 10
$\geqq$	größer oder gleich, mind. gleich	ln	Logarithmus zur Basis e
$\lll$	klein gegen	...	oder ... und so weiter bis
$\ggg$	groß gegen	$^0/_0$	Prozent, vom Hundert
∞	unendlich	$^0/_{00}$	Promille, vom Tausend
$+$	plus, und, positiv	$\overline{AB}$	Strecke AB
$-$	minus, weniger, negativ	$\overset{\frown}{AB}$	Bogen AB
$\cdot$	mal bei der Multiplikation	$^{\circ\;\prime\;\prime\prime}$	Grad, Minute und Sekunde in der 360°-Teilung des Kreises
$-$	waagerechter Bruchstrich ⎫ bei der		
/	schräger Bruchstrich ⎭ Division	g c cc	Grad, Minute und Sekunde in der 400°-Teilung des Kreises
/	je, z. B. kp/m (kp je m)		
:	zu (bei Verhältnissen)		
,	Dezimalzeichen (Komma unten)		
( ) [ ] { } ⟨ ⟩	Runde, eckige, geschweifte, spitze Klammern	$\varnothing$	Sinnbild für Durchmesser
		$\square$	Sinnbild für Quadrat

Griechisches Alphabet

$A\alpha$	$B\beta$	$\Gamma\gamma$	$\Delta\delta$	$E\varepsilon$	$Z\zeta$	$H\eta$	$\Theta\vartheta$	$I\iota$	$K\varkappa$	$\Lambda\lambda$	$M\mu$
alpha	beta	gamma	delta	epsilon	zeta	eta	theta	jota	kappa	lambda	my
$N\nu$	$\Xi\xi$	$O o$	$\Pi\pi$	$P\varrho$	$\Sigma\sigma$	$T\tau$	$Y\upsilon$	$\Phi\varphi$	$X\chi$	$\Psi\psi$	$\Omega\omega$
ny	xi	omikron	pi	rho	sigma	tau	ypsilon	phi	chi	psi	omega

Römische Ziffern

I	II	III	IV	V	VI	VII	VIII	IX	X	XI	XX	XXX
1	2	3	4	5	6	7	8	9	10	11	20	30

XL	L	LX	LXX	LXXX	XC	C	D	M	MDCCCIL	MCMLX
40	50	60	70	80	90	100	500	1000	1849	1960

Allgemeine Richtwerte für Reibungszahlen

Werkstoffe der reibenden Körper	Haftreibungszahl μ_0 trocken	gefettet	Gleitreibungszahl μ trocken	gefettet
Stahl auf Stahl	0,15...0,2	0,1	0,1...0,15	0,05
Stahl auf Grauguß, Rotguß oder Bronze	0,18...0,25	0,1	0,15...0,2	0,05
Grauguß auf Grauguß oder Bronze	0,22...0,26	0,16	0,15...0,2	0,1
Metall auf Holz	0,5...0,6	0,1	0,2...0,5	0,08
Holz auf Holz	0,5...0,7	0,2	0,2...0,4	0,005...0,15
Lederriemen auf Grauguß oder Stahlguß	0,5...0,6	0,3	0,3...0,5	0,2
Lederdichtungen auf Metall	0,6	0,25	0,25	0,12
Brems- und Kupplungsbeläge aus Asbestgewebe auf Stahl, Stahlguß oder Grauguß	—	—	0,3...0,5	0,15...0,3

Die höheren Werte gelten für rauhe, die kleineren Werte für glatte Flächen.

Umrechnung von Pferdestärken (PS) in Kilowatt (kW)

PS	0	1	2	3	4	5	6	7	8	9
0		0,74	1,47	2,21	2,94	3,68	4,41	5,15	5,88	6,62
10	7,35	8,09	8,83	9,56	10,30	11,03	11,77	12,50	13,24	13,97
20	14,71	15,45	16,18	16,92	17,65	18,39	19,12	19,86	20,59	21,33
30	22,06	22,80	23,54	24,27	25,01	25,74	26,48	27,21	27,95	28,68
40	29,42	30,16	30,89	31,63	32,36	33,10	33,83	34,57	35,30	36,04
50	36,77	37,51	38,25	38,98	39,72	40,45	41,19	41,92	42,66	43,39
60	44,13	44,87	45,60	46,34	47,07	47,81	48,54	49,28	50,01	50,75
70	51,48	52,22	52,96	53,69	54,43	55,16	55,40	56,63	57,37	58,10
80	58,84	59,58	60,31	61,05	61,78	62,52	63,25	63,99	64,72	65,46
90	66,19	66,93	67,67	68,40	69,14	69,87	70,61	71,34	72,08	72,81
100	73,55	74,29	75,02	75,76	76,49	77,23	77,96	78,70	79,43	80,17
110	80,90	81,64	82,38	83,11	83,84	84,58	85,32	86,05	86,79	87,52
120	88,26	89,00	89,73	90,47	91,20	91,94	92,67	93,41	94,14	94,88
130	95,61	96,35	97,09	97,82	98,56	99,29	100,0	100,8	101,5	102,2
140	103,0	103,7	104,4	105,2	105,9	106,6	107,4	108,1	108,8	109,6
150	110,3	111,1	111,8	112,5	113,3	114,0	114,7	115,5	116,2	116,9
160	117,7	118,4	119,1	119,9	120,6	121,4	122,1	122,8	123,6	124,3
170	125,0	125,8	126,5	127,2	128,0	128,7	129,4	130,2	130,9	131,7
180	132,4	133,1	133,9	134,6	135,3	136,1	136,8	137,5	138,3	139,0
190	139,7	140,5	141,2	142,0	142,7	143,4	144,2	144,9	175,6	146,4
200	147,1	147,8	148,6	149,3	150,0	150,8	151,5	152,2	153,0	153,7

Bogenlängen, Bogenhöhen, Sehnenlängen
für den Halbmesser r = 1
in Abhängigkeit vom Mittelpunktswinkel α [Grad]

α	Bogenlänge b	Bogenhöhe h	Sehnenlänge s	α	Bogenlänge b	Bogenhöhe h	Sehnenlänge s
1	0,0175	0,0000	0,0175	46	0,8029	0,0795	0,7815
2	0,0349	0,0002	0,0349	47	0,8203	0,0829	0,7975
3	0,0524	0,0003	0,0524	48	0,8378	0,0865	0,8135
4	0,0698	0,0006	0,0698	49	0,8552	0,0900	0,8294
5	0,0873	0,0010	0,0872	50	0,8727	0,0937	0,8452
6	0,1047	0,0014	0,1047				
7	0,1222	0,0019	0,1221	51	0,8901	0,0974	0,8610
8	0,1396	0,0024	0,1395	52	0,9076	0,1012	0,8767
9	0,1571	0,0031	0,1569	53	0,9250	0,1051	0,8924
10	0,1745	0,0038	0,1743	54	0,9425	0,1090	0,9080
				55	0,9599	0,1130	0,9235
11	0,1920	0,0046	0,1917	56	0,9774	0,1171	0,9389
12	0,2094	0,0055	0,2091	57	0,9948	0,1212	0,9543
13	0,2269	0,0064	0,2264	58	1,0123	0,1254	0,9696
14	0,2443	0,0075	0,2437	59	1,0297	0,1296	0,9848
15	0,2618	0,0086	0,2611	60	1,0472	0,1340	1,0000
16	0,2793	0,0097	0,2783				
17	0,2967	0,0110	0,2956	61	1,0647	0,1384	1,0151
18	0,3142	0,0123	0,3129	62	1,0821	0,1428	10,301
19	0,3316	0,0137	0,3301	63	1,0996	0,1474	1,0450
20	0,3491	0,0152	0,3473	64	1,1170	0,1520	1,0598
				65	1,1345	0,1566	1,0746
21	0,3665	0,0167	0,3645	66	1,1519	0,1613	1,0893
22	0,3840	0,0184	0,3816	67	1,1694	0,1661	1,1039
23	0,4014	0,0201	0,3987	68	1,1868	0,1710	1,1184
24	0,4189	0,0219	0,4158	69	1,2043	0,1759	1,1328
25	0,4363	0,0237	0,4329	70	1,2217	0,1808	1,1472
26	0,4538	0,0256	0,4499				
27	0,4712	0,0276	0,4669	71	1,2392	0,1859	1,1614
28	0,4887	0,0297	0,4838	72	1,2566	0,1910	1,1756
29	0,5061	0,0319	0,5008	73	1,2741	0,1961	1,1896
30	0,5236	0,0341	0,5176	74	1,2915	0,2014	1,2036
				75	1,3090	0,2066	1,2175
31	0,5411	0,0364	0,5345	76	1,3265	0,2120	1,2312
32	0,5585	0,0387	0,5512	77	1,3439	0,2174	1,2450
33	0,5760	0,0412	0,5680	78	1,3614	1,2229	1,2586
34	0,5934	0,0437	0,5847	79	1,3788	0,2284	1,2722
35	0,6109	0,0463	0,6014	80	1,3963	0,2340	1,2856
36	0,6283	0,0489	0,6180				
37	0,6458	0,0517	0,6346	81	1,4137	0,2396	1,2989
38	0,6632	0,0545	0,6511	82	1,4312	0,2453	1,3121
39	0,6807	0,0574	0,6676	83	1,4486	0,2510	1,3252
40	0,6981	0,0603	0,6840	84	1,4661	0,2569	1,3383
				85	1,4835	0,2627	1,3512
41	0,7156	0,0633	0,7004	86	1,5010	0,2686	1,3640
42	0,7330	0,0664	0,7167	87	1,5184	0,2746	1,3767
43	0,7505	0,0696	0,7330	88	1,5359	0,2807	1,3893
44	0,7679	0,0728	0,7492	89	1,5533	0,2867	1,4018
45	0,7854	0,0761	0,7654	90	1,5708	0,2929	1,4142

Bogenlängen, Bogenhöhen, Sehnenlängen
für den Halbmesser r = 1
in Abhängigkeit vom Mittelpunktswinkel α [Grad]

ϑ	Bogenlänge b	Bogenhöhe h	Sehnenlänge s	ϑ	Bogenlänge b	Bogenhöhe h	Sehnenlänge s
91	1,5882	0,2991	1,4265	136	2,3736	0,6254	1,8544
92	1,6057	0,3053	1,4387	137	2,3911	0,6335	1,8608
93	1,6232	0,3116	1,4507	138	2,4086	0,6416	1,8672
94	1,6406	0,3180	1,4627	139	2,4260	0,6498	1,8733
95	1,6580	0,3244	1,4746	140	2,4435	0,6580	1,8794
96	1,6755	0,3309	1,4863				
97	1,6930	0,3374	1,4979	141	2,4609	0,6662	1,8853
98	1,7104	0,3439	1,5094	142	2,4784	0,6744	1,8910
99	1,7279	0,3506	1,5208	143	2,4958	0,6827	1,8966
100	1,7453	0,3572	1,5321	144	2,5133	0,6910	1,9021
				145	2,5307	0,6993	1,9074
101	1,7628	0,3639	1,5432	146	2,5482	0,7076	1,9126
102	1,7802	0,3707	1,5543	147	2,5656	0,7160	1,9176
103	1,7977	0,3775	1,5652	148	2,5831	0,7244	1,9225
104	1,8151	0,3843	1,5760	149	2,6005	0,7328	1,9273
105	1,8326	0,3912	1,5867	150	2,6180	0,7412	1,9319
106	1,8500	0,3982	1,5973				
107	1,8675	0,4052	1,6077	151	2,6354	0,7496	1,9363
108	1,8850	0,4122	1,6180	152	2,6529	0,7581	1,9406
109	1,9024	0,4193	1,6282	153	2,6704	0,7666	1,9447
110	1,9199	0,4264	1,6383	154	2,6878	0,7750	1,9487
				155	2,7053	0,7836	1,9526
111	1,9373	0,4336	1,6483	156	2,7227	0,7921	1,9563
112	1,9548	0,4408	1,6581	157	2,7402	0,8006	1,9598
113	1,9722	0,4481	1,6678	158	2,7576	0,8092	1,9633
114	1,9897	0,4554	1,6773	159	2,7751	0,8178	1,9665
115	2,0071	0,4627	1,6868	160	2,7925	0,8264	1,9696
116	2,0246	0,4701	1,6961				
117	2,0420	0,4775	1,7053	161	2,8100	0,8350	1,9726
118	2,0595	0,4850	1,7143	162	2,8274	0,8436	1,9754
119	2,0769	0,4925	1,7233	163	2,8449	0,8522	1,9780
120	2,0944	0,5000	1,7321	164	2,8623	0,8608	1,9805
				165	2,8798	0,8695	1,9829
121	2,1118	0,5076	1,7407	166	2,8972	0,8781	1,9851
122	2,1293	0,5152	1,7492	167	2,9147	0,8868	1,9871
123	2,1468	0,5228	1,7576	168	2,9322	0,8595	1,9890
124	2,1642	0,5305	1,7659	169	2,9496	0,9042	1,9908
125	2,1817	0,5383	1,7740	170	2,9671	0,9128	1,9924
126	2,1991	0,5460	1,7820				
127	2,2166	0,5538	1,7899	171	2,9845	0,9215	1,9938
128	2,2340	0,5616	1,7976	172	3,0020	0,9302	1,9951
129	2,2515	0,5695	1,8052	173	3,0194	0,9390	1,9963
130	2,2689	0,5774	1,8126	174	3,0369	0,9477	1,9973
				175	3,0543	0,9564	1,9981
131	2,2864	0,5853	1,8199	176	3,0718	0,9651	1,9988
132	2,3038	0,5933	1,8271	177	3,0892	0,9738	1,9993
133	2,3213	0,6013	1,8341	178	3,1067	0,9825	1,9997
134	2,3387	0,6093	1,8410	179	3,1241	0,9913	1,9999
135	2,3562	0,6173	1,8478	180	3,1416	1,0000	2,0000

Sinus 0...45°

$$\sin \alpha = \frac{a}{c}; \quad a = c \cdot \sin \alpha; \quad c = \frac{a}{\sin \alpha}$$

Mittlere Tafel-Differenz	Grad	Minuten							
		0′	10′	20′	30′	40′	50′	60′	
29	0	0,0000	0,0029	0,0058	0,0087	0,0116	0,0145	0,0175	89
..	1	0,0175	0,0204	0,0233	0,0262	0,0291	0,0320	0,0349	88
..	2	0,0349	0,0378	0,0407	0,0436	0,0465	0,0494	0,0523	87
..	3	0,0523	0,0552	0,0581	0,0610	0,0640	0,0669	0,0698	86
..	4	0,0698	0,0727	0,0756	0,0785	0,0814	0,0843	0,0872	85
..	5	0,0872	0,0901	0,0929	0,0958	0,0987	0,1016	0,1045	84
..	6	0,1045	0,1074	0,1103	0,1132	0,1161	0,1190	0,1219	83
..	7	0,1219	0,1248	0,1276	0,1305	0,1334	0,1363	0,1392	82
..	8	0,1392	0,1421	0,1449	0,1478	0,1507	0,1536	0,1564	81
..	9	0,1564	0,1593	0,1622	0,1650	0,1679	0,1708	0,1736	80
..	10	0,1736	0,1765	0,1794	0,1822	0,1851	0,1880	0,1908	79
..	11	0,1908	0,1937	0,1965	0,1994	0,2022	0,2051	0,2079	78
28	12	0,2079	0,2108	0,2136	0,2164	0,2193	0,2221	0,2250	77
..	13	0,2250	0,2278	0,2306	0,2334	0,2363	0,2391	0,2419	76
..	14	0,2419	0,2447	0,2476	0,2504	0,2532	0,2560	0,2588	75
..	15	0,2588	0,2616	0,2644	0,2672	0,2700	0,2728	0,2756	74
..	16	0,2756	0,2784	0,2812	0,2840	0,2868	0,2896	0,2924	73
..	17	0,2924	0,2952	0,2979	0,3007	0,3035	0,3062	0,3090	72
..	18	0,3090	0,3118	0,3145	0,3173	0,3201	0,3228	0,3256	71
27	19	0,3256	0,3283	0,3311	0,3338	0,3365	0,3393	0,3420	70
..	20	0,3420	0,3448	0,3475	0,3502	0,3529	0,3557	0,3584	69
..	21	0,3584	0,3611	0,3638	0,3665	0,3692	0,3719	0,3746	68
..	22	0,3746	0,3773	0,3800	0,3827	0,3854	0,3881	0,3907	67
..	23	0,3907	0,3934	0,3961	0,3987	0,4014	0,4041	0,4067	66
..	24	0,4067	0,4094	0,4120	0,4147	0,4173	0,4200	0,4226	65
26	25	0,4226	0,4253	0,4279	0,4305	0,4331	0,4358	0,4384	64
..	26	0,4384	0,4410	0,4436	0,4462	0,4488	0,4514	0,4540	63
..	27	0,4540	0,4566	0,4592	0,4617	0,4643	0,4669	0,4695	62
25	28	0,4695	0,4720	0,4746	0,4772	0,4797	0,4823	0,4848	61
..	29	0,4848	0,4874	0,4899	0,4924	0,4950	0,4975	0,5000	60
..	30	0,5000	0,5025	0,5050	0,5075	0,5100	0,5125	0,5150	59
..	31	0,5150	0,5175	0,5200	0,5225	0,5250	0,5275	0,5299	58
..	32	0,5299	0,5324	0,5348	0,5373	0,5398	0,5422	0,5446	57
..	33	0,5446	0,5471	0,5495	0,5519	0,5544	0,5568	0,5592	56
24	34	0,5592	0,5616	0,5640	0,5664	0,5688	0,5712	0,5736	55
..	35	0,5736	0,5760	0,5783	0,5807	0,5831	0,5854	0,5878	54
..	36	0,5878	0,5901	0,5925	0,5948	0,5972	0,5995	0,6018	53
23	37	0,6018	0,6041	0,6065	0,6088	0,6111	0,6134	0,6157	52
..	38	0,6157	0,6180	0,6202	0,6225	0,6248	0,6271	0,6293	51
..	39	0,6293	0,6316	0,6338	0,6361	0,6383	0,6406	0,6428	50
22	40	0,6428	0,6450	0,6472	0,6494	0,6517	0,6539	0,6561	49
..	41	0,6561	0,6583	0,6604	0,6626	0,6648	0,6670	0,6691	48
..	42	0,6691	0,6713	0,6734	0,6756	0,6777	0,6799	0,6820	47
21	43	0,6820	0,6841	0,6862	0,6884	0,6905	0,6926	0,6947	46
..	44	0,6947	0,6967	0,6988	0,7009	0,7030	0,7050	0,7071	45
Mittlere Tafel-Differenz		60′	50′	40′	30′	20′	10′	0′	Grad
		Minuten							

$$\cos \alpha = \frac{b}{c}; \quad b = c \cdot \cos \alpha; \quad c = \frac{b}{\cos \alpha}$$

Cosinus 45...90°

Sinus 45...90°

Grad	Minuten								Mittlere Tafel-Differenz
	0′	10′	20′	30′	40′	50′	60′		
45	0,7071	0,7092	0,7112	0,7133	0,7153	0,7173	0,7193	44	20
46	0,7193	0,7214	0,7234	0,7254	0,7274	0,7294	0,7314	43	..
47	0,7314	0,7333	0,7353	0,7373	0,7392	0,7412	0,7431	42	..
48	0,7431	0,7451	0,7470	0,7490	0,7509	0,7528	0,7547	41	19
49	0,7547	0,7566	0,7585	0,7604	0,7623	0,7642	0,7660	40	..
50	0,7660	0,7679	0,7698	0,7716	0,7735	0,7753	0,7771	39	18
51	0,7771	0,7790	0,7808	0,7826	0,7844	0,7862	0,7880	38	..
52	0,7880	0,7898	0,7916	0,7934	0,7951	0,7969	0,7986	37	..
53	0,7986	0,8004	0,8021	0,8039	0,8056	0,8073	0,8090	36	17
54	0,8090	0,8107	0,8124	0,8141	0,8158	0,8175	0,8192	35	..
55	0,8192	0,8208	0,8225	0,8241	0,8258	0,8274	0,8290	34	..
56	0,8290	0,8307	0,8323	0,8339	0,8355	0,8371	0,8387	33	16
57	0,8387	0,8403	0,8418	0,8434	0,8450	0,8465	0,8480	32	..
58	0,8480	0,8496	0,8511	0,8526	0,8542	0,8557	0,8572	31	..
59	0,8572	0,8587	0,8601	0,8616	0,8631	0,8646	0,8660	30	15
60	0,8660	0,8675	0,8689	0,8704	0,8718	0,8732	0,8746	29	..
61	0,8746	0,8760	0,8774	0,8788	0,8802	0,8816	0,8829	28	14
62	0,8829	0,8843	0,8857	0,8870	0,8884	0,8897	0,8910	27	..
63	0,8910	0,8923	0,8936	0,8949	0,8962	0,8975	0,8988	26	13
64	0,8988	0,9001	0,9013	0,9026	0,9038	0,9051	0,9063	25	..
65	0,9063	0,9075	0,9088	0,9100	0,9112	0,9124	0,9135	24	12
66	0,9135	0,9147	0,9159	0,9171	0,9182	0,9194	0,9205	23	..
67	0,9205	0,9216	0,9228	0,9239	0,9250	0,9261	0,9272	22	11
68	0,9272	0,9283	0,9293	0,9304	0,9315	0,9325	0,9336	21	..
69	0,9336	0,9346	0,9356	0,9367	0,9377	0,9387	0,9397	20	10
70	0,9397	0,9407	0,9417	0,9426	0,9436	0,9446	0,9455	19	..
71	0,9455	0,9465	0,9474	0,9483	0,9492	0,9502	0,9511	18	9
72	0,9511	0,9520	0,9528	0,9537	0,9546	0,9555	0,9563	17	..
73	0,9563	0,9572	0,9580	0,9588	0,9596	0,9605	0,9613	16	8
74	0,9613	0,9621	0,9628	0,9636	0,9644	0,9652	0,9659	15	..
75	0,9659	0,9667	0,9674	0,9681	0,9689	0,9696	0,9703	14	7
76	0,9703	0,9710	0,9717	0,9724	0,9730	0,9737	0,9744	13	..
77	0,9744	0,9750	0,9757	0,9763	0,9769	0,9775	0,9781	12	6
78	0,9781	0,9787	0,9793	0,9799	0,9805	0,9811	0,9816	11	..
79	0,9816	0,9822	0,9827	0,9833	0,9838	0,9843	0,9848	10	5
80	0,9848	0,9853	0,9858	0,9863	0,9868	,09872	0,9877	9	..
81	0,9877	0,9881	0,9886	0,9890	0,9894	0,9899	0,9903	8	4
82	0,9903	0,9907	0,9911	0,9914	0,9918	0,9922	0,9925	7	..
83	0,9925	0,9929	0,9932	0,9936	0,9939	0,9942	0,9945	6	3
84	0,9945	0,9948	0,9951	0,9954	0,9957	0,9959	0,9962	5	..
85	0,9962	0,9964	0,9967	0,9969	0,9971	0,9974	0,9976	4	2
86	0,9976	0,9978	0,9980	0,9981	0,9983	0,9985	0,9986	3	..
87	0,9986	0,9988	0,9989	0,9990	0,9992	0,9993	0,9994	2	1
88	0,9994	0,9995	0,9996	0,99966	0,99973	0,99979	0,99985	1	..
89	0,99985	0,99989	0,99993	0,99996	0,99998	1,99999	1,0000	0	2

	60′	50′	40′	30′	20′	10′	0′	Grad	Mittlere Tafel-Differenz
				Minuten					

Cosinus 0...45°

441

Tangens 0...45°

$$\tan \alpha = \frac{a}{b}; \quad a = \tan \alpha \cdot b; \quad b = \frac{a}{\tan \alpha}$$

Mittlere Tafel-Differenz	Grad	Minuten							Grad
		0'	10'	20'	30'	40'	50'	60'	
29	0	0,0000	0,0029	0,0058	0,0087	0,0116	0,0145	0,0175	89
..	1	0,0175	0,0204	0,0233	0,0262	0,0291	0,0320	0,0349	88
..	2	0,0349	0,0378	0,0407	0,0437	0,0466	0,0495	0,0524	87
..	3	0,0524	0,0553	0,0582	0,0612	0,0641	0,0670	0,0699	86
..	4	0,0699	0,0729	0,0758	0,0787	0,0816	0,0846	0,0875	85
..	5	0,0875	0,0904	0,0934	0,0963	0,0992	0,1022	0,1051	84
..	6	0,1051	0,1080	0,1110	0,1139	0,1169	0,1198	0,1228	83
..	7	0,1228	,01257	0,1287	0,1317	0,1346	0,1376	0,1405	82
30	8	0,1405	0,1435	0,1465	0,1495	0,1524	0,1554	0,1584	81
..	9	0,1584	0,1614	0,1644	0,1673	0,1703	0,1733	0,1763	80
..	10	0,1763	0,1793	0,1823	0,1853	0,1883	,01914	0,1944	79
..	11	0,1944	0,1974	0,2004	0,2035	0,2065	0,2095	0,2126	78
..	12	0,2126	0,2156	0,2186	0,2217	0,2247	0,2278	0,2309	77
..	13	0,2309	0,2339	0,2370	0,2401	0,2432	0,2462	0,2493	76
31	14	0,2493	0,2524	0,2555	0,2586	0,2617	0,2648	0,2679	75
..	15	0,2679	0,2711	0,2742	0,2773	0,2805	0,2836	0,2867	74
..	16	0,2867	0,2899	0,2931	0,2962	0,2994	0,3026	0,3057	73
32	17	0,3057	0,3089	0,3121	0,3153	0,3185	0,3217	0,3249	72
..	18	0,3249	0,3281	0,3314	0,3346	0,3378	0,3411	0,3443	71
33	19	0,3443	0,3476	0,3508	0,3541	0,3574	0,3607	0,3640	70
..	20	0,3640	0,3673	0,3706	0,3739	0,3772	0,3805	0,3839	69
..	21	0,3839	0,3872	0,3906	0,3939	0,3973	0,4006	0,4040	68
34	22	0,4040	0,4074	0,4108	0,4142	0,4176	0,4210	0,4245	67
..	23	0,4245	0,4279	0,4314	0,4348	0,4383	0,4417	0,4452	66
35	24	0,4452	0,4487	0,4522	0,4557	0,4592	0,4628	0,4663	65
36	25	0,4663	0,4699	0,4734	0,4770	0,4806	0,4841	0,4877	64
..	26	0,4877	0,4913	0,4950	0,4986	0,5022	0,5059	0,5095	63
37	27	0,5095	0,5132	0,5169	0,5206	0,5243	0,5280	0,5317	62
38	28	0,5317	0,5354	0,5392	0,5430	0,5467	0,5505	0,5543	61
..	29	0,5543	0,5581	0,5619	0,5658	0,5696	0,5735	0,5774	60
39	30	0,5774	,05812	0,5851	0,5890	0,5930	0,5969	0,6009	59
40	31	0,6009	0,6048	0,6088	0,6128	0,6168	0,6208	0,6249	58
41	32	0,6249	0,6289	0,6330	0,6371	0,6412	0,6453	0,6494	57
42	33	0,6494	0,6536	0,6577	0,6619	0,6661	0,6703	0,6745	56
43	34	0,6745	0,6787	0,6830	0,6873	0,6916	0,6959	0,7002	55
44	35	0,7002	0,7046	0,7089	0,7133	0,7177	0,7221	0,7265	54
45	36	0,7265	0,7310	0,7355	0,7400	0,7445	0,7490	0,7536	53
46	37	0,7536	0,7581	0,7627	0,7673	0,7720	0,7766	0,7813	52
47	38	0,7813	0,7860	0;7907	0,7954	0,8002	0,8050	0,8098	51
49	39	0,8098	0,8146	0,8195	0,8243	0,8292	0,8342	0,8391	50
50	40	0,8391	0,8441	0,8491	0,8541	0,8591	0,8642	0,8693	49
52	41	0,8693	0,8744	0,8796	0,8847	0,8899	0,8952	0,9004	48
53	42	0,9004	0,9057	0,9110	0,9163	0,9217	0,9271	0,9325	47
55	43	0,9325	0,9380	0,9435	0,9490	0,9545	0,9601	0,9657	46
57	44	0,9657	0,9713	0,9770	0,9827	0,9884	0,9942	1,0000	45
Mittlere Tafel-Differenz		60'	50'	40'	30'	20'	10'	0'	Grad
		Minuten							

$$\cot \alpha = \frac{b}{a}; \quad b = \cot \alpha \cdot a; \quad a = \frac{b}{\cot \alpha}$$

Cotangens 45...90°

Tangens 45...90°

Grad	Minuten								Mittlere Tafel-Differenz
	0'	10'	20'	30'	40'	50'	60'		
45	1,0000	1,0058	1,0117	1,0176	1,0236	1,0295	1,0355	44	59
46	1,0355	1,0416	1,0477	1,0538	1,0599	1,0661	1,0724	43	62
47	1,0724	1,0786	1,0850	1,0913	1,0977	1,1041	1,1106	42	64
48	1,1106	1,1171	1,1237	1,1303	1,1369	1,1436	1,1504	41	66
49	1,1504	1,1571	1,1640	1,1708	1,1778	1,1847	1,1918	40	69
50	1,1918	1,1988	1,2059	1,2131	1,2203	1,2276	1,2349	39	72
51	1,2349	1,2423	1,2497	1,2572	1,2647	1,2723	1,2799	38	75
52	1,2799	1,2876	1,2954	1,3032	1,3111	1,3190	1,3270	37	78
53	1,3270	1,3351	1,3432	1,3514	1,3597	1,3680	1,3764	36	82
54	1,3764	1,3848	1,3934	1,4019	1,4106	1,4193	1,4281	35	86
55	1,4281	1,4370	1,4460	1,4550	1,4641	1,4733	1,4826	34	9
56	1,4826	1,4919	1,5013	1,5108	1,5204	1,5301	1,5399	33	10
57	1,5399	1,5497	1,5597	1,5697	1,5798	1,5900	1,6003	32	10
58	1,6003	1,6107	1,6213	1,6318	1,6426	1,6534	1,6643	31	11
59	1,6643	1,6753	1,6864	1,6977	1,7090	1,7205	1,7321	30	12
60	1,7321	1,7438	1,7556	1,7675	1,7796	1,7917	1,8041	29	12
61	1,8041	1,8165	1,8291	1,8418	1,8546	1,8676	1,8807	28	13
62	1,8807	1,8940	1,9074	1,9210	1,9347	1,9486	1,9626	27	14
63	1,9626	1,9768	1,9912	2,0057	2,0204	2,0353	2,0503	26	15
64	2,0503	2,0655	2,0809	2,0965	2,1123	2,1283	2,1445	25	16
65	2,1445	2,1609	2,1775	2,1943	2,2113	2,2286	2,2460	24	17
66	2,2460	2,2637	2,2817	2,2998	2,3183	2,3369	2,3558	23	18
67	2,3559	2,3750	2,3945	2,4142	2,4342	2,4545	2,4751	22	20
68	2,4751	2,4960	2,5172	2,5387	2,5605	2,5826	2 6051	21	22
69	2,6051	2,6279	2,6511	2,6746	2,6985	2,7228	2,7475	20	24
70	2,7475	2,7725	2,7980	2,8239	2,8502	2,8770	2,9042	19	26
71	2,9042	2,9319	2,9600	2,9887	3,0178	3,0475	3,0777	18	29
72	3,0777	3,1084	3,1397	3,1716	3,2041	3,2371	3,2709	17	32
73	3,2709	3,3052	3,3402	3,3759	3,4124	3,4495	3,4874	16	36
74	3,4874	3,5261	3,5656	3,6059	3,6470	3,6891	3,7321	15	41
75	3,7321	3,7760	3,8208	3,8667	3,9136	3,9617	4,0108	14	47
76	4,0108	4,0611	4,1126	4,1653	4,2193	4,2747	4,3315	13	53
77	4,3315	4,3897	4,4494	4,5107	4.5736	4,6383	4,7046	12	63
78	4,7046	4,7729	4,8430	4,9152	4,9894	5,0658	5,1446	11	73
79	5,1446	5,2257	5,3093	5,3955	5,4845	5,5764	5,6713	10	88
80	5,6713	5,7694	5,8708	5,9758	6,0844	6,1970	6,3138	9	107
81	6,3138	6,4348	6,5605	6,6912	6,8269	6,9682	7,1154	8	133
82	7,1154	7,2687	7,4287	7,5958	7,7704	7,9530	8,1444	7	171
83	8,1444	8,3450	8,5556	8,7769	9,0098	9,2553	9,5144	6	227
84	9,5144	9,7882	10,0780	10,3854	10,7119	11,0594	11,4301	5	317
85	11,4301	11,8262	12,2505	12,7062	13,1969	13,7267	14,3007	4	423
86	14,3007	14,9244	15,6048	16,3499	17,1693	18,0750	19,0811	3	782
87	19,0811	20,2056	21,4704	22,9038	24,5418	26,4316	28,6363	2	1533
88	28,6363	31,2416	34,3678	38,1885	42,9641	49,1039	57,2900	1	4298
89	57,2900	68,7501	85,9398	114,5887	171,885	343,774	∞	0	4298
	60'	50'	40'	30'	20'	10'	0'	Grad	Mittlere Tafel-Differenz
				Minuten					

Cotangens 0...45°

JSO-Passungen — Einheitsbohrung — nach DIN 7160/7161

schwarze Zahlen: Gutseite Werte in $\mu m = \frac{1}{1000}$ mm rote Zahlen: Ausschußseite

Nennmaßbereich über ... mm

	JSO Kurzzeich.	1···3	3···6	6···10	10···18	18···30	30···40	40···50	50···65	65···80	80···100	100···120	120···140	140···160
Bohrung	H 6	+6 / 0	+8 / 0	+9 / 0	+11 / 0	+13 / 0	+16 / 0	+16 / 0	+19 / 0	+19 / 0	+22 / 0	+22 / 0	+25 / 0	+25 / 0
Welle	n 5	+8 / +4	+13 / +8	+16 / +10	+20 / +12	+24 / +15	+28 / +17	+28 / +17	+33 / +20	+33 / +20	+38 / +23	+38 / +23	+45 / +27	+45 / +27
	m 5	+6 / +2	+9 / +4	+12 / +6	+15 / +7	+17 / +8	+20 / +9	+20 / +9	+24 / +11	+24 / +11	+28 / +13	+28 / +13	+33 / +15	+33 / +15
	k 5	+4 / 0	+6 / +1	+7 / +1	+9 / +1	+11 / +2	+13 / +2	+13 / +2	+15 / +2	+15 / +2	+18 / +3	+18 / +3	+21 / +3	+21 / +3
	j 5	+2 / −2	+3 / −2	+4 / −2	+5 / −3	+5 / −4	+6 / −5	+6 / −5	+6 / −7	+6 / −7	+6 / −9	+6 / −9	+7 / −11	+7 / −11
	h 5	0 / −4	0 / −5	0 / −6	0 / −8	0 / −9	0 / −11	0 / −11	0 / −13	0 / −13	0 / −15	0 / −15	0 / −18	0 / −18
	g 5	−2 / −6	−4 / −9	−5 / −11	−6 / −14	−7 / −16	−9 / −20	−9 / −20	−10 / −23	−10 / −23	−12 / −27	−12 / −27	−14 / −32	−14 / −32
Bohrung	H 7	+10 / 0	+12 / 0	+15 / 0	+18 / 0	+21 / 0	+25 / 0	+25 / 0	+30 / 0	+30 / 0	+35 / 0	+35 / 0	+40 / 0	+40 / 0
Welle	s 6	+20 / +14	+27 / +19	+32 / +23	+39 / +28	+48 / +35	+59 / +43	+59 / +43	+72 / +53	+78 / +59	+93 / +71	+101 / +79	+117 / +92	+125 / +100
	r 6	+16 / +10	+23 / +15	+28 / +19	+34 / +23	+41 / +28	+50 / +34	+50 / +34	+60 / +41	+62 / +43	+73 / +51	+76 / +54	+88 / +63	+90 / +65
	n 6	+10 / +4	+16 / +8	+19 / +10	+23 / +12	+28 / +15	+33 / +17	+33 / +17	+39 / +20	+39 / +20	+45 / +23	+45 / +23	+52 / +27	+52 / +27
	m 6	+8 / +2	+12 / +4	+15 / +6	+18 / +7	+21 / +8	+25 / +9	+25 / +9	+30 / +11	+30 / +11	+35 / +13	+35 / +13	+40 / +15	+40 / +15
	k 6	+6 / 0	+9 / +1	+10 / +1	+12 / +1	+15 / +2	+18 / +2	+18 / +2	+21 / +2	+21 / +2	+25 / +3	+25 / +3	+28 / +3	+28 / +3
	j 6	+4 / −2	+6 / −2	+7 / −2	+8 / −3	+9 / −4	+11 / −5	+11 / −5	+12 / −7	+12 / −7	+13 / −9	+13 / −9	+14 / −11	+14 / −11

Nennmaßbereich über … mm

Art	ISO Kurzzeich.	1…3	3…6	6…10	10…18	18…30	30…40	40…50	50…65	65…80	80…100	100…120	120…140	140…160
Welle	h 6	0 / −6	0 / −8	0 / −9	0 / −11	0 / −13	0 / −16	0 / −16	0 / −19	0 / −19	0 / −22	0 / −22	0 / −25	0 / −25
Welle	g 6	−2 / −8	−4 / −12	−5 / −14	−6 / −17	−7 / −20	−9 / −25	−9 / −25	−10 / −29	−10 / −29	−12 / −34	−12 / −34	−14 / −39	−14 / −39
Welle	f 7	−6 / −16	−10 / −22	−13 / −28	−16 / −34	−20 / −41	−25 / −50	−25 / −50	−30 / −60	−30 / −60	−36 / −71	−36 / −71	−43 / −83	−43 / −83
Welle	e 8	−14 / −28	−20 / −38	−25 / −47	−32 / −59	−40 / −73	−50 / −89	−50 / −89	−60 / −106	−60 / −106	−72 / −126	−72 / −126	−85 / −148	−85 / −148
Welle	d 9	−20 / −45	−30 / −60	−40 / −76	−50 / −93	−65 / −117	−80 / −142	−80 / −142	−100 / −174	−100 / −174	−120 / −207	−120 / −207	−145 / −245	−145 / −245
Bohrung	H 8	+14 / 0	+18 / 0	+22 / 0	+27 / 0	+33 / 0	+39 / 0	+39 / 0	+46 / 0	+46 / 0	+54 / 0	+54 / 0	+63 / 0	+63 / 0
Welle	h 8	0 / −14	0 / −18	0 / −22	0 / −27	0 / −33	0 / −39	0 / −39	0 / −46	0 / −46	0 / −54	0 / −54	0 / −63	0 / −63
Welle	h 9	0 / −25	0 / −30	0 / −36	0 / −43	0 / −52	0 / −62	0 / −62	0 / −74	0 / −74	0 / −87	0 / −87	0 / −100	0 / −100
Welle	f 8	−6 / −20	−10 / −28	−13 / −35	−16 / −43	−20 / −53	−25 / −64	−25 / −64	−30 / −76	−30 / −76	−36 / −90	−36 / −90	−43 / −106	−43 / −106
Welle	e 9	−14 / −39	−20 / −50	−25 / −61	−32 / −75	−40 / −92	−50 / −112	−50 / −112	−60 / −134	−60 / −134	−72 / −159	−72 / −159	−85 / −185	−85 / −185
Welle	d 10	−20 / −60	−30 / −78	−40 / −98	−50 / −120	−65 / −149	−80 / −180	−80 / −180	−100 / −220	−100 / −220	−120 / −260	−120 / −260	−145 / −305	−145 / −305
Bohrung	H 11	+60 / 0	+75 / 0	+90 / 0	+110 / 0	+130 / 0	+160 / 0	+160 / 0	+190 / 0	+190 / 0	+220 / 0	+220 / 0	+250 / 0	+250 / 0
Welle	h 11	0 / −60	0 / −75	0 / −90	0 / −110	0 / −130	0 / −160	0 / −160	0 / −190	0 / −190	0 / −220	0 / −220	0 / −250	0 / −250
Welle	d 11	−20 / −80	−30 / −105	−40 / −130	−50 / −160	−65 / −195	−80 / −240	−80 / −240	−100 / −290	−100 / −290	−120 / −340	−120 / −340	−145 / −395	−145 / −395
Welle	c 11	−60 / −120	−70 / −145	−80 / −170	−95 / −205	−110 / −240	−120 / −280	−130 / −290	−140 / −330	−150 / −340	−170 / −390	−180 / −400	−200 / −450	−210 / −460
Welle	b 11	−140 / −200	−140 / −215	−150 / −240	−150 / −260	−160 / −290	−170 / −330	−180 / −340	−190 / −380	−200 / −390	−220 / −440	−240 / −460	−260 / −510	−280 / −530
Welle	a 11	−270 / −330	−270 / −345	−280 / −370	−290 / −400	−300 / −430	−310 / −470	−320 / −480	−340 / −530	−360 / −550	−380 / −600	−410 / −630	−460 / −710	−520 / −770

JSO-Passungen — Einheitsbohrung — Nach DIN 7160/7161

schwarze Zahlen: Gutseite rote Zahlen: Ausschußseite

Werte in µm = $\frac{1}{1000}$ mm

	JSO Kurzzeich.	Nennmaßbereich über … mm											
		160…180	180…200	200…225	225…250	250…260	260…280	280…315	315…355	355…360	360…400	400…450	450…500
Bohrung	H 6	+25 / 0	+29 / 0	+29 / 0	+29 / 0	+32 / 0	+32 / 0	+32 / 0	+36 / 0	+36 / 0	+36 / 0	+40 / 0	+40 / 0
Welle	n 5	+45 / +27	+51 / +31	+51 / +31	+51 / +31	+57 / +34	+57 / +34	+57 / +34	+62 / +37	+62 / +37	+62 / +37	+67 / +40	+67 / +40
	m 5	+33 / +15	+37 / +17	+37 / +17	+37 / +17	+43 / +20	+43 / +20	+43 / +20	+46 / +21	+46 / +21	+46 / +21	+50 / +23	+50 / +23
	k 5	+21 / +3	+24 / +4	+24 / +4	+24 / +4	+27 / +4	+27 / +4	+27 / +4	+29 / +4	+29 / +4	+29 / +4	+32 / +5	+32 / +5
	j 5	+7 / −11	+7 / −13	+7 / −13	+7 / −13	+7 / −16	+7 / −16	+7 / −16	+7 / −18	+7 / −18	+7 / −18	+7 / −20	+7 / −20
	h 5	0 / −18	0 / −20	0 / −20	0 / −20	0 / −23	0 / −23	0 / −23	0 / −25	0 / −25	0 / −25	0 / −27	0 / −27
	g 5	−14 / −32	−15 / −35	−15 / −35	−15 / −35	−17 / −40	−17 / −40	−17 / −40	−18 / −43	−18 / −43	−18 / −43	−20 / −47	−20 / −47
Bohrung	H 7	+40 / 0	+46 / 0	+46 / 0	+46 / 0	+52 / 0	+52 / 0	+52 / 0	+57 / 0	+57 / 0	+57 / 0	+63 / 0	+63 / 0
Welle	s 6	+133 / +108	+151 / +122	+159 / +130	+169 / +140	+190 / +158	+190 / +158	+202 / +170	+226 / +190	+244 / +208	+244 / +208	+272 / +232	+292 / +252
	r 6	+93 / +68	+106 / +77	+109 / +80	+113 / +84	+126 / +94	+126 / +94	+130 / +98	+144 / +108	+150 / +114	+150 / +114	+166 / +126	+172 / +132
	n 6	+52 / +27	+60 / +31	+60 / +31	+60 / +31	+66 / +34	+66 / +34	+66 / +34	+73 / +37	+73 / +37	+73 / +37	+80 / +40	+80 / +40
	m 6	+40 / +15	+46 / +17	+46 / +17	+46 / +17	+52 / +20	+52 / +20	+52 / +20	+57 / +21	+57 / +21	+57 / +21	+63 / +23	+63 / +23
	k 6	+28 / +3	+33 / +4	+33 / +4	+33 / +4	+36 / +4	+36 / +4	+36 / +4	+40 / +4	+40 / +4	+40 / +4	+45 / +5	+45 / +5
	j 6	+14 / −11	+16 / −13	+16 / −13	+16 / −13	+16 / −16	+16 / −16	+16 / −16	+18 / −18	+18 / −18	+18 / −18	+20 / −20	+20 / −20

Nennmaßbereich über … mm (Abmaße in µm; oberes Abmaß / unteres Abmaß)

Art	JSO Kurzzech.	160…180	180…200	200…225	225…250	250…260	260…280	280…315	315…355	355…360	360…400	400…450	450…500
Welle	h 6	0/−25	0/−29	0/−29	0/−29	0/−32	0/−32	0/−32	0/−36	0/−36	0/−36	0/−40	0/−40
Welle	g 6	−14/−39	−15/−44	−15/−44	−15/−44	−17/−49	−17/−49	−17/−49	−18/−54	−18/−54	−18/−54	−20/−60	−20/−60
Welle	f 7	−43/−83	−50/−96	−50/−96	−50/−96	−56/−108	−56/−108	−56/−108	−62/−119	−62/−119	−62/−119	−68/−131	−68/−131
Welle	e 8	−85/−148	−100/−172	−100/−172	−100/−172	−110/−191	−110/−191	−110/−191	−125/−214	−125/−214	−125/−214	−135/−232	−135/−232
Welle	d 9	−145/−245	−170/−285	−170/−285	−170/−285	−190/−320	−190/−320	−190/−320	−210/−350	−210/−350	−210/−350	−230/−385	−230/−385
Bohrung	H 8	+63/0	+72/0	+72/0	+72/0	+81/0	+81/0	+81/0	+89/0	+89/0	+89/0	+97/0	+97/0
Welle	h 8	0/−63	0/−72	0/−72	0/−72	0/−81	0/−81	0/−81	0/−89	0/−89	0/−89	0/−97	0/−97
Welle	h 9	0/−100	0/−115	0/−115	0/−115	0/−130	0/−130	0/−130	0/−140	0/−140	0/−140	0/−155	0/−155
Welle	f 8	−43/−106	−50/−122	−50/−122	−50/−122	−56/−137	−56/−137	−56/−137	−62/−151	−62/−151	−62/−151	−68/−165	−68/−165
Welle	e 9	−85/−185	−100/−215	−100/−215	−100/−215	−110/−240	−110/−240	−110/−240	−125/−265	−125/−265	−125/−265	−135/−290	−135/−290
Welle	d 10	−145/−305	−170/−355	−170/−355	−170/−355	−190/−400	−190/−400	−190/−400	−210/−440	−210/−440	−210/−440	−230/−480	−230/−480
Bohrung	H 11	+250/0	+290/0	+290/0	+290/0	+320/0	+320/0	+320/0	+360/0	+360/0	+360/0	+400/0	+400/0
Welle	h 11	0/−250	0/−290	0/−290	0/−290	0/−320	0/−320	0/−320	0/−360	0/−360	0/−360	0/−400	0/−400
Welle	d 11	−145/−395	−170/−460	−170/−460	−170/−460	−190/−510	−190/−510	−190/−510	−210/−570	−210/−570	−210/−570	−230/−630	−230/−630
Welle	c 11	−230/−480	−240/−530	−260/−550	−280/−570	−300/−620	−300/−620	−330/−650	−360/−720	−400/−760	−400/−760	−440/−840	−480/−880
Welle	b 11	−310/−560	−340/−630	−380/−670	−420/−710	−480/−800	−480/−800	−540/−860	−600/−960	−680/−1040	−680/−1040	−760/−1160	−840/−1240
Welle	a 11	−580/−830	−660/−950	−740/−1030	−820/−1110	−920/−1240	−920/−1240	−1050/−1370	−1200/−1560	−1350/−1710	−1350/−1710	−1500/−1900	−1650/−2050

JSO-Passungen | **Einheitswelle** | nach DIN 7160/7161

schwarze Zahlen: Gutseite — rote Zahlen: Ausschlußseite

Werte in μm ≈ $\frac{1}{1000}$ mm

JSO Kurzzeich.	Nennmaßbereich über … mm												
	1…3	3…6	6…10	10…18	18…30	30…40	40…50	50…65	65…80	80…100	100…120	120…140	140…160
Welle													
h 5	0 / −4	0 / −5	0 / −6	0 / −8	0 / −9	0 / −11	0 / −11	0 / −13	0 / −13	0 / −15	0 / −15	0 / −18	0 / −18
Bohrung													
N 6	−4 / −10	−5 / −13	−7 / −16	−9 / −20	−11 / −24	−12 / −28	−12 / −28	−14 / −33	−14 / −33	−16 / −38	−16 / −38	−20 / −45	−20 / −45
M 6	−2 / −8	−1 / −9	−3 / −12	−4 / −15	−4 / −17	−4 / −20	−4 / −20	−5 / −24	−5 / −24	−6 / −28	−6 / −28	−8 / −33	−8 / −33
K 6	0 / −6	+2 / −6	+2 / −7	+2 / −9	+2 / −11	+3 / −13	+3 / −13	+4 / −15	+4 / −15	+4 / −18	+4 / −18	+4 / −21	+4 / −21
J 6	+2 / −4	+5 / −3	+5 / −4	+6 / −5	+8 / −5	+10 / −6	+10 / −6	+13 / −6	+13 / −6	+16 / −6	+16 / −6	+18 / −7	+18 / −7
H 6	+6 / 0	+8 / 0	+9 / 0	+11 / 0	+13 / 0	+16 / 0	+16 / 0	+19 / 0	+19 / 0	+22 / 0	+22 / 0	+25 / 0	+25 / 0
G 6	+8 / +2	+12 / +4	+14 / +5	+17 / +6	+20 / +7	+25 / +9	+25 / +9	+29 / +10	+29 / +10	+34 / +12	+34 / +12	+39 / +14	+39 / +14
Welle													
h 6	0 / −6	0 / −8	0 / −9	0 / −11	0 / −13	0 / −16	0 / −16	0 / −19	0 / −19	0 / −22	0 / −22	0 / −25	0 / −25
Bohrung													
S 7	−14 / −24	−15 / −27	−17 / −32	−21 / −39	−27 / −48	−34 / −59	−34 / −59	−42 / −72	−48 / −78	−58 / −93	−66 / −101	−77 / −117	−85 / −125
R 7	−10 / −20	−11 / −23	−13 / −28	−16 / −34	−20 / −41	−25 / −50	−25 / −50	−30 / −60	−32 / −62	−38 / −73	−41 / −76	−48 / −88	−50 / −90
N 7	−4 / −14	−4 / −16	−4 / −19	−5 / −23	−7 / −28	−8 / −33	−8 / −33	−9 / −39	−9 / −39	−10 / −45	−10 / −45	−12 / −52	−12 / −52
M 7	−2 / −12	0 / −12	0 / −15	0 / −18	0 / −21	0 / −25	0 / −25	0 / −30	0 / −30	0 / −35	0 / −35	0 / −40	0 / −40
K 7	0 / −10	+3 / −9	+5 / −10	+6 / −12	+6 / −15	+7 / −18	+7 / −18	+9 / −21	+9 / −21	+10 / −25	+10 / −25	+12 / −28	+12 / −28
J 7	+4 / −6	+6 / −6	+8 / −7	+10 / −8	+12 / −9	+14 / −11	+14 / −11	+18 / −12	+18 / −12	+22 / −13	+22 / −13	+26 / −14	+26 / −14

Nennmaßbereich über … mm

	JSO Kurzzeich.	1…3	3…6	6…10	10…18	18…30	30…40	40…50	50…65	65…80	80…100	100…120	120…140	140…160
Bohrung	H 7	+10 / 0	+12 / 0	+15 / 0	+18 / 0	+21 / 0	+25 / 0	+25 / 0	+30 / 0	+30 / 0	+35 / 0	+35 / 0	+40 / 0	+40 / 0
	G 7	+12 / +2	+16 / +4	+20 / +5	+24 / +6	+28 / +7	+34 / +9	+34 / +9	+40 / +10	+40 / +10	+47 / +12	+47 / +12	+54 / +14	+54 / +14
	F 7	+16 / +6	+22 / +10	+28 / +13	+34 / +16	+41 / +20	+50 / +25	+50 / +25	+60 / +30	+60 / +30	+71 / +36	+71 / +36	+83 / +43	+83 / +43
	E 8	+28 / +14	+38 / +20	+47 / +25	+59 / +32	+73 / +40	+89 / +50	+89 / +50	+106 / +60	+106 / +60	+126 / +72	+126 / +72	+148 / +85	+148 / +85
	D 9	+45 / +20	+60 / +30	+76 / +40	+93 / +50	+117 / +65	+142 / +80	+142 / +80	+174 / +100	+174 / +100	+207 / +120	+207 / +120	+245 / +145	+245 / +145
Welle	h 8	−14 / 0	−18 / 0	−22 / 0	−27 / 0	−33 / 0	−39 / 0	−39 / 0	−46 / 0	−46 / 0	−54 / 0	−54 / 0	−63 / 0	−63 / 0
	h 9	−25 / 0	−30 / 0	−36 / 0	−43 / 0	−52 / 0	−62 / 0	−62 / 0	−74 / 0	−74 / 0	−87 / 0	−87 / 0	−100 / 0	−100 / 0
Bohrung	H 8	+14 / 0	+18 / 0	+22 / 0	+27 / 0	+33 / 0	+39 / 0	+39 / 0	+46 / 0	+46 / 0	+54 / 0	+54 / 0	+63 / 0	+63 / 0
	F 8	+20 / +6	+28 / +10	+35 / +13	+43 / +16	+53 / +20	+64 / +25	+64 / +25	+76 / +30	+76 / +30	+90 / +36	+90 / +36	+106 / +43	+106 / +43
	E 9	+39 / +14	+50 / +20	+61 / +25	+75 / +32	+92 / +40	+112 / +50	+112 / +50	+134 / +60	+134 / +60	+159 / +72	+159 / +72	+185 / +85	+185 / +85
	D 10	+60 / +20	+78 / +30	+98 / +40	+120 / +50	+149 / +65	+180 / +80	+180 / +80	+220 / +100	+220 / +100	+260 / +120	+260 / +120	+305 / +145	+305 / +145
Welle	h 11	−60 / 0	−75 / 0	−90 / 0	−110 / 0	−130 / 0	−160 / 0	−160 / 0	−190 / 0	−190 / 0	−220 / 0	−220 / 0	−250 / 0	−250 / 0
Bohrung	H 11	+60 / 0	+75 / 0	+90 / 0	+110 / 0	+130 / 0	+160 / 0	+160 / 0	+190 / 0	+190 / 0	+220 / 0	+220 / 0	+250 / 0	+250 / 0
	D 11	+80 / +20	+105 / +30	+130 / +40	+160 / +50	+195 / +65	+240 / +80	+240 / +80	+290 / +100	+290 / +100	+340 / +120	+340 / +120	+395 / +145	+395 / +145
	C 11	+120 / +60	+145 / +70	+170 / +80	+205 / +95	+240 / +110	+280 / +120	+290 / +130	+330 / +140	+340 / +150	+390 / +170	+400 / +180	+450 / +200	+460 / +210
	B 11	+200 / +140	+215 / +140	+240 / +150	+260 / +150	+290 / +160	+330 / +170	+340 / +180	+380 / +190	+390 / +200	+440 / +220	+460 / +240	+510 / +260	+530 / +280
	A 11	+330 / +270	+345 / +270	+370 / +280	+400 / +290	+430 / +300	+470 / +310	+480 / +320	+530 / +340	+550 / +360	+600 / +380	+630 / +410	+710 / +460	+770 / +520

JSO-Passungen

Einheitswelle — nach DIN 7160/7161

schwarze Zahlen: Gutseite rote Zahlen: Ausschußseite

Werte in μm $= \frac{1}{1000}$ mm

Nennmaßbereich über … mm

ISO Kurzzeich.	160…180	180…200	200…225	225…250	250…280	280…315	315…355	355…400	400…450	450…500
Welle h 5	0 / −18	0 / −20	0 / −20	0 / −20	0 / −23	0 / −23	0 / −25	0 / −25	0 / −27	0 / −27
Bohrung N 6	−20 / −45	−22 / −51	−22 / −51	−22 / −51	−25 / −57	−25 / −57	−26 / −62	−26 / −62	−27 / −67	−27 / −67
M 6	−8 / −33	−8 / −37	−8 / −37	−8 / −37	−9 / −41	−9 / −41	−10 / −46	−10 / −46	−10 / −50	−10 / −50
K 6	+4 / −21	+5 / −24	+5 / −24	+5 / −24	+5 / −27	+5 / −27	+7 / −29	+7 / −29	+8 / −32	+8 / −32
J 6	+14 / −11	+16 / −13	+16 / −13	+16 / −13	+16 / −16	+16 / −16	+18 / −18	+18 / −18	+20 / −20	+20 / −20
H 6	+25 / 0	+29 / 0	+29 / 0	+29 / 0	+32 / 0	+32 / 0	+36 / 0	+36 / 0	+40 / 0	+40 / 0
G 6	+39 / +14	+44 / +15	+44 / +15	+44 / +15	+49 / +17	+49 / +17	+54 / +18	+54 / +18	+60 / +20	+60 / +20
Welle h 6	0 / −25	0 / −29	0 / −29	0 / −29	0 / −32	0 / −32	0 / −36	0 / −36	0 / −40	0 / −40
Bohrung S 7	−93 / −133	−105 / −151	−113 / −159	−123 / −169	−138 / −190	−150 / −202	−169 / −226	−187 / −244	−209 / −272	−229 / −292
R 7	−53 / −93	−60 / −106	−63 / −109	−67 / −113	−74 / −126	−78 / −130	−87 / −144	−93 / −150	−103 / −166	−109 / −172
N 7	−12 / −52	−14 / −60	−14 / −60	−14 / −60	−14 / −66	−14 / −66	−16 / −73	−16 / −73	−17 / −80	−17 / −80
M 7	0 / −40	0 / −46	0 / −46	0 / −46	0 / −52	0 / −52	0 / −57	0 / −57	0 / −63	0 / −63
K 7	+12 / −28	+13 / −33	+13 / −33	+13 / −33	+16 / −36	+16 / −36	+17 / −40	+17 / −40	+18 / −45	+18 / −45
J 7	+26 / −14	+30 / −16	+30 / −16	+30 / −16	+36 / −16	+36 / −16	+39 / −18	+39 / −18	+43 / −20	+43 / −20

Nennmaßbereich über ... mm

Art	JSO Kurz-zeich.	160...180	180...200	200...225	225...250	250...260	260...280	280...315	315...355	355...360	360...400	400...450	450...500
Bohrung	H 7	+40 / 0	+46 / 0	+46 / 0	+46 / 0	+52 / 0	+52 / 0	+52 / 0	+57 / 0	+57 / 0	+57 / 0	+63 / 0	+63 / 0
	G 7	+54 / +14	+61 / +15	+61 / +15	+61 / +15	+69 / +17	+69 / +17	+69 / +17	+75 / +18	+75 / +18	+75 / +18	+83 / +20	+83 / +20
	F 7	+83 / +43	+96 / +50	+96 / +50	+96 / +50	+108 / +56	+108 / +56	+108 / +56	+119 / +62	+119 / +62	+119 / +62	+131 / +68	+131 / +68
	E 8	+148 / +85	+172 / +100	+172 / +100	+172 / +100	+191 / +110	+191 / +110	+191 / +110	+214 / +125	+214 / +125	+214 / +125	+232 / +135	+232 / +135
	D 9	+245 / +145	+285 / +170	+285 / +170	+285 / +170	+320 / +190	+320 / +190	+320 / +190	+350 / +210	+350 / +210	+350 / +210	+385 / +230	+385 / +230
Welle	h 8	0 / −63	0 / −72	0 / −72	0 / −72	0 / −81	0 / −81	0 / −81	0 / −89	0 / −89	0 / −89	0 / −97	0 / −97
	h 9	0 / −100	0 / −115	0 / −115	0 / −115	0 / −130	0 / −130	0 / −130	0 / −140	0 / −140	0 / −140	0 / −155	0 / −155
Bohrung	H 8	+63 / 0	+72 / 0	+72 / 0	+72 / 0	+81 / 0	+81 / 0	+81 / 0	+89 / 0	+89 / 0	+89 / 0	+97 / 0	+97 / 0
	F 8	+106 / +43	+122 / +50	+122 / +50	+122 / +50	+137 / +56	+137 / +56	+137 / +56	+151 / +62	+151 / +62	+151 / +62	+165 / +68	+165 / +68
	E 9	+185 / +85	+215 / +100	+215 / +100	+215 / +100	+240 / +110	+240 / +110	+240 / +110	+265 / +125	+265 / +125	+265 / +125	+290 / +135	+290 / +135
	D 10	+305 / +145	+355 / +170	+355 / +170	+355 / +170	+400 / +190	+400 / +190	+400 / +190	+440 / +210	+440 / +210	+440 / +210	+480 / +230	+480 / +230
Welle	h 11	0 / −250	0 / −290	0 / −290	0 / −290	0 / −320	0 / −320	0 / −320	0 / −360	0 / −360	0 / −360	0 / −400	0 / −400
Bohrung	H 11	+250 / 0	+290 / 0	+290 / 0	+290 / 0	+320 / 0	+320 / 0	+320 / 0	+360 / 0	+360 / 0	+360 / 0	+400 / 0	+400 / 0
	D 11	+395 / +145	+460 / +170	+460 / +170	+460 / +170	+510 / +190	+510 / +190	+510 / +190	+570 / +210	+570 / +210	+570 / +210	+630 / +230	+630 / +230
	C 11	+480 / +230	+530 / +240	+550 / +260	+570 / +280	+620 / +300	+620 / +300	+650 / +330	+720 / +360	+760 / +400	+760 / +400	+840 / +440	+880 / +480
	B 11	+560 / +310	+630 / +340	+670 / +380	+710 / +420	+800 / +480	+800 / +480	+860 / +540	+960 / +600	+1040 / +680	+1040 / +680	+1160 / +760	+1240 / +840
	A 11	+830 / +580	+950 / +660	+1030 / +740	+1110 / +820	+1240 / +920	+1240 / +920	+1370 / +1050	+1560 / +1200	+1710 / +1350	+1710 / +1350	+1900 / +1500	+2050 / +1650

Hinweise für Drehwerkzeuge

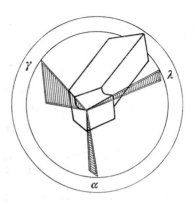

Für die Zerspanung mit Drehwerkzeugen sind folgende Schneidwinkel von besonderer Bedeutung (s. nachstehende Skizze):

1. Freiwinkel α

   Dies ist der Winkel zwischen der durch die Schneidkante gelegten Vertikalebene und der Freifläche.

2. Spanwinkel γ

   Dies ist der Winkel zwischen der Horizontalebene und der Spanfläche.

3. Neigungswinkel λ

   Dies ist der Winkel der Schneidkante gegen die Horizontalebene.

Zu der zerspanungstechnischen Bewertung der Schneidwinkel ist folgendes zu bemerken:

1. Den Freiwinkel α soll man nicht unnötig vergrößern; er schwächt sonst die Schneidkante und fördert außerdem das Rattern und das Einhaken.

2. Der Spanwinkel γ wird zweckmäßig vergrößert, je langfaseriger der Werkstoff ist (z. B. austenitische Stähle).

3. Der Neigungswinkel λ beeinflußt den Spanablauf; mit ansteigender Zähigkeit des Werkstoffes wählt man ihn zum Positiven hin und mit steigender Härte sinkt er zweckmäßig ab bis ins Negative.

Die Leistung des Drehwerkzeuges ist abhängig von der Stahlqualität, der Härtebehandlung und der Güte der Schleifbehandlung.

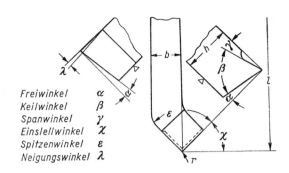

Freiwinkel α
Keilwinkel β
Spanwinkel γ
Einstellwinkel χ
Spitzenwinkel ϵ
Neigungswinkel λ

Werkstoff	Festigkeit	Härte	Werkzeug-Anschliff χ	
	da N/mm²	HB	α	γ
Bau-Stähle (unlegiert)	< 50		7	18
	50...60		7	18
	60...70		7	16
	70...80		7	14
	80...100		7	12
Cr-Ni-Stahl	70...85		7	14
Cr-Mn-Stahl	85...100		7	10
Mn-Stahl	100...140		7	8
Nichtrostende Stähle (austenitisch)	60...70		8	16
Werkzeug und Schnellstahl	80...110		6	8
Stahlguß	< 50		7	12
	50...70		7	10
	über 70		7	8
Gußeisen		< 200	7	6
Gußeisen legiert		> 200	7	2
Temperguß			7	4
Kupfer	22...33		10	25
Messing gezogen u. gewalzt	48...54	hart	7	0
	bis 37	weich	7	8
Bronze	über 20	hart	7	0
	bis 16	weich	7	8
Rotguß	15...20		7	8
Reinaluminium	7...11		8	30
Al-leg. mit hohem Si-Gehalt	18...34		10	18
Al-Guß und Knetleg. (ausgehärtet)			10	14
Magnesium-Legierungen			10	6
Zink-Legierungen			12	10
Kunststoff			10	14

Richtwerte für Schnittgeschwindigkeiten, Vorschub, Spantiefe und Kühlung beim Drehen

Wz Werkzeugstahl; SS Schnellarbeitsstahl; H Hartmetall; Schnittgeschwindigkeit v in m/min; Vorschub s in mm/U; Spantiefe a in mm; E Bohrölemulsion; P Petroleum; tr. trocken; L Luft.

Werkstoff		Werkzeug ▽ Wz	▽ SS	▽ H	▽▽ Wz	▽▽ SS	H	Kühlung und Schmierung ▽	▽▽
Stahl Festigkeit bis 50 daN/mm²	v	14	22	150	20	30	250	E	E o. P
	s	0,5	1	2,5	0,2	0,5	0,25		
	a	4	10	15	1	1	1,5		
50···70 daN/mm²	v	10	20	120	15	24	200	E	E o. P
	s	0,5	1	2,5	0,2	0,5	0,25		
	a	4	10	15	1	1	1,5		
70···85 daN/mm²	v	8	15	80	12	20	140	E	E o. P
	s	0,5	1	2	0,2	0,5	0,2		
	a	4	10	15	1	1	1,5		
Werkzeugstahl	v	6	12	30	8	16	50	E	Rüböl o. P
	s	0,5	1	0,6	0,2	0,5	0,15		
	a	3	8	5	1	1	1		
Stahlguß Grauguß mittel Temperguß	v	10	16	70	15	25	100	E	tr.
	s	0,5	1	2	0,2	0,5	0,2	tr.	tr.
	a	4	10	12	1	1	1	E	tr.
Stahlguß Grauguß hart Temperguß	v	6	12	50	10	20	70	E	tr.
	s	0,5	1	1,5	0,2	0,5	0,15	tr.	tr.
	a	4	10	10	1	1	1	E	tr.
Messing mittel	v	24	40	300	35	75	450	E oder L	tr.
	s	0,5	0,5	1,5	0,2	0,5	0,15		
	a	3	5	10	0,5	1	1		
Messing hart	v	20	30	250	32	40	350	E oder L	tr.
	s	0,5	0,5	1,5	0,2	0,5	0,15		
	a	3	5	10	0,5	1	1		
Rotguß Bronze weich	v	18	25	300	30	35	400	E oder L	tr.
	s	0,5	0,5	1,5	0,2	0,2	0,15		
	a	3	5	10	0,5	1	1		
Rotguß Bronze hart	v	15	18	150	20	25	300	E oder L	tr.
	s	0,5	0,5	1	0,2	0,5	0,15		
	a	3	5	10	0,5	1	1		
Aluminium	v	100	300	1000	200	500	1500	E oder Seifenspiritus	E oder P Seifenspiritus
	s		1,5	1		0,4	0,1		
	a		6	10		0,8	1		
Silumin (Al-Si und GAL-Si-Mg)	v	40	60	150	80	110	250	E	Öl S II oder P
	s		1,5	1		0,4	0,1		
	a		6	10		0,8	1		
Elektron	v	240	330	1000	300	700	2000	Brand-vorbeugungsöle	Brand-vorbeugungsöle
	s			1			0,1		
	a			10			1		
Hartgummi Pertinax Bakelit	v		30	100		50	200	tr.	tr.
	s		0,2	0,3		0,08	0,3		
	a		1	5		0,4	0,15		

Gruppe und Kennfarbe	ISO-Bezeichnung	Unterteilung der Werkstoffe	Arbeitsbedingungen
P blau	P 01	Stahl, Stahlguß	Feindrehen und Feinbohren, hohe Schnittgeschwindigkeiten, kleine Spanquerschnitte, hohe Maßgenauigkeit und Oberflächengüte, schwingungsfreies Arbeiten.
	P 05		
	P 10	Stahl, Stahlguß	Drehen, Kopierdrehen, Gewindedrehen, auch Fräsen, hohe Schnittgeschwindigkeiten, kleine bis mittlere Spanquerschnitte.
	P 15		
	P 20	Stahl, Stahlguß, langspanender Temperguß	Drehen, Kopierdrehen, Fräsen; mittlere Schnittgeschwindigkeiten, mittlere Spanquerschnitte, Hobeln bei kleinen Spanquerschnitten.
	P 25		
	P 30	Stahl, Stahlguß, langspanender Temperguß	Drehen, Fräsen, Hobeln; mittlere bis niedrige Schnittgeschwindigkeiten, mittlere bis große Spanquerschnitte; auch unter weniger günstigen Bedingungen*).
	P 35		
	P 40	Stahl, Stahlguß (mit Sandeinschlüssen und Lunkern)	Drehen, Hobeln, Stoßen; niedrige Schnittgeschwindigkeiten, große Spanquerschnitte, große Spanwinkel möglich; unter ungünstigen Bedingungen*) z.T. für Automatenarbeiten.
	P 45		
	P 50	Stahl, Stahlguß mittlerer od. niedriger Festigkeit und mit Sandeinschlüssen und Lunkern	Bei höchsten Anforderungen an die Zähigkeit des Hartmetalls; Drehen, Hobeln, Stoßen; niedrige Schnittgeschwindigkeiten, große Spanquerschnitte, große Spanwinkel möglich; unter ungünstigen Bedingungen*), Automatenarbeiten.
M gelb	M 10	Stahl, Stahlguß, Manganhartstahlguß, Grauguß, leg. Grauguß	Drehen; mittlere bis hohe Schnittgeschwindigkeiten, kleine bis mittlere Spanquerschnitte.
	M 20	Stahl, Stahlguß, austenitische Stähle, Manganhartstahl, Grauguß	Drehen, Fräsen; mittlere Schnittgeschwindigkeiten, mittlere Spanquerschnitte.
	M 30	Stahl, Stahlguß, austenitische Stähle, Grauguß, hochwarmfeste Legierungen	Drehen, Fräsen, Hobeln; mittlere Schnittgeschwindigkeiten, mittlere bis große Spanquerschnitte.
	M 40	Automatenweichstahl, Stähle niedriger Festigkeit	Drehen, Formdrehen, Abstechen; vornehmlich auf Automaten.
K rot	K 01	Grauguß hoher Härte, Kokillenhartguß über 85 Shore, Aluminium-Legierungen mit hohem Si-Gehalt, gehärt. Stahl, stark verschleißend wirkende Kunststoffe, Hartpapier, Keramik	Drehen, Feindrehen und Feinbohren, Schlichtfräsen, Schaben.
	K 05		
	K 10	Grauguß üb. 220 da N/mm² H_B, kurzspanender Temperguß, genärt. Stahl, Si-haltige Aluminiumleg., Kupferleg., Kunststoffe, Glas, Hartgummi, Hartpapier, Porzellan, Gesteine	Drehen, Fräsen, Bohren, Senken, Reiben, Schaben, Räumen.
	K 15		
	K 20	Grauguß bis zu 220 da N/mm² H_B, Nichteisenmetalle wie Kupfer, Messing, Aluminium, stark verschl. wirkende Schichthölzer	Drehen, Fräsen, Hobeln, Schaben, Senken, Reiben und Räumen bei größerer Zähigkeitsbeanspruchung an das Hartmetall.
	K 25		
	K 30	Grauguß niedriger Härte, Stahl niedriger Festigkeit, Schichthölzer	Drehen, Fräsen, Hobeln, Stoßen; bei ungünstigen Bedingungen*) große Spanwinkel möglich.
	K 35		
	K 40	Weichhölzer im Naturzustand, auch Harthölzer, Kunststoffe, Nichteisenmetalle	Drehen, Fräsen, Hobeln, Stoßen; bei ungünstigen Bedingungen*) große Spanwinkel möglich.

*) ungleichmäßiger Werkstoff, z. B. Guß- und Schmiededekruste, wechselnde Schnittiefen, unterbrochene Schnitte, nicht schwingungsfreies Arbeiten, unrunde Werkstücke.

455

Richtwerte für Schnittgeschwindigkeiten beim Fräsen *)

Fräsergruppe	Fräserarten
A	Walzenfräser, Walzenstirnfräser und große Schaftfräser
B	Messerköpfe
C	Scheibenfräser
D	kleine Schaftfräser und Fingerfräser
E	Kreissägen und Schlitzfräser
F	Formfräser

Schnittgeschwindigkeit

Werkstoff des Werkstückes	Schnittgeschwindigkeit für SS-Fräser m/min			
	Gruppe A u. F	Gruppe B u. C	Gruppe D	Gruppe E
Stahl				
bis 70 da N/mm² Festigkeit	15... 20	20... 30	30... 40	40... 60
bis 90 „ „ .	12... 18	18... 25	25... 35	30... 50
bis 110 „ „ .	10... 14	12... 16	14... 18	18... 30
Stahlguß, Temperguß	12... 18	18... 22	22... 30	30... 40
Gußeisen bis 200 Brinell . . .	15... 20	20... 25	25... 30	30... 50
über 200 „ . .	10... 15	15... 18	18... 22	22... 30
Messing, Rotguß	30... 50	50... 70	60... 80	80...150
Reinaluminium	200...300	300...500	200...400	200...500
Silumin	150...200	200...300	200...300	200...300
Duraluminium	150...250	250...400	250...400	200...500
Magnesium-Legierungen . . .	200...400	400...600	300...400	400...800

Richtwerte für Vorschübe je Zahn, für verschiedene Fräserarten **)

Werkstoff	Vorschübe in mm je Zahn für		
	schwache Fräser	Formfräser	Walzenfräser
Stahl bis 70 daN/mm² und Stahlguß	0,03...0,06	0,05...0,10	0,10...0,15
Stahl bis 90 daN/mm²	0,03...0,05	0,04...0,08	0,08...0,12
Stahl bis 115 daN/mm²	0,02...0,03	0,03...0,05	0,05...0,08
Gußeisen 18.91	0,04...0,06	0,06...0,12	0,15...0,20
Gußeisen 12.91	0,05...0,08	0,08...0,15	0,15...0,25
Messing, Aluminium- u. Magnesium-Legierungen	0,06...0,10	0,10...0,20	0,20...0,30
Zink-Legierungen	0,04...0,08	0,10...0,20	0,20...0,30
Preßstoffe	0,04...0,06	0,06...0,12	0,15...0,20

*) Zusammengestellt von der Fa. Stock & Co. A.G., Berlin
**) Zusammengestellt von der Fa. Rohde & Dörenberg, Düsseldorf

Richtwerte für Schnittgeschwindigkeiten und Vorschübe für Fräser mit Hartmetallschneiden*)

Werkstoff	Hartmetall-sorte	Schnittgeschwindigkeit v in m/min	Vorschub je Zahn s_z in mm
Stahl bis 75 daN/mm² sowie Stahlguß bis 50 daN/mm² . . .	S 1 / S 3	100...120 / 40...50	0,02...0,05 / 0,05...0,1
Stahl bis 110 daN/mm² und Stahlguß über 70 daN/mm² . .	S 1 / S 3	80...100 / 25...35	0,02...0,03 / 0,05...0,1
Stahl über 110 daN/mm² bis 125 daN/mm²	S 1 / S 3	60...80 / 20...30	0,02...0,03 / 0,02...0,05
Stahl über 125 daN/mm² . . .	S 1 / S 3	30...50 / 15...20	0,01...0,03 / 0,02...0,05
Gußeisen bis 200 Brinell	G 1	50...60	0,1...0,15
Gußeisen über 200 Brinell . . .	H 1	30...40	0,05...0,1
Rotguß, Bronze und Messing . .	G 1	80...100	0,05...0,1
Zink-Legierungen	G 1	100...150	0,05...0,1
Leichtmetalle	G 1	100...800	0,1...0,15
Al-Kolbenlegierungen	G 1	50...70	0,05...0,15
Preßstoffe	G 1	80...100	0,05...0,1

Richtwerte für Schnittgeschwindigkeiten und Vorschübe für das Fräsen mit Messerköpfen*)

Werkstoff		Vorschübe je Zahn s_z in mm / Schnittgeschwindigkeit v in m/min					
		Hochleistungs-Sonder-Schnellstahl		Hartmetall			
		SSO V	SSO K	S 1	S 3	G 1	H 1
Stahl bis 75 daN/mm² sowie Stahlguß bis 50 daN/mm²	s_z	0,05...0,2	0,05...0,2	0,02...0,05	0,05...0,1	—	—
	v	22...30	25...30	150...250	40...60	—	—
Stahl bis 110 daN/mm² und Stahlguß über 70 daN/mm²	s_z	—	0,05...0,15	0,02...0,05	0,05...0,1	—	—
	v	—	14...25	120...150	40...50	—	—
Stahl über 110 daN/mm² bis 125 daN/mm²	s_z	—	0,05...0,1	0,02...0,05	0,05...0,08	—	—
	v	—	12...15	80...120	30...35	—	—
Stahl über 125 daN/mm² .	s_z	—	0,05...0,08	0,02...0,03	0,02...0,05	—	—
	v	—	8...12	50...70	20...25	—	—
Gußeisen bis 200 Brinell .	s_z	0,1...0,4	—	—	—	0,1...0,2	—
	v	22...30	—	—	—	120...180	—
Gußeisen über 200 Brinell .	s_z	0,1...0,2	—	—	—	—	0,05...0,1
	v	14...18	—	—	—	—	35...45
Rotguß, Bronze u. Messing	s_z	0,1...0,25	—	—	—	0,1...0,15	—
	v	50...75	—	—	—	100...250	—
Zink-Legierungen	s_z	0,1...0,3	—	—	—	0,1...0,15	—
	v	50...80	—	—	—	100...300	—
Leichtmetalle	s	0,1...0,3	—	—	—	0,1...0,15	—
	v	150...300	—	—	—	800...1500	—
Al-Kolbenlegierungen . .	s_z	0,1...0,2	—	—	—	0,1...0,15	—
	v	60...120	—	—	—	200...500	—
Preßstoffe	s_z	0,1...0,2	—	—	—	0,1...0,15	—
	v	50...70	—	—	—	100...200	—

*) Zusammengestellt von der Fa. Rohde & Dörenberg

Ermittlung des Vorschubes
je Fräserumdrehung aus der Zähnezahl und dem Vorschub je Zahn

Vor-schub je Zahn s_z in mm	Anzahl z der Messer im Messerkopf														
	5	6	7	8	9	10	12	14	16	18	20	24	28	32	36	40
	Vorschub s in mm je Umdrehung														
0,02	0,10	0,12	0,14	0,16	0,18	0,20	0,24	0,28	0,32	0,36	0,40	0,48	0,56	0,64	0,72	0,80
0,03	0,15	0,18	0,21	0,24	0,27	0,30	0,36	0,42	0,48	0,54	0,60	0,72	0,84	0,96	1,08	1,20
0,05	0,25	0,30	0,35	0,40	0,45	0,50	0,60	0,70	0,80	0,90	1,00	1,20	1,40	1,60	1,80	2,00
0,08	0,40	0,48	0,56	0,64	0,72	0,80	0,96	1,12	1,28	1,44	1,60	1,92	2,24	2,56	2,88	3,20
0,1	0,50	0,60	0,70	0,80	0,90	1,00	1,20	1,40	1,60	1,80	2,00	2,40	2,80	3,20	3,60	4,00
0,2	0,01	1,20	1,40	1,60	1,80	2,00	2,40	2,80	3,20	3,60	4,00	4,80	5,60	6,40	7,20	8,00
0,3	1,50	1,80	2,10	2,40	2,70	3,00	3,60	4,20	4,80	5,40	6,00	7,20	8,40	9,60	10,8	12,0
0,4	2,00	2,40	2,80	3,20	3,60	4,00	4,80	5,60	6,40	7,20	8,00	9,60	11,2	12,8	14,4	16,0
0,5	2,50	3,00	3,50	4,00	4,50	5,00	6,00	7,00	8,00	9,00	10,0	12,0	14,0	16,6	18,0	20,0

Richtwerte für Schnittgeschwindigkeiten und Vorschübe beim Gewindefräsen

Werkstoff	Schnittgeschwindigkeit v in m/min
Baustähle bis 130 daN/mm²	10...15
„ „ 110 „	15...25
„ „ 90 „	20...30
„ „ 70 „	25...35
„ „ 50 „	30...40
Messing	60
Al-, Mg-, Zn-Legierungen	100 und mehr

	Werkstoff	Vorschub je Zahn s_z in mm
Hochwertigste Gewinde für Festsitze	Stahl über 90 daN/mm²	0,005...0,01
Hochwertige saubere Gewinde	„ „ 90 „	0,010...0,015
Gewinde ohne besondere Anforderungen	„ „ 70 „	0,02 ...0,06

Richtwerte für Schnittgeschwindigkeiten und Vorschübe für Spiralbohrer aus Werkzeugstahl*)

Werkstoff	Kühlung	v m/min.		Bohrer-Durchmesser								
				Vorschübe (s) u. mittl. minutliche Drehzahlen (n)								
				1	2	5	8	12	16	25	40	63
Unleg. Baustähle bis 50 daN/mm²	Seifenwasser	10...18	s	0,015	0,03	0,09	0,12	0,16	0,18	0,20	0,22	0,25
			n	4000	2000	1000	630	400	315	160	100	63
Unleg. Baustähle über 50 daN/mm²	Seifenwasser	9...12	s	0,015	0,03	0,08	0,11	0,14	0,16	0,18	0,20	0,22
			n	3150	1600	800	500	315	250	125	80	50
Gußeisen bis 18 daN/mm²	trocken od. reichl. Seifenwasser	8...14	s	0,025	0,06	0,12	0,18	0,22	0,25	0,30	0,35	0,40
			n	3150	1600	800	500	315	250	125	80	50
Gußeisen über 18 daN/mm²	desgl. oder Petroleum	6...9	s	0,012	0,03	0,06	0,10	0,12	0,14	0,16	0,18	0,20
			n	2000	1000	500	315	200	160	80	50	32
Schrauben-Messing (spröde)	trocken oder Seifenwasser	bis 80	s	0,03	0,07	0,14	0,20	0,25	0,30	0,33	0,45	0,50
			n	10000	8000	4000	3150	2000	1600	800	500	315
Zähes Messing	Seifenwasser	18...30	s	0,015	0,03	0,08	0,11	0,14	0,16	0,18	0,20	0,22
			n	6300	3150	1250	1000	630	500	250	160	100
Kupfer, Rotguß	Seifenwasser	15...25	s	0,015	0,03	0,09	0,12	0,16	0,18	0,20	0,22	0,25
			n	5000	2500	1000	800	500	400	200	125	80
Leichtmetalle	Seifenwasser (Elektron trocken)	bis 80	s	0,02 0,03	0,04 0,07	0,10 0,14	0,14 0,20	0,18 0,28	0,20 0,30	0,22 0,36	0,25 0,40	0,28 0,45
			n	10000	8000	4000	3150	2000	1600	800	500	315

*) Zusammengestellt von der Fa. R. Stock und Co., Berlin

Richtwerte für Schnittgeschwindigkeiten und Vorschübe für Spiralbohrer aus Hochleistungsschnellstahl**)

| Werkstoff | Kühlung | v m/min. | | Bohrer-Durchmesser | | | | | | | | |
| | | | | 1 | 2 | 5 | 8 | 12 | 16 | 25 | 40 | 63 |
				Vorschübe (s) u. mittl. minutliche Drehzahlen (n)								
Stahl bis 45 daN/mm²	Emulsion	35...40	s	Hand	0,05	0,12	0,2	0,25	0,3	0,4	0,4	0,5
			n	12000	6000	2400	1500	1000	750	600	300	190
Stahl 45...70 daN/mm²	Emulsion	30...35	s	Hand	0,05	0,12	0,2	0,25	0,3	0,4	0,4	0,5
			n	10000	5000	2100	1300	850	640	410	260	165
Stahl über 70 daN/mm²	Emulsion	25...30	s	Hand	0,04	0,1	0,15	0,2	0,25	0,3	0,3	0,4
			n	8700	4400	1750	1100	730	550	350	220	140
Leg. Stahl 70...90 daN/mm²	Emulsion	15...20	s	Hand	0,03	0,08	0,12	0,16	0,2	0,25	0,32	0,36
			n	5600	2800	1100	700	580	350	220	140	90
Leg. Stahl 90...110 daN/mm²	Emulsion	12...15	s	Hand	Hand	0,06	0,1	0,15	0,2	0,3	0,3	0,3
			n	4300	2150	860	540	360	270	170	110	70
Gußeisen weich	trocken	20...30	s	Hand	0,07	0,12	0,2	0,3	0,4	0,5	0,6	0,6
			n	8000	4000	1600	1000	660	500	320	200	127
Gußeisen hart	trocken	10...20	s	Hand	Hand	0,1	0,2	0,3	0,4	0,5	0,6	0,6
			n	4800	2400	960	600	400	300	190	120	95
Mangananleg. über 15 %	trocken	3...5	s	Hand	Hand	0,05	0,08	0,1	0,1	0,15	0,2	0,2
			n	1300	650	255	160	110	80	50	32	20
Nichtrost. Stähle	Emulsion	6...12	s	Hand	Hand	0,05	0,1	0,12	0,15	0,2	0,2	0,3
			n	2800	1400	570	360	240	180	110	70	45
Messing spröde	trocken oder Emulsion	80...100	s	Hand	0,08	0,2	0,25	0,3	0,4	0,5	0,6	0,7
			n	28000	14000	5700	3600	2400	1800	1100	700	450
Messing zäh	Emulsion	50...60	s	Hand	0,05	0,15	0,25	0,3	0,4	0,5	0,6	0,7
			n	17500	8700	3500	2200	1500	1100	700	440	280
Kupfer Leichtmetall	Emulsion	50...120	s	Hand	0,05	0,15	0,25	0,3	0,4	0,5	0,5	0,5
			n	28000	14000	5700	3600	2400	1800	1100	700	450
Silumin	Emulsion	30...40	s	Hand	0,05	0,12	0,2	0,25	0,3	0,4	0,4	0,5
			n	11100	5600	2250	1390	930	700	450	280	220
Elektron	trocken	150..300	s	Hand	0,05	0,15	0,3	0,4	0,5	0,6	0,7	0,8
			n	72000	36000	15000	9000	6000	4500	3000	1800	1100

Anmerkung: Vorstehende Angaben sind nur annähernde Werte. Je nach der Bohrtiefe und der Bearbeitbarkeit des Werkstoffes empfiehlt sich eine Erhöhung oder Verringerung der Schnittgeschwindigkeiten und der Vorschübe. Bei Bohrtiefen über 5d (fünffacher Bohrer-⌀) und automatischem Vorschub Schnittgeschwindigkeit verringern.

**)Zusammengestellt von der Fa. Günther und Co. (Titex Plus) Frankfurt am Main

Richtwerte für Schnittgeschwindigkeiten und Vorschübe für Spiralbohrer mit Hartmetallschneiden*)

Werkstoff	Hartmetallsorte	Empfehlenswerte Mindestschnittgeschwindigkeit v $v = m/min$	Wirtschaftl. Schnitgeschwindigkeit v $v = m/min$	Vorschub in mm/U		
				3...8 mm ø	9...25 mmø	> 25 mm ø
Stahl bis 75 daN/mm² Stahlguß bis 50 daN/mm²	S 3	25	40...60	0,02...0,08	0,08...0,15	0,1...0,2
Stahl bis 110 daN/mm² Stahlguß über 70 daN/mm²	S 3	15	25...35	0,02...0,06	0,06...0,1	0,1...0,15
Stahl über 110 daN/mm² bis 140 daN/mm²	S 3	12	15...25	0,02...0,04	0,04...0,08	0,05...0,1
Stahl über 140 daN/mm²	S 3	—	8...10	0,02...0,03	0,03...0,05	0,03...0,08
Gußeisen bis 200 Brinell	G 1	12	6...075	0,04...0,1	0,1...0,2	0,15...0,35
Gußeisen über 200 Brinell	H 1	15	30...40	0,02...0,06	0,06...0,15	0,1...0,2
Rotguß, Bronze u. Messing	G 1	—	80...100	0,04...0,08	0,08...0,15	0,1...0,2
Zinklegierungen	G 1	—	80...120	0,04...0,1	0,08...0,15	0,1...0,25
Leichtmetalle	G 1	—	100...200	0,04...0,1	0,08...0,15	0,1...0,25
Al-Kolbenlegierungen	G 1	—	60...80	0,04...0,08	0,08...0,1	0,1...0,15
Preßstoffe	G 1	—	80...100	0,04...0,08	0,8...0,15	0,08...0,2
Marmor, Schiefer	H 1	—	25...30			

Richtwerte für Schnittgeschwindigkeiten und Vorschübe für Reibahlen mit Hartmetall*)

Werkstoff	Hartmetallsorte	Schnittgeschwindigkeit v in mm/min	Vorschub s in mm/U
Stahl bis 75 daN/mm² . . . . Stahlguß bis 50 daN/mm²	G 1	15...25	0,05...0,1
Stahl bis 110 daN/mm² . . . . Stahlguß über 70 daN/mm²	G 1	10...15	0,02...0,1
Stahl über 110 daN/mm² bis 140 daN/mm² . .	G 1	8...12	0,02...0,1
Stahl über 140 daN/mm²	G 1	6...10	0,02...0,1
Gußeisen bis 200 Brinell	G 1	20...30	0,1...0,4
Gußeisen über 200 Brinell	H 1	15...20	0,1...0,2
Rotguß, Bronze und Messing	G 1	25...30	0,1...0,3
Zink-Legierungen	G 1	30...40	0,1...0,3
Leichtmetalle.	G 1	40...60	0,1...0,3
Al-Kolbenlegierungen	G 1	20...30	0,1...0,2
Preßstoffe	G 1	20...30	0,1

*) Zusammengestellt von der Fa. Rohde & Dörenberg, Düsseldorf

Richtwerte für Senken und Aufbohren mit hartmetallbestückten Werkzeugen

Werkstoff	Schnitt-geschwin-digkeit v m/min	Spiralsenker s pro Zahn in mm Durchmesser mm			Aufstecksenker s pro Zahn in mm Durchmesser mm		
		12	20	28	40	60	80
Gußeisen bis 200 Brinell. . . .	25...30	0,08	0,12	0,15	0,18	0,22	0,25
Gußeisen über 200 Brinell. . .	20...25	0,05	0,08	0,10	0,15	0,18	0,20
Stahl, 50...70 daN/mm² . . .	20...30	0,05	0,08	0,10	0,15	0,18	0,20
Rotguß, Messing	35...45	0,10	0,15	0,18	0,20	0,22	0,25
Kupfer	40...50	0,10	0,15	0,18	0,20	0,22	0,25
Leichtmetall-Legierungen . . .	70...80	0,12	0,15	0,20	0,22	0,25	0,30
Kunststoffe	70...80	0,15	0,18	0,20	0,22	0,25	0,30

Werkstoff	Schnitt-geschwin-digkeit v m/min	Zapfensenker s pro Zahn in mm Durchmesser mm			Schnitt-geschwin-digkeit v m/min	Aufbohrer s pro Zahn in mm Durchmesser mm		
		20	40	60		80	125	160
Gußeisen bis 200 Brinell . .	20...25	0,08	0,12	0,15	35...45	0,20	0,20	0,20
Gußeisen über 200 Brinell. .	15...20	0,05	0,08	0,10	30...35	0,15	0,15	0,15
Stahl, 50...70 daN/mm²	20...30	0,05	0,08	0,10	25...30	0,15	0,15	0,15
Rotguß, Messing . .	30...40	0,08	0,12	0,15	40...50	0,20	0,20	0,20
Kupfer	35...45	0,10	0,12	0,15	45...60	0,20	0,20	0,20
Leichtmetall-Legierungen . . .	60...70	0,15	0,20	0,25	70...80	0,20	0,20	0,25
Kunststoffe	60...70	0,15	0,20	0,25	70...80	0,20	0,20	0,25

Spanabnahme je nach Werkstoff und Lochgröße von 2 bis 8 mm im Durchmesser.

Richtwerte für Reibuntermaße

Durchmesserbereich	Untermaße der Bohrungen bei	
	Stahl und Gußeisen	Leichtmetalle
bis 5 mm	0,05...0,1 mm	0,05...0,1 mm
über 5 „ 12 „	0,2 „	0,2 „
„ 12 „ 18 „	0,2 „	0,4 „
„ 18 „ 30 „	0,3 „	0,6 „
„ 30 mm	0,4 „	0,8 „

Schneidflüssigkeiten für die Lochbearbeitung

Werkstoff	Bohren und Senken	Reiben
Baustähle:	E	S III oder S IV
Leg. Stähle:	E	S III oder S IV
Werkzeugstahl	S II	S III oder S IV
Stahlguß	E	
Temperguß	E oder trocken	trocken oder S II
Gußeisen	E oder trocken	trocken
Aushärtbare Aluminium-Legierung	E, Seifenwasser oder trocken	E, Seifenwasser, in schwierigen Fällen Petroleum, Seifenspiritus
Aluminium-Legierung mit hohem Si-Gehalt	E oder S II	E, S II, in schwierigen Fällen Terpentinöl
Reinaluminium und sonstige Aluminium-Legierungen	E, Seifenwasser oder trocken	E, Seifenwasser, in schwierigen Fällen Petroleum, Seifenspiritus
Mg-Legierung	trocken Brandvorbeugungsöle	trocken Brandvorbeugungsöle
Kupfer		
Messing	E oder trocken	E oder trocken
Bronze und Rotguß		
Blei, Zink, Zinkleg.		
Zinn	E	E
Weißmetall		
Nicke	E	S III
Neusilber		

E   = Emulsion aus Kühlmittelöl: S I
S I bis S V sind Schneid- und Kühlöle
S I   = Mineralöl in Wasser löslich oder mit Wasser emulgierbar
S II   = Mineralöl ohne Gehalt an Fetten, Fettstoffen bzw. Produkten hieraus
S III   = Mineralöl mit Gehalt von 0...3 Gew.-% an Fetten, Fettstoffen bzw. Produkten hieraus
S IV   = Mineralöl mit Gehalt von 3...25 Gew.-% an Fetten, Fettstoffen bzw. Produkten hieraus
S V   = Mineralöl mit Gehalt von 25...100 Gew.-% an Fetten, Fettstoffen bzw. Produkten hieraus
Seifenspiritus = Mischung von Weingeist + 40 % Wasser mit Schmierseife

Richtwerte für Schnittgeschwindigkeiten und Vorschübe für Reibahlen aus Werkzeugstahl und Schnellstahl*)

Werkstoff	Kühlung und Schmierung	Schnittgeschwindigkeit v in m/min		Vorschub in mm/U				
		Werkzeugstahl	Schnellstahl	5...10 mm ø	11...15 mm ø	16...25 mm ø	26...40 mm ø	41...60 mm ø
Stahl bis 50 daN/mm²	Bohrölemulsion, in besonderen Fällen Mineralöl	4...6	8...12	0,1...0,2	0,15...0,25	0,15...0,35	0,25...0,5	0,35...0,8
Stahl bis 80 daN/mm²		3...5	6...8	0,07...0,11	0,07...0,14	0,11...0,25	0,18...0,35	0,25...0,55
Stahl über 80 daN/mm² und Stahlguß	trocken oder Bohrölemulsion	2...4	3...5					
Gußeisen bis 180 Brinell		6...8	8...12					
Gußeisen über 180 Brinell	Bohrölemulsion	3...6	7...10					
Rost- u. hitzebeständige Stähle	gefettete Öle	—	3...5					
Rotguß, Bronze, Messing u. dgl.	trocken Bohrölemulsion	6...8	12...18	0,1...0,2	0,15...0,35	0,3...0,6	0,5...0,8	0,6...1
Zink-Legierungen	trocken Bohrölemulsion	6...8	12...18					
Aluminium-Legierungen	Bohrölemulsion	8...12	12...20					
Magnesium-Legierungen	trocken oder Sonderöle	8...12	12...20					

*) Zusammengestellt von der Fa. Rohde & Dörenberg, Düsseldorf

Richtwerte für Schnittgeschwindigkeiten für Gewindebohrer

Werkstoff	Schnittgeschwindigkeit in m/min	
	Werkzeugstahl	Schnellstahl
Stahl bis 70 daN/mm² Festigkeit	3...5	6...10
„ „ 110 „ „	2...4	4...6
Legierte Stähle hoher Festigkeit	1...2	1...3
Stahlguß	2...3	3...5
Gußeisen	3...5	4...8
Leichtmetalle	bis 12	bis 15

Richtwerte für Schnittgeschwindigkeiten für Schneideisen

Werkstoff	Schnittgeschwindigkeit in m/min	
	Werkzeugstahl	Schnellstahl
Stahl bis 70 daN/mm² Festigkeit	4...7	10...15
„ „ 110 „ „	3...5	6...8
Legierte Stähle hoher Festigkeit	1...2	2...4
Stahlguß	3...5	4...7
Gußeisen	3...6	8...12
Leichtmetalle	bis 20	bis 30

Richtwerte für Schnittgeschwindigkeiten und Vorschübe beim Hobeln

Werkstoff	Schnittgeschwindigkeit v in m/min				Vorschub s in mm/Hub	
	Werkzeugstahl		Schnellstahl 600 C°		W	SS
	▽	▽▽	▽	▽▽		
Stahl St 37	10...15	15...20	15...20	20...25	0,2 bis 6	0,6 bis 12
Stahl St 60	8...12	12...16	12...16	16...20		
Stahlguß	9...12	12...16	12...16	16...20		
Grauguß	8...12	14...18	12...16	18...22		
Rotguß — Messing	1...520	20...25	20...25	30...40		
Leichtmetall	—	—	30...35	50...60	—	0,1 bis 1

Richtwerte für das Schleifen *)

A) Schleifscheiben-Geschwindigkeit

Schleifarbeit	Werkstoff	Umfangs-geschwindigkeit m/s
Außenschleifen	Stahl Grauguß Hartmetall Messing, Bronze Leichtmetall	25...32 25 8...15 25 20
Innenschleifen	Stahl Grauguß Hartmetall Messing, Bronze Leichtmetall	25 25 8...15 25 20
Flachschleifen am Schleifscheibenumfang	Stahl Grauguß Hartmetall Messing, Bronze Leichtmetall	25...32 25 8...15 25 20
mit Topfscheibe oder Segmenten	Stahl Grauguß Hartmetall Leichtmetall	20...25 25 8...15 20
Werkzeugschleifen	Stahl Hartmetall	25 18...28
Trennschleifen	Nichteisenmetalle Stahl Grauguß Kunststoffe	45 bis 100
Abgraten	Grauguß Stahl	30 und 45[1]) 30 und 45[1])

*) Zusammengestellt von der Fa. Naxos-Union
[1]) Grenzwert, Bindung Ba und Gu.

B) Vorschübe

I. Werkstückgeschwindigkeit in m/min

Arbeit	Stahl				Gußeisen	Messing	Alumin.
	weich	hart	ein-gesetzt	legiert			
Außenschleifen Vor-.......	12...15	14...18	15...18	14...18	12...15	18...21	30...40
Fertig-......	8...12	8...12	10...13	10...14	9...12	15...18	24...30
Innenschleifen	18...21	21...24	21...24	20...25	21...24	21...27	30...40
Flachschleifen am Schleifscheiben-umfang......	10...35	10...35	10...35	10...35	10...35	15...40	15...40
mit Topfscheibe oder Segmenten ..	6...25	6...25	6...25	6...25	6...30	20...45	20...45

II. Seitlicher Vorschub je Werkstückumdrehung

Schruppen: $^2/_3$ bis $^3/_4$ Schleifscheibenbreite

Schlichten: $^1/_4$ bis $^1/_2$ Schleifscheibenbreite

C) Zustellung der Schleifscheibe in mm, auf den Werkstück-Durchmesser bezogen

I. beim Längsschleifen   je Hin- und Hergang des Werkstücks,

allgemein

     beim Schruppen .... 0,003 ... 0,040

     beim Schlichten .... 0,002 ... 0,020

im einzelnen für

Stahl

     beim Schruppen .... 0,003 ... 0,040

     beim Schlichten .... 0,002 ... 0,013

Gußeisen

     beim Schruppen .... 0,006 ... 0,040

     beim Schlichten .... 0,004 ... 0,020

Auswahl der Zustellbeträge je nach Beschaffenheit der Werkstücke.

II. beim Einstechschleifen in mm je Umdrehung des Werkstücks,

allgemein

     beim Schruppen .... 0,002 ... 0,030mm/U

     beim Schlichten .... 0,0004 ... 0,006mm/U

im einzelnen für

Stahl

     beim Schruppen .... 0,002 ... 0,024mm/U

     beim Schlichten .... 0,0004 ... 0,005mm/U

Gußeisen

     beim Schruppen .... 0,006 ... 0,030mm/U

     beim Schlichten .... 0,0012 ... 0,006mm/U

Auswahl der Zustellbeträge je nach Durchmesser und Breite des einzustechenden Sitzes.

Zusammengestellt von der Fa. Naxos-Union

30*

Längskeiltabelle (DIN 141···143, 269, 271, 490···496)

Wellen-durch-messer in mm	I Hohl-keile		II Flach-keile		III Nuten- oder Einlegekeile			IV Tangential-keile		
	b	s	b	h	b	h	t	Welle	b	h
10··· 12	—	—	—	—	4	4	2,5	100	30	10
12··· 17	—	—	—	—	5	5	3	110	33	11
17··· 22	—	—	—	—	6	6	3,5	120	36	12
22··· 30	8	3	8	4	8	7	4	130	39	13
30··· 38	10	3,5	10	5	10	8	4,5	140	42	14
38··· 44	12	3,5	12	5	12	8	4,5	150	45	15
44··· 50	14	4	14	5	14	9	5	160	48	16
50··· 58	16	5	16	6	16	10	5	170	51	17
58··· 68	18	5	18	7	18	11	6	180	54	18
68··· 78	20	6	20	8	20	12	6	190	57	19
78··· 92	24	7	24	9	24	14	7	200	60	20
92···110	28	8	28	10	28	16	8	210	63	21
110···130	32	9	32	11	32	18	9	220	66	22
130···150	36	10	36	13	36	20	10	230	69	23
								240	72	24

Scheibenfedern nach DIN 122

Kleinster Wellendurchmesser = d in mm
Keillänge = l in mm
Keilbreite = b in mm
Keilhöhe = h in mm
Scheibe = D mm Durchmesser
Nuttiefe = t in mm

Bei längeren Naben können zwei oder mehr Keile angewendet werden.

D über	b	h	l	t	d	T	D über	b	h	l	t	d	T
3···4	1	1,4	3,82	0,9	4	D + 0,6	17···22	5	6,5	15,72	4,9	16	D + 1,8
								5	7,5	18,57	5,9	19	
								5	9,0	21,63	7,9	22	
4···5	1,5	1,4	3,82	0,9	4			5	10	24,49	8,4	25	
	1,5	2,6	6,76	2,1	7								
								6	9	21,63	7,4	22	D + 1,8
	2	2,6	6,76	1,8	7	D + 0,9	22···28	6	10	24,49	8,4	25	
5···7	2	3,7	9,66	2,9	10			6	11	27,35	9,4	28	
	2	5,0	12,65	4,2	13			6	13	31,43	11,4	32	
7···9	2,5	3,7	9,66	2,9	10			8	11	27,35	9,5	28	D + 1,7
							28···38	8	13	31,43	11,5	32	
	3	3,7	9,66	2,5	10	D + 1,3		8	15	37,15	13,5	38	
9···13	3	5,0	12,65	3,8	13			8	16	43,08	14,5	45	
	3	6,5	15,7	5,3	16			8	17	50,83	15,5	55	
	3	7,5	18,57	6,3	19			10	16	43,08	14	45	D + 2,2
	4	5,0	12,65	3,8	13	D + 1,4	38···48	10	17	50,83	15	55	
13···17	4	6,5	15,72	5,3	16			10	19	59,13	17	65	
	4	7,5	18,57	6,3	19			10	24	73,32	22	80	
	4	9,0	21,63	7,8	22		48···58	12	19	59,13	16,5	65	D + 2,7
								12	24	73,32	21,5	80	

468

Richtwerte für das Schweißen

Schweißeinsätze, Gasverbrauch und Schweißleistung für das Schweißen von Stahlblechen

Blechdicke in mm	Nahtform	Schweiß- u. Schneid- brenner	Sauerstoff- od. Azetylen- verbrauch in l/m	Schweißzeit m m/h	Schweiß- leistung in m/h
0,5	Bördelnaht	0,5...1	6,6	5	12
1		1...2	15	6	10
2		2...4	40	8	7,5
3	I-Naht	2...4	50	10	6
4		4...6	108	13	4,6
5		4...6	125	15	4
6	V-Naht	6...9	225	18	3,3
8		6...9	275	33	2,7
10		9...14	595	38,5	2,1
15	X-Naht	14...20	1200	40	1,5
20		14...20	2000	66,5	0,9
30		20...30	4330	100	0,6

Mittlere Richtwerte für das Brennschneiden

Blechdicke mm	Sauerstoff- druck bar Üb.	Vorschub mm/min	Sauerstoff- verbrauch l/m	Azetylen- verbrauch l/m	Zeit ≈ min/m	Schneid- leistung ≈ m/h
5	2	400	50	12	2,5	24
10	3	330	100	15	3	20
20	3,6	280	210	25	3,5	17
30	4	250	310	35	4	15
50	4,5	200	560	55	5	12
75	5	160	900	80	6	10
100	6	120	1200	100	8	7,5
150	8	100	2100	160	10	6
200	9	80	3000	200	12	5
300	11	60	5600	320	16	3,8

Chemische Bezeichnung	Eigenschaften Anwendungsbeispiele	Spezif. Gewicht in kg/dm³	Zugfestigkeit in daN/cm²	Elast.-Modul in daN/cm²	Schubmodul in daN/cm² (trocken)	Stat. Zugbelast. 2% Dehnung nach 1000 Std. in daN/cm²	dauernd wärmebeständig bis °C	dauernd kältebeständig bis °C	linearer Wärmedehnungskoeffizient in 1/grad	Wärmeleitzahl in kcal/h m/grd	Chemisch unbeständig gegen (bei 20°C)
6·6-Polyamid	zäh, hart, abriebfest / Zahnräder, Buchsen, Kupplungsteile	1,14	570	17 000	12 500	125	100	−30	$7 \cdot 10^{-5}$	0,21	Säuren pH < 5
6-Polyamid	besonders zäh, geringe statische Aufladung / Tragende Gehäuse, Ventile, Zahnräder, Laufrollen, Kanister, Gleitsteine, Dichtringe, Schutzhelme	1,13	460	15 000	10 500	80	100	−45	$7 \cdot 10^{-5}$	0,24	Säuren pH < 5
6-Polyamid (Blockpolymerisat)		1,15	600	16 000	11 500	125	100	−45	$7 \cdot 10^{-5}$	0,36	Säuren pH < 5
6·10-Polyamid	zäh, geringe Feuchtigkeitsaufnahme / Zahnräder, Rollen, Hebel, Steuerscheiben	1,09	400	12 500	7 800	90	100	−30	$8 \cdot 10^{-5}$	0,19	Säuren pH < 5
Polypropylen	sehr zäh, hohe Biegewechselfestigkeit / Kästen, Gehäuse, Verkleidungen, Lüfterräder	0,905	330	12 000	8 000	70	100	−25	$11 \cdot 10^{-5}$	0,19	Tetra
Hochdruck-polyäthylen	sehr zäh, auch bei tiefen Temperaturen / Wasserleitungsrohre, Faltenbälge, Folien	0,930	130	2 500	3 000	22	85	unter −50	$18 \cdot 10^{-5}$	0,32	Tetra Tri
Niederdruck-polyäthylen	schockfest, steif, spannungskorrosionsfest / Rohrleitungen, Gehäuseteile, Filterrahmen	0,96	285	10 800	11 200	55	100	unter −50	$13 \cdot 10^{-5}$	0,40	
Polyäthylen + Polyisobutylen	Dichtungselemente	0,917	75	800	1 000	—	75	unter −50	$23 \cdot 10^{-5}$	0,29	Tetra Tri
Hart-PVC	hart, zäh, witterungsbeständig / Wasserleitungen, Fittings, Armaturen, Behälter	1,38	550	30 000	10 500	200	60	−30	$7 \cdot 10^{-5}$	0,14	Tetra Tri
Weich-PVC (20...40% Weichmacher)	weichgummiartig / Faltenbälge, Schutzkappen, Schläuche, Dichtungen, Förderbänder	1,30...1,20	300...170	variiert	variiert	variiert	85	−30...−60	variiert	variiert	Tetra Tri
Styrol-Acrilinitril-Misch-Polymerisat	hart, temperatur-wechselbeständig, auch transparent / für feinwerktechnische Geräte	1,08	750	36 000	13 500	275	85	unter −50	$7 \cdot 10^{-5}$	0,14	Tetra Tri
Polystyrol	hart, auch transparent / Schaugläser, Bedienungsknöpfe, Sichtscheiben	1,05	620	33 500	12 500	260	75	unter −50	$7 \cdot 10^{-5}$	0,14	Tetra Tri
mod. Polystyrol a. d. Basis Styrol und Butadien	schlagzäh, nicht transparent / Gehäuse für feinwerktechnische Geräte, Lager- und Transportbehälter, Drucktasten, Kühlschrankteile	1,05	370	24 000	8 000	125	70	unter −50	$7 \cdot 10^{-5}$	0,14	Benzin Tetra Tri
ungesättigtes Polyesterharz, glasfaserverstärkt 60% Glasfaser	Duroplaste, witterungs- und wärmebeständig, sehr steif und schlagfest / Fahrzeugaufbauten, Groß-Transportbehälter, Rohrleitungen, Heißluftkanäle	1,25	700	40 000	15 000	220	60	−150	$11 \cdot 10^{-5}$	0,13	Tri Laugen
		1,76	2000	140 000	—	—	100	−150	$1 \cdot 10^{-5}$	—	Tri Laugen
expandierbares Polystyrol (Schaumstoff)	hervorragende Isolierung gegen Wärme und Schall, hohe Stoßfestigkeit bruchsichere Verpackung, Isolation, Hohlraum-	bis 0,013 ausschäumbar					85	−200	$6 \cdot 10^{-5}$	0,03 bei 20°C	Benzin Tri Tetra

Sachwortverzeichnis

Bitte beachten Sie auch die beiden folgenden Seiten →

WEITERE AUSGEWÄHLTE FACHBÜCHER

Taschenbuch des Drehers

von Horst Danowsky
212 Seiten, 225 Abbildungen, 50 Tabellen, Format DIN A 5, abwaschbarer,
haltbarer Plastikeinband

Dieselmotoren-Praxis

von Erich Baentsch
6. neubearbeitete, erweiterte Auflage, 272 Seiten, 186 Abbildungen, praktischer,
flexibler Kunststoffeinband

Taschenbuch der Werkzeugmaschinen und Werkzeuge

Das aktuelle Jahrbuch
herausgegeben von Professor Johannes Paschke
Umfang jeder Ausgabe: rund 500 Seiten mit vielen Aufsätzen, Tabellen und
neuesten Bezugsquellen

Geometrisches Zeichnen
Projektionslehre
Darstellen und Bemaßen
Abwicklungen

4. neubearbeitete Auflage, je Band 32 Seiten, 14 Bildtafelen

Mathematisch-technische Tabellen für die Werkstatt

vom Horst Danowsky, 80 Seiten

Fachverlag Schiele & Schön GmbH, 1 Berlin 61

SPANABHEBENDE WERKZEUGMASCHINEN FÜR DIE WIRTSCHAFTLICHE FERTIGUNG

STANDARDWERK IN 9 BÄNDEN VON Dr.-Ing. A. LINEK

Teil 1: Die Getriebe der Werkzeugmaschinen
3. erweiterte und neubearbeitete Auflage, 92 Seiten, 149 Abbildungen

Teil 2: Die Drehbank und die wirtschaftliche Fertigung von Drehteilen
3. Auflage, 194 Seiten, 310 Abbildungen, zahlreiche Tafeln und Tabellen, Heliospan-Einband

Teil 3: Bohrmaschinen
2. erweiterte Auflage, 68 Seiten, 129 Abbildungen,

Teil 4: Fräsmaschinen
2. erweiterte Auflage, 88 Seiten, 172 Abbildungen,

Teil 5: Schleifmaschinen
2. Auflage, 92 Seiten, 159 Abbildungen, 7 Tabellen

Teil 6: Hobel- und Stoßmaschinen
2. neubearbeitete und erweiterte Auflage, 70 Seiten, 109 Abbildungen, 2 Tafeln,

Teil 7: Gewindeherstellung
104 Seiten, 163 Abbildungen, Tafeln und Tabellen

Teil 8: Berechnung, Herstellung und Prüfung der Zahnräder
2. erweiterte und neubearbeitete Auflage, 156 Seiten, 271 Abbildungen

Teil 9: Spanabhebende Sonderwerkzeugmaschinen
von Obering. Victor Boetz
66 Seiten, 73 Abbildungen, 10 Tabellen

Fachverlag Schiele & Schön GmbH, 1 Berlin 61